深圳市陆域脊椎动物
多样性与保护研究

王英永　郭　强　李玉龙　刘　阳　主编

科学出版社
北　京

内 容 简 介

　　本书是在完成了为期 3 年的深圳市野生动物资源调查项目的基础上，结合作者们在深圳多年的专题研究成果编写而成。本书首次系统地阐述了深圳地区陆域脊椎动物的分布、区系组成及特点；重点研究了在项目执行期间发表的 4 个新物种（其中有 3 个新物种的模式产地在深圳），以及深圳市 452 种本土陆域脊椎动物的地理分布、濒危和保护等级、深圳种群状况及分布格局、受胁因素等；评估了主要生态类群和重点区域生态变化趋势，从自然地理、环境和人类社会经济活动等多个方面综合评价了深圳市的生态现状，划定了重点保护区域，提出了整体保护建议。

　　本书可供林业、自然保护区、生态环境规划等相关部门工作人员，以及科研工作者、高校师生和广大自然爱好者参考阅读。

审图号：粤S（2018）02-37号

图书在版编目（CIP）数据

深圳市陆域脊椎动物多样性与保护研究 / 王英永等主编. — 北京：科学出版社，2020.6
　ISBN 978-7-03-057371-1

　Ⅰ.①深… Ⅱ.①王… Ⅲ.①脊椎动物门–生物多样性–生物资源保护–研究–深圳 Ⅳ.①Q959.308

中国版本图书馆CIP数据核字（2018）第094404号

责任编辑：王　静　王海光　王　好／责任校对：严　娜
责任印制：肖　兴／书籍设计：北京美光设计制版有限公司

科学出版社 出版
北京东黄城根北街16号
邮政编码：100717
http://www.sciencep.com

北京汇瑞嘉合文化发展有限公司 印刷
科学出版社发行　各地新华书店经销

*

2020年6月第 一 版　开本：880×1230　A4
2020年6月第一次印刷　印张：27 1/4
字数：1 150 000

定价：438.00元

（如有印装质量问题，我社负责调换）

专著编写组及项目组

主　编

王英永　郭　强　李玉龙　刘　阳

编写人员 (按姓氏拼音排序)

陈国玲　陈鸿辉　杜　卿　凡　宸　郭　强　黄　秦
蒋　露　李　瑶　李冠群　李玉龙　梁　丹　林　鑫
林石狮　林昭妤　刘　阳　刘全生　刘思敏　刘祖尧
罗　林　吕植桐　孙延军　田穗兴　王　健　王雪婧
王英永　谢小力　杨剑焕　曾昭驰　张　楠　张　鹏
张礼标　张艳武　张蛰春　赵　健　赵岩岩

项目组织委员会

主　任　王国宾

副主任　朱伟华　宋建春

委　员　王国宾　朱伟华　宋建春　周瑶伟　陈俊开
　　　　　　吴素华　叶剑光　庄平弟　刘晓荣

顾　问　王勇军

项目参加单位及主要人员

中山大学生命科学学院

王英永　刘　阳　张　鹏　吕植桐　王　健
黄　秦　李　瑶　刘祖尧　林昭妤

深圳市野生动植物保护管理处

郭　强　蒋　露　佟学文　张艳武　刘海军　胡　平
罗　林　周国明　梁佩英

广东省生物资源应用研究所

张礼标　刘全生

深圳市双花木生物科技有限公司

李玉龙　赵　健　陈鸿辉

广东环境保护工程职业学院

林石狮

深圳市福田中学

田穗兴

前 言

Preface

生物多样性是生物与环境形成的生态复合体，以及与此相关的各种生态过程的总和，包括遗传多样性、物种多样性和生态系统多样性三个层次，是人类赖以生存和实现可持续发展的物质基础。当前，在全球气候变化、环境污染、生物入侵、自然栖息地性质改变等多种因素的作用下，地球生态系统正在遭受着人类历史上前所未有的破坏，许多物种丰富、最具生物特征的生态系统和珍稀濒危物种的最后家园已经或正在毁灭，基因、物种和生物性状（biological trai）正在以惊人的速度消失，生物多样性加速衰减，进而严重影响了其为人类社会持续发展提供必需产品和服务的能力。保护生物多样性是当前人类所面临的最紧迫任务，也是全球共同关注的焦点问题之一。

深圳是全球发展最快的年轻超大城市，1979年建市，1980年成为中国第一个经济特区。1979年，深圳总人口只有31.41万人，人口密度为158人/ km²；至2017年底，常住人口1252.83万人，人口密度已达6290人/ km²。与1979年相比，深圳常住人口总数增加了近40倍，一跃成为中国内地人口密度最大的城市。人口数量与其对自然资源和服务功能的需求呈正相关关系。通常，人口爆炸式增长和快速城市化进程，必然导致自然栖息地被大量侵占，生境破碎化，生物多样性会随之降低，自然资源将逐渐枯竭。然而，这种情况并未在深圳发生。深圳在高速发展的同时，城市管理者一直非常重视保护自然资源和生态环境。2005年，为遏制因快速城镇化导致的城市空间可能呈现外拓式无序扩张和蔓延的态势，深圳市率先在全市范围内划定了基本生态控制线，通过实施《深圳市基本生态控制线管理规定》，将974 km²土地划入该生态控制线内，占全市陆域总面积的48.9%，将一级水源保护区、主干河流、水库和湿地、自然保护区、森林公园、郊野公园、风景名胜区、坡度大于25°的山地、特区内海拔高于50 m和特区外海拔超过80 m的高地、集中成片的基本农田保护区及维护生态系统完整性的生态廊道和绿地等均纳入基本生态控制线内。通过8年多的实践，深圳市于2013年出台了《深圳市人民政府关于进一步规范基本生态控制线管理的实施意见》和《深圳市基本生态控制线优化调整方案》，提出了控制线内分级管理，对不同生态单元进行不同功能定位，实施差异化管理。为此，必须在全市陆域范围内开展全面、系统、深入的科学考察，全面掌握深圳市陆域生物资源现实本底数据和区系特点，对不同生态单元进行科学评估和准确定位，才能有针对性实施富有成效的分级管理。在此背景下，由深圳市野生动植物保护管理处实施管理，由中山大学生命科学学院牵头的"深圳市野生动物资源调查项目"于2013年秋正式启动，至2016年10月完成结题，历时3年，首次全面系统地揭示了深圳全境陆域脊椎动物现实本底，为深圳市实施富有针对性的生物多样性与环境分级管理、生态廊道和生态屏障等规划建设提供了动物多样性基础数据。

本书以"深圳市野生动物资源调查项目"的调查数据为基础，融合了作者近年来在深圳市研究工作成果，从系统分类学、生态学、保护生物学等学科及人与自然关系入手，多角度全面阐述了深圳市陆域脊椎动物的分布、区系特点和生态需求，分析了深圳市陆域生态环境所面临的主要威胁和突出问题，提出了从研究、管理、宣传教育和实践方法等方面的应对建议。

我们的愿景是，本书可以使深圳所有部门、各级决策者和广大民众都能够理解并重视生物多样性的价值，了解生物多样性为人类所提供的生态服务，充分认识到生物多样性是绿色经济和人类福祉的基石。提醒人们在关注生物多样性多重价值的同时，需要特别关注其所面临的风险和威胁，进而实现可持续绿色发展。

本书编写过程中，得到深圳市城市管理和综合执法局、深圳市野生动植物保护管理处、深圳市水务局、广东内伶仃福田国家级自然保护区，以及深圳市森林公园、郊野公园、风景名胜区等单位的大力支持和帮助，在此我们深表感谢！本书各章节编写分工如下。

前　　言　王英永、郭强
第一部分　深圳市自然地理和动植物多样性概述
　　　　第1章　深圳市自然地理概况：王英永、林石狮、孙延军、郭强、罗林、蒋露
　　　　第2章　深圳市动植物多样性概述：王英永
第二部分　深圳市陆域脊椎动物多样性研究
　　　　第3章　系统分类学研究专题：王英永、刘祖尧、曾昭驰、李瑶、林昭妤
　　　　第4章　深圳市两栖类多样性研究：王英永、吕植桐、王健、李玉龙
　　　　第5章　深圳市爬行类多样性研究：王英永、王健、吕植桐、李玉龙
　　　　第6章　深圳市鸟类多样性研究：刘阳、王英永、田穗兴、李玉龙
　　　　第7章　深圳市哺乳类多样性研究：张鹏、张礼标、刘全生、李玉龙
第三部分　生态专题研究
　　　　第8章　深圳市外来脊椎动物现状及其潜在生态风险评估：林石狮、王英永、王健、李瑶、陈鸿辉
　　　　第9章　深圳湾环境变化对区内红树林和鸟类的影响：王英永、林石狮、田穗兴
　　　　第10章　珠江三角洲地区机撞鸟类的DNA条形码鉴定研究：陈国玲、刘思敏、张蛰春、王雪婧、张楠、梁丹、林鑫、赵岩岩、黄秦、刘阳
　　　　第11章　深圳市内伶仃岛猕猴冬季食性分析与植物群落的生态改造建议：张鹏
　　　　第12章　深圳市陆域脊椎动物的保护和管理：郭强、王英永、凡宸

统　　稿　王英永、吕植桐、郭强、王健、李玉龙、李瑶
照片拍摄　赵健、李玉龙、田穗兴、王英永、王健、吕植桐、张鹏、刘全生、张礼标、杜卿、杨剑焕、林石狮、黄秦、谢小力、李冠群

　　全书内容包含两栖类、爬行类、鸟类、哺乳类及其保护管理，涉及多个学科，不足之处在所难免，敬请指正！

王英永　郭强

2018年1月16日

目 录

Contents

第三部分　生态专题研究

第一部分

深圳市自然地理
和动植物多样性
概述

第一部分

第 1 章

深圳市自然地理概况

1.1 地理区位

深圳市地处广东省南部，北回归线以南，珠江口东侧。陆地东临大亚湾和大鹏湾，与惠州市相连；西接珠江口（伶仃洋），与中山市、珠海市隔海相望；南边以深圳河与香港相连；北部与东莞、惠州两市接壤。陆域地理坐标为22°27′-22°52′N，113°46′-114°37′E，陆域总面积约1997 km²。

1.2 地形地貌

深圳市地势东南高，西北低，地貌大致呈东西向带状展开（图1.1），可分为以下3个地貌带（李粮纲等，2007）。

南带为半岛海湾地貌带，自东向西依次为大亚湾-大鹏半岛-大鹏湾，半岛与海湾相间，海湾是中生代或新生代的断陷区，半岛则是断隆区，主峰七娘山海拔869.1 m，是半岛最高峰；海湾呈平底的槽形，半岛东岸曲折而西岸平直。

图1.1　深圳市地形地貌

中带为沿海山脉地貌带，一般称沿海山脉，是一条断隆山，西北面被深圳断裂所限，东南面与海湾或半岛邻接。沿海山脉属莲花山脉余脉。莲花山脉自粤东向西南方向逶迤而来，至大亚湾顶的铁炉嶂海拔（743.9 m）后，被淡澳河谷中断，然后由深惠交界的笔架山进入深圳东南部，形成深圳东南部低山丘陵带，其山顶高程多为400-700 m，其中的梧桐山主峰大梧桐海拔944 m，是深圳最高峰，其余山体，三洲田最高峰梅沙尖海拔752.4 m，为沿海山脉的次高峰，其他山峰如大雁顶、排牙山、笔架山和田头山等海拔均超过600 m。

北带为丘陵沟谷地貌带，由10条主要河流切割而形成谷地。

依据通用的地貌分类标准，利用GIS技术将深圳地貌分为如下四大类。低山、高丘陵地貌，地面标高大于150 m，山顶高程多为500-700 m，占深圳陆域总面积的18%，分布于沿海山脉、大鹏半岛、罗湖鸡公头和宝安羊台山，其中海拔500 m以上的山峰有29座。低丘陵地貌，高程为100-150 m，占深圳陆域总面积的31%。台地、阶地地貌，地面标高5-80 m，分四级：四级台地高程为65-80 m，三级台地高程为30-45 m，齐顶特征明显；一、二级台地及阶地高程为5-25 m，地形平缓。高台地分布在坪山河、沙湾河、观澜河两侧及西部水库区，低台地分布在西部及西南部沿海地带，阶地分布在东北部和西北部河谷。滨海冲积平原区地面标高小于5 m，地形低洼、平坦，主要分布于西部滨海，为冲积和海积平原。

1.3　气候特征

深圳市属亚热带海洋性季风气候，年平均气温22.3℃，最高气温为38.7℃，最低气温为0.2℃，全年平均气温均在10℃以上，所以无气候上的冬季。1月为全年气温最低的月份，春季因受冷空气影响，气温回升较晚，到5月以后才稳定回升。7月为全年气温最高的月份，8月与7月相似。以后因冷空气南侵，气温逐渐下降。受海洋水体影响，秋温高于春温。全年日照2000多小时。根据多年的资料统计，超过10℃/日的积温可达8058.7日·℃。按照我国的气候带划分，≥10℃积温达到8000日·℃为热带气候，深圳市如此高的积温接近热带的热量要求。而≥10℃积温是大多数生物发育的有效积温。深圳的高积温为生物生存、繁殖提供了有利的热量条件。

深圳市濒临南海，在暖湿气流的影响下，全年降水充沛。夏季受东南季风影响，高温多雨，降雨多集中在4-9月，年降水量为1926.9-1975.1 mm。在降水的年变化中，6月和8月是两个高峰期（蓝崇钰等，2001）。旱季从10月开始至翌年3月结束。冬季受东北季风和东北信风及北方寒流的共同影响，天气干旱，有时稍冷。气候环境类型适宜于热带、亚热带动植物的生长。

1.4　土壤类型

深圳市主要为赤红壤类土壤，赤红壤是南亚热带的主要地带性土壤，土壤呈酸性。高温为土壤的形成和发育提供

了巨大的能量，而丰富的水分又为物质的溶解和流动提供了必要的条件。深圳大部分陆地为该类型的土壤，蕴养着多种类型的茂密植被。人类的活动对土壤的形成和发育也造成一定影响。耕型赤红壤受人类喷灌、施肥等影响，与其他受人类活动干扰较少地区土壤相比，表现出"高毛管维持量、高pH、高速效磷"等特点。

深圳湾及其周边近海地区的土壤以滨海盐土为主，可分为红树林潮滩盐土、潮滩盐土和滨海草甸盐土三类。红树林潮滩盐土是在红树林群落生长过程中获得发育的一种特殊滨海潮滩盐土，这种盐土土体松软，因红树林的存在，营养丰富，有大量有机碎屑并源源不断地输向泥滩和海域，有利于海洋生物的生长和鱼虾的洄游。潮滩盐土包括潮滩盐渍沙土和潮滩盐土两类，主要分布在潮间带，受海水周期性淹没和干出作用，土表一般无植被。滨海草甸盐土是在潮滩盐土沼泽化和盐渍化过程中发育形成的，其生长的主要植被是芦苇和茫茫等，这种土壤主要分布在淡水资源比较丰富或地势较低洼、河道曲折的洼地，如基围、鱼塘及深圳河下游、福田河等有芦苇生长的地方。

1.5　水资源

河流水文是维持生态系统的重要因素之一，它影响着植被的生长和人口定居等。深圳大小河流160余条，分属东江、海湾和珠江口水系，但集雨面积和流量不大。流域面积大于100 km²的河流有深圳河、茅洲河、龙岗河、观澜河和坪山河5条。深圳河与茅洲河下游可行驶小型运输船。现有水库24座，其中中型水库9座，总库容达5.25×10^{8} m³。位于市区东部的深圳水库，总库容超过4.0×10^{7} m³，是深圳与香港居民生活用水的主要来源。雨量较充沛，年均降水总量3.422×10^{9} m³，多年平均径流量为1.827×10^{9} m³，由于降雨时空分布不均，加之河流短小，暴雨集中滞留时短，境内可利用水资源有限。地下水资源总量6.5×10^{8} m³/年，年可开采资源量1.0×10^{8} m³。天然淡水资源总量1.93×10^{9} m³，人均水资源拥有量仅500 m³，约为全国和广东省的1/3和1/4。

1.5.1　水系

深圳市的河流分属南、西、北3个水系。以沿海山脉和羊台山为主要分水岭，南部诸河注入深圳湾、大鹏湾、大亚湾，称海湾水系；西都诸河注入珠江口伶仃洋，称珠江口水系；北部诸河汇入东江或东江的一、二级支流，称东江水系。海湾水系计有120多条小河，较大者有8条，主要河流是注入深圳湾的深圳河。珠江口水系计有40多条河流或河涌，主要河流是茅洲河。东江水系有龙岗河、坪山河、观澜河，都是本市的主要河流。

1.5.2　河流

深圳市的河流都属山区性河流，如茅洲河、西乡河、大沙河、深圳河、盐田河、龙岗河、坪山河等。由于径流量和

图1.2 深圳市大鹏半岛鹿角溪

流量的变化都很大，所以水流的造床能力也时强时弱。造床时间短，但强度很大，河床冲淤变化较为频繁。

茅洲河主流发源于羊台山，在沙井水浸围注入伶仃洋。可分三段，上寮以上为上游，上寮至塘下涌为中游，塘下涌以下为下游。各河段的河流流向、河谷地貌，水系结构都有明显差异。上游段流向近乎南北向，右岸支流多，呈梳状的不对称水系。

深圳河及其支流莲塘水是深圳与香港的界河。发源于平湖以南的九尾岭，在三岔口汇纳莲塘水之后才称深圳河。沙湾以上为上游，流向南东，谷底平原宽100-400 m，但宽谷与窄谷相间，流经台地（60-80 m）和低丘陵区。沙湾至三岔口为中游段，流向急转为南西，流经低丘陵区，河谷地貌特征是谷底宽、谷坡陡。三岔口以下为下游段，平原宽阔。

观澜河是东江一级支流石马河的上游段，塘厦以上习惯称为观澜河，发源于大脑壳山，向北流，在本市范围内的集水面积为198.5 km²，其中左岸119.6 km²，右岸78.9 km²。

龙岗河是东江二级支流淡水河的干流，源出梧桐山北麓，在下陂以下1.7 km处入惠阳境内。在深圳市各主要河流中，其河长仅次于茅洲河，但集水面积居首位。龙岗的正源为梧桐山河，流向北，至荷坳折向北东，至黄竹沥转向东。左岸集水面积大（232.5 km²），支流发达，已修建不少水库，为下游地区提供了丰富的水源；右岸集水面积小（128.3 km²）。

坪山河又名新寮水，源出梅沙尖，也是淡水河的一条支流，在惠阳的下土湖纳入淡水河。坪山河起源于碧岭水，东北向，在汤坑纳入五层楼水之后称为坪山河，河道的流向与深圳断裂的走向有关。集水面左岸为33.2 km²，右岸为115.2 km²。右岸为低山和高丘陵，坡度多大于20°；左岸则属台地和低丘陵，坡度较小（6°-20°）。

1.5.3 山溪和水库

深圳的低山丘陵地貌带的土壤层较薄，森林涵养能力较差，其山溪水系季节性变化很大，每年5-8月为多雨季节，溪流水势较大，其余月份为枯水季节，水势很小，多为缓流、渗水性细流小溪和积水小潭，缺湍急溪流；发育较好的溪流多见于海拔300 m以下的区域，常在山脚形成较大水潭（图1.2）。因此，深圳修建了大量水库，以保障枯水季节的用水问题。

第2章

深圳市动植物多样性概述

2.1 植被特点和植物资源状况

深圳市野生植物和常见栽培植物2854种（含种下单位），隶属于234科1262属（科的概念采用《中国植物志》所使用的恩格勒系统）。其中野生维管植物210科946属2142种；栽培植物115科398属625种；归化植物25科62属78种；外来入侵植物5科8属9种。

深圳市植被多样性十分复杂，既有自然的植被环境，也有人工次生林和南亚热带灌木林，从红树林到滨海沙生植被、沟谷雨林、山地常绿阔叶林、灌丛和草地均有代表。红树林主要由木榄Bruguiera gymnorhiza、秋茄树Kandelia obovata、蜡烛果Aegiceras corniculatum、银叶树Heritiera littoralis等组成。滨海沙生植被主要以厚藤Ipomoea pescaprae、露兜树Pandanus tectorius、老鼠芳Spinifex littoreus、盐地鼠尾粟Sporobolus virginicus、匍枝栓果菊Launaea sarmentosa等为主。海岸林主要由香蒲桃Syzygium odoratum、南烛Vaccinium bracteatum、密花树Myrsine seguinii等组成。沟谷雨林主要由水同木Ficus fistulosa、水东哥Saurauia tristyla、山杜英Elaeocarpus sylvestris、粗毛野桐Hancea hookeriana及仙湖苏铁Cycas fairylakea等组成。山地常绿阔叶林主要由浙江润楠Machilus chekiangensis、黄杞Engelhardia roxburghiana、鹅掌柴Schefflera heptaphylla、降真香Acronychia pedunculata及鼠刺Itea chinensis等组成。灌丛主要以桃金娘Rhodomyrtus tomentosa、岗松Baeckea frutescens、毛稔Melastoma sanguineum、大头茶Polyspora axillaris为主。草地主要由五节芒Miscanthus floridulus、细毛鸭嘴草Ischaemum indicum、类芦Neyraudia reynaudiana、毛秆野古草Arundinella hirta及芒萁Dicranopteris pedata等组成。此外，深圳也普遍分布有风水林，主要由榕树Ficus microcarpa、假苹婆Sterculia lanceolata、香蒲桃及鹅掌柴等组成。

深圳市的珍稀濒危野生植物有20种，分别为仙湖苏铁、桫椤Alsophila spinulosa、大叶黑桫椤Alsophila gigantea、黑桫椤Alsophila podophylla、苏铁蕨Brainea insignis、金毛狗Cibotium barometz、水蕨Ceratopteris thalictroides、樟Cinnamomum camphora、大苞山茶Camellia granthamiana、茶（野生）、毛茶Antirhea chinensis、粘木Ixonanthes reticulata、龙眼Dimocarpus longan（野生）、吊皮锥Castanopsis kawakamii、舌柱麻Archiboehmeria atrata、土沉香Aquilaria sinensis、白桂木Artocarpus hypargyreus、珊瑚

菜Glehnia littoralis、穗花杉Amentotaxus argotaenia及乌檀Nauclea officinalis。另外，深圳还记录有47种兰科植物，其中便包括被《濒危野生动植物种国际贸易公约》附录I收录的紫纹兜兰Paphiopedilum purpuratum。

深圳市各类资源植物相当丰富，适宜作绿化的树种有罗汉松Podocarpus macrophyllus、黄樟Cinnamomum parthenoxylon、厚壳桂Cryptocarya chinensis、潺槁木姜子Litsea glutinosa、短序润楠Machilus breviflora、浙江润楠、黄叶树Xanthophyllum hainanense、大花五桠果Dillenia turbinata、网脉山龙眼Helicia reticulata、大头茶、厚皮香Ternstroemia gymnanthera、大果核果茶Pyrenaria spectabilis、香蒲桃、岭南山竹子Garcinia oblongifolia、山杜英、两广梭罗Reevesia thyrsoidea、假苹婆、重阳木Bischofia polycarpa、血桐Macaranga tanarius、白楸Mallotus paniculatus、蕈树Altingia chinensis、亮叶冬青Ilex nitidissima、降真香、常绿臭椿Ailanthus fordii、橄榄Canarium album、幌伞枫Heteropanax fragrans、苦枥木Fraxinus insularis、珊瑚树Viburnum odoratissimum等。优良的观赏植物有野牡丹Melastoma malabathricum、毛稔、大苞山茶、黄杨Buxus sinica、吊钟花Enkianthus quinqueflorus、杜鹃Rhododendron simsii、毛棉杜鹃Rhododendron moulmainense、赪桐Clerodendrum japonicum、艳山姜Alpinia zerumbet、海南山姜Alpinia hainanensis、狮子尾Rhaphidophora hongkongensis、麒麟叶Epipremnum pinnatum等。此外，重要的药用植物有七叶一枝花Paris polyphylla、土沉香、丁公藤Erycibe obtusifolia、美丽鸡血藤Callerya speciosa、黄花倒水莲Polygala fallax、香附子Cyperus rotundus等。

2.2 陆域脊椎动物资源状况

2.2.1 研究历史

深圳市陆域脊椎动物多样性的研究历史较短，最早研究文献见于1986年，邓巨燮等（1986）首次报道了深圳湾福田红树林保护区鸟类95种，该文未记录黑脸琵鹭Platalea minor。徐龙辉等（1986）报道了内伶仃岛的猕猴Macaca mulatta种群数量。在随后的30年里，深圳市陆续开展了数个针对特定生态区块的动物多样性调查，共发表了文章36篇、专著2部。

从文章发表的时间看，1990年至1999年共发表了19篇

文章（图2.1），均是关于广东内伶仃福田国家级自然保护区的脊椎动物多样性本底调查文章。其中，关于福田红树林湿地鸟类多样性的文章5篇、两栖爬行动物1篇，关于内伶仃岛兽类区系和猕猴种群的文献3篇。其中，关贯勋和邓巨燮（1990）文章中报道了福田红树林潮间带鸟类95种，该文仍无黑脸琵鹭的记录。王勇军等（1993）发表了深圳福田红树林冬季鸟类的调查报告，共报道了119种鸟类，首次出现了黑脸琵鹭的记录（1992年1月2日见到20只，1992年11月和1993年3月见到26只），该文同时报道了白琵鹭 *Platalea leucorodia* 的分布记录。根据1994年至1995年调查，陈桂珠等（1995a，1995b）和王勇军等（1998）对深圳湾的福田保护区内鸟类进行的较为详细研究，其成果汇入《深圳湾红树林生态系统及其持续发展》（王伯荪等，2002），记录了陆鸟87种、水鸟79种，合计鸟类166种。另外，王勇军和昝启杰（1998）在对深圳湾湿地两栖爬行动物调查的基础上，报道两栖类8种、爬行动物23种。王勇军等（1999b）首次报道了内伶仃岛的兽类区系，共计6目7科19种，其中，自中华穿山甲 *Manis pentadactyla* 保护区建立以来，多次将在广州、深圳和其他地方罚没的中华穿山甲运到岛上放生，几乎在全岛各类生态环境中都可以见到中华穿山甲掘洞的新鲜痕迹；该调查期间曾采集到2只水獭 *Lutra lutra*，并将其中1只制成标本，保存在保护区内。王勇军等（1999a）在1997年对内伶仃岛内的猕猴种群数量和动态展开研究，确认内伶仃岛猕猴从1984年7-8群总数约为200只，增加到19群约600只，结合内伶仃岛猕猴食性和食物资源分析，认为内伶仃岛猕猴种群发展的容纳量最适为820-1640。蓝崇钰等（2001）将内伶仃岛哺乳动物的上述研究成果收录进《广东内伶仃岛自然资源与生态研究》。

2000年至2010年是深圳陆生脊椎动物多样性调查力度最大的10年，共发表了17篇文章、出版了2部专著。其中，有3篇内伶仃岛文章（常弘等，2001a；常弘和庄平弟，2002；蓝崇钰等，2002）和1部专著（蓝崇钰等，2001）；深圳湾鸟类监测与评价文章1篇（王勇军等，2004），深圳湾红树林生态系统研究专著1部（王伯荪等，2002）；梧桐山风景名胜区文章2篇（常弘等，2001b；Fellowes et al.，2002）；围岭公园文章4篇（常弘和庄平弟，2003a，2003b；常弘等，2003；庄平弟和常弘，2003）；笔架山公园文章3篇（吴苑玲等，2005；刘忠宝等，2005，2006）；马峦山郊野公园陆生脊椎动物物种多样性编目（常弘等，2007），三洲田森林公园（王芳等，2009）、羊台山（邱春荣等，2007）和莲花山（常弘等，2002）各1篇。

2011-2017年8篇文章，庄馨等（2013）报道了大鹏半岛陆生脊椎动物区系构成，徐华林（2013）与徐桂红等（2015）对深圳湾鸟类进行了调查、监测研究，胡平等（2011）报道了观澜森林公园哺乳动物，丁晓龙等（2012）报道了松子坑森林公园鸟类多样性，林石狮等（2013a）报道了深圳城市绿道两栖爬行动物多样性，林石狮等（2013b）报道了铁岗水库的鸟类多样性，张亮等（2011）报道了福清白环蛇 *Lycodon futsingensis* (Pope, 1928)在深圳的新分布记录。

从自然地理区域看，上述38篇文献（含专著）的报道对象大都是深圳特定的生态区块。区块调查力度不均，有些重要生态区块只有寥寥几篇简短文献，甚至至今未见有任何发表的相关文献（图2.2）。而在那些重点生态区快，调查研究工作得以持续、反复地开展，因此发表了大量文章。深圳湾是深圳市陆生脊椎动物调查、监测工作力度最大的区域。早在1984年成立自然保护区之初，就开始了这一区域的鸟类调查，至今共发表11篇文献（含专著）。王伯荪等（2002）报道深圳湾鸟类189种。由于深圳湾是一个开放区域，毗邻香港米埔，且位于重要的候鸟迁徙路线上，因此该区域鸟类组成始终处于变动之中，近年陆续有些鸟类消失，如卷羽鹈鹕 *Pelecanus crispus* 等，也有斑脸海番鸭、长尾鸭 *Clangula hyemalis*、蓝翅八色鸫 *Pitta brachyuran* 等新记录加入。

内伶仃岛是深圳市第二个陆生脊椎动物调查开展得比较好的区域。共发表8篇文献（含专著），这些工作主要集中在1999-2001年。由于内伶仃岛距离大陆较近，岛屿面积不大，其生态比较脆弱，兼之内伶仃岛位于候鸟迁徙路线上，这些因素决定了岛内鸟类物种组成始终处于动态变化之中。

其他开展过陆生脊椎动物调查研究的区域包括梧桐山风景名胜区（2篇文章，1部专著），围岭公园（4篇文章），笔架山公园（3篇文章），羊台山、大鹏半岛、三洲田、松子坑、铁岗水库、观澜、莲花山、马峦山及城市绿道各有1篇文

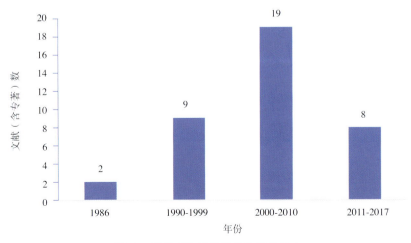

图2.1   深圳市陆域脊椎动物研究历史

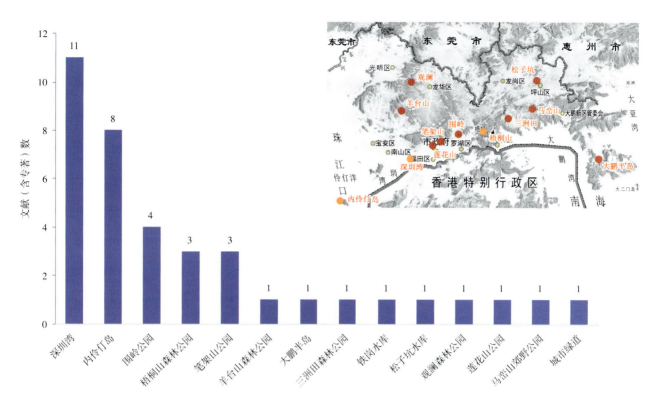

图2.2　深圳市自1986年以来已开展脊椎动物本底调查的自然区块及发表的文献（含专著）数量

章。由于不是系统性调查，所发表的文章均不能全面反映这些区域陆生脊椎动物的多样性本底，而且个别记录可能存在错误，如大鹏半岛的蹼趾壁虎 *Gekko subpalmatus*、新疆歌鸲 *Luscinia megarhynchos*（庄馨等，2013）、笔架山记录的金额丝雀 *Serinus pusillus*（刘忠宝等，2005，2006）、松子坑水库记录到的勺嘴鹬 *Calidris pygmeus*（丁晓龙等，2012）等均属于错误鉴定。

从类群看，在上述38篇文献（含专著）中，鸟类有18篇，哺乳类有8篇，两栖爬行类有5篇，综合调查类有7篇

（表2.1，图2.3）。鸟类文献中，研究深圳湾鸟类的组成和动态的文献有9篇，研究内伶仃岛、围岭公园和笔架山公园鸟类的文献各有2篇，研究梧桐山森林公园、铁岗水库和松子坑森林公园鸟类的文献各有1篇。哺乳类文献中，研究内伶仃岛兽类的文献有3篇，研究围岭公园、笔架山公园、羊台山森林公园、三洲田和观澜森林公园兽类的文献各有1篇。两栖爬行类文献中，研究深圳湾、梧桐山森林公园、围岭公园、莲花山公园和城市绿道两栖爬行类的文献各有 1篇。综合调查类文献中，研究深圳湾、梧桐山森林公园、大鹏半岛和马峦山郊

表2.1　深圳市陆域脊椎动物调查已发表文献（含专著）的分类统计

序号	研究区域	鸟类	哺乳类	两栖爬行类	综合类	合计
1	深圳湾	9		1	1	11
2	内伶仃岛	2	3		3	8
3	围岭公园	2	1	1		4
4	梧桐山森林公园	1		1	1	3
5	笔架山公园	2	1			3
6	羊台山森林公园		1			1
7	大鹏半岛				1	1
8	三洲田森林公园		1			1
9	铁岗水库	1				1
10	松子坑森林公园	1				1
11	观澜森林公园		1			1
12	莲花山公园			1		1
13	马峦山郊野公园				1	1
14	城市绿道			1		1
	合计	18	8	5	7	38

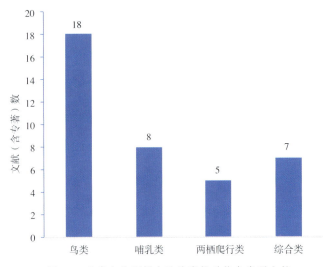

图2.3 已发表的深圳市陆域脊椎动物各类群文献
（含专著）数量

野公园的专著各有1部，研究内伶仃岛的专著有3部。

以上分析表明，深圳市至今未开展针对全境陆域的脊椎动物系统调查。过去30年开展的都是局部生态区块的调查，各区块、各类群调查的力度极度不均，不能全面反映深圳陆域脊椎动物多样性特点和水平。

2.2.2 深圳市陆域脊椎动物最新研究成果及生物多样性综述

2011-2012年，王英永等完成了深圳梧桐山风景名胜区陆生脊椎动物调查；同期，王英永、林石狮等完成了深圳华侨城湿地鸟类栖息地构建和随后2年的监测工作；孙延军、林石狮、王英永等完成了公园鸟类栖息地构建研究；2013-2016年，王英永、张鹏、刘阳、张礼标、刘全生、田穗兴等共同完成了由深圳市野生动植物保护管理处主导的深圳市全境陆域野生动物系统调查项目。至2017年，一共发表了11篇文章（李锋等，2014；Sung et al.，2014，2016；Wang et al.，2007a，2007b；Yang et al.，2012；Zhu et al.，2014；唐跃琳等，2015a；陶青等，2015；林石狮等，2017a，2017b），出版了《深圳梧桐山陆生脊椎动物》（唐跃琳等，2015b）。上述研究，首次全面系统地揭示了深圳市陆域脊椎动物资源的状况和特点，总结如下。

1. 深圳市本土陆域脊椎动物有较高的物种多样性水平、显著的特有性和稀有性

2011-2016年，我们在深圳全境共记录了陆域脊椎动物472种，其中本土物种共29目107科452种，包括两栖类2目8科22种，爬行类2目16科56种，鸟类18目68科327种，哺乳类7目15科47种。

新物种： 共发表4个新物种，分别是刘氏掌突蟾 *Leptobrachella laui*、白刺湍蛙 *Amolops albispinus*、广东颈槽蛇 *Rhabdophis guangdongensis* 和深圳后棱蛇 *Opisthotropis shenzhenensis*。

新分布记录： 共计26种。其中，两栖类1种，即圆舌浮蛙 *Occidozyga martensii*；爬行类4种，即梅氏壁虎 *Gekko melli*、锯尾蜥虎 *Hemidactylus garnotii*、长尾南蜥 *Eutropis longicaudata* 和越南烙铁头蛇 *Ovophis tonkinensis*；鸟类12种，即红脚苦恶鸟 *Amaurornis akool*、长嘴剑鸻 *Charadrius placidus*、斑尾鹃鸠 *Macropygia unchall*、短嘴金丝燕 *Aerodramus brevirostris*、栗喉蜂虎 *Merops philippinus*、黑眉拟啄木鸟 *Psilopogon faber*、牛头伯劳 *Lanius bucephalus*、白眉地鸫 *Geokichla sibirica*、高山短翅莺 *Locustella mandelli*、日本树莺 *Horornis diphone*、褐渔鸮 *Ketupa zeylonensis*、库页岛柳莺 *Phylloscopus borealoides*；哺乳类9种，即赤腹松鼠 *Callosciurus erythraeus*、黑缘齿鼠 *Rattus andamanensis*、郝氏鼠耳蝠 *Myotis horsfieldii*、中华水鼠耳蝠 *Myotis laniger*、普通伏翼 *Pipistrellus pipistrellus*、侏伏翼 *Pipistrellus tenuis*、南蝠 *Ia io*、中华山蝠 *Nyctalus plancyi* 和南长翼蝠 *Miniopterus pusillus*。

中国特有种： 共计15种。其中，两栖类6种，即香港瘰螈 *Paramesotriton hongkongensis*、刘氏掌突蟾、短肢角蟾 *Panophrys brachykolos*、白刺湍蛙、福建大头蛙 *Limnonectes fujianensis*、小棘蛙 *Quasipaa exilispinosa*；爬行类7种，分别是三线闭壳龟 *Cuora trifasciata*、中国壁虎 *Gekko chinensis*、梅氏壁虎、宁波滑蜥 *Scincella modesta*、广东颈槽蛇、香港后棱蛇 *Opisthotropis andersonii* 和深圳后棱蛇；鸟类2种，即黄腹山雀 *Pardaliparus venustulus* 和华南冠纹柳莺 *Phylloscopus goodsoni*。

IUCN红色名录受胁物种： 共计24种。其中，极危（CR）等级4种：三线闭壳龟、勺嘴鹬 *Calidris pygmaea*、黄胸鹀 *Emberiza aureola* 和中华穿山甲 *Manis pentadactyla*；濒危（EN）等级6种：短肢角蟾、平胸龟 *Platysternon megacephalum*、大杓鹬 *Numenius madagascariensis*、小青脚鹬 *Tringa guttifer*、大滨鹬 *Calidris tenuirostris* 和黑脸琵鹭 *Platalea minor*；易危（VU）等级14种：小棘蛙、棘胸蛙 *Quasipaa spinosa*、蟒蛇 *Python bivittatus*、舟山眼镜蛇 *Naja atra*、眼镜王蛇 *Ophiophagus hannah*、红头潜鸭 *Aythya ferina*、长尾鸭 *Clangula hyemalis*、黑嘴鸥 *Chroicocephalus saundersi*、乌雕 *Clanga clanga*、白肩雕 *Aquila heliaca*、大草莺 *Graminicola striatus*、白喉林鹟 *Cyornis brunneatus*、白颈鸦 *Corvus torquatus* 和蜂猴 *Nycticebus bengalensis*。其中，蜂猴为易危（VU）等级物种，调查中的所有记录均为有明确来源的放生个体。

中国物种红色名录受胁物种： 共计43种。其中，极危（CR）等级6种：平胸龟、三线闭壳龟、黑疣大壁虎 *Gekko reevesii*、蟒蛇、勺嘴鹬和中华穿山甲；濒危（EN）等级15种：虎纹蛙 *Hoplobatrachus chinensis*、三索锦蛇 *Coelognathus radiatus*、金环蛇 *Coelognathus radiatus*、银环蛇 *Bungarus multicinctus*、眼镜王蛇、滑鼠蛇 *Ptyas mucosa*、王锦蛇 *Elaphe carinata*、长尾鸭、小青脚鹬、黑脸琵鹭、卷羽鹈鹕 *Pelecanus crispus*、乌雕、白肩雕、褐渔鸮和黄胸鹀；易危（VU）等级22种：短肢角蟾、棘胸蛙、小棘蛙、梅氏壁虎、中国水蛇 *Myrrophis chinensis*、铅色水蛇 *Hypsiscopus plumbea*、中华珊瑚蛇 *Sinomicrurus macclellandi*、舟山眼镜蛇 *Naja atra*、灰鼠

蛇*Ptyas korros*、环纹华游蛇*Sinonatrix aequifasciata*、乌华游蛇*Sinonatrix percarinata*、白喉斑秧鸡*Rallina eurizonoides*、大杓鹬、大滨鹬、红腹滨鹬*Calidris canutus*、黑嘴鸥、黑鹳*Ciconia nigra*、白腹海雕*Haliaeetus leucogaster*、白喉林鹟、鹩哥*Gracula religiosa*、喜马拉雅水鼩*Chimarrogale himalayica*和豹猫*Prionailurus bengalensis*。

国家重点保护物种： 共计47种。其中，国家Ⅰ级保护动物4种：蟒蛇、黑鹳、白肩雕和蜂猴；国家Ⅱ级重点保护动物42种：虎纹蛙、三线闭壳龟、黑疣大壁虎、斑尾鹃鸠、褐翅鸦鹃*Centropus sinensis*、小鸦鹃*Centropus bengalensis*、小杓鹬*Numenius minutus*、小青脚鹬、白琵鹭*Platalea leucorodia*、黑脸琵鹭、岩鹭*Egretta sacra*、卷羽鹈鹕、鹗*Pandion haliaetus*、黑冠鹃隼*Aviceda leuphotes*、凤头蜂鹰*Pernis ptilorhynchus*、黑翅鸢*Elanus caeruleus*、黑鸢*Milvus migrans*、白腹海雕、蛇雕*Spilornis cheela*、乌雕、凤头鹰*Accipiter trivirgatus*、赤腹鹰*Accipiter soloensis*、雀鹰*Accipiter nisus*、日本松雀鹰*Accipiter gularis*、松雀鹰*Accipiter virgatus*、灰脸鵟鹰*Butastur indicus*、白腹鹞*Circus spilonotus*、普通鵟*Buteo japonicus*、领角鸮*Otus lettia*、红角鸮*Otus sunia*、雕鸮*Bubo bubo*、褐渔鸮*Ketupa zeylonensis*、领鸺鹠*Glaucidium brodiei*、斑头鸺鹠*Glaucidium cuculoides*、红隼*Falco tinnunculus*、燕隼*Falco subbuteo*、红脚隼*Falco amurensis*、游隼*Falco peregrinus*、蓝翅八色鸫*Pitta moluccensis*、红领绿鹦鹉*Psittacula krameri*、猕猴和中华穿山甲。其中，红领绿鹦鹉应为笼养鸟类逃逸后形成的种群。

CITES附录收录物种： 共计47种。其中，6种列入附录Ⅰ：平胸龟、小青脚鹬、卷羽鹈鹕、白肩雕、游隼和中华穿山甲；38种列入附录Ⅱ：香港瘰螈、三线闭壳龟、蟒蛇、滑鼠蛇、舟山眼镜蛇、眼镜王蛇、黑鹳、白琵鹭、鹗、黑冠鹃隼、凤头蜂鹰、黑翅鸢、黑鸢、白腹海雕、蛇雕、乌雕、凤头鹰、赤腹鹰、雀鹰、日本松雀鹰、松雀鹰、灰脸鵟鹰、白腹鹞、普通鵟、领角鸮、红角鸮、雕鸮、褐渔鸮、领鸺鹠、斑头鸺鹠、红隼、燕隼、红脚隼、画眉*Garrulax canorus*、红嘴相思鸟*Leiothrix lutea*、鹩哥、豹猫和猕猴；3种列入附录Ⅲ：红颊獴、黄腹鼬*Mustela kathiah*和果子狸*Paguma larvata*。

2. 有大量外来物种

在深圳各种陆域环境中，共发现外来脊椎动物物种28种。其中，鱼类有8个外来物种，占28.6%；两栖类有5个外来物种，占总数的17.9%；爬行动物有4个外来物种，占14.3%；鸟类有8种为外来鸟种，占28.6%；哺乳动物有3个外来物种，占10.7%。

有16种是全球公认的入侵物种，分别是鱼类的食蚊鱼*Gambusia affinis*、尼罗罗非鱼*Oreochromis niloticus*、豹纹脂身鲇*Pterygoplichthys pardalis*、红腹锯鲑脂鲤*Pygocentrus nattereri*、剑尾鱼*Xiphophorus hellerii*、月光鱼*Xiphophorus maculatus*和孔雀鱼*Poecilia reticulata*；两栖类的牛蛙*Rana catesbeiana*和温室蟾*Eleutherodactylus planirostris*；爬行类的红耳龟*Trachemys scripta elegans*和拟鳄龟*Chelydra serpentina*；鸟类的亚历山大鹦鹉、红领绿鹦鹉、家八哥*Acridotheres tristis*和鹩哥；哺乳类的普通刺猬*Erinaceus europaeus*也被公认是入侵物种，该种在深圳地区是否形成有效种群尚需进一步调查。

由于放生、饲养逃逸、贸易带入等原因，共有12个外来物种（尚未被列为入侵物种）进入深圳自然环境，它们是鱼类的眼斑雀鳝*Lepisosteus oculatus*；两栖类的肥螈*Pachytriton* sp.、非洲爪蟾*Xenopus laevis*和黑斑侧褶蛙*Pelophylax nigromaculatus*；爬行类的赤链蛇*Lycodon rufozonatum*和王锦蛇*Elaphe carinata*；鸟类的雉鸡*Phasianus colchicus*、灰喜鹊*Cyanopica cyanus*、矛纹草鹛*Pterorhinus lanceolatus*和蓝翅希鹛*Actinodura cyanouroptera*；哺乳类的蜂猴和马来家鼠*Rattus tiomanicus*。雉鸡的历史分布区包含深圳地区，目前只有零星个体记录，未见有效种群，当属被再次引入的个别案例。

3. 深圳市陆域脊椎动物多样性格局

东部沿海山脉和大鹏半岛是深圳市陆生脊椎动物生物多样性最高的区域，其中以梧桐山和七娘山多样性最高，而马峦山、三洲田由于植被破碎化较严重，在东部沿海山脉中多样性水平最低。三洲田的一条溪流是唐鱼（被评定为野外灭绝等级）在深圳的唯一分布点，2013年发现时种群数量很大，但2015年起，该溪流被开发利用，唐鱼的数量急剧减少，目前已难见其踪。

东部沿海山脉和大鹏半岛也是新种刘氏掌突蟾、白刺湍蛙、广东颈槽蛇、深圳后棱蛇的模式产地或本区的主要分布地，锯尾蜥虎、华南雨蛙、所有后棱蛇属物种、香港瘰螈、大绿臭蛙、黑眉拟啄木鸟等在深圳均都记录于这一地区，是豹猫、果子狸、黄腹鼬等在深圳的主要分布区。

深圳湾是陆生脊椎动物多样性第二高的区域，鸟类所占比例高达89%，是水鸟的重要分布区，是东亚-澳大利亚鸟类迁徙路线上的重要停歇地，也是冬候鸟的重要越冬地。

羊台山片区是深圳陆生脊椎动物多样性第三高的区域，是梅氏壁虎在深圳的唯一分布区。

内伶仃岛是深圳陆生脊椎动物多样性第四高的区域。蟒蛇、猕猴、金环蛇、舟山眼镜蛇、钝尾两头蛇、中华穿山甲等在深圳的最大种群均出现在内伶仃岛，也是很多种猛禽、柳莺、红胁绣眼鸟等的过境停歇点。

其他区域，由于商业开发、不合理规划所造成的生境破碎化、岛屿化日益严重，人工栖地环境高度同质化，且几乎所有区域都或多或少受到人为干扰，导致陆域生物多样性普遍较低。

第二部分

深圳市
陆域脊椎动物
多样性研究

第3章

系统分类学研究专题

3.1 福建掌突蟾隐存种多样性及刘氏掌突蟾的中文描述

3.1.1 掌突蟾属概述

角蟾科Megophryidae的掌突蟾属*Leptobrachella*目前包含79个种，其中47个是2010年以来发表的新种，占该属总物种数的59.5%，表明该属的物种多样性水平被严重低估（Chen et al., 2020; Luo et al., 2020; Frost, 2020）。目前，掌突蟾属在我国已知分布有24种，占该属总物种数的30.4%。具体分布如下。

西南地区（四川、贵州、云南、重庆、西藏）分布有16种：高山掌突蟾*L. alpinus*分布于云南景东、广西田林岑王老山；布氏掌突蟾*L. bourreti*分布于云南西畴、屏边、广西兴安、金秀；毕节掌突蟾*L. bijie*和紫腹掌突蟾*L. purpuraventra*均分布于贵州毕节；拂晓掌突蟾*L. eos*分布于云南勐腊；夜神掌突蟾 *L. nyx*分布于云南西畴、麻栗坡；螳掌突蟾*L. pelodytoides*分布于云南景洪勐养；紫棕掌突蟾*L. purpura*和盈江掌突蟾*L. yingjiangensis*分布于云南盈江；腾冲掌突蟾*L. tengchongensis*分布于云南腾冲高黎贡山；腹斑掌突蟾*L. ventripunctata*分布于云南勐腊、思茅、金平、景东；峨山掌突蟾分布于甘肃、四川、重庆、贵州、湖北；雪山掌突蟾*L. niveimontis*：云南临沧永德大雪山保护区；黄腺掌突蟾*L. flaviglandulosa*：云南文山西畴小桥沟保护区；费氏掌突蟾*L. feii*：云南文山西畴小桥沟保护区、云南大围山；绥阳掌突蟾*L. suiyangensis*：贵州绥阳。

华南地区（广东、广西、海南、澳门、香港）分布有8种：高山掌突蟾、布氏掌突蟾（分布见上文）；刘氏掌突蟾*L. laui*分布于广东深圳、香港；五皇山掌突蟾*L. wuhuangmontis*分布于广西五皇岭；云开掌突蟾*L. yunkaiensis*分布于广东大雾岭；三岛掌突蟾*L. sungi*分布于广西防城港；上思掌突蟾*L. shangsiensis*分布于广西十万大山；猫儿山掌突蟾*L. maoershanensis*分布于广西猫儿山。

华东地区（上海、江苏、浙江、安徽、福建、江西、山东和台湾）分布有1种：福建掌突蟾*L. liui*分布于福建、江西、浙江等地。

华中（河南，湖北，湖南）分布有2种：峨山掌突蟾（分布见上文）；莽山掌突蟾*L. mangshanensis*分布于湖南莽山。

螳掌突蟾在我国曾被广泛记录。Ohler等（2011）认为该种仅分布于缅甸的卡琳山（Karin Hills），以前在云南发现的体型较大且被鉴定为螳掌突蟾的掌突蟾，实际上可能是拂晓掌突蟾。2015年，作者在云南勐腊朱石河采集到该种标本，进一步证实了Ohler等人的观点。

2014年以前，广西东北部、广东、福建、浙江、江西、湖南等广大地区只记录了2种掌突蟾，即螳掌突蟾（Fellowes et al., 2002）和福建掌突蟾（费梁等，2012）。近几年，先后有3个地理种群被描述为独立物种：香港、深圳的掌突蟾种群被描述为刘氏掌突蟾，修订了原先螳掌突蟾的错误记录（Sung et al., 2014）；广西猫儿山的掌突蟾种群被描述为猫儿山掌突蟾，修订了原先福建掌突蟾的错误记录（Yuan et al., 2017）；广东信宜大雾岭的掌突蟾种群被描述为云开掌突蟾，修订了原先福建掌突蟾的错误记录（Wang et al., 2018）。

本研究基于掌突蟾分子系统分析，重新评估这几个新种的有效性，进而评估中国东南部掌突蟾的物种多样性水平，并中文描述刘氏掌突蟾。

3.1.2 材料与方法

1. DNA分析使用的样品

为评估最近几年发表的中国东南部掌突蟾新种的有效性，进而评估该地区掌突蟾属的多样性，本研究使用了中国和东南亚掌突蟾36种50个样品，构建基于线粒体16S rRNA基因的系统进化树，外群使用沙巴拟髭蟾 *Leptobrachium* cf. *chapaense*、*Pelobates syriacus*、*Pelobates varaldii* 和大角蟾 *Xenophrys major*，样品信息见表3.1。

2. 分子数据获取和系统发育树构建

DNA的提取依据Sambrook的方法，利用苯酚/三氯甲烷抽提法抽提基因组DNA，然后4℃保存备用（Sambrook et al., 1989）。目前，掌突蟾普遍使用的基因片段是线粒体16S rRNA，其扩增引物如下：L3975（5′-CGCCTGTTTACCAAAAACAT-3′）和H4551（5′-CCGGTCTGAACTCAGATCACGT-3′）。

PCR反应程序为95℃预变性5 min；95℃变性40 s，53℃退火40 s，72℃延伸1 min，进行35个循环；最后72℃再延伸10 min。PCR产物于1% 琼脂糖凝胶电泳检测，产物最后由上海美吉生物医药科技有限公司测序。

测序获得的序列片段经人工检查确保无误后，使用ClustalX 2.0进行序列比对（Thompson et al., 1997），最后用 MEGA 6（Tamura et al., 2013）和MrBayes 3.12（Ronquist and Huelsenbeck, 2003）分别构建系统进化树。

表3.1　基于线粒体16S rRNA基因片段的掌突蟾属系统发育分析所使用的样品信息

序号	物种名	采集地	标本号	GenBank 序列号
1	刘氏掌突蟾*Leptobrachella laui* sp. nov.	中国：深圳三洲田森林公园China: Sanzhoutian Forest Park, Shenzhen, Guangdong	SYS a002450	MH055904
2	刘氏掌突蟾*Leptobrachella laui* sp. nov.	中国：深圳梧桐山China: Wutong Mountain, Shenzhen, Guangdong	SYS a003477 #	MH605576
3	紫腹掌突蟾*Leptobrachella purpuraventra*	中国：贵州毕节乌菁自然保护区China: Wujing Nature Reserve, Bijie, Guizhou	SYS a007279 *	MK414520
4	紫腹掌突蟾*Leptobrachella purpuraventra*	中国：贵州毕节乌菁自然保护区China: Wujing Nature Reserve, Bijie, Guizhou	SYS a007280 *	MK414521
5	紫腹掌突蟾*Leptobrachella purpuraventra*	中国：贵州毕节罩子山自然保护区China: Zhaozishan Nature Reserve, Bijie, Guizhou	SYS a007300 *	MK414525
6	紫腹掌突蟾*Leptobrachella purpuraventra*	中国：贵州毕节罩子山自然保护区China: Zhaozishan Nature Reserve, Bijie, Guizhou	SYS a007301 *	MK414526
7	毕节掌突蟾*Leptobrachella bijie*	中国：贵州毕节罩子山自然保护区China: Zhaozishan Nature Reserve, Bijie, Guizhou	SYS a007316 *	MK414535
8	毕节掌突蟾*Leptobrachella bijie*	中国：贵州毕节罩子山自然保护区China: Zhaozishan Nature Reserve, Bijie, Guizhou	SYS a007317 *	MK414536
9	*Leptobrachella aerea*	越南：广平Vietnam: Quang Binh	RH60165	JN848437
10	*Leptobrachella applebyi*	越南：昆嵩Vietnam: Kon Tum	AMS R 173778	KR018108
11	*Leptobrachella applebyi*	越南：昆嵩Vietnam: Kon Tum	AMS R 173635	KU530189
12	*Leptobrachella bidoupensis*	越南：林同Vietnam: Lam Dong	AMS R 173133 *	HQ902880
13	*Leptobrachella bidoupensis*	越南：林同Vietnam: Lam Dong	NCSM 77321 *	HQ902883
14	布氏掌突蟾*Leptobrachella bourreti*	越南：老街Vietnam: Lao Cai	AMS R 177673 #	KR018124
15	拂晓掌突蟾*Leptobrachella eos*	老挝：丰沙里Laos: Phongsaly	MNHN 2004.0278 *	JN848450
16	*Leptobrachella firthi*	越南：昆嵩Vietnam: Kon Tum	AMS R 176524 *	JQ739206
17	*Leptobrachella fritinniens*	马来西亚：加里曼丹Malaysia: Kalimantan Island	KUHE 55371 #	AB847557
18	*Leptobrachella gracilis*	马来西亚：加里曼丹Malaysia: Kalimantan Island	KUHE 55624 #	AB847560
19	*Leptobrachella hamidi*	马来西亚：加里曼丹Malaysia: Kalimantan Island	KUHE 17545 *	AB969286
20	*Leptobrachella heteropus*	马来西亚：马来半岛Malaysia: Malay Peninsula	KUHE 15487	AB530453
21	*Leptobrachella isos*	越南：嘉莱Vietnam: Gia Lai	VNMN A 2015.4 /AMS R 176480 *	KT824769
22	福建掌突蟾 *Leptobrachella liui*	中国：福建武夷山挂墩村China: Guadun, Wuyishan, Fujian	SYS a002478	MH605573
23	福建掌突蟾 *Leptobrachella liui*	中国：江西黄岗山China: Huanggang Mountain, Jiangxi	SYS a001620	KM014549
24	莽山掌突蟾*Leptobrachella mangshanensis*	中国：湖南莽山China: Mangshan Mountain, Hunan	MSZTC201702 *	MG132197
25	莽山掌突蟾*Leptobrachella mangshanensis*	中国：湖南莽山China: Mangshan Mountain, Hunan	MSZTC201703 *	MG132198
26	*Leptobrachella marmorata*	马来西亚：加里曼丹Malaysia: Kalimantan Island	KUHE 53227 *	AB969289
27	*Leptobrachella maura*	马来西亚：加里曼丹Malaysia: Kalimantan Island	SP 21450	AB847559

序号	物种名	采集地	标本号	GenBank序列号
28	*Leptobrachella macrops*	越南：富安Vietnam: Phu Yen	ZMMU A-5823 *	MG787993
29	猫儿山掌突蟾*Leptobrachella maoershanensis*	中国：广西猫儿山China: Maoershan Mountain, Guangxi	KIZ019386 *	KY986931
30	*Leptobrachella melica*	柬埔寨：腊塔纳基里省Cambodia: Ratanakiri	MVZ 258198 *	HM133600
31	*Leptobrachella minima*	泰国：清迈Thailand: Chiang Mai	K3124	JN848369
32	夜神掌突蟾*Leptobrachella nyx*	越南：高平光青村Vietnam: Quang Thanh Village, Cao Bang	ROM 26828	MH055818
33	峨山掌突蟾*Leptobrachella oshanensis*	中国：四川峨眉山市China: Emeishan, Sichuan	SYS a001830	KM014810
34	*Leptobrachella pallida*	越南：林同Vietnam: Lam Dong	UNS 00511 *	KU530190
35	*Leptobrachella picta*	马来西亚：加里曼丹Malaysia: Kalimantan Island	UNIMAS 8705	KJ831295
36	*Leptobrachella pluvialis*	越南：老街Vietnam: Lao Cai	MNHN 1999.5675 *	JN848391
37	紫棕掌突蟾*Leptobrachella purpura*	中国：云南盈江China: Yingjiang, Yunnan	SYS a006530 *	MG520354
38	*Leptobrachella pyrrhops*	越南：林同Vietnam: Lam Dong	ZMMU A-5208 *	KP017575
39	*Leptobrachella pyrrhops*	越南：林同Vietnam: Lam Dong	ZMMU A-4873 *	KP017576
40	*Leptobrachella sabahmontana*	马来西亚：加里曼丹Malaysia: Kalimantan Island	BORNEENSIS 12632	AB847551
41	腾冲掌突蟾*Leptobrachella tengchongensis*	中国：云南腾冲China: Tengchong, Yunnan	SYS a004596 *	KU589208
42	腾冲掌突蟾*Leptobrachella tengchongensis*	中国：云南腾冲China: Tengchong, Yunnan	SYS a004598 *	KU589209
43	腹斑掌突蟾*Leptobrachella ventripunctata*	老挝：丰沙里Laos: Phongsaly	MNHN 2005.0116	JN848410
44	腹斑掌突蟾*Leptobrachella ventripunctata*	中国：云南西双版纳朱石河China: Zhushihe, Xishuangbanna, Yunnan	SYS a001768 #	KM014811
45	盈江掌突蟾*Leptobrachella yingjiangensis*	中国：云南盈江China: Yingjiang, Yunnan	SYS a006533 *	MG520350
46	云开掌突蟾*Leptobrachella yunkaiensis*	中国：广东茂名大雾岭森林公园China: Dawuling Forest Station, Maoming, Guangdong	SYS a004663 *	MH605584
47	云开掌突蟾*Leptobrachella yunkaiensis*	中国：广东茂名大雾岭森林公园China: Dawuling Forest Station, Maoming, Guangdong	SYS a004664 /CIB 107272 *	MH605585
48	五皇山掌突蟾*Leptobrachella wuhuangmontis*	中国：广西浦北五皇山China: Wuhuang Mountain, Pubei, Guangxi	SYS a003485 *	MH605577
49	五皇山掌突蟾*Leptobrachella wuhuangmontis*	中国：广西浦北五皇山China: Wuhuang Mountain, Pubei, Guangxi	SYS a003486 *	MH605578
50	张氏掌突蟾*Leptobrachella zhangyapingi*	泰国：清迈Thailand: Chiang Mai	KJ-2013 #	JX069979
51	大角蟾 *Xenophrys major*	越南：昆嵩Vietnam: Kon Tum	AMS R 173870	KY476333
52	沙巴拟髭蟾*Leptobrachium* cf. *chapaense*	越南：老街Vietnam: Lao Cai	AMS R 171623	KR018126
53	*Pelobates syriacus*	土耳其：布尔萨奥斯曼·加齐Turkey: Bursa, Osman Gazi	MVZ 234658	AY236807
54	*Pelobates varaldii*	摩洛哥：阿尔卡萨基维尔Morocco: Alcazarquivir	MNCN uncatalogued	AY236808

注：*为正模标本；*为副模标本；#为地模标本

3. 形态特征与测量

标本测量使用游标卡尺（Neiko 01407A Stainless Steel 6-Inch Digital Caliper, USA），精确到0.1 mm。相关术语、缩写及定义如下：头体长（snout-vent length，SVL）从吻端至身体末端（泄殖腔后缘）的长度；头长（head length，HL）吻端至颌关节后缘的长度；头宽（head width，HW）头部最宽处的宽度；吻长（snout length，SNT）吻端至前眼角的距离；眼径（eye diameter，ED）眼前角至眼后角的距离；鼻间距（internasal distance，IND）两鼻孔间的距离；眶间距（interorbital distance，IOD）两眼眶间距离；鼓膜径（tympanum diameter，TD）鼓膜直径；鼓眼距（tympanum-eye distance，TED）鼓膜前缘至眼后角间的长度；手长（hand length，HND）桡尺骨远端至第III指末端的长度；桡尺骨（前臂）长（radioulna length，RAD）桡尺骨两端间的长度；足长（foot length，FTL）胫骨远端至第III趾末端的长度；胫骨（小腿）长（tibia length，TIB）胫骨两端间的长度；第I指指端至内掌突外缘的长度（length of adpressed first finger from tip to distal edge of inner palmar tubercle，F1L）；第II指指端至内掌突外缘的长度（length of adpressed second finger from tip to distal edge of inner almar tubercle，F2L）；第III指指端至内掌突外缘的长度（length of adpressed third finger from tip to distal edge of inner palmar tubercle，F3L）；股腺宽（Greatest width of femoral gland，FG）股腺最宽处的宽度；胫部近体处背侧条纹宽（greatest width of traverse brownish grey bars closest to body on dorsal surface of tibia，BT）；前臂中段背侧条

纹宽（width of the distal traverse brownish grey bars on dorsal surface of middle section of lower arms，BLA）。

3.1.3 掌突蟾属系统发育分析

基于线粒体16S rRNA基因片段构建的贝叶斯树（Bayesian inference tree）和最大似然树（maximum likelihood tree）具有一致的拓扑结构，整合成为系统发育树如图3.1。尽管所使用的线粒体16S rRNA基因片段的长度较短，仅为412 bp，但支持了刘氏掌突蟾、猫儿山掌突蟾、云开掌突蟾和莽山掌突蟾等均是与福建掌突蟾有较大遗传分化的独立进化谱系，均为有效物种。这4个物种聚为一支，有较高的节点支持率（BPP/BS = 1.00/80），说明它们由共同的祖先谱系分化而来，可以定义为福建掌突蟾种组（*Leptobrachella liui* species group），包含了中国东南部目前已知的所有掌突蟾物种。

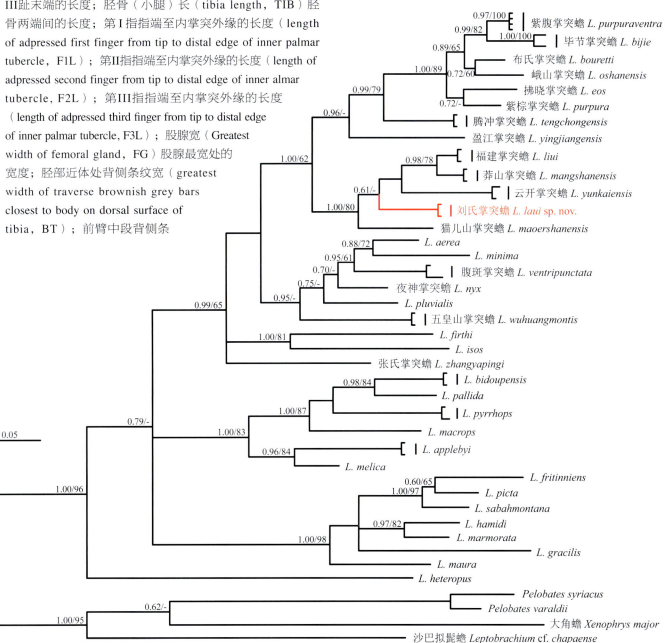

图3.1　基于线粒体16S rRNA基因片段的掌突蟾属系统发育关系树

在地理上，福建掌突蟾种组分布于云开山脉（云开掌突蟾），南岭山脉西段的猫儿山（猫儿山掌突蟾），湖南莽山（莽山掌突蟾），莲花山脉最西端的深圳和香港（刘氏掌突蟾），以武夷山、戴云山和仙霞岭为代表的浙闽山地（福建掌突蟾）。尽管本研究的采样点覆盖度较低，南岭山脉的中东段、云开山脉的中北段、莲花山脉的主要山体等广大地区未包含在本研究中，但也可看出掌突蟾物种多样性水平在地理上的分布趋势，由西向东掌突蟾物种数递减，但物种的分布面积逐渐增大，这与区内自然地理条件密切相关。

3.1.4 刘氏掌突蟾物种描述

刘氏掌突蟾
Leptobrachella laui (Sung, Yang and Wang, 2014)

检视标本 正模标本：SYS a002057，成年雄性，2011年4月10日采于香港大帽山郊野公园（22.41057°N，114.11794°E；海拔680 m）；副模标本：SYSa002058，成年雄性，采集于正模标本产地；SYS a001505、1507、1515-1521为成年雄性，SYS a001506为成年雌性，2012年5月17-21日采自梧桐山（22.58481°N，114.19875°E；海拔178 m）。其他标本：SYS a002444，2014年3月9日采集于田头山自然保护区；SYS a002450-2452，2014年3月11日采集于三洲田森林公园；SYS a003471-3472、3477-3478，2015年3月12日采集于梧桐山；SYS a005644-5645，2017年3月21日采集于梧桐山。

鉴定特征修订 中等体型，成年雄性头体长（SVL）最大26.7 mm，雌性头体长28.1 mm。指侧缘膜适中，趾侧缘膜宽，趾腹面有纵行的连续延伸脊状垫，该垫在关节处不中断。背部皮肤分布着细小的圆形疣粒；有肩上腺（supra-axillary gland）、胸腺（pectoral gland）、棱脊状腹侧腺（ventrolateral gland）和股腺（femoral gland）。背部褐色或红褐色，身体两侧有明显的深棕色斑点；胫和前臂背面有棕灰色的细横纹；胸腹部乳白色，几无斑。

标本描述 形态特征见图3.2，测量数据见表3.2。成年雄性头体长 24.8-26.7 mm；成年雌性头体长28.1 mm；头长宽比平均0.95（0.85-1.04），吻端背面观圆形，侧面观平切；鼻孔近吻端；吻棱钝圆；颊部略凹陷；眼大，眼径小于吻长；瞳孔垂直；鼓膜清晰，小而圆，其直径远小于眼径（TD/ED0.32-0.51），其边缘稍高出颞区的皮肤；无犁骨齿；声囊孔呈裂缝状；舌宽而长，后端缺刻小；颞褶明显，从眼后延伸到肩上腺；指端圆，无关节下瘤；指序为 I < IV < II < III，各指无蹼，第 II、IV、III指的侧缘膜适中；指无婚垫；内掌突大而圆，外掌突小而扁平。趾序 I < II < V < III < IV；趾端圆，各趾基部具微蹼，趾缘膜宽，无关节下瘤，第 II-V趾的腹面有连续延伸的纵脊，在关节处不中断；内蹠突大，呈椭圆形，无外蹠突；胫长为头体长的46%-50%；胫跗关节达眼前缘。背面皮肤粗糙，分布有细小的圆形疣粒；腹部皮肤光滑；股后腺椭圆形，最大宽度0.8 mm，最大长度0.9 mm，位于大腿后缘，距膝部较近，而距泄殖腔

孔较远。模式标本胸腺宽1.0 mm，长1.8 mm；腹侧腺排成一行。

背面棕色，通常有眶间三角形深色斑，其前方吻背有一个"V"形深色斑，肩上背部有一个倒"W"形深色斑，3个斑纹通常彼此相连，斑纹内空处亮棕黄色；肩区之后的背部有不规则深色斑纹。上臂背部、膝关节处亮棕黄色，四肢背部其余部分，即前臂、大腿、胫部和跗足部背面有深棕横纹；指、趾背部色浅，有深棕色横斑。胸腹部呈不透明的乳白色，在腹外侧腺体的边缘有深棕色小斑点；咽部呈透明粉色，其边缘有深棕色点斑；四肢腹面淡红色，有深棕色点斑；胫跗部腹面深色。腋腺、股后腺和腹外侧的腺体浅橙黄色。不同个体虹膜颜色有变异，模式标本SYS a005644-5645虹膜为单一的橙黄色，在标本SYS a002450-2452、3471-3472和3477-3478虹膜呈现显著的上下二色，上部橙黄色，下部灰白色。

雌雄二态 通常雌性个体略大于雄性；雌性趾侧缘膜显著窄于雄性的趾侧缘膜。

分布与生态 生活于海拔100-800 m次生林内的山间溪流里。在香港，2月到9月能听到雄性刘氏掌突蟾的鸣叫求偶声。

分布与保护现状 刘氏掌突蟾分布于香港和深圳东部沿海山脉，包括梧桐山、三洲田、马峦山、大鹏半岛和七娘山。

3.2 泛角蟾属的有效性及短肢角蟾深圳种群的补充描述

3.2.1 角蟾亚科分类历史概述

辐射演化往往会导致形态分化与遗传分化的不匹配（Barley et al., 2013）。两栖类形态进化具有保守性（Cherry et al., 1978），因此，两栖类中存在大量形态极其相似，彼此难以区分，但遗传分化很大，甚至属于完全不同的遗传谱系，不仅为物种界定带来困难，也为某些属的划分和厘定带来极大的挑战。

角蟾亚科Megophryinae的系统分类一直存在争议。Chen 等（2017）以拟角蟾属 *Ophryophryne*、短腿蟾属 *Brachytarsophrys*、掌突蟾属 *Leptobrachella* 和拟髭蟾属 *Leptobrachium* 为外群，基于39个已知物种的2个线粒体基因（COI、16S rRNA）和3个核基因（BDNF、RAG1、RHOD）数据分别构建系统发育树，其系统分析结果认为角蟾属 *Megophrys*、拟角蟾属 *Ophryophryne*、短腿蟾属 *Brachytarsophrys*、异角蟾属 *Xenophrys* 和无耳蟾属 *Atympanophrys* 均为有效属。同时，作者选择核基因树结果处理角蟾的系统关系，将异角蟾属中2个姊妹亚支作为2个亚属，即异角蟾亚属 *Xenophrys* 和泛角蟾亚属 *Panophrys*。随后，Mahony 等（2017）基于一个更大的分子数据集的系统发育分析，将整个角蟾亚科作为一个属，即角蟾属 *Megophrys*，包含角蟾亚属、拟角蟾亚属、短腿蟾亚属、异角蟾亚属、泛角蟾亚属、*Pelobatrachus* 亚属。Chen 等（2017）

图3.2 刘氏掌突蟾外部形态特征
A.虹膜单一颜色；B.雄性，虹膜上下二色；C.雄性，趾侧缘膜较宽；D.雌性；E.雌性，趾侧缘膜较窄

表3.2　刘氏掌突蟾雄性模式标本（*n* = 11，SYS a001505、1507、1515-1521、2057、2058）和福建掌突蟾雄性地模标本（*n* = 13，SYS a001571-1578、1595-1599）形态测量（单位：mm）

	刘氏掌突蟾*Leptobrachella laui*	福建掌突蟾*Leptobrachella liui*
SVL	25.8±0.6 (24.8-26.7)	24.9 (22.6-26.8)
HL	9.5±0.2 (9.3-9.7)	9.6 (8.9-10.1)
HW	9.4±0.2 (8.9-9.7)	9.1 (8.2-9.6)
SNT	3.8±0.3 (3.3-4.2)	3.9 (3.0-4.6)
ED	3.5±0.3 (3.2-4.0)	3.5 (3.2-3.7)
IOD	2.9±0.1 (2.7-3.1)	3.1 (2.7-3.8)
TD	1.6±0.1 (1.4-1.8)	1.7 (1.4-1.9)
TED	1.1±0.1 (0.9-1.4)	1.2 (0.9-1.6)
HND	6.5±0.4 (6.0-7.2)	6.2 (5.5-6.9)
FTL	10.8±0.4 (10.1-11.3)	11.0 (9.6-12.0)
TIB	12.3±0.4 (11.7-12.9)	12.3 (10.8-13.1)
F1L	2.2±0.2 (2.0-2.5)	2.3 (1.7-2.7)
F2L	2.9±0.2 (2.6-3.3)	2.8 (2.4-3.3)
F3L	5.0±0.3 (4.5-5.6)	4.6 (4.2-5.2)
FG	1.1±0.2 (0.7-1.5)	1.3 (1.0-1.6)
BT	0.8±0.1 (0.6-0.9)	1.3 (1.0-1.7)
BLA	0.7±0.1 (0.5-0.8)	1.1 (0.9-1.2)
TD/ED	0.45±0.04 (0.40-0.52)	0.49 (0.40-0.54)
TIB/SVL	0.48±0.02 (0.46-0.50)	0.49 (0.40-0.54)
HL/HW	0.96±0.05 (0.85-1.04)	0.96 (0.86-1.09)
HL/SVL	0.35±0.01 (0.32-0.36)	0.35 (0.31-0.40)

注：SVL. 头体长；HL. 头长；HW. 头宽；SNT. 吻长；ED. 眼径；IOD. 眶间距；TD. 鼓膜径；TED. 鼓眼距；HND. 手长；FTL. 足长；TIB. 胫骨（小腿）长；F1L. 第Ⅰ指指端至内掌突外缘；F2L. 第Ⅱ指端至内掌突外缘；F3L. 第Ⅲ指指端至内掌突外缘；FG. 股腺宽；BT. 胫部近体处背侧条纹宽；BLA. 前臂中段背侧条纹宽

和 Mahony 等（2017）所构建的分子系统发育树拓扑结构基本相同，有一致的、明确的系统发育关系，但却产生了2种不同的分类意见，其原因主要有两点：尽管异角蟾和泛角蟾在分子系统演化中是2个独立进化的单系群，但由于未能找出清晰的、可识别的离散形态特征，在形态学上不能确定这两个类群的分类地位，进而弱化其他类群间的形态差异；对属的认定标准有分歧。

属的界定没有严格意义上的准则。一个新属的定义通常应该满足下列3个分类适用的标准：应为单系，结构紧凑合理，在生态、形态或生物地理显著不同（Gill et al., 2005）。Mahony 等（2017）的分类结论似乎解决了角蟾的分类问题，但却给角蟾的分类工作带来极大的不便。从形态上看，

原短腿蟾属和拟角蟾属显著区别于其他角蟾类群，单独列属比较合理，也得到大多数分类学者的认同；但原广义角蟾属，即Mahony 等（2017）所认定的角蟾亚属 *Megophrys*、异角蟾亚属 *Xenophrys*、泛角蟾亚属 *Panophrys* 和无耳蟾亚属 *Atympanophrys* 之间则一直没有令人信服的能将彼此清晰区分的形态证据。Chen 等（2017）虽然列出其所认定的异角蟾属、无耳蟾属和角蟾属的形态特征，但这些特征不足以作为属间的形态鉴别依据。因此，在分子系统结果一致支持角蟾亚科有效，且至少应该包含短腿蟾属、拟角蟾属、角蟾属、异角蟾属、泛角蟾属和无耳蟾属的前提下，找出各属形态特征是当务之急。

广义角蟾属（不含短腿蟾、拟角蟾）的生物多样性

被严重低估的事实已经成为共识（Wang et al., 2012, 2014; Chen et al., 2017; Li et al., 2020）。近10年，中国广义角蟾属由19种增加到目前的38种，共增加了19种。其中，14种来自中国东南地区（广东、广西、福建、浙江、江西、安徽和香港），将该地区广义角蟾属由原来的莽山角蟾 *Xenophrys mangshanensis*、短肢角蟾 *Panophrys brachykolos*、挂墩角蟾 *P. kuatunensis*、淡肩角蟾 *P. boettgeri* 和黄山角蟾 *P. huangshanensis* 5种增加到目前的18种。这些增加的物种依次是井冈角蟾 *P. jinggangensis*、林氏角蟾 *P. lini*、陈氏角蟾 *P. cheni*、黑石顶角蟾 *P. obesa*、封开角蟾 *P. acuta*、南澳岛角蟾 *P. insularis*、丽水角蟾 *P. lishuiensis*、雨神角蟾 *P. ombrophila*、南昆山角蟾 *P. nankunensis*、南岭角蟾 *P. nanlingensis*、九连山角蟾 *P. jiulianensis*、东莞角蟾 *P. dongguanensis* 和仙居角蟾 *P. xianjuensis*。可见，相对于其他地区，中国东南地区的角蟾多样性低估的情况更为严重。

黎振昌等（2011）将深圳的角蟾鉴定为小角蟾 *P. minor*，这是深圳最早的角蟾记录。唐跃琳等（2015b）将深圳梧桐山的角蟾记录为短肢角蟾 *P. brachykolos*。在随后的2013年至2016年，我们在深圳地区进行陆生脊椎动物调查时，在深圳东部沿海山脉（七娘山、排牙山、田头山、马峦山和三洲田），以及深圳西部的羊台山采集了系列角蟾标本分子系统学研究结果进一步证实了深圳的角蟾种群，为短肢角蟾。

3.2.2 材料与方法

1. DNA分析所用样品

本研究所用样品包括采集于深圳羊台山、三洲田和七娘山的标本，采自香港大屿山和伯公坳的标本，采自香港大潭的短肢角蟾地模标本 SYS a005562-5564、黑石顶角蟾副模标本 SYS a002270、封开角蟾副模标本 SYS a001957、井冈角蟾三个地点的标本、陈氏角蟾的副模标本 SYS a002123和 SYS a002140、林氏角蟾的副模标本 SYS a002128和 SYS a002381、淡肩角蟾的地模标本 SYS a004149-4151、黄山角蟾的地模标本 SYS a002702-2704、南澳岛角蟾的正模标本 SYS a002169，副模标本 SYS a002167和SYS a002168、小角蟾的地模标本 SYS a003209-3211，以及峨眉角蟾 *Panophrys omeimontis*、挂墩角蟾、莽山角蟾、大角蟾 *Xenophrys major*、腺角蟾 *X. glandulosa*、珀普短腿蟾 *Brachytarsophrys popei*、川南短腿蟾 *B. chuannanensis*、小口拟角蟾 *Ophryophryne microstoma*、沙坪无耳蟾 *Atympanophrys shapingensis*、大花角蟾 *A. gigantica* 等物种样品，采集于印度尼西亚的 *Megophrys montana*。福建掌突蟾 *Leptobrachella liui* 和腾冲拟髭蟾 *L. tengchongense* 为外群（表3.3）。

表3.3 基于线粒体COI和16S rRNA基因联合片段的角蟾科系统发育分析所使用的样品信息

序号	物种名	采集地	凭证标本
1	短肢角蟾*Panophrys brachykolos*	中国：深圳羊台山森林公园China: Yangtaishan Forest Park, Shenzhen, Guangdong	SYS a002051
2	短肢角蟾*Panophrys brachykolos*	中国：深圳羊台山森林公园China: Yangtaishan Forest Park, Shenzhen, Guangdong	SYS a002070
3	短肢角蟾*Panophrys brachykolos*	中国：深圳羊台山森林公园China: Yangtaishan Forest Park, Shenzhen, Guangdong	SYS a002453
4	短肢角蟾*Panophrys brachykolos*	中国：深圳羊台山森林公园China: Yangtaishan Forest Park, Shenzhen, Guangdong	SYS a002454
5	短肢角蟾*Panophrys brachykolos*	中国：深圳七娘山地质公园China: Qiniangshan Geopark, Shenzhen, Guangdong	SYS a002408
6	短肢角蟾*Panophrys brachykolos*	中国：深圳七娘山地质公园China: Qiniangshan Geopark, Shenzhen, Guangdong	SYS a002410
7	短肢角蟾*Panophrys brachykolos*	中国：深圳七娘山地质公园China: Qiniangshan Geopark, Shenzhen, Guangdong	SYS a002405
8	短肢角蟾*Panophrys brachykolos*	中国：深圳三洲田森林公园China: Sanzhoutian Forest Park, Shenzhen, Guangdong	SYS a002446
9	短肢角蟾*Panophrys brachykolos*	中国：深圳三洲田森林公园China: Sanzhoutian Forest Park, Shenzhen, Guangdong	SYS a002447
10	短肢角蟾*Panophrys brachykolos*	中国：香港大潭China: Tai Tam, Hong Kong	SYS a005562 [#]
11	短肢角蟾*Panophrys brachykolos*	中国：香港大潭China: Tai Tam, Hong Kong	SYS a005563 [#]
12	短肢角蟾*Panophrys brachykolos*	中国：香港大潭China: Tai Tam, Hong Kong	SYS a005564 [#]
13	*Panophrys* sp.	中国：香港伯公坳China: Pak Kung Au, Hong Kong	SYS a005561
14	*Panophrys* sp.	中国：香港大屿山岛China: Lantau Island, Hong Kong	SYS a002258

序号	物种名	采集地	凭证标本
15	*Panophrys* sp.	中国：香港大屿山岛China: Lantau Island, Hong Kong	SYS a002259
16	南澳岛角蟾*Panophrys insularis*	中国：广东汕头南澳岛China: Nan'ao Island, Shantou, Guangdong	SYS a002167 *
17	南澳岛角蟾*Panophrys insularis*	中国：广东汕头南澳岛China: Nan'ao Island, Shantou, Guangdong	SYS a002168 *
18	南澳岛角蟾*Panophrys insularis*	中国：广东汕头南澳岛China: Nan'ao Island, Shantou, Guangdong	SYS a002169 *
19	陈氏角蟾*Panophrys cheni*	中国：湖南炎陵桃源洞自然保护区China: Taoyuandong Nature Reserve, Yanling, Hunan	SYS a002123 *
20	陈氏角蟾*Panophrys cheni*	中国：湖南炎陵桃源洞自然保护区China: Taoyuandong Nature Reserve, Yanling, Hunan	SYS a002140 *
21	陈氏角蟾*Panophrys cheni*	中国：江西井冈山荆竹山China: Jingzhu Mountains, Jinggangshan, Jiangxi	SYS a004050
22	林氏角蟾*Panophrys lini*	中国：江西遂川南风面自然保护区China: Nanfengmian Nature Reserve, Shuichuan, Jiangxi	SYS a002128 *
23	林氏角蟾*Panophrys lini*	中国：江西遂川南风面自然保护区China: Nanfengmian Nature Reserve, Shuichuan, Jiangxi	SYS a002381 *
24	林氏角蟾*Panophrys lini*	中国：江西井冈山China: Jianggang Mountains, Jiangxi	SYS a003181
25	井冈角蟾*Panophrys jinggangensis*	中国：湖南炎陵桃源洞自然保护区China: Taoyuandong Nature Reserve, Yanling, Hunan	SYS a002132
26	井冈角蟾*Panophrys jinggangensis*	中国：湖南茶陵云阳山China: Yunyang Mountain, Chaling, Hunan	SYS a002543
27	井冈角蟾*Panophrys jinggangensis*	中国：江西安福武功山China: Wugong Mountain, Anfu, Jiangxi	SYS a002607
28	黑石顶角蟾*Panophrys obesa*	中国：广东封开黑石顶自然保护区China: Heishiding Nature Reserve, Fengkai, Guangdong	SYS a002270 *
29	黑石顶角蟾*Panophrys obesa*	中国：广东封开黑石顶自然保护区China: Heishiding Nature Reserve, Fengkai, Guangdong	SYS a003047 #
30	封开角蟾*Panophrys acuta*	中国：广东封开黑石顶自然保护区China: Heishiding Nature Reserve, Fengkai, Guangdong	SYS a001957 *
31	封开角蟾*Panophrys acuta*	中国：广东封开黑石顶自然保护区China: Heishiding Nature Reserve, Fengkai, Guangdong	SYS a002159
32	封开角蟾*Panophrys acuta*	中国：广东封开黑石顶自然保护区China: Heishiding Nature Reserve, Fengkai, Guangdong	SYS a002266
33	挂墩角蟾*Panophrys kuatunensis*	中国：江西上饶铅山县China: Yanshan, Shangrao, Jiangxi	SYS a003449
34	淡肩角蟾*Panophrys boettgeri*	中国：福建武夷山挂墩村China: Guadun, Wuyishan, Fujian	SYS a004149 #
35	淡肩角蟾*Panophrys boettgeri*	中国：福建武夷山挂墩村China: Guadun, Wuyishan, Fujian	SYS a004150 #
36	淡肩角蟾*Panophrys boettgeri*	中国：福建武夷山挂墩村China: Guadun, Wuyishan, Fujian	SYS a004151 #
37	黄山角蟾*Panophrys huangshanensis*	中国：安徽黄山China: Huangshan Mountain, Anhui	SYS a002702 #
38	黄山角蟾*Panophrys huangshanensis*	中国：安徽黄山China: Huangshan Mountain, Anhui	SYS a002703 #
39	黄山角蟾*Panophrys huangshanensis*	中国：安徽黄山China: Huangshan Mountain, Anhui	SYS a002704 #
40	小角蟾*Panophrys minor*	中国：四川都江堰青城山China: Qingcheng Mountain, Dujiangyan, Sichuan	SYS a003209 #
41	小角蟾*Panophrys minor*	中国：四川都江堰青城山China: Qingcheng Mountain, Dujiangyan, Sichuan	SYS a003210 #
42	小角蟾*Panophrys minor*	中国：四川都江堰青城山China: Qingcheng Mountain, Dujiangyan, Sichuan	SYS a003211 #
43	峨眉角蟾*Panophrys omeimontis*	中国：四川眉山瓦屋山China: Wawu Mountain, Meishan, Sichuan	SYS a005322

续表

序号	物种名	采集地	凭证标本
44	莽山角蟾*Xenophrys mangshanensis*	中国：广东曲江龙头山China: Longtou Mountain, Qujiang, Guangdong	SYS a002750
45	莽山角蟾*Xenophrys mangshanensis*	中国：广东曲江龙头山China: Longtou Mountain, Qujiang, Guangdong	SYS a002751
46	莽山角蟾*Xenophrys mangshanensis*	中国：广东曲江龙头山China: Longtou Mountain, Qujiang, Guangdong	SYS a002752
47	腺角蟾*Xenophrys glandulosa*	中国：云南腾冲高黎贡山China: Gaoligong Mountain, Tengchong, Yunnan	SYS a003758
48	大角蟾*Xenophrys major*	中国：云南勐腊朱石河China: Zhushihe, Mengla, Yunnan	SYS a002961
49	珀普短腿蟾*Brachytarsophrys popei*	中国：江西井冈山荆竹山China: Jingzhu Mountain, Jinggangshan, Jiangxi	SYS a001876 *
50	费氏短腿蟾*Brachytarsophrys feae*	中国：云南景东黄草岭China: Huangcaoling, Jingdong, Yunnan	SYS a003912
51	川南短腿蟾 *Brachytarsophrys chuannanensis*	中国：四川合江自怀China: Zihuai, Hejiang, Sichuan	SYS a004926
52	小口拟角蟾 *Ophryophryne microstoma*	中国：广西浦北五皇岭森林公园China: Wuhuangling Forest Park, Pubei, Guangxi	SYS a003491
53	沙坪无耳蟾 *Atympanophrys shapingensis*	中国：四川昭觉七里坎China: Qilikan, Zhaojue, Sichuan	SYS a005339
54	大花角蟾*Atympanophrys gigantica*	中国：云南景东黄草岭China: Huangcaoling, Jingdong, Yunnan	SYS a003933 #
55	*Megophrys montana*	印度尼西亚：爪哇 Indonesia: Java	SYS a005705
56	*Megophrys montana*	印度尼西亚：爪哇 Indonesia: Java	SYS a005706
57	福建掌突蟾*Leptobrachella liui*	中国：福建武夷山挂墩村China: Guadun, Wuyishan, Fujian	SYS a004045 #
58	腾冲拟髭蟾 *Leptobrachium tengchongense*	中国：云南腾冲高黎贡山China: Gaoligong Mountain, Tengchong, Yunnan	SYS a003724 #

注：*为正模标本；*为副模标本；#为地模标本

3.2.3 结果分析

1. 异角蟾属和泛角蟾属的有效性

基于总长度为1723 bp的角蟾线粒体16S rRNA和COI基因联合片段所构建的贝叶斯法（BI）和最大似然法（ML）系统发育关系树具有一致的拓扑结构，整合为如图3.3的一致树。

图3.3呈现的系统发育树具有与Mahony等（2017）和Chen等（2017）几乎一致的拓扑结构，支持6个基础谱系（泛角蟾属*Panophrys*、拟角蟾属*Ophryophryne*、异角蟾属*Xenophrys*、无耳蟾属*Atympanophrys*、短腿蟾属*Brachytarsophrys*、角蟾属*Megophrys*）互为单系，且有较高的节点支持率。

目前，拟角蟾属和短腿蟾属的有效性已得到大多数分类学者的认可，二者在形态上显著区别于泛角蟾属、异角蟾属和无耳蟾属，也显著区别于以*Megophrys montana*和*M. nasuta*等为代表的分布于东南亚的角蟾属物种。在拟角蟾属和短腿蟾属均为有效属的前提下，泛角蟾属、异角蟾属和无耳蟾属均应为有效属。

导致Chen等（2017）与Mahony等（2017）不同分类结论的核心问题是没有找出异角蟾属和泛角蟾属之间清晰的、可区分的离散形态特征，即在形态学上不能确定这两个类群的分类地位。

角蟾是形态进化保守性最典型的类群之一，存在大量的隐存种，不仅物种的鉴定识别困难，在属的划分方面也存在着极大的争议。此外，在角蟾各个类群中，逆多洛定律现象普遍存在。因此，使用单一特征难以对角蟾属级和物种间做出清晰的划分，必须采用组合特征。

异角蟾属 *Xenophrys*：有上颌齿，有犁骨齿；瞳孔直立；鼓膜裸露、清晰，鼓眼距适中；上眼睑边缘有一小疣粒；吻端背面观圆形，平滑，无皮肤突起；侧面观吻端倾斜向下，超过下颌，吻长几等于眼径；头宽与头长几相等；吻棱棱角状，通常较平直，延续至上眼睑外缘；颊部近垂直，略倾斜。指趾末节骨端部膨大；繁殖季雄性下颌有黑色锥状角质刺。鸣声为一系列短音节组合，有快慢节奏。雄性有单一咽下声囊。

泛角蟾属 *Panophrys*：形态上与异角蟾属甚相似，但有

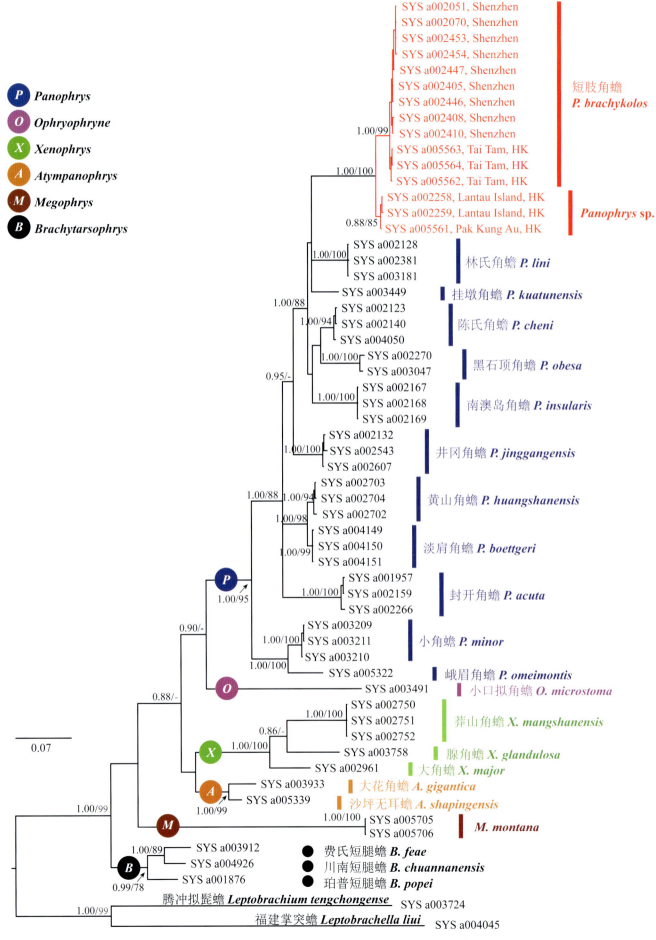

图3.3 基于线粒体COI和16S rRNA基因联合片段构建的系统发育关系树

如下区别特征：①与异角蟾相比，该属通常吻棱较粗糙，有很多疣粒或较大痣粒，在上眼睑边缘有中断（异角蟾吻棱延续至上眼睑外缘，较平滑）；②上眼睑边缘有一小疣粒，有些种类该疣粒较发达，呈角状；③指趾末节骨端部尖形，不膨大；④繁殖季节和非繁殖季节雄性下颌均无黑色锥状角质刺。此外，有些泛角蟾物种有犁骨齿，有些物种没有犁骨齿，也是其区别于异角蟾（始终有犁骨齿）的特征之一。

2. 短肢角蟾深圳种群的分类地位

图3.3中，中国东南地区已知泛角蟾的序列几乎全部来自于其地模标本或模式标本，可以确认这些物种鉴定的准确性。

深圳和香港的短肢角蟾分化成2支，有较高的节点支持率（1.00/99和0.88/85），并有中等的遗传分化，代表了2个不同的进化谱系。其中，深圳羊台山、三洲田和七娘山种群与来自香港的短肢角蟾 Panophrys brachykolos 地模标本聚为一支，说明深圳种群是短肢角蟾，而来自香港大屿山和伯公坳的泛角蟾种群则代表了另一个进化谱系，应被描述为一新种。

3.2.4 短肢角蟾的物种描述

短肢角蟾
Panophrys brachykolos (Inger and Romer, 1961)

Megophrys brachykolos Inger and Romer, 1961, Fieldiana, Zool., 39: 533. Holotype: FMNH 69063, by original designation. Type locality: "The Peak, Hong Kong Islan", China.

Megophrys (Megophrys) brachykolos — Dubois, 1980, Bull. Mens. Soc. Linn. Lyon, 49: 472.

Panophrys brachykolos — Rao and Yang, 1997, Asiat. Herpetol. Res., 7: 98-99. Tentative arrangement.

Megophrys (Xenophrys) brachykolos — Dubois and Ohler, 1998, Dumerilia, 4: 14.

Megophrys minor brachykolos — Fei, 1999, Atlas Amph. China: 118. No discussion.

Panophrys shenzhenensis Wang, 2014: Systematics of Megophryidae in subtropical area of China (Doctoral thesis).

Xenophrys brachykolos — Ohler, 2003, Alytes, 21: 23, by implication; Delorme, Dubois, Grosjean, and Ohler, 2006, Alytes, 24: 17; Chen, Zhou, Poyarkov, Stuart, Brown, Lathrop, Wang, Yuan, Jiang, Hou, Chen, Suwannapoom, Nguyen, Duong, Papenfuss, Murphy, Zhang, and Che, 2016, Mol. Phylogenet. Evol., 106: 41.

Megophrys (Panophrys) brachykolos — Mahony, Foley, Biju, and Teeling, 2017, Mol. Biol. Evol., 34: 755.

Boulenophrys brachykolos — Fei and Ye, 2016, Amph. China, 1: 650.

检视标本 20个成年雄性标本。SYS a002050-2051（图3.4）、2053-2056, 2071-2074和2453，采集于广东深圳市羊台山森林公园（22°38′36.09″N, 113°59′7.45″E; 海拔150 m）；

SYS a002406-2408和2441-2442，分别于2013年11月3日和2014年3月7-12日采集于深圳七娘山地质公园（22°32′28.72″N, 114°34′6.81″E; 海拔27 m）；SYS a002446-2449，于2014年4月11日采集于三洲田森林公园（22°38′52.16″N, 114°16′32.08″E; 海拔195 m）。

3个成年雌性标本均采集于羊台山，海拔60-156 m。其中，SYS a002070采集于2013年4月14日，SYS a002413采集于2013年11月4日，SYS a002454采集于2014年3月12日（图3.5）。

标本描述 中等体型角蟾，成年雄性头体长（SVL）34.6-38.5 mm，平均36.6 mm；成年雌性头体长40.2-44.8 mm，平均42.5 mm；头宽显著大于头长，头宽长比（HW/HL）平均为1.07（表3.4）。背面观雄性吻端尖，雌性短圆。外鼻孔斜置卵圆形。瞳孔直立。吻棱发达。颊部稍倾斜，颞区显著倾斜。鼻间距大于眶间距。鼓膜大而清晰，鼓膜径超过眼径的一半；犁骨棱强，有犁骨齿；舌游离缘有缺刻；后肢短，左右跟部相距较远，不相遇；胫跗关节前伸仅达鼓膜；胫长为头体长的37%-42%，附足长为头体长的48%-59%。指端稍膨大，圆形；指侧无缘膜，指基有关节下瘤，指序 II < IV < I < III；趾端圆，稍膨大；趾间基部有蹼迹；趾侧无缘膜；各趾仅基部有显著关节下瘤；内蹠突长卵圆形；无外蹠突。有角状疣粒位于上眼睑边缘；背部皮肤满布痣粒，通常在背中部形成"X"形或"Y"形皮肤棱，其两侧各有一个纵走的皮肤棱；体侧和后背疣粒较多，后腹部满布有棘刺的疣粒，大腿腹面及后面、肛周疣粒最为密集，所有疣粒上均有棘刺；胸腺稍小，显著突出于胸部皮肤表面，接近腋窝。股腺单枚，稍大于胸腺，位于大腿后方，亦显著突出于大腿后侧表面。背面深棕色至棕黄色，通常仅两眼间有三角形黑色斑；雄性腹面灰黑色，腹部有红色点斑和密集白色疣粒；雌性腹面浅粉红色，胸部以上密布红色斑点，后肢腹面有棕黑色斑点；指趾端、内掌突、外掌突灰白色，内蹠突灰褐色。胸腺乳黄色。股腺乳黄色。瞳孔黑色，虹膜灰白，染少量橘红色。雄性具单个咽下声囊，繁殖期成年雄性第I、II指背面有密集黑色绒毛状婚刺；雌性输卵管内成熟卵乳黄色。

与原始描述的比较 有犁骨齿，背部皮肤粗糙、后腹部及大腿腹面和肛周密布白色疣粒，疣粒上有棘刺。

鉴定特征修订 体型短粗；头宽大于头长；鼓膜大，超过眼径的一半；有犁骨齿；后肢短，左右跟部不相遇；指趾间基部有蹼迹。背部皮肤粗糙，有皮肤棱；繁殖期后腹部、大腿腹面、肛周具有密集的有棘刺疣粒；雄性具单个咽下声囊，繁殖期成年雄性第I、II指背面有密集黑色绒毛状婚刺。有眶间三角形深色斑，个别个体背有"X"形或"Y"形斑。

分布与生态 目前，短肢角蟾分布在香港（大屿山除外），在深圳主要分布在东部沿海山脉。分布的海拔为0-300 m，属低地山溪物种。

本种为深圳和香港的山地特有种，种群数量较大。每年9月底至次年5月，在各种溪流或临时积水附近均可听到雄性求偶鸣叫声。

受胁因素 季节性常见种。栖地日益减少，水环境污染，外来物种，天敌动物，对成体、卵和蝌蚪造成直接威胁。

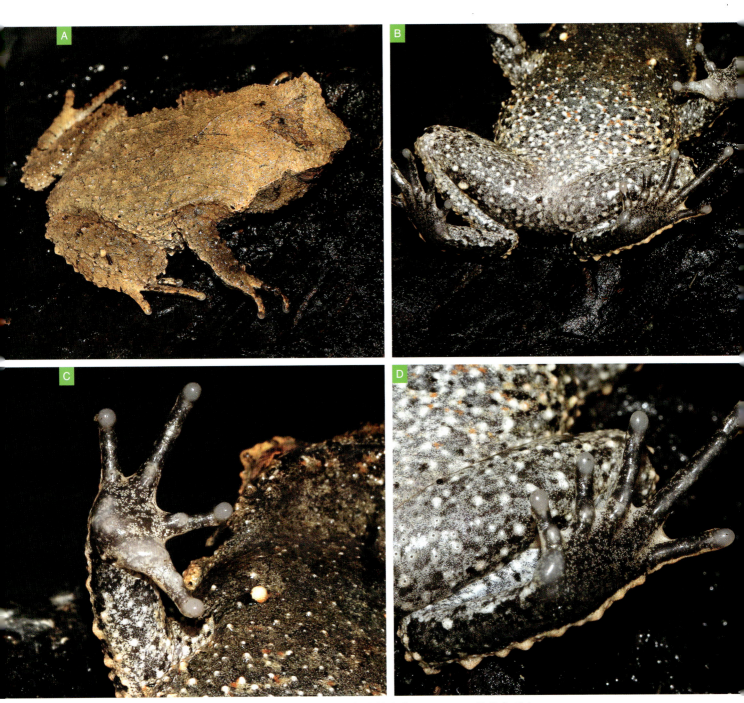

图3.4　短肢角蟾成年雄性个体SYS a002051的外部形态
A.背侧面观；B.腹面观；C.手部腹面观；D.足部腹面观

图3.5 短肢角蟾成年雌性个体的外部形态
A和B. 标本SYS a002454；C. 标本SYS a002408；D. 标本SYS a002466

表3.4 短肢角蟾深圳种群形态测量结果（单位：mm）

	雄性（$n = 20$）	雌性（$n = 3$）
SVL	36.6 ± 1.2 (34.6-38.5)	42.5 ± 2.3 (40.2-44.8)
HL	12.8 ± 0.3 (12.4-13.9)	14.1 ± 0.7 (13.3-14.6)
HW	13.7 ± 0.2 (13.3-13.9)	15.3 ± 0.2 (15.2-15.5)
SNT	4.3 ± 0.1 (4.1-4.4)	4.6 ± 0.3 (4.4-4.9)
IND	3.7 ± 0.2 (3.4-4.0)	4.4 ± 0.2 (4.2-4.5)
ED	5.0 ± 0.2 (4.7-5.3)	5.6 ± 0.5 (5.0-5.9)
IOD	3.6 ± 0.2 (3.4-3.9)	4.2 ± 0.1 (4.1-4.3)
TD	3.1 ± 0.3 (2.7-3.7)	3.1 ± 0.4 (2.7-3.4)
TED	2.2 ± 0.3 (1.6-2.5)	2.3 ± 0.5 (2.0-2.9)
HND	8.6 ± 0.5 (7.5-9.3)	10.1 ± 0.3 (9.8-10.3)

	雄性（ *n* = 20）	雌性（ *n* = 3）
RAD	9.2±0.3 (8.8-9.6)	11.1±0.2 (10.9-11.3)
FTL	19.8±0.9 (18.1-21.2)	22.7±1.2 (21.4-23.8)
TIB	14.2±0.3 (13.6-14.6)	16.1±0.8 (15.4-17.0)
HL/SVL	0.35±0.01 (0.34-0.36)	0.33±0.01 (0.33-0.34)
HW/SVL	0.37±0.01 (0.36-0.39)	0.36±0.02 (0.34-0.38)
HW/HL	1.07±0.02 (1.05-1.11)	1.09±0.06 (1.04-1.15)
SNT/HL	0.33±0.01 (0.32-0.35)	0.32±0.01 (0.31-0.34)
IND/HW	0.27±0.01 (0.25-0.29)	0.29±0.01 (0.28-0.29)
IOD/HW	0.27±0.01 (0.25-0.28)	0.27±0.01 (0.27-0.28)
ED/HL	0.39±0.01 (0.37-0.41)	0.40±0.02 (0.38-0.41)
TD/ED	0.63±0.04 (0.55-0.70)	0.55±0.02 (0.54-0.58)
TED/TD	0.70±0.07 (0.57-0.81)	0.74±0.11 (0.63-0.85)
HND/SVL	0.23±0.01 (0.22-0.25)	0.24±0.02 (0.22-0.25)
RAD/SVL	0.25±0.01 (0.24-0.26)	0.26±0.01 (0.25-0.27)
TIB/SVL	0.39±0.01 (0.37-0.40)	0.38±0.04 (0.34-0.42)
FTL/SVL	0.54±0.02 (0.52-0.56)	0.54±0.06 (0.48-0.59)

注：SVL. 头体长；HL. 头长；HW. 头宽；SNT. 吻长；IND. 鼻间距；ED. 眼径；IOD. 眶间距；TD. 鼓膜径；TED. 鼓眼距；HND. 手长；RAD. 桡尺骨（前臂）长；FTL. 足长；TIB. 胫骨（小腿）长

3.3 白刺湍蛙的分类鉴定及其中文描述

3.3.1 研究历史

湍蛙属*Amolops*目前已知有60种，广泛分布于喜马拉雅山脉的南部和东部，向东至中国东南，向南至马来西亚（Frost，2020）。该属在我国已知分布35种，而华南地区共分布有10种湍蛙，即华南湍蛙*A. ricketti*、逸仙湍蛙*A. yatseni*、中华湍蛙*A. sinensis*、白刺湍蛙*Amolops albispius*、武夷湍蛙*A. wuyiensis*、戴云湍蛙*A. daiyunensis*、香港湍蛙*A. hongkongensis*、海南湍蛙*A. hainanensis*、小湍蛙*A. torrentis*和崇安湍蛙*A. chunganensis*（中国两栖类，2020）。

深圳东部沿海山脉的湍蛙由于有犁骨齿，趾指端具吸盘及边缘沟，第I指具有婚垫和白色圆锥状婚刺，最初被鉴定为华南湍蛙*A. ricketti*。然而，该湍蛙与华南湍蛙不同，其雄性在繁殖期颞部、颊部和唇缘有白色圆锥状刺疣。结合分子系统发育分析，证实了深圳的湍蛙种群是区别于华南湍蛙的一个新物种，我们将其描述为：白刺湍蛙*Amolops albispius*，文章于2016年发表在*Zootaxa*第4170期上。

3.3.2 材料和方法

1. 分子数据的来源

表3.5列出了用于构建系统进化树的中国华南和华东地区目前已知所有湍蛙物种的标本、采集地及其线粒体基因16S rRNA和COI的GenBank序列号，其中包括了华南湍蛙、武夷湍蛙、戴云湍蛙、香港湍蛙的地模标本。外群是绿臭蛙*Odorrana margaretae*和花臭蛙 *O. schmackeri*。

2. DNA提取、PCR扩增与测序

使用标准的酚-氯仿法从肌肉中提取DNA（sambrook et al.，1989）。测定了所有样品的线粒体 COI和16S rRNA基因序列。扩增16S rRNA基因片段引物（Simon et al.，1994）：

L3975 (5'-CGCCTGTTTACCAAAAACAT-3')；

H4551 (5'-CCGGTCTGAACTCAGATCACGT-3')。

扩增COI 基因引物（Meyer，2003；Che et al.，2012）：

dgLCO (5'-GGTCAACAAATCATAAAGAYATYGG-3')；

表3.5 华南和华东地区湍蛙属物种系统发育分析所使用的样品信息

序号	物种名	采集地	标本号	GenBank序列号	
				16S rRNA	COI
1	白刺湍蛙Amolops albispinus	中国：广东深圳梧桐山 China: Wutong Mountain, Shenzhen, Guangdong	SYS a003452*	KX507312	KX507332
2	白刺湍蛙Amolops albispinus	中国：广东深圳梧桐山 China: Wutong Mountain, Shenzhen, Guangdong	SYS a003453*	KX507313	KX507333
3	白刺湍蛙Amolops albispinus	中国：广东深圳梧桐山 China: Wutong Mountain, Shenzhen, Guangdong	SYS a003454*	KX507314	KX507334
4	香港湍蛙Amolops hongkongensis	中国：香港China: Hong Kong	SYS a004577#	KX507317	KX507337
5	香港湍蛙Amolops hongkongensis	中国：香港China: Hong Kong	SYS a004578#	KX507318	KX507338
6	香港湍蛙Amolops hongkongensis	中国：香港China: Hong Kong	SYS a004579#	KX507319	KX507339
7	戴云湍蛙Amolops daiyunensis	中国：福建德化戴云山 China: Daiyun Mountain, Dehua, Fujian	SYS a001737#	KX507306	KX507326
8	戴云湍蛙Amolops daiyunensis	中国：福建德化戴云山 China: Daiyun Mountain, Dehua, Fujian	SYS a001738#	KX507307	KX507327
9	戴云湍蛙Amolops daiyunensis	中国：福建德化戴云山 China: Daiyun Mountain, Dehua, Fujian	SYS a001739#	KX507308	KX507328
10	华南湍蛙Amolops ricketti	中国：福建武夷山挂墩村 China: Guadun Village, Wuyishan, Fujian	SYS a001605#	KX507303	KX507323
11	华南湍蛙Amolops ricketti	中国：福建泰宁峨嵋峰风景区 China: Emeifeng Scenic Spot, Taining, Fujian	SYS a002492	KX507309	KX507329
12	华南湍蛙Amolops ricketti	中国：福建上杭古田 China: Gutian, Shanghang, Fujian	SYS a003342	KX507311	KX507331
13	武夷湍蛙Amolops wuyiensis	中国：福建武夷山三港村 China: Sangang Village, Wuyishan, Fujian	SYS a001716#	KX507304	KX507324
14	武夷湍蛙Amolops wuyiensis	中国：福建武夷山三港村 China: Sangang Village, Wuyishan, Fujian	SYS a001717#	KX507305	KX507325
15	小湍蛙Amolops torrentis	中国：海南霸王岭保护区 China: Bawangling Nature Reserve, Hainan	SYS a004573	KX507315	KX507335
16	小湍蛙Amolops torrentis	中国：海南霸王岭保护区 China: Bawangling Nature Reserve, Hainan	SYS a004574	KX507316	KX507336
17	海南湍蛙Amolops hainanensis	中国：海南霸王岭保护区 China: Bawangling Nature Reserve, Hainan	SYS a004580	KX507320	KX507340
18	海南湍蛙Amolops hainanensis	中国：海南霸王岭保护区 China: Bawangling Nature Reserve, Hainan	SYS a004581	KX507321	KX507341
19	海南湍蛙Amolops hainanensis	中国：海南霸王岭保护区 China: Bawangling Nature Reserve, Hainan	SYS a004582	KX507322	KX507342
20	崇安湍蛙Amolops chunganensis	中国：江西安福武功山 China: Wugong Mountain, Anfu, Jiangxi	SYS a003136	KX507310	KX507330
21	绿臭蛙Odorrana margaretae	—	HNNU1207003	NC024603	NC024603
22	花臭蛙Odorrana schmackeri	中国：安徽黄山 China: Huangshan Mountain, Anhui	—	KP732086	KP732086

注：*为正模标本；*为副模标本；#为地模标本

dgHCO (5′-TAAACTTCAGGGTGACCAAARAAY CA-3′)；

Chmf4 (5′-TYTCWACWAAYCAYAAAGAYATCGG-3′)；

Chmr4 (5′-ACYTCRGGRTGRCCRAARAATCA-3′)。

PCR 扩增反应体系为25 μl，循环条件如下：95℃预变性4 min；随后94℃变性30 s，52℃退火30 s，72℃延伸1 min，35个循环；最后72℃延伸7 min。PCR产物过柱纯化。根据制造商的产品使用说明，用BigDye Terminator Cycle Sequencing

试剂盒对纯化产物进行双向测序。纯化后的PCR产物经测序PCR反应后使用上海的Applied Biosystems 3730自动DNA测序仪进行测序。

3. 分子分析

使用ClustalX 2.0（Thompson et al., 1997）进行序列比对，参数设置为默认值。在MEGA 6（Tamura et al., 2013）中筛选出核苷酸替代最适模型为GTR 模型（Posada and Crandall, 2001），碱基位点间突变率呈GAMMA分布（Felsenstein, 2001）。在MEGA 6中用最大似然法分析数据，在MrBayes 3.12 中进行贝叶斯分析（Ronquist and Huelsenbeck, 2003）。用最大似然法和贝叶斯法建立系统发育树。最大似然法中，物种进化历史通过1000 次 bootstrap 重复的一致树得出，其中自展值低于50%的未标出。贝叶斯法中，MCMC模拟分别跑了两次，每次1 000 000代，每隔100代抽样。其中前25%的抽样作为老化样本而舍弃。MCMC模拟是否收敛通过TRACER软件评估（http:// tree.bio.ed.ac.uk/software/tracer/）。除了基于系统进化树分析的方法，在MEGA 6 中采用uncorrected p-distance模型计算成对序列的差异以确定种间遗传距离（Tamura et al., 2013）。

形态测量 用游标卡尺测量新种标本的下列值，精确到0.1 mm。头体长（SVL）；头长（HL）自吻端至上下颌关节后缘的长度；头宽（HW）头部两侧最大宽度；吻长（SNT）吻端至眼前角的长度；眼径（ED）眼的最大直径；眶间距（IOD）两上眼睑间最小宽度；鼓膜径（TD）鼓膜的最大直径；鼓眼距（TED）鼓膜前缘到眼后角的距离；胫骨长（TIB）；手长（HND）自第III指前端到内掌突后缘；足长（FTL）自第IV趾的前端到内蹠突后缘；第II指吸盘宽（F2D）；第III指吸盘宽（F3D）；第IV趾吸盘宽（T4D）。通过第二性征确定性别，即雄性具有婚垫。

3.3.3 结果分析

本研究基于线粒体基因16S rRNA和COI构建了系统发育树（图3.6）。来自深圳梧桐山的湍蛙种群与华南湍蛙和武夷湍蛙聚为一大支，并与戴云湍蛙和香港湍蛙所聚成另一大支互为姊妹关系。华南湍蛙与武夷湍蛙互为姊妹种，它们的共同祖先与深圳梧桐山的湍蛙类群互为姊妹群。上述关系中都具有高节点支持率，说明梧桐山的湍蛙是一个独立进化谱系，代表一个独立物种，亦即是一个新种。在形态上，该种以其上下唇缘、颊部、颞部具白色刺粒（鼓膜除外），背部皮肤有大量瘰粒，而显著区别于已知的同属其他物种。因此，深圳市种群是一个湍蛙新种，描述为白刺湍蛙 *Amolops albispius* Sung, Hu, Wang, Liu and Wang, 2016。

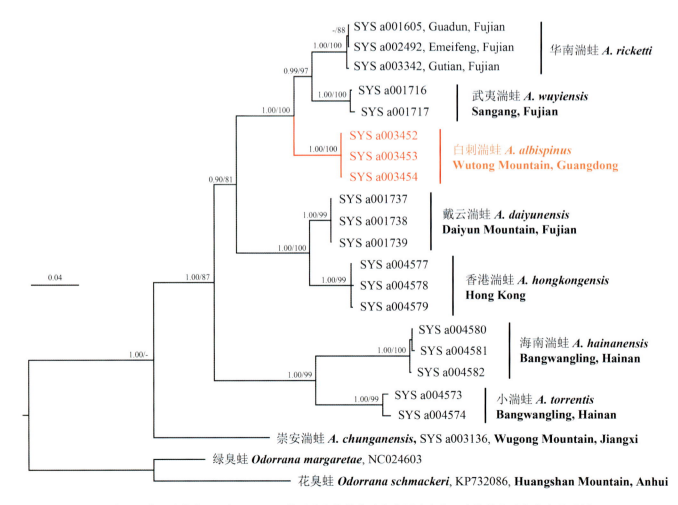

图3.6 基于线粒体COI和16S rRNA基因联合片段构建的中国东南地区湍蛙属的系统发育关系树

3.3.4 白刺湍蛙新种描述

白刺湍蛙
Amolops albispius Sung, Hu, Wang, Liu and Wang, 2016

正模标本　SYS a003454，成年雄性（图3.7）。采集时间：2015年1月26日；采集人：王健、刘祖尧、吕植桐；采集地：广东深圳梧桐山风景名胜区（22°34′54.8″N, 114°12′2.7″E；海拔260 m）。

副模标本　共13个成体，采集地均为深圳梧桐山风景名胜区，海拔85-500 m。

7个雄性个体采集信息如下。SYS a003364：采集日期为2012年1月13日，采集人为王英永；SYS a001509：采集日期为2012年3月5日，采集人为杨剑焕、李润林；SYS a003271、3272：采集日期为2014年9月16日，采集人为刘祖尧、王健、吕植桐；SYS a003473：采集日期为2015年3月13日，采集人为刘祖尧、王健、吕植桐；SYS a003452：采集日期为2015年1月26日，采集人为王健、李润林；SYS a004511：采集日期为2015年10月22日，采集人为吕植桐、王健。

6个雌性个体采集信息如下。SYS a001508、1513、1514、1526：采集日期为2012年3月18日，采集人为由王英永、杨剑焕、李润林；SYS a003270：采集日期为2014年9月16日，采集人为刘祖尧、王健、吕植桐；SYSa003453：采集日期为2015年1月26日，采集人为王健、李润林；

5个幼体采集信息如下。SYS a001510：采集日期为2012年3月5日，采集人为杨剑焕、李润林；SYS a001532：采集日期为2012年3月10日，采集人为杨剑焕、李润林；SYS a003474、3475、3481：采集日期为2015年3月13日，采集人为王健、吕植桐。

鉴定特征　白刺湍蛙具有以下形态学特征与同属其他已知湍蛙相区别：上下唇缘、颊部、颞部具白色刺粒（鼓膜除外）；体型较小，雄蛙一般36.1-42.4 mm，雌蛙43.1-50.9 mm；体背粗糙，满布大小瘰粒；体背黄褐色，其上有深棕色斑块；犁骨齿发达；无声囊；跗部无腺体；无背侧褶；第I指指端具有边缘沟；无外蹠突（图3.8）。

正模描述　头长宽约相等（HW/HL = 1.02）；吻短（SNT/HL = 0.39），钝圆，突出于下颌；鼻孔近吻端；颊部凹陷；头顶较平；眼大且凸出（ED/HL = 0.35）；眼径小于吻长（ED/SNT = 0.88）；吻棱明显；松果眼点不显；鼓膜小，边缘不明显；颞褶宽，从眼后到肩部；内鼻孔大；犁骨齿发达；舌心形，后端有深缺刻；无声囊。

图3.7　白刺湍蛙正模标本 SYS a003454的整体形态

图3.8　白刺湍蛙（A）、华南湍蛙（B）、戴云湍蛙（C）、武夷湍蛙（D）和香港湍蛙（E）的形态特征比较

前肢较为粗壮；手长中等（HND/SVL = 0.31）；指序 I < II < IV < III；指端均具椭圆形吸盘及边缘沟，指吸盘相对大小为 I < II < III = IV；第I指具有婚垫，其上有白色圆锥状婚刺；关节下瘤明显，圆形；内、外掌突略微呈长条形；无指缘膜。

后肢长，较强壮（TIB/SVL = 0.47；FTL/SVL = 0.52）；趾序I < II < III < V < IV；趾端均具椭圆形吸盘和边缘沟；趾关节下瘤椭圆形，明显；内蹠突低而明显，无外蹠突；趾间全蹼，趾蹼式（Savage and Heyer, 1997）为：I(1)–(1)II(1)–(2¾)III(1)–(3)IV(3)–(1)V；趾侧具缘膜；后肢前伸贴体时，胫跗关节达吻端。

头、躯干及四肢背部皮肤粗糙，满布疣粒与较大瘰粒；除鼓膜外，上下唇缘、颊部及颞区具白色刺粒；喉部、腹部与四肢有大量小的瘰粒，四肢背面皮肤有棱脊；无背侧褶；上唇后部肿胀；颌腺突出，椭圆形，延伸到嘴角后部。

正模的测量值　SVL 36.8；HL 13.2；HW 13.4；SNT 5.2；IOD 3.3；ED 4.6；TD 1.5；TED 1.3；TIB 17.3；HND 11.4；FTL 19.2；F2D 1.8；F3D 2.2；T4D 1.4（单位：mm）。

活体颜色　头与四肢背面橄榄棕色，其上有黑棕色斑块，指、上臂、胫骨、跗骨、大腿与趾表面有小的黑棕色斑块；指、前臂、胫骨、跗骨、大腿与趾表面有淡淡的横纹；上唇后缘与颌腺为铜色；上下唇缘、颊部及颞区白色细刺粒，鼓膜除外；婚垫和婚刺白色；指吸盘背面铜色；体侧有铜色斑点；喉部、胸部有灰黑色云斑，腹部白色；掌和足的腹面黑灰色；上臂、前臂、胫骨、跗骨与大腿的腹面有铜色斑点；大腿后方有铜色暗斑。

在乙醇溶液中的颜色　背面褪色为深橄榄色，有黑褐色斑点，四肢有横纹；喉和胸的腹面黄色，有灰色斑点；腹部两侧淡橙色。

形态变异　模式标本的测量见表3.6。所有标本的形态和颜色、花纹都非常相似。但是雌雄有显著的二态特征，即成年雄性的上下唇缘、颊部及颞区具白色刺粒，而在成年雌性这些特征不明显。

分布和生态　目前，白刺湍蛙 *Amolops albispinus* 分布于其模式产地中国广东省深圳市梧桐山风景名胜区和距梧桐山30 km的排牙山。该物种在梧桐山是常见种，常年可见，但在排牙山很少见（只有标本SYS a002436），它栖息在低海拔至中海拔（60-500m），快速流动的溪流边岩石上，周围是潮湿的亚热带次生常绿阔叶林。

表3.6　白刺湍蛙模式标本形态测量结果（单位：mm）

	雄性（*n* = 8）	雌性（*n* = 6）	幼体（*n* = 5）
SVL	40.0±2.2 (36.7-42.4)	48.3±2.8 (43.1-51.9)	25.7±5.2 (21.5-33.5)
HL	14.3±0.7 (13.2-15.1)	17.4±0.8 (16.2-18.4)	8.2±1.3 (6.9-9.9)
HW	15.2±1.1 (13.4-16.9)	17.8±1.2 (16.0-19.5)	9.5±2.0 (7.3-12.0)
SNT	6.0±0.7 (5.0-7.0)	6.5±0.9 (5.8-8.1)	4.0±0.6 (3.4-4.6)
ED	5.0±0.6 (3.9-5.8)	5.6±0.4 (5.1-6.3)	3.7±0.9 (2.9-5.1)
IOD	3.5±0.5 (2.8-4.0)	4.0±0.5 (3.2-4.5)	2.4±0.5 (1.6-3.0)
TD	2.1±0.3 (1.5-2.5)	2.8±0.5 (2.2-3.3)	1.2±0.4 (0.7-1.8)
TED	1.4±0.2 (1.3-1.7)	1.8±0.5 (0.8-2.2)	0.7±0.2 (0.5-0.9)
HND	11.2±0.9 (9.7-12.3)	13.1±0.6 (12.1-13.8)	7.9±1.5 (6.5-9.8)
FTL	20.1±1.4 (18.2-22.4)	22.7±1.5 (20.2-24.1)	12.5±2.3 (10.7-16.1)
TIB	19.4±1.9 (17.2-22.4)	22.9±2.1 (21.0-26.4)	12.9±2.7 (10.0-17.1)
F2D	2.1±0.2 (1.8-2.4)	2.4±0.4 (1.8-2.9)	1.3±0.4 (1.0-1.8)
F3D	2.5±0.2 (2.2-2.7)	2.8±0.3 (2.2-3.2)	1.5±0.4 (1.1-2.2)
T4D	1.4±0.2 (1.2-1.7)	1.6±0.2 (1.4-1.9)	0.8±0.2 (0.6-1.1)
HW/HL	1.1±0.1 (1.0-1.2)	1.0±0.0 (1.0-1.1)	1.2±0.1 (1.0-1.3)
HL/SVL	0.4±0.0 (0.3-0.4)	0.4±0.0 (0.3-0.4)	0.3±0.0 (0.3-0.4)

注：SVL. 头体长；HL. 头长；HW. 头宽；SNT. 吻长；ED. 眼径；IOD. 眶间距；TD. 鼓膜径；TED. 鼓眼距；HND. 手长；FTL. 足长；TIB. 胫骨（小腿）长；F2D. 第II指吸盘宽；F3D. 第III指吸盘宽；T4D. 第IV趾吸盘宽

3.4　香港后棱蛇的修订及深圳后棱蛇的中文描述

3.4.1　香港后棱蛇和深圳后棱蛇的分类历史

目前，后棱蛇属 *Opisthotropis* 公认有25种，广泛分布于中国华南和东南亚地区，东至琉球群岛，南至印度尼西亚的苏门答腊岛和菲律宾（Wang et al., 2017a, 2017b）。该属大多数物种的原始描述都是基于一个或有限的几个标本，尤其一些分类历史比较久远的物种，所提供的鉴定特征很少，为这些物种的准确鉴定带来挑战（Wang et al., 2017a, 2017b）。香港后棱蛇 *O. andersonii* 分布于香港、深圳，越南也有分布报道（赵尔宓等，1998; David et al., 2011）。该种原始描述仅仅基于一个幼体标本，主要鉴定特征为：眼被1枚眶上鳞、1

枚眶前鳞、2枚眶下鳞和1枚眶后鳞所包围；颊鳞单枚，不入眶，狭长，其长大于高的2倍，与第3、4枚上唇鳞相接；上唇鳞8枚，第5枚入眶，下唇鳞9枚；背鳞棱很弱，头后1/3无棱，环体背鳞17行；腹鳞161枚，尾下鳞58对。郑辑（1992）基于伦敦自然历史博物馆的2号标本（BM.217，BM.218）重新描述，补充了如下特征：鼻鳞缝自鼻孔延伸至第2上唇鳞；眶前鳞2枚，眶后鳞2枚，无眶下鳞；上唇鳞7枚，第5枚入眶；背鳞通体17行，具弱棱；腹鳞160-169枚，尾下鳞54-59对。此后这些组合特征一直是香港后棱蛇的鉴定依据。

2013-2017年，在深圳地区开展两栖爬行动物调查过程中，我们采集了4种后棱蛇，分别是香港后棱蛇、挂墩后棱蛇 *O. kuatunensis*、侧条后棱蛇 *O. lateralis* 和新种深圳后棱蛇 *O. shenzhenensis*。同时发现所采集的香港后棱蛇标本在形态特征上与前述文献所列的鉴定特征并不完全一致，其中大约一半标本的颊鳞入眶。因此，对香港后棱蛇进行再次修订非常必要。

3.4.2 材料和方法

1. 分子数据来源

我们共分析了28个样本，包括了目前中国已知的后棱蛇属的12种中的10种。以广东颈槽蛇 *Rhabdophis guangdongensis* 和锈链腹链蛇 *Hebius craspedogaster* 作为外群。样品线粒体 *Cyt* b 基因测序的详细信息和GenBank 序列号见表3.7。

2. DNA提取、PCR扩增与测序

使用标准的酚-氯仿抽提法从肝组织中提取ＤＮＡ（Sambrook et al., 1989）。线粒体*Cyt* b基因PCR扩增和测序所用的引物为L14919（5′-AACCACCGTTGTTATTCAACT-3′）和H16064（5′-CTTTGGTTTACAAGA ACAATGCTTTA-3′）（Burbrink et al., 2000；Guo et al., 2012）。PCR 扩增反应体系为25 µl，循环条件如下: 94℃预变性7 min94℃变性40 s，46℃退火45 s，72℃延伸1 min，40个循环；最后72℃延伸

8 min。PCR产物过柱纯化。根据制造商的产品使用说明，用BigDye Terminator Cycle Sequencing试剂盒对纯化产物进行双向测序。纯化后的PCR产物经测序PCR反应后使用上海美吉生物医药有限公司的ABI Prism 3730自动DNA测序仪行进行测序。

在研究中，我们得到了28条*Cyt* b基因序列，每条序列长度为1100 bp，其中有6条序列从GenBank中获得（表3.7）。首先使用ClustalX 2.0（Thompson et al., 1997）进行序列比对，参数设置为默认值，然后核对并手动校正。用 MEGA 6（Tamura et al., 2013）的 Models test模块筛选出核苷酸替代最适模型为HKY 模型（Hasegawa, 1985），碱基位点间突变率呈GAMMA分布（Felsenstein, 2001）。在MEGA 6（Tamura et al., 2013）中实现最大似然法分析，在MrBayes 3.12 中进行贝叶斯分析（Ronquist and Huelsenbeck, 2003）。使用最大似然法进行系统发育分析时，物种进化历史通过1000次bootstrap重复的一致树得出，其中自展值低于60%的枝未标出。在使用贝叶斯法系统发育分析时，MCMC模拟分别跑了两次，每次1 000 000代，每隔100代抽样。其中前25%的抽样作为老化样本而舍弃。MCMC模拟是否收敛通过TRACER软件评估（http:// tree.bio.ed.ac.uk/software/tracer/）。除了使用系统发

表3.7　我国后棱蛇属物种系统发育分析所使用的样品信息

序号	物种名	采集地	标本号	GenBank序列号
1	深圳后棱蛇 *Opisthotropis shenzhenensis* sp. nov.	中国：广东深圳市梧桐山China: Wutong Mountain, Shenzhen, Guangdong	SYS r001018[*]	KY594727
2	深圳后棱蛇 *Opisthotropis shenzhenensis* sp. nov.	中国：广东深圳市梧桐山China: Wutong Mountain, Shenzhen, Guangdong	SYS r001021[*]	KY594728
3	深圳后棱蛇 *Opisthotropis shenzhenensis* sp. nov.	中国：广东深圳市田头山China: Tiantou Mountain, Shenzhen, Guangdong	SYS r001032[*]	KY594729
4	香港后棱蛇 *Opisthotropis andersonii*	中国：香港大潭China: Tai Tam, Hong Kong	SYS r001423[#]	KY594730
5	香港后棱蛇 *Opisthotropis andersonii*	中国：香港大帽山China: Tai Mo Mountain, Hong Kong	SYS r001424[#]	KY594731
6	香港后棱蛇 *Opisthotropis andersonii*	中国：广东深圳市梧桐山China: Wutong Mountain, Shenzhen, Guangdong	SYS r001020	KY594732
7	香港后棱蛇 *Opisthotropis andersonii*	中国：广东深圳市梧桐山China: Wutong Mountain, Shenzhen, Guangdong	SYS r001082	KY594733
8	香港后棱蛇 *Opisthotropis andersonii*	中国：广东广州市帽峰山China: Maofeng Mountain, Guangzhou, Guangdong	SYS r001382	KY594734
9	香港后棱蛇 *Opisthotropis andersonii*	中国：广东广州市帽峰山China: Maofeng Mountain, Guangzhou, Guangdong	SYS r001383	KY594735
10	福建后棱蛇 *Opisthotropis maxwelli*	中国：广东汕头市南澳岛China: Nan'ao Island, Shantou, Guangdong	SYS r000841	KY594736
11	福建后棱蛇 *Opisthotropis maxwelli*	中国：福建南靖虎伯寮自然保护区China: Huboliao Nature Reserve, Nanjing, Fujian	SYS r001053	KY594737
12	刘氏后棱蛇 *Opisthotropis laui*	中国：广东台山市上川岛China: Shangchuan Island, Taishan, Guangdong	SYS r001161	KY594738
13	刘氏后棱蛇 *Opisthotropis laui*	中国：广东台山市上川岛China: Shangchuan Island, Taishan, Guangdong	SYS r001170	KY594739
14	刘氏后棱蛇 *Opisthotropis laui*	中国：广东台山市上川岛China: Shangchuan Island, Taishan, Guangdong	SYS r001171	KY594740

续表

序号	物种名	采集地	标本号	GenBank序列号
15	莽山后棱蛇 *Opisthotropis cheni*	中国：广东China: Guangdong	YBU071040	GQ281779
16	莽山后棱蛇 *Opisthotropis cheni*	中国：广东英德市石门台自然保护区China: Shimentai Nature Reserve, Yingde, Guangdong	SYS r001422	KY594741
17	山溪后棱蛇 *Opisthotropis latouchii*	中国：福建武夷山市挂墩村China: Guadun Village, Wuyishan, Fujian	SYS r000670#	KY594742
18	山溪后棱蛇 *Opisthotropis latouchii*	中国：福建China: Fujian	GP647	GQ281783
19	侧条后棱蛇 *Opisthotropis lateralis*	中国：广东封开黑石顶自然保护区China: Heishiding Nature Reserve, Fengkai, Guangdong	SYS r000951	KY594743
20	侧条后棱蛇 *Opisthotropis lateralis*	中国：广东深圳市梧桐山China: Wutong Mountain, Shenzhen, Guangdong	SYS r001080	KY594744
21	侧条后棱蛇 *Opisthotropis lateralis*	中国：广西China: Guangxi	GP646	GQ281782
22	挂墩后棱蛇 *Opisthotropis kuatunensis*	中国：江西永新七溪岭自然保护区China: Qixiling Nature Reserve, Yongxin, Jiangxi	SYS r000998	KY594745
23	挂墩后棱蛇 *Opisthotropis kuatunensis*	中国：福建上杭五龙村China: Wulong, Shanghang, Fujian	SYS r001008	KY594746
24	挂墩后棱蛇 *Opisthotropis kuatunensis*	中国：广东深圳市梧桐山China: Wutong Mountain, Shenzhen, Guangdong	SYS r001081	KY594747
25	广西后棱蛇 *Opisthotropis guangxiensis*	中国：广西China: Guangxi	GP746	GQ281776
26	张氏后棱蛇 *Opisthotropis hungtai*	中国：广东封开县黑石顶保护区China: Heishiding Nature Reserve, Fengkai, Guangdong	SYS r000946	KY594748
27	广东颈槽蛇 *Rhabdophis guangdongensis*	中国：广东仁化县矮寨村China: Aizhai, Renhua, Guangdong	SYS r000018	KF800930
28	锈链腹链蛇 *Hebius craspedogaster*	中国：西藏China: Tibet	YBU071128	GQ281781

注：*为正模标本；*为副模标本；#为地模标本

育树分析方法，我们用MEGA 6 中的 uncorrected p-distance模型计算了成对序列的遗传差异。

3. 形态学特征

使用卷尺测量身体及尾巴的长度（精度为1mm）；使用游标卡尺测量其余形态特征（精度为0.1mm）。全长（TL）吻端至尾端的长度；头体长（SVL）吻端至泄殖腔的长度；尾长（TaL）泄殖腔至尾端的长度；头宽（HW）头部最宽处；吻鳞宽（RW）吻鳞最宽处；颊鳞长（LoL）颊鳞最深处；颊鳞宽（LoD）颊鳞最深宽处。鳞片缩写和性状如下：眶前鳞（PrO）；眶后鳞（PtO）；眶下鳞（SubO）；颊鳞（L）；上唇鳞（SPL）；下唇鳞（IFL）；颞鳞（TMP）；腹鳞（V）；尾下鳞（SC）；背鳞鱼鳞式（DSR）分前、中、后三段计数，前段是腹鳞第15枚鳞处环体鳞行数，中段选择身体中段环体鳞行数，后段选取肛前腹鳞15枚处环体背鳞行数。涉及两侧鳞片计数时按左/右为序。

3.4.3 结果

基于线粒体*Cyt* b 基因总长度为 1100 bp所构建的最大似然法系统发育树和贝叶斯系统发育树具有相同的拓扑结构

（图3.9）。香港后棱蛇、深圳后棱蛇和福建后棱蛇聚为一支，具有共同的祖先，香港后棱蛇与深圳后棱蛇互为姊妹群，且遗传分化很大（p-distance = 0.109-0.117，这一数值远高于莽山后棱蛇与山溪后棱蛇之间的遗传分化（p-distance = 0.050），几乎等于香港后棱蛇和福建后棱蛇之间的遗传分化（p-distance = 0.107-0.124）。确定深圳后棱蛇是一个有效物种。此外，深圳后棱蛇与香港后棱蛇及福建后棱蛇在形态上有显著区别：香港后棱蛇与福建后棱蛇背鳞鳞式均为17-17-17，而深圳后棱蛇为 19-19-19；香港后棱蛇颊鳞长为宽的2倍多，而深圳后棱蛇和福建后棱蛇的颊鳞长宽比均小于2；福建后棱蛇最后一枚上唇鳞甚长，几乎等于其前面的2枚上唇鳞长度之和，而香港后棱蛇和深圳后棱蛇最后一枚上唇鳞小于前一枚上唇鳞（图3.10，表3.8）。

3.4.4 香港后棱蛇的修订
Opisthotropis andersonii (Boulenger, 1888)

Calamohydrus andersonii Boulenger, 1888

Opisthotropis andersonii Boulenger, 1893

Opisthotropis andersoni Smith, 1943

Opisthotropis andersonii Zheng, 1992; Zhao et al., 1998; Yang et al., 2013; Wang et al, 2017

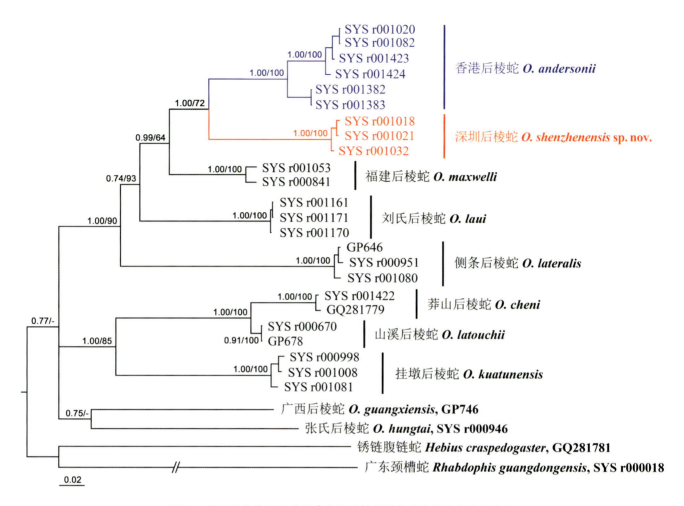

图3.9　基于线粒体*Cyt* b基因片段的后棱蛇属物种的系统发育关系树

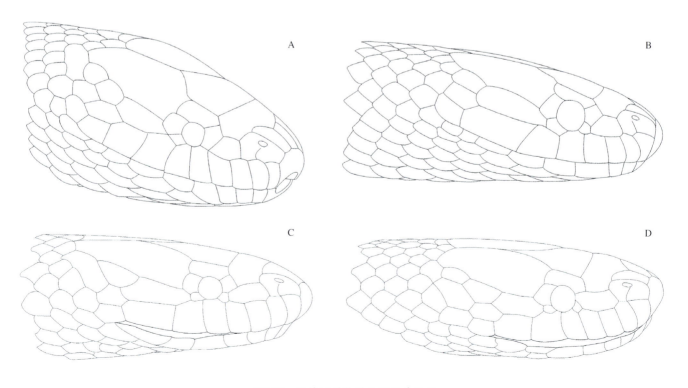

图3.10　后棱蛇属物种头部鳞片比较

A. 深圳后棱蛇正模标本SYS r001018；B. 福建后棱蛇SYS r000841；C. 香港后棱蛇SYS r001020；D. 香港后棱蛇SYS r001082

表3.8 深圳后棱蛇、香港后棱蛇和福建后棱蛇的形态特征比较（单位：mm）

	深圳后棱蛇 Opisthotropis shenzhenensis sp. nov.		香港后棱蛇 Opisthotropis andersonii		福建后棱蛇 Opisthotropis maxwelli	
	雄性 (n = 2)	雌性 (n = 4)	雄性 (n = 4)	雌性 (n = 4)	雄性 (n = 1)	雌性 (n = 5)
TL	407 (only holotype)	376 ± 35 (328-412)	394 ± 8 (387-405)	406 ± 48 (378-462)	398	393 ± 46 (319-442)
SVL	328, 337	309 ± 29 (269-335)	324 ± 6 (319-332)	327 ± 43 (291-390)	305	310 ± 40 (244-350)
TaL	70 (only holotype)	66 ± 8 (60-77)	70 ± 9 (59-80)	67 ± 8 (58-72)	93	82 ± 7 (74-92)
HW	8.4, 8.6	7	7 ± 1 (6-8)	7 ± 1 (6-9)	9	6.0-8.0
RW	2.1, 2.3	2.0 ± 0.0 (2.0-2.1)	2.3 ± 0.2 (2.1-2.6)	2.8 ± 0.3 (2.1-2.8)	2.5	1.9-2.5
LoL	1.4, 1.6	1.39 ± 0.08 (1.2-1.5)	1.9 ± 0.1 (1.8-2.1)	1.9 ± 0.2 (1.7-2.3)	1.5	1.4 ± 0.3 (1.0-1.6)
LoD	1.0	1.0 ± 0.08 (0.9-1.1)	0.9 ± 0.1 (0.7-0.9)	0.8 ± 0.1 (0.7-0.9)	1.0/1.1	0.9 ± 0.2 (0.7-1.1)
PrO	1	1	0-2	0-3	2	1-2
PtO	2	2	2	2	2	2
SubO	0	0	0	0	0	0
颊鳞是否入眶	否	否	是或否	是或否	否	否
SPL	9-10/9	9	8	8	7	6-7/7
IFL	9-10/9	9-10/8-10	8/8-9	8-10/8-9	8	8
TMP	1+2	1+2/1+2	1+2/1+2	1+1 or 2+1+2 or 2+2 or 1+2 /1+2	1+2	1+1/1+1 or 1+2
V	168, 172	173 ± 7 (162-179)	166 ± 8 (156-174)	158 ± 13 (141-172)	152	153 ± 2 (149-157)
SC	53 (only holotype)	57 ± 3 (53-60)	54 ± 4 (49-59)	49 ± 6 (43-55)	59	58 ± 4 (54-62)
DSR	19-19-19	19-19-19	17-17-17	17-17-17	17-17-17	17-17-17
RW/HW	0.25, 0.28	0.29 ± 0.01 (0.27-0.30)	0.34 ± 0.01 (0.33-0.36)	0.34 ± 0.03 (0.31-0.37)	0.28	0.32
TaL/TL	0.17 (only holotype)	0.18 ± 0.01 (0.16-0.19)	0.18 ± 0.02 (0.15-0.20)	0.16 ± 0.02 (0.15-0.18)	0.23	21 ± 4 (20-23)
LoL/LoD	1.35, 1.54/1.56	1.4 ± 0.1 (1.3-1.6)	2.3 ± 0.2 (2.1-2.6)	2.4 ± 0.3 (2.1-2.9)	1.4/1.6	1.5 ± 0.1 (1.4-1.7)

注： "/"两侧的数值分别表示身体左右两侧不同的测量结果。TL. 全长；SVL. 头体长；TaL. 尾长；HW. 头宽；RW. 吻鳞宽；LoL. 颊鳞长；LoD. 颊鳞宽；PrO. 眶前鳞；PtO. 眶后鳞；SubO. 眶下鳞；SPL. 上唇鳞；IFL. 下唇鳞；TMP. 颞鳞；V. 腹鳞；SC. 尾下鳞；DSR. 背鳞鳞式

检视标本 共有10号标本： SYS r001423，成年雄性，2015年1月29日采集于香港岛大潭（22°15′32.52″N，114°12′6.6″E；海拔252 m）；SYS r001424，成年雌性，2015年5月20日采集于香港大帽山（22°24′36.18″N，114°7′12.12″E；海拔740 m）；SYS r000607，成年雄性，采集于2012年3月8日，亚成体标本SYS r001017，成年雌性标本SYS r001020，采集于2014年9月15-16日，成年雄性标本SYS r001082，采集于2015年3月13日，均采集于深圳梧桐山风景名胜区（22°34′54.8″N，114°12′2.7″E；海拔250-300 m）；成年雄性标本SYS r000803，2013年4月5日采集于深圳羊台山森林公园（22°38′36.09″N，113°59′7.45″E；海拔150 m）；成年雄性标本SYS r000893，2013年11月3日采集于深圳大鹏半岛（22°30′17.55″N，114°32′23.01″E；海拔102 m）；成年雌性标本SYS r001382和幼体标本SYS r001383，2015年10月16日采集于广州帽峰山（23°18′22.79″N，113°22′58.03″E；海拔55 m）。

标本描述 形态特征如图3.11，测量、鳞被和身体比例见表3.9。成体全长378-462 mm；尾短，为全长的15%-20%。头小，与颈部区分不显。吻鳞凸形，背视刚刚可见，较宽，宽超过高的2倍多，吻鳞是头宽的31%-37%。鼻鳞背侧位，其腹侧与前2枚上唇鳞相接，向后与颊鳞和前额鳞相接，背侧与鼻间鳞相接，前面与吻鳞相接；鼻孔下方有一个短的鼻鳞沟，将鼻鳞分成前后2部分，有3个标本鼻鳞沟指向第1枚上唇鳞上缘的后角，3个标本鼻鳞沟指向第2枚上唇鳞上缘的前角，有4个标本鼻鳞沟指向第1和第2枚上唇鳞间的鳞缝。颊鳞单枚，其长超过高的2倍，即LoL / LoD = 2.36 ± 0.24

图3.11　香港后棱蛇的形态特征
A和B. 成年雌性标本SYS r001020的背面观和腹面观；C和D. 成年雌性标本SYS r000893的背面观和腹面观；
E. 成年雌性标本SYS r001382的侧面观

（2.06-2.85），不与鼻间鳞相接，与第2、第3、第4枚上唇鳞相接，在标本SYS r000803，左侧颊鳞与第2、第3、第4枚上唇鳞相接。在标本SYS r000607、0893、1020和1423，颊鳞不入眶，标本SYS r001020和0983有2枚眶前鳞，在标本SYS r001423眶前鳞左侧2枚右侧3枚，上面的1枚显著大于下面的1或2枚；在SYS r000607只有1枚大眶前鳞。在标本SYS r001424、0803、1382、1082、1017和1383，颊鳞入眶，标本SYS r000803、1382和1383没有眶前鳞；在标本SYS r001424、1082和1017有1枚小的眶前鳞位于颊鳞之下；9个标本有2个眶后鳞，标本SYS r001383只有1枚眶后鳞。前颞鳞单枚，显著延长；2枚后颞鳞，但在标本SYS r001423头左侧只有1枚后颞鳞，而标本SYS r001423的前颞鳞碎裂成3枚。成年个体上唇鳞为8/8，2个幼体是7/7；通常前3枚上

唇鳞长方形，最后一枚显著小于其前面的一枚；第5枚，或第4和第5枚，或第4、第5和第6枚入眶。下唇鳞7-10枚，第1对下唇鳞在颏鳞后彼此相接；2对颔片，前颔片大，彼此相接，并与前4枚或前5枚下唇鳞相接，后颔片小，彼此被小鳞分隔。背鳞式17-17-17；前颈部背鳞光滑，背鳞开始出现勉强可见的弱棱在标本SYS r001423是第10枚脊鳞，在SYS r001424是第13枚，在SYS r000803和1382是第15枚，SYS r001020是第17枚，SYS r001082是第18枚，SYS r000607是第21枚，SYS r001017是第30枚，SYS r001383是第46枚，SYS r000893是第58枚，随后的背鳞起棱逐渐清楚。体中段至后段的背鳞具有明显的中等强度的棱，最外一行平滑无棱；尾部背鳞棱稍强。腹鳞141-174枚；肛鳞对分；尾下鳞对分，43-59对。

表3.9　香港后棱蛇形态测量（单位：mm）

	雌性				雄性				幼体	
	SYS r001423	SYS r001424	SYS r001020	SYS r001382	SYS r001082	SYS r000893	SYS r000803	SYS r000607	SYS r001017	SYS r001383
TL	378	—	378	462	391	393	405	387	233	220
SVL	308	291	320	390	332	319	324	319	195	184
TaL	70	—	58	72	59	74	80	68	38	37
HW	6.8	6.8	6.1	8.9	6.7	6.2	7.8	6.5	5.2	4.9
RW	2.1	2.3	2.3	2.8	2.5	2.1	2.6	2.1	1.7	1.6
LoL	1.8/1.7	1.9	1.7/1.8	2.3	1.9	1.8	2.1/2.0	1.8	1.4/1.5	1.3
LoD	0.8	0.7/0.8	0.8	0.9	0.9	0.7	0.9	0.8	0.5/0.7	0.7
PrO	3/2	1	2	0	1	2	0	1	1	0
PtO	2	2	2	2	2	2	2	2	2	1
SubO	0	0	0	0	0	0	0	0	0	0
颊鳞是否入眶	否	是	否	是	是	否	是	否	是	是
SPL	4-1-3	4-1-3	4-1-3	3-3-2	4-2-2	4-1-3	3-2-3/4-1-3	3-2-3/4-1-3	4-1-2	3-2-2
IFL	9/9	8/9	8/8	10/8	8/8	8/8	8/8	8/9	7/7	9/8
TMP	1+1/1+2	2+1+2/1+2	2+2/1+2	1+2	1+2	1+2	1+2	1+2	1+2	1+2
V	163	155	172	141	172	174	156	163	162	147
SC	55	—	48	43	49	59	53	54	54	45
DSR	17-17-17	17-17-17	17-17-17	17-17-17	17-17-17	17-17-17	17-17-17	17-17-17	17-17-17	17-17-17
RW/HW	0.31	0.34	0.37	0.32	0.36	0.34	0.33	0.33	0.33	0.34
TaL/TL	0.18	—	0.15	0.16	0.15	0.19	0.20	0.18	0.16	0.17
LoL/LoD	2.29	2.85/2.41	2.08/2.16	2.61	2.06	2.62	2.30/2.21	2.33	2.71/2.33	2.03

注：“/”两侧的数值分别表示身体左右两侧不同的测量结果。TL. 全长；SVL. 头体长；TaL. 尾长；HW. 头宽；RW. 吻鳞宽；LoL. 颊鳞长；LoD. 颊鳞宽；PrO. 眶前鳞；PtO. 眶后鳞；SubO. 眶下鳞；SPL. 上唇鳞；IFL. 下唇鳞；TMP. 颞鳞；V. 腹鳞；SC. 尾下鳞；DSR. 背鳞鳞式

活体颜色　头体尾背面橄榄绿色至橄榄棕色，通常每个鳞片都有黑色边缘，形成清晰的或勉强可见的彼此平行的纵行黑色线纹，有时背鳞有浅色后缘；最外背鳞行黄色，通常上缘有黑色。颊鳞和下唇鳞黑棕色；成体腹面黄色，幼体黄白色；通常颔片、胸、尾下鳞有黑斑。在标本SYS r000807每一枚腹鳞中央有黑色斑，形成纵行的黑色腹中线。

乙醇溶液浸泡标本颜色　背棕黑色，纵纹不清晰甚至不可见；通常背鳞或多或少有浅色后缘；腹面浅黄色至白色，或多或少有黑斑。

与以前的文献描述比较　新增标本特征与先前的描述大体一致，但存在下列变异：6个标本颊鳞入眶，4号标本不入眶（以前的描述是不入眶），颊鳞与第2、第3、第4枚上唇鳞相接，以前的文献只记录了与第4和第5枚相接（Boulenger, 1888）；有0-3枚眶前鳞，原始描述是有1枚眶前鳞和2枚眶下鳞（Boulenger, 1888），或有2枚眶前鳞没有眶下鳞（赵尔宓等，1998）；幼年标本SYS r001087和1383的上唇鳞7/7（以前的描述是8/8（Boulenger, 1888; 赵尔宓等，1998）；背鳞至少在第10枚脊鳞前是光滑的（背鳞通身弱棱）（赵尔宓等，1998; Teynie et al., 2014）。

鉴定特征修订　①成体全长 378-462 mm；②尾相对短，为全长的15%-20%；③吻鳞凸形，背视刚刚可见，较宽，是头宽的31%-37%；④鼻鳞与第1和第2枚上唇鳞相接；⑤颊鳞单枚，长超过高的2倍；⑥颊鳞入眶或不入眶，与第2至第4或至第5枚上唇鳞相接；⑦上唇鳞7-8枚，最后一枚显著小

于其前面的一枚；⑧下唇鳞7-10枚；⑨背鳞通身17行；⑩背鳞在前颈部光滑，向后有弱棱，身体后段棱稍强，尾背鳞强棱；腹鳞141-174枚；肛鳞对分；尾下鳞43-59对；背面橄榄绿色至橄榄棕色，每个鳞片有清晰或勉强可见的彼此平行黑色纵纹，腹面黄色，有黑斑。

分布与习性　香港后棱蛇分布于香港、深圳至广州，越南中北部也有分布记录（David et al., 2011）。该种是低地蛇类，常见于湿润亚热带森林中的山溪或水潭，有时也见于排水渠内。

3.4.5 深圳后棱蛇中文描述
Opisthotropis shenzhenensis Wang, Guo, Liu, Lyu, Wang, Luo, Sun and Zhang, 2017

检视标本　正模标本SYS r001018，雄性成体，2014年9月15日采集于深圳市梧桐山风景名胜区（22°34′54.8″N，114°12′2.7″E；海拔260 m）；副模标本SYS r000635，雌性成体，2012年4月11日采集于正模标本产地；3只成年雌性标本，2012年4月11日采集于正模标本产地：SYS r001021，2014年9月17日采集于深圳市三洲田森林公园（22°38′52.16″N，114°16′32.08″E；海拔314 m），SYS r001032，2014年9月19日采集于深圳市田头山自然保护区（22°41′1.75″N，114°24′17.58″E；海拔327 m），SYS r001145，2015年4月13日采集于中国广东省东莞市银屏山（22°52′40.54″N，114°9′12.27″E；海拔155 m），形态特征如图3.12。

鉴定特征　深圳后棱蛇具有以下鉴别特征与其他后棱蛇相区别：全长（TL）328-412 mm；尾短，尾长（TaL）为身体全长的16%-19%；吻鳞窄，其宽为头宽的25%-30%；鼻鳞与第1、第2、第3上唇鳞相接；鼻鳞缝总是指向第二上唇鳞上缘中部；颊鳞长是高的1.28-1.56倍；颊鳞不入眶，始终不与第2上唇鳞相接；上唇鳞9-10枚，最后一枚上唇鳞小于相邻的前一枚上唇鳞；下唇鳞8-10枚；背鳞19-19-19；所有背鳞起棱，颈部起棱较弱，身体后部起强棱；腹鳞162-179枚；尾下鳞53-60枚；活体背面橄榄绿色，每个鳞片都有黑色边缘，形成精细的网状图案；腹面黄色，头部和尾部的腹面呈斑驳的黑灰色。

图3.12　深圳后棱蛇的形态特征

A-D. 正模标本SYS r001018的背面观、腹面观、头颈部侧面观和头部侧面观；E. 副模标本SYS r001145的头颈部侧面观；F. 野外个体的整体形态

表3.10 深圳后棱蛇模式标本的形态测量结果（单位：mm）

	雄性		雌性			
	SYS r000635	SYS r001018	SYS r000636	SYS r001021	SYS r001032	SYS r001145
TL	—	407	376	328	387	412
SVL	328	337	315	269	320	335
TaL	—	70	62	60	67	77
HW	8.4	8.6	7.3	6.6	7.2	7.3
RW	2.3	2.1	2.0	2.0	2.1	2.0
LoL	1.6	1.4	1.5	1.2/1.4	1.4	1.3/1.4
LoD	1.0	1.0	1.0	0.9	1.0	1.1
PrO	1	1	1	1	1	1
PtO	2	2	2	2	2	2
SubO	0	0	0	0	0	0
颊鳞是否入眶	否	否	否	否	否	否
SPL	4-2-4/4-2-3	4-2-3	4-2-3	4-1-4	4-2-3/4-1-4	4-2-3/4-1-4
IFL	10/9	9	9/8	9	10	8/9
TMP	1+2	1+2	1+2	1+2	1+2	1+2
DRS	19-19-19	19-19-19	19-19-19	19-19-19	19-19-19	19-19-19
V	168	172	179	175	175	162
SC	断尾	53	53	58	60	56
RW/HW	0.28	0.25	0.28	0.30	0.29	0.27
TaL/TL	—	0.17	0.16	0.18	0.17	0.19
LoL/LoD	1.54/1.56	1.35	1.41	1.34/1.55	1.41	1.28/1.33

注："/"两侧的数值分别表示身体左右两侧不同的测量结果。TL. 全长；SVL. 头体长；TaL. 尾长；HW. 头宽；RW. 吻鳞宽；LoL. 颊鳞长；LoD. 颊鳞宽；PrO. 眶前鳞；PtO. 眶后鳞；SubO. 眶下鳞；SPL. 上唇鳞；IFL. 下唇鳞；TMP. 颞鳞；V. 腹鳞；SC. 尾下鳞；DSR. 背鳞鳞式

正模标本描述 身体圆柱形；全长（TL）407 mm（SVL=337 mm，TaL=70 mm）；尾短，尾长为身体全长的17%；头小，与颈部区分不明显；吻鳞小，几乎扁平，宽略小于高的两倍，吻鳞宽是头宽的25%-30%，背视刚刚可见；两枚鼻间鳞，新月形，彼此在吻鳞后的中部相接，不与颊鳞相接，后部与前额鳞相接；前额鳞单枚，两侧与颊鳞、眶前鳞和眶上鳞相接，其后与额鳞相接；额鳞单枚，五边形，侧面与眶上鳞相接，后部与两枚顶鳞相接；顶鳞大，在中部彼此相接；鼻鳞背侧位，多边形，腹侧与第1、第2、第3上唇鳞相接，后部与颊鳞和前额鳞相接，背侧与鼻间鳞相接，前部与吻鳞相接；鼻孔平置椭圆形，位于鼻鳞上部；在鼻孔下方有一个短的垂直鼻鳞沟，将鼻鳞分成前、后两部分，鼻鳞沟指向第2上唇鳞的上缘中部；颊鳞单枚，梯形，长是高的1.4倍，不入眶，与第3、第4上唇鳞相接，但不与第2上唇鳞相接；眶上鳞单枚；眶前鳞单枚；眶后鳞两枚；前颞鳞单枚，显著延长；后颞鳞2枚；上唇鳞9/9，最后一枚上唇鳞短于相邻的前一枚上唇鳞；第5、第6枚上唇鳞入眶；下唇鳞9/9，第1对

下唇鳞在颏鳞之后彼此相接；颏片2对；前部颏片大，在中部彼此相接，两侧都与前5枚下唇鳞相接；后颏片小，相互之间被小鳞分开；背鳞19-19-19，背鳞在颈部起棱较弱，后部起棱逐渐加强；身体中部最外面1行背鳞光滑，再向后也起棱；腹鳞172枚；肛鳞对分；尾下鳞53对。

活体颜色 背橄榄绿色，每个鳞片具有黑色的边缘，形成一个精细的网状图案；背鳞外侧第2和第3行鳞片有黄色斑点，最外1行背鳞的上部分墨绿色；腹方黄色，头和尾部的腹面有斑驳的黑灰色。

在保存液中体色 头背部墨绿色，每个鳞片几乎看不到黑色边缘，腹面微黄。

形态变异 深圳后棱蛇的测量数据、鳞片特征、身体比例见表3.10。标本SYS r001032 两侧的前颏片与前6枚下唇鳞相接。标本SYS r001021 两侧只有第5枚上唇鳞入眶。标本SYS r001032、1145，左侧的第5和第6枚上唇鳞入眶，右侧仅第5枚上唇鳞入眶。

分布与习性 深圳后棱蛇是典型低山物种，分布于深圳

市东部沿海山脉和东莞市南部的银瓶山省级自然保护区。在深圳，记录地点有梧桐山风景名胜区、三洲田森林公园、田头山自然保护区。所有个体均于夜晚见于缓流的溪流中，溪内有裸露的岩石，海拔在155-327 m（图3.13）。溪流中有大量的淡水螺、水生昆虫、虾、螃蟹和鱼类，还有两栖动物香港瘰螈 *Paramesotriton hongkongensis*，其他两栖类的蝌蚪等。刘氏掌突蟾也见于上述区域的山溪中，与深圳后棱蛇同域分布。

简评　深圳后棱蛇、香港后棱蛇、挂墩后棱蛇和侧条后棱蛇同域分布于深圳梧桐山风景名胜区的2条溪流中。自2012年至2015年，在这两条溪流中共收集了17个后棱蛇标本，其中包括5条挂墩后棱蛇、5条侧条后棱蛇、4条香港后棱蛇、3条深圳后棱蛇。在同一条溪流中栖息着4种后棱蛇，且种群量较大，这一现象非常罕见。在形态上，深圳后棱蛇与香港后棱蛇与福建后棱蛇很相似，而在系统进化树中，深圳后棱蛇与香港后棱蛇是姐妹种，它们的区别如下（深圳后棱蛇/香港后棱蛇）：背鳞DSR 19-19-19 / 17-17-17；所有背鳞起棱，颈部起弱棱，后部起强棱 / 前颈部光滑，向后起弱棱；吻鳞小，吻鳞宽是头宽的25%-30% / 吻鳞稍大，吻鳞宽是头宽的31%-37%；鼻鳞与第1、第2、第3枚上唇鳞相接 / 鼻鳞只与第1、第2枚上唇鳞相接，而不与第3枚上唇鳞相接；颊鳞的长是高的1.3-1.6倍 / 颊鳞长是高的2.1-2.9倍；颊鳞不与第2上唇鳞相接 / 颊鳞与第2上唇鳞相接。

深圳后棱蛇与福建后棱蛇的区别是（深圳后棱蛇/福建后棱蛇）：背鳞19-19-19 / 17-17-17；尾短，尾长为身体全长的16%-19% / 尾长为身体全长的20%-23%；最后一枚上唇鳞比前一枚上唇鳞小 / 最后一枚上唇鳞最大；背鳞全部起棱，颈部起弱棱，后部起强棱 / 前颈部光滑，向后起弱棱；鼻鳞沟总是指向第二上唇鳞上缘中部 / 鼻裂总是指向第1上唇鳞的尖端；鼻鳞与第1、第2、第3上唇鳞相接 / 鼻鳞只与第1、第2上唇鳞相接，不与第3上唇鳞相接。

深圳后棱蛇和侧条后棱蛇的区别如下（深圳后棱蛇 / 侧条后棱蛇）：背鳞19-19-19 / 17-17-17；眶前鳞单枚 / 眶前鳞两枚；背面是均匀的橄榄绿色，带有有黑色网状花纹 / 背面棕色，身体两侧有明显的纵向黑色条纹。深圳后棱蛇和挂墩后棱蛇的区别如下：9-10枚完整的上唇鳞 / 13-16枚上唇鳞，前6-8枚完整，其后的上唇鳞横裂；颈部背鳞起弱棱，身体和尾部起强棱 / 所有背鳞起强棱；身体和尾巴背面橄榄绿色，有黑色网状花纹 / 背面棕色，身体和尾巴有黑色的纵向条纹。

图3.13　深圳后棱蛇模式产地的环境
此地同域分布有香港后棱蛇、挂墩后棱蛇和侧条后棱蛇

第 *4* 章
深圳市两栖类
多样性研究

| 摘 要 |

在2013年至2016年深圳市陆域调查数据基础上，综合作者2010-2013年的数据，补充了2017年的调查和研究数据，并对历史文献进行分析和厘定，最终确认深圳陆域的本土两栖类有2目8科22种，外来物种和外来入侵种有2目4科5种。深圳两栖类多样性水平相对较低，但区域特有性高，外来物种比例较高，其中3种是全球公认的外来入侵物种。两栖类多样性最高的区域是沿海山脉，以梧桐山最高，其次是排牙山-田头山区域。与毗邻的香港相比，多样性水平相当，但相似度仅为66.7%，显示了深圳两栖类区系的独特性。

2013年以前，深圳地区没有开展过系统性的两栖类调查研究。最早的文献见于1998年，报道了深圳湾湿地的两栖类动物1目4科8种（王勇军和昝启杰，1998）。香港嘉道理农场暨植物园于2001年5月对梧桐山进行了快速调查，成果汇编成 *South China Forest Biodiversity Survey Report Series: No. 11*，共记录两栖类2目6科9种，报道了蛙科华南湍蛙 *Amolops ricketti* 和角蟾科蟾掌突蟾 *Leptobrachella pelodytoides* 在深圳梧桐山的分布（Fellowes et al., 2002）。其后，常弘等（2003）报道了围岭公园两栖类1目5科9种。蓝崇钰等（2001）报道了内伶仃岛两栖类1目4科10种，该文有日本林蛙（原文：*Rana japonica jiaponica*）的分布记录。黎振昌等（2011）将深圳梧桐山的角蟾鉴定为小角蟾 *Megophrys minor*。林石狮等（2013a）结合深圳绿道主干线设定31条样线进行了为期17个月的监测调查，共记录两栖类17种，其中尖舌浮蛙 *Occidozyga lima* 和大树蛙 *Rhacophorus dennysi*（原文：大泛树蛙 *Polypedates dennysii*）首次出现在深圳的两栖类记录中。庄馨等（2013）报道了大鹏半岛国家地质公园的两栖类2目5科11种，该文也记录了大泛树蛙 *Polypedates dennysi*。唐跃琳等（2015a）报道梧桐山两栖动物2目7科18种。2011年至2013年，Sung等（2014）对梧桐山的两栖动物开展了系统性调查，修订了蟾掌突蟾的分布记录，最终记录梧桐山两栖动物2目7科20种，同时将梧桐山的角蟾修订为短肢角蟾 *Megophrys brachykolos*，并认为此前报道的华南湍蛙是一个未鉴定物种（唐跃琳等，2015b）。

综上所述，深圳地区两栖类调查研究的历史较短，且均为特定生态片区的局部调查，未能全面反映深圳地区两栖类的区系状况。此外，有些物种的分类鉴定有待商榷，存在错误鉴定的可能。2013年9月，深圳市野生动植物保护管理处启动了深圳市陆域野生动物资源调查，旨在为全面查清深圳野生动物的资源状况。两栖动物调查是该项目的重要内容之一。

4.1 材料与方法

4.1.1 调查区域

根据深圳市政府2006年发布的《深圳生态市建设规划》所确定基本生态控制线，结合全市地形地貌及植被特点，将深圳陆域划分成重点调查区和一般调查区两部分，重点调查区见图4.1，覆盖了深圳基本生态控制线内自然保护区、风景名胜区、森林公园、郊野公园、水库库区、湿地公园及其周边区域；一般调查区为重点调查区以外的区域，包括市区公园、城市绿地、农田等生境。

4.1.2 调查时间

2013年9月至2017年10月，每个季节做一次调查；重点在春夏季节；枯水季节即秋冬季节重点调查永久性溪流和山间积水。调查均在夜间进行。

4.1.3 野外调查方法

主要采用典型生境样线法调查，并录制鸣声和拍摄生态照片。以溯溪和沿溪边道路调查为主，在生境适宜，物种丰富区域进行样方法调查。同时填写记录表，记录两栖类的种类、数量、海拔、活动状况、生境及时间等信息。

标本制作和组织样品采集：除卵和蝌蚪外，一般每个地点每种限采4个标本，重点调查物种采集10个标本，同时采集肌肉样品，保存在95%的乙醇溶液中，作为DNA研究材料；无尾目成体手捕，卵、蝌蚪和有尾目采用抄网捕获。

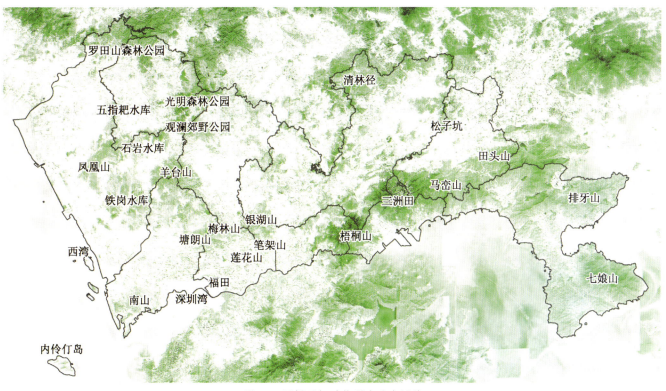

图4.1 深圳两栖动物调查重点区域

4.1.4 物种多样性分析

通过 Jaccard 群落相似性系数，比较深圳、香港两地的两栖动物物种组成，进而分析深圳两栖动物组成特点。公式为

$$C_j = \frac{j}{a+b-j}$$

式中，a、b为两个不同群落中的种数，j为两个群落中的共有种数。

使用Gleason丰富度指数比较两地的物种丰富度。其公式为

$$D = \frac{S}{\ln A}$$

式中，A为单位面积，S为群落中的物种数目。

4.1.5 分类系统

Amphibian Species of the World 6.0, an Online Reference（Frost, 2018）。

4.1.6 珍稀濒危和保护动物评定依据

（1）濒危等级：参照《世界自然保护联盟濒危物种红色名录》（简称"IUCN红色名录"）（IUCN, 2020）；《中国脊椎动物红色名录》（简称"中国物种红色名录"）（蒋志刚等，2016）。

（2）国家重点保护动物等级：参照《国家重点保护野生动物名录》，该名录于1988年12月10日由国务院批准，1989年1月14日由林业部和原农业部令第1号发布施行。

（3）国家"三有"保护动物：参照《国家保护的有益的

或者有重要经济、科学研究价值的陆生野生动物名录》，该名录于2000年5月由国务院制定并发布，2000年8月1日以国家林业局令第7号发布实施（国家林业局，2000）。

（4）CITES等级：参照《濒危野生动植物种国际贸易公约》附录（简称"CITES附录"），我国于1980年12月25日加入该公约，并于1981年4月8日正式生效（UNEP-WCMC, 2020）。

4.2 两栖类物种组成

调查共记录了两栖纲动物2目10科21属28种（表4.1）。其物种组成特点分述如下。

4.2.1 有较多的外来两栖类物种

2013-2017年共记录外来两栖类2目4科5属5种，占深圳市两栖类总物种数的17.9%。其中，非洲爪蟾 *Xenopus laevis*、牛蛙 *Rana catesbeiana* 和温室蟾 *Eleutherodactylus planirostris* 是公认的外来入侵物种，均见于城市公园。于梧桐山风景区碧桐道入口处海拔约50 m的积水坑中采集到一只肥螈 *Pachytriton* sp.标本，由于标本在当晚遗失，未能鉴定，应是放生物种。2016年以来，黑斑侧褶蛙 *Pelophylax nigromaculatus* 大量出现在梅林公园，也是市民放生所致。

4.2.2 本土两栖类物种组成

所记录的本土两栖类22种，隶属于2目8科17属（表4.1）。

表4.1　深圳两栖纲动物在主要地理单元的分布

物种名	梧桐山	三洲田－马峦山	排牙山－田头山	七娘山	松子坑清林径
本土物种					
一、有尾目CAUDATA					
（一）蝾螈科Salamandridae					
1. 香港瘰螈*Paramesotriton hongkongensis* (Myers and Leviton, 1962)	√	√	√	√	
二、无尾目ANURA					
（二）角蟾科Megophryidae					
2. 刘氏掌突蟾*Leptobrachella laui* (Sung, Yang and Wang, 2014)	√	√	√	√	
3. 短肢角蟾*Panophrys brachykolos* (Inger and Romer, 1961)	√	√	√	√	
（三）蟾蜍科Bufonidae					
4. 黑眶蟾蜍*Duttaphrynus melanostictus* (Schneider, 1799)	√	√	√	√	√
（四）雨蛙科 Hylidae					
5. 华南雨蛙*Hyla simplex* Boettger, 1901			√	√	
（五）蛙科Ranidae					
6. 沼水蛙*Hylarana guentheri* (Boulenger, 1882)	√	√	√	√	√
7. 台北纤蛙*Hylarana taipehensis* (van Denburgh, 1909)	√	√			
8. 大绿臭蛙*Odorrana* cf. *graminea* (Boulenger, 1900)	√	√		√	
9. 白刺湍蛙*Amolops albispinus* Sung, Wang and Wang, 2016	√		√		
（六）叉舌蛙科Dicroglossidae					
10. 泽陆蛙 *Fejervarya multistriata* (Hallowell, 1861)	√				
11. 虎纹蛙*Hoplobatrachus chinensis* (Osbeck, 1765)	√				
12. 福建大头蛙*Limnonectes fujianensis* Ye and Fei, 1994	√				
13. 小棘蛙*Quasipaa exilispinosa* (Liu and Hu, 1975)	√	√	√	√	
14. 棘胸蛙*Quasipaa spinosa* (David, 1875)	√	√	√	√	
15. 圆舌浮蛙*Occidozyga martensii* (Peters, 1867)			√		
（七）树蛙科Rhacophoridae					
16. 斑腿泛树蛙*Polypedates megacephalus* Hallowell, 1861	√	√	√	√	√
（八）姬蛙科Microhylidae					
17. 花姬蛙 *Microhyla pulchra* (Hallowell, 1861)	√	√	√	√	
18. 饰纹姬蛙*Microhyla fissipes* Boulenger, 1884	√	√	√	√	
19. 小弧斑姬蛙*Microhyla heymonsi* Vogt, 1911	√				
20. 粗皮姬蛙*Microhyla butleri* Boulenger, 1900	√	√	√	√	
21. 花狭口蛙*Kaloula pulchra* Gray, 1831	√	√	√	√	
22. 花细狭口蛙*Kalophrynus interlineatus* (Blyth, 1855)	√		√	√	
外来物种					
一、有尾目CAUDATA					
（一）蝾螈科Salamandridae					
1. 肥螈*Pachytriton* sp.	√				
二、无尾目ANURA					
（二）负子蟾科 Pipidae					
2. 非洲爪蟾*Xenopus laevis* (Daudin, 1802)					
（三）蛙科Ranidae					
3. 牛蛙*Rana catesbeiana* Shaw, 1802					
4. 黑斑侧褶蛙*Pelophylax nigromaculatus* (Hallowell, 1861)			√		
（四）卵齿蟾科 Eleutherodactylidae					
5. 温室蟾*Eleutherodactylus planirostris* (Cope, 1862)					
合计	21	16	20	16	7

注：+ 为少见；++ 为常见；+++ 为大量

山-塘朗山-梅林山	铁岗-石岩水库-凤凰山-五指耙	羊台山	观澜-罗田山	福田-西湾滨海	内伶仃岛	其他（公园绿地农田等）	种群量
							+++
							+++
		√					+++
√	√	√	√	√	√	√	+++
							+
√	√	√	√	√	√	√	++
		√					+
							++
							+
√	√	√	√	√	√	√	+++
	√				√	√	+
							+
							++
							+
							+
√	√	√	√	√	√	√	+++
√	√	√			√		+
√	√	√	√	√	√	√	+++
							+
√	√	√	√	√	√	√	++
√	√	√	√	√	√	√	+++
	√	√			√		++
							—
						√	+
						√	+++
							—
						√	++
8	10	11	7	6	10	11	

其中，有尾目只有1科1属1种，即蝾螈科的香港瘰螈 *Paramesotriton hongkongensis*。无尾目共有7科16属21种，包括角蟾科2属2种，蟾蜍科、雨蛙科、树蛙科均1属1种，蛙科有3属4种，叉舌蛙科有5属6种，姬蛙科有3属6种。姬蛙属有4种，水蛙属有3种，棘胸蛙属有2种，其余13属各包含1种。

4.2.3 新物种和新记录物种

1. 新物种

在深圳两栖动物调查期间，先后发表了新种刘氏掌突蟾 *Leptobrachella laui* 和白刺湍蛙 *Amolops albispinus*。此前，刘氏掌突蟾被鉴定为鳞掌突蟾，白刺湍蛙被鉴定为华南湍蛙。

2. 新分布记录

在深圳大鹏新区锣鼓山公园的几处小水塘中发现的圆舌浮蛙 *Occidozyga martensii* 为深圳新记录物种。此前，圆舌浮蛙在我国的分布只有三个彼此分隔的区域：海南、广东信宜至广西南部、云南南部（包括腾冲、孟连、景洪、勐腊、思茅和沧源），信宜是该种在广东的唯一分布区。本次发现的深圳种群是该种已知最东的分布记录，在区系地理学上意义重大，可能代表了该种的第4个分布区，也可能是广西南部和广东信宜种群沿广东西南部滨海地区向东部延伸的结果，需要进一步的研究确认。

本种在深圳虽有一定种群规模，但分布区极其狭小，且临近城镇居民区，因此，该地理种群灭绝的风险极高，必须采取有效措施予以重点保护。

4.2.4 珍稀濒危物种和保护物种

1. 国家重点保护物种

仅1种，即虎纹蛙*Hoplobatrachus chinensis*，为国家II级重点保护野生动物。

2. IUCN红色名录受胁物种

有3种，其中，濒危（EN）等级物种1种，即短肢角蟾 *Panophrys brachykolos*；易危（VU）等级物种2种，即棘胸蛙 *Quasipaa spinosa*和小棘蛙*Quasipaa exilispinosa*。

3. 中国物种红色名录受胁物种

共4种，其中，濒危（EN）等级物种有1种，即虎纹蛙；易危（VU）等级物种3种，即短肢角蟾、棘胸蛙和小棘蛙。

4. CITES附录收录物种

共2种，即香港瘰螈和虎纹蛙，二者均为CITES附录II收录物种。

4.2.5 中国特有种

中国特有种6种：香港瘰螈、刘氏掌突蟾、短肢角蟾、白刺湍蛙、福建大头蛙 *Limnonectes fujianensis* 和小棘蛙，占本土两栖类的27.3%。其中，白刺湍蛙为深圳特有种，短肢角蟾

和刘氏掌突蟾为仅分布于深圳和香港（离岛区除外）的区域特有种。

4.2.6 与香港两栖类多样性比较

香港陆地面积约1104 km^2，目前共记录两栖类2目23种（刘惠宁，2000），其两栖类物种丰富度指数为3.28；深圳陆域总面积约1997 km^2，两栖类的物种丰富度指数为2.90，显然香港的两栖动物更为丰富。

深圳和香港共有的两栖类动物有18种，两地的相似性指数66.7%，说明在两栖类组成上，两地存在显著差异，表现在具体物种上，深圳记录的华南雨蛙 *Hyla simplex*、白刺湍蛙、圆舌浮蛙和小弧斑姬蛙 *Miorohyla heymonsi* 在香港没有分布，而罗默刘树蛙 *Liuixalus romeri*、华南湍蛙 *Amolops ricketti*、香港湍蛙 *Amolops hongkongensis*、长趾纤蛙 *Hylarana macrodactyla* 和尖舌浮蛙 *Occidozyga lima* 在深圳没有分布。

4.2.7 多样性要布特点

两栖类物种多样性最高的区域是东部沿海山脉（表4.1），依次是梧桐山21种，排牙山-田头山20种，七娘山16种，三洲田-马峦山16种，中西部丘陵和低山区域两栖类多样性普遍偏低，以羊台山最高，但也仅记录了11种，其余重点调查区域包括松子坑-清林径、银湖山-塘朗山-梅林山、观澜-罗田山、福田-西乡滨海及重点调查区域以外的区域（包括农田和公园绿地等）均只有6-11种，大多为广布种；内伶仃岛记录了10种，对于面积仅有5.54 km^2，最高海拔340.9 m的海岛生境，在具有相似地理条件的海岛中，其物种多样性较高。

圆舌浮蛙只记录于大鹏新区锣鼓山公园，台北纤蛙 *Hylarana taipehensis* 只记录羊台山-五指耙区及大鹏新区打马坜水库区；福建大头蛙只记录于梧桐山泰山涧，且只有一个个体记录；小弧斑姬蛙只记录于深圳东部坪山区梧桐山，华南雨蛙只记录于排牙山坝光村和七娘山南海水产研究所附近区域。其中，白刺湍蛙、圆舌浮蛙、华南雨蛙和小弧斑姬蛙在香港没有分布记录，其余几个物种在香港都有较广泛的分布记录。

刘氏掌突蟾、白刺湍蛙、大绿臭蛙 *Odorrana* cf. *graminea*、香港瘰螈、小棘蛙、棘胸蛙都只分布于深圳东部沿海山脉。短肢角蟾记录于深圳东部沿海山脉和羊台山。虎纹蛙记录于梧桐山、铁岗水库和内伶仃岛和市区公园；花姬蛙 *Microhyla pulchra* 和花细狭口蛙 *Kalophrynus interlineatus* 记录于梧桐山、排牙山、田头山、七娘山、铁岗水库和羊台山等区域；粗皮姬蛙 *Microhyla butleri* 记录于梧桐山、排牙山、田头山、七娘山和内伶仃岛等区域。

剩余6种，即黑眶蟾蜍 *Duttaphrynus melanostictus*、沼水蛙 *Hylarana guentheri*、泽陆蛙 *Fejervarya multistriata*、斑腿泛树蛙 *Polypedates megacephalus*、饰纹姬蛙 *Microhyla fissipes* 和花狭口蛙 *Kaloula pulchra*，均广布于深圳各种生境，主要分布于海拔300 m以下区域。

4.3　部分物种简述

4.3.1　香港瘰螈
Paramesotriton hongkongensis
(Myers and Leviton, 1962)

（1）物种描述

识别特征　成年雄性最大全长可达130 mm，雌性可达150 mm。尾长明显短于头体长。头长大于头宽。吻端平截，吻棱清晰，外鼻孔近吻端。没有颈褶。皮肤较粗糙。头背部多痣粒，两侧各有一条腺质棱脊，枕部有一个"V"形棱嵴，与体背中央脊嵴相连。体侧无肋沟，瘰粒大，与体两侧各形成纵行一条侧棱嵴，向后一直延至尾部前段。前肢四指，后肢五趾，无缘膜，无蹼。内外掌突和内外蹠突均不显。前后肢贴体相向时，指趾或掌蹠重叠。尾侧扁，成年个体尾末端钝圆。泄殖腔在雄性显著肿胀，肛孔纵长，后部有乳状突；雌性稍肿胀，肛孔短，无乳突。全身底色棕红色至黑褐色。繁殖期雄性背部嵴脊棕红色，雌性色浅。头体腹面有橘红色或橘黄色圆斑，通常中央区域圆斑较大，两侧的圆斑较小，分布较均匀，尾下前2/3橘红色。

幼体深棕灰色，密布黑色痣粒。尾较长，末端尖。外鳃浅黄色。

生境与习性　栖息于有砂石底质的山涧溪流。食物有水生昆虫、蚯蚓、小鱼虾和螺类等。每年10月至第二年3月为繁殖期，此时雌螈将卵产于水岸边植物，如石菖蒲等叶子上，粘于两片叶子之间。受精卵经21-42天孵化，幼体经过约22个月完成变态，3年性成熟。

分布　中国特有种。分布在香港山区；广东深圳梧桐山、三洲田、田头山、排牙山、七娘山等东部沿海山脉，东莞银瓶山、观音山、惠州南昆山。

濒危和保护等级　国家"三有"保护动物，IUCN和中国物种红色名录均为近危（NT）等级物种，CITES附录II物种。

（2）深圳种群

种群状况　种群量庞大。

香港瘰螈深圳种群约7500只。主要分布于从梧桐山至大鹏半岛的东部沿海山脉。在梧桐山约1500只，主要见于泰山涧、马水涧和西坑的溪流中，泰山涧居群约1000只，马水涧约300只，其他溪流约200只；大鹏半岛约有5000只，最大居群见于杨梅坑（约3000只）和鹿角溪（1000只）；排牙山、三洲田、马峦山、田头山等合计约有1000只。

此前，判定性别的方法主要依据下列特征：雄螈泄殖

腔显著肿胀，肛孔纵长，后部有乳状突；雌性稍肿胀，肛孔短，无乳突。全身底色棕红色至黑褐色。繁殖期雄性背部嵴脊棕红色，雌性色浅。该区别特征并不稳定（图e，图f）。

分布格局 分布于梧桐山、三洲田、马峦山、田头山、排牙山和七娘山等构成的东部沿海山脉。

环境特点 低山缓溪，岸边有石菖蒲等植物，植物随潮汐而周期性被溪水浸淹。

受胁因素 受土地用途改变的影响，栖地面积有一定减少，如排牙山；山溪开发建设，人为扰动增大，影响溪流水质及溪流岸边植被，如梧桐山泰山涧和马水涧的旅游开发；此外，鹿角溪附近道路车辆增多，造成大量个体碾压致死。

地方保护建议 尽管该种种群数量较大，但其分布区面积约为3200 km²；其独特的山溪环境栖息特点，使其占有区面积小于100 km²，符合IUCN的濒危（EN）等级标准。深圳地区虽然种群数量较大，但考虑到占有区面积有减少趋势，目前深圳地区的分布区面积约为615 km²，占有区面积不足10 km²，且城市化也导致溪流环境质量下降，应当列为深圳市重点保护物种。

a. 香港瘰螈在深圳的记录位点
b. 在石菖蒲叶片间产卵的香港瘰螈雌性个体（拍摄于七娘山杨梅坑）
c. 香港瘰螈集群繁殖（拍摄于七娘山）
d. 香港瘰螈胚胎期（拍摄于马峦山郊野公园）
e. 香港瘰螈幼体（拍摄于七娘山杨梅坑）
f. 雌性个体，泄殖孔区显著肿胀，尾侧有白线纹
g. 解剖可见腹内卵巢，该个体为成年雌性

4.3.2 刘氏掌突蟾

Leptobrachella laui (Sung, Yang and Wang, 2014)

（1）物种描述

识别特征　体型较小，成年雄性头体长25.1-26.4 mm，雌性28.1 mm。头宽大于头长。吻背面观圆形；吻棱圆钝清晰，颊部略倾斜。眼大，眼径小于吻长；瞳孔直立；鼓膜小而清晰。无犁骨齿。舌长而宽，游离端有一个小缺刻。颞褶清晰。指序I＜IV＜II＜III；指端圆形，无蹼，趾侧缘膜中度发达；无关节下瘤；内掌突发达，不连第一指；外掌突小。趾端圆形，趾序I＜II＜V＜III＜IV；第II-V趾下有纵脊垫；无关节下瘤；基部有蹼，趾侧缘膜发达。内蹠突卵圆形，无外蹠突。胫跗关节前伸达眼前缘。背部皮肤鲨鱼皮状，有分散小疣粒。有颌腺、胸腺、股腺和腹侧腺。背部棕色有清晰的深色斑，前臂、股部和胫跗部有深色横斑；腹呈不透明乳白色，两侧有棕色小斑点。雄性第一指背无婚垫。单个咽下声囊。

生境与习性　栖息于山涧溪流。见于每年12月至第二年5月，此时雄蟾夜晚趴在溪流的岩石或岸边草丛间鸣叫。其余时间处于休眠状态，甚少见。

分布　中国特有种。仅见于香港山区；深圳梧桐山、三洲田、田头山、排牙山、七娘山等东部沿海山脉。

濒危和保护等级　该种为本项目组于2014年发表的新种，尚未评定濒危和保护等级。该种在香港和广东深圳两地合计的分布区面积小于5000 km²，由于专一栖息于溪流及靠近溪流区域，估算占有区面积小于100 km²，符合IUCN濒危等级标准的濒危（EN）等级。

（2）深圳种群

种群状况　由于体型较小，栖所隐蔽，不容易被发现，因此无法评估种群数量。但可以确定种群数量较大。每年12月底至第二年5月，在梧桐山、三洲田、马峦山、田头山和排牙山的各种溪流或临时积水附近均可听到雄性求偶鸣叫声。

分布格局　分布于梧桐山、三洲田、马峦山、田头山、排牙山和七娘山。

环境特点　栖息于海拔100-800 m山涧溪流内石头上、石缝间，或附近植物上，也见于山间渗溪、临时积水附近的植物上。多见于1-4月。雄性多在溪流岩石上或溪边的落叶层、植物茎秆上鸣叫。在雨后或雨中远离溪流，常见于路上。

受胁因素　溪流和溪水日益减少，旅游造成的水污染。属区域内季节性常见种，但分布区面积较小。

地方保护建议　建议列为深圳市重点保护动物，并采取有针对性的保护措施。

a. 刘氏掌突蟾在深圳的记录位点
b. 刘氏掌突蟾（拍摄于梧桐山泰山涧）
c. 刘氏掌突蟾成年雄性个体（拍摄于梧桐山泰山涧）

4.3.3 短肢角蟾
Panophrys brachykolos (Inger and Romer, 1961)

（1）物种描述

识别特征 见3.2.4短肢角蟾的物种描述。

分布 目前仅知分布于香港岛和广东深圳。

濒危和保护等级 IUCN红色名录濒危（EN）等级受胁物种，中国物种红色名录易危（VU）等级物种，国家"三有"保护动物。

（2）深圳种群

种群状况 种群量庞大。

分布格局 目前，该种在深圳已知的分布区为七娘山地质公园、排牙山、三洲田森林公园、田头山自然保护区及深圳西部的羊台山森林公园。

环境特点 分布的海拔0-300 m，属低地山溪物种。每年9月至第二年4月底，可听到其叫声。分布区面积约为660 km^2；占有区面积小于100 km^2。

本种雌性不易发现，栖所隐蔽，因此无法评估种群数量，也无法评估其年龄结构和雌雄比例。但可以确定种群数量较大。每年9月底至第二年5月，在三洲田、马峦山、田头山、排牙山和七娘山，以及羊台山各种溪流或临时积水附近均可听到雄性求偶鸣叫声。

受胁因素 属季节性常见种。溪流和溪水日益减少，旅游造成的水污染等均对其种群构成威胁。羊台山曾发生毒鱼事件，造成该种蝌蚪死亡。

地方保护建议 IUCN在未知深圳种群情况下将其评定为濒危（EN）等级受胁物种，如果将深圳种群纳入评估，则其调降为易危（VU）等级受胁物种更为合适。应列为深圳市重点保护动物，并采取有针对性的保护措施。

a. 短肢角蟾在深圳的记录位点
b. 短肢角蟾雄性个体侧面观（拍摄于三洲田森林公园）
c. 短肢角蟾雌性个体背侧面观（拍摄于羊台山森林公园）
d. 短肢角蟾雄性个体原生环境头部特写（拍摄于田头山自然保护区）
e. 短肢角蟾蝌蚪（拍摄于羊台山森林公园）
f. 短肢角蟾蝌蚪（拍摄于田头山自然保护区）

4.3.4 黑眶蟾蜍
Duttaphrynus melanostictus (Schneider, 1799)

（1）物种描述

识别特征　雄蛙约76 mm，雌蛙约106 mm。头顶两侧各有一条由上眼眶边缘沿吻棱至吻端有黑色骨质棱。鼓膜大而明显。背部和体侧密布瘰粒和疣粒，腹部和四肢密布疣粒，疣粒上有黑色角质刺。雄蛙第I、II指基部有黑色婚垫。体色多变。雄性具单个咽下声囊。

生境与习性　栖息于不同海拔的各种生境。除繁殖期在水中生活外，一般多在陆地活动。雨后或雨中会大量出现于植被稀少或裸露的地面上。嗜食蚯蚓、甲壳类和昆虫等。

分布　广布种。主要分布于华南和东南地区。

濒危和保护等级　国家"三有"保护动物。

（2）深圳种群

种群状况　种群量大。

分布格局　深圳全境，包括内伶仃岛、大铲岛、滨海红树林等海岛和咸淡水环境。

环境特点　常见于水库、水塘、河岸、多草水洼地等生境，亦常见于路上。

受胁因素　外来物种和环境污染对其繁殖造成一定影响。

地方保护建议　加强环境保护，严防环境污染，加强外来物种管控。

a. 黑眶蟾蜍抱对（拍摄于梧桐山）

b. 多只黑眶蟾蜍抱对（拍摄于梧桐山）

4.3.5 华南雨蛙
Hyla simplex Boettger, 1901

（1）物种描述

识别特征　雌蛙体长约 37 mm；雄蛙体长约 40 mm。吻圆而高，鼓膜显著。体背光滑，草绿色，口角处有1白斑；体侧和四肢均无黑斑。头侧自吻端经鼻孔上缘、过眼，沿体侧至泄殖腔孔及四肢绿色下缘有1条白色或浅黄色线纹，其下有1条近黑色细线；头侧还有1组同样的黑白（或浅黄）线自吻端经鼻孔下方，过眼后经鼓膜下缘，最终形成白斑上缘；两组线纹之间为棕色过眼宽纹；上臂内侧及背侧，前臂内侧至第Ⅰ、Ⅱ指背侧，腋窝处，体侧后部及腹股沟，后肢内侧和后侧至内侧4趾背面橙黄色；腹面密布疣粒，乳白色，喉浅黄色。跟部重叠，胫跗关节前达眼后角；指趾端有吸盘；指间微蹼；外侧3趾间具半蹼。无背侧褶；颞褶细而斜直。雄蛙具单个咽下声囊。

生境与习性　栖息于海拔 20-230 m 的水域附近灌丛、水塘、芭蕉、竹林等的植物上。

分布　广东深圳和珠江口以西、广西、海南等。

濒危和保护等级　国家"三有"保护动物。

（2）深圳种群

种群状况　罕见。

分布格局　仅见于大鹏半岛。

环境特点　土地用途变更，造成栖地减少，如正在排牙山建设国际生物谷，华南雨蛙栖息地将被占用。

受胁因素　栖地减少或消失。

地方保护建议　排牙山的栖地被占用已经不可避免，建议列为深圳市重点保护动物，并采取有针对性的保护措施。

a. 华南雨蛙在深圳的记录位点
b. 华南雨蛙（拍摄于排牙山盐灶村）

4.3.6 沼水蛙
Hylarana guentheri (Boulenger, 1882)

（1）物种描述

识别特征 体型中等，最大头体长可达100 mm。皮肤光滑，背侧褶发达，自眼睑后直达胯部并与对侧的背侧褶平行；无颞褶；胫部有纵行的肤棱。胫跗关节前达鼻眼之间。第IV趾蹼达远端关节下瘤，其余各趾全蹼。体色棕色或灰棕色。颌腺浅黄色。背侧褶下缘有黑色纵纹，体侧有不规则黑斑。雄性肱腺肾形。有1对咽下声囊。

生境与习性 栖息于水库、池塘、水田、溪流及水洼地。白天隐伏，夜间活动。繁殖季节时雄蛙往往停在水草上鸣叫求偶。食物以昆虫、蚯蚓、螺类等为主，也捕食幼蛙，甚至蝙蝠。

分布 越南中部至中国华南，北过长江，还包括海南和台湾。

濒危和保护等级 国家"三有"保护动物。

（2）深圳种群

种群状况 种群量大。常见种。

分布格局 深圳全境，包括内伶仃岛、大铲岛、三门岛、滨海红树林、城市公园、山溪等。

环境特点 常见于水库、水塘、河岸、多草水洼地、红树林等生境，亦常见于路上。

受胁因素 栖地性质改变或栖地质量下降，水源污染等对局部种群影响较大。

地方保护建议 建议列为深圳市环境监测指示物种，实行长期监测。

沼水蛙（拍摄于马峦山郊野公园）

4.3.7 大绿臭蛙

Odorrana cf. *graminea* (Boulenger, 1899)

（1）物种描述

识别特征　成年雌蛙头体长约为雄性的2倍，通常雄蛙头体长42-53 mm，雌蛙78-100 mm。腿细长，跟部重叠较多，胫跗关节前伸超过吻端。指趾均具吸盘和腹侧沟。指间无蹼。趾间满蹼。背面皮肤光滑，无疣粒；颌腺在口角处分成前后2个，或略具凹痕，后1个结束于颞褶；其后为肩上腺；体侧颗粒状有疣粒；略具背侧褶。腹面皮肤光滑。背面绿色，多有深褐色斑点；两眼间有1个不清晰的浅黄色圆形点斑，为顶眼点；头侧及体侧上部深棕色，体侧下部色浅，唇及颌腺、肩上腺乳黄色；四肢棕色，具深棕色横纹。股后浅黄色有棕色大理石斑纹。腹面乳白色，四肢腹面乳黄色，有时有深色斑纹。雄性第I指背面具白色婚垫，1对咽下声囊。

生境与习性　栖息于山溪及其附近。

分布　华东至华南山区溪流物种，分布于香港、广东（除珠江口以西沿海山区，如大雾岭、鹅凰嶂等）、湖南南部和东部、江西、安徽、浙江和福建。

濒危和保护等级　分类地位未定，未评估濒危和保护等级。

（2）深圳种群

种群状况　较大。

分布格局　深圳东部沿海山脉。

环境特点　溪流及其附近环境。

受胁因素　水体污染，局部栖地性质改变。

地方保护建议　建议列为深圳市溪流生态环境指示物种，实行长期监测。

a. 大绿臭蛙在深圳的记录位点

b. 大绿臭蛙（拍摄于梧桐山）

4.3.8 白刺湍蛙
Amolops albispinus Sung, Wang and Wang, 2016

（1）物种描述

识别特征　成年雄性头体长36.7-42.4 mm，成年雌性43.1-51.9 mm。在颞区（鼓膜除外）、颊区和唇部有圆锥状白刺，其中颞区最强壮。犁骨齿强壮。无声囊。无背侧褶。背皮肤粗糙，有隆起的大瘰粒。背橄榄棕色，有黑色大斑。

生境与习性　栖息在海拔60-500 m山溪里。

分布　深圳特有种。已知仅分布在梧桐山和排牙山。

种群状况　梧桐山较常见，排牙山种群较小，罕见。

受胁因素　溪流水质污染、电鱼毒鱼等对该种种群影响较大。排牙山国际生物谷的建设可能会使排牙山居群彻底消失。

地方保护建议　2016年发表的新种，尚未评定濒危和保护等级。鉴于其分布区面积小于100 km²，占有区面积小于10 km²，按照IUCN的濒危等级评估标准，符合极危（CR）等级。深圳市应率先将其列为深圳市重点保护动物，并作为溪流生态环境指示物种，进行长期监测。

a. 白刺湍蛙在深圳的记录位点
b、c. 白刺湍蛙（拍摄于梧桐山泰山涧）

4.3.9 虎纹蛙
Hoplobatrachus chinensis (Osbeck, 1765)

（1）物种描述

识别特征 体型中等大小。吻钝尖，吻棱圆钝，颊区倾斜。后肢相对较短，跟部相遇或略重叠，胫跗关节前达鼓膜。指趾端尖，不膨大。趾间全蹼。皮肤粗糙，体背满布长短不一的纵肤褶和疣粒。颞褶发达；无背侧褶。胫部疣粒排列成行。背黄绿色、灰棕色或墨绿色，有不规则深色斑纹；四肢背面有深色横纹；腹面白色，喉胸部有深色斑纹。雄性有一对咽侧下声囊。

生境与习性 栖息于山区和丘陵地区的农田、池塘、水库库尾等生境。

分布 中南半岛。长江以南地区，包括台湾和海南，北至陕西南部和河北南部。

濒危和保护等级 农药和水体污染、捕捉、外来入侵物种（如牛蛙等）资源竞争等因素，使其种群呈下降趋势。由于过度捕捉而被列为国家II级重点保护野生动物，属地区性濒危物种，中国物种红色名录评定为濒危（EN）等级物种，CITES附录II物种。

（2）深圳种群

种群状况 深圳的虎纹蛙有2个谱系：原产于泰国西部的谱系见于市区各大公园和水库库区，种群数量庞大；本土虎纹蛙只见于大鹏七娘山和内伶仃岛，数量较少，无法评测年龄结构和雌雄比例。

分布格局 自然种群见于七娘山和内伶仃岛，放生群见于铁岗水库、深圳水库和市区公园。

环境特点 水库库尾湿地或水沟，公园水塘或人工湖泊。

受胁因素 栖地减少或污染，外来入侵物种的资源竞争。

地方保护建议 深圳虎纹蛙种群组成复杂，有大量原产于泰国西部并被引入我国的养殖种群，本地原生种群数量很少，应将本地种群列为深圳市重点保护动物。

a. 虎纹蛙在深圳的记录位点
b. 虎纹蛙放生种群（拍摄于铁岗水库）
c. 虎纹蛙放生种群（拍摄于洪湖公园）
d. 虎纹蛙原生种群（拍摄于内伶仃岛）

4.3.10 泽陆蛙
Fejervarya multistriata (Hallowell, 1861)

（1）物种描述

识别特征　成体一般不超过50 mm，雌性体型差别不大。吻尖，吻棱不显，颊部倾斜。鼓膜大而清晰。前后肢相对较短，跟部相遇或不相遇，胫跗关节前达肩部到眼后方。指趾端尖，不膨大。趾间半蹼。皮肤粗糙，体背满布长短不一的纵肤褶和疣粒。无背侧褶，颞褶清晰。体色多变，两眼间常有深色横纹，肩部常有"W"形深色斑纹；有或无浅色脊线。雄性具单个咽下声囊。

生境与习性　栖息于多种生境，常见于农田、小水塘、水沟等静水域或其附近的旱地草丛，也见于山溪边。

分布　日本、东南亚。中国的亚热带至热带地区。

濒危和保护等级　国家"三有"保护动物。

（2）深圳种群

种群状况　种群数量大，常见种。见于深圳地区的各种生境。无法评测年龄结构和雌雄比例。

分布格局　深圳全境。

环境特点　草地、沟渠、红树林、溪边、山路等生境。

受胁因素　栖地减少或污染。

地方保护建议　无特别建议。

泽陆蛙（拍摄于内伶仃岛）

4.3.11 福建大头蛙
Limnonectes fujianensis Ye and Fei, 1994

（1）物种描述

识别特征　中等体型。雄蛙显著大于雌蛙。成年雄蛙头甚大，枕部隆起，头长大于头宽而略小于体长的一半；雌蛙头部相对小，枕部低平。吻钝尖，吻棱显著，颊区甚倾斜。鼓膜隐蔽于皮下。前后肢短粗，跟部不相遇，雄蛙胫跗关节前伸达眼后角，雌蛙达肩部。指趾端略膨大成球状；指间无蹼；趾间半蹼。体背皮肤粗糙，有圆疣和皮肤棱，尤以眼后颞区上方1对彼此平行的长肤棱，背部肩上方有一黑色"Λ"形皮肤棱为其显著特征。无背侧褶；颞褶较发达；腹面皮肤光滑。背面灰棕色或黑褐色，两眼间有深色横纹；唇缘有深色纵纹，四肢背面有黑横纹。无声囊。

生境与习性　多栖息于路边和田间的小水沟或积水塘内。

分布　中国特有种。华南和华东，包括台湾、香港和澳门。

濒危和保护等级　在其分布区为常见种。国家"三有"保护动物。

（2）深圳种群

种群状况　深圳非常罕见，至今只在梧桐山见到一只个体。

分布格局　梧桐山泰山涧。

环境特点　山区临时或长期的浅积水坑，坑内多有水草。

受胁因素　该种在香港及广东深圳周边地区极其常见，但深圳极为罕见，可能是山区道路的排水渠水泥化，以及大量水库建设，导致合适生境减少，种群面临灭绝的危险。

地方保护建议　建议适当保留山区软质排水沟渠，使该种群得以尽快恢复。

a. 福建大头蛙在深圳的记录位点
b. 福建大头蛙（拍摄于梧桐山）

4.3.12 小棘蛙

Quasipaa exilispinosa (Liu and Hu, 1975)

（1）物种描述

识别特征 体型中等，成年个体头体长约60 mm。头宽略大于头长。吻端钝圆，吻棱不显，颊区倾斜。鼓膜隐约可见。前后肢短粗，跟部刚刚重叠，胫跗关节前伸达眼部。指趾端略膨大成球状。关节下瘤发达。指间无蹼；趾间近满蹼，第IV趾侧蹼深缺刻。背侧皮肤粗糙，散布疣粒。颞褶发达；雌蛙腹面皮肤光滑，繁殖期雄蛙胸部满布有黑刺的疣粒。体背面黑褐色或棕色，散有不规则黄色斑，眼后方有深色横纹。下腹及后肢腹面蜡黄色。繁殖期雄性内侧3指具黑色强婚刺。具单个咽下声囊。

生境与习性 栖息于海拔300-1300 m的山区小溪中，溪旁树木繁茂。

分布 浙江、福建、江西、广东。

濒危和保护等级 国家"三有"保护动物，IUCN红色名录和中国物种红色名录列为易危（VU）等级物种。

（2）深圳种群

种群状况 深圳分布区内种群数量大，多于棘胸蛙为常见种。未评测年龄结构和雌雄比例。

分布格局 从梧桐山至七娘山的东部沿海山脉。

环境特点 溪流及其附近区域。

受胁因素 部分溪流环境质量下降。

地方保护建议 建议列为深圳市重点保护动物。

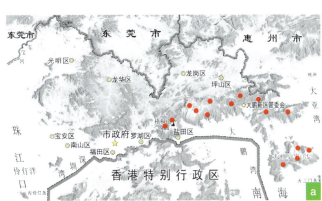

a. 小棘蛙在深圳的记录位点
b. 小棘蛙腹面（拍摄于马峦山郊野公园）
c. 小棘蛙（拍摄于马峦山郊野公园）
d. 小棘蛙婚刺（拍摄于马峦山郊野公园）
e 小棘蛙蝌蚪（拍摄于马峦山郊野公园）
f. 小棘蛙幼体（拍摄于七娘山地质公园）

4.3.13 棘胸蛙
Quasipaa spinosa (David, 1875)

（1）物种描述

识别特征　体肥硕，雌蛙头体长可超过120 mm。头宽大于头长。吻端圆，吻棱钝圆，颊区倾斜。鼓膜隐蔽。前后肢短粗，跟部相遇或略重叠，雄蛙胫跗关节前伸达眼部。指趾端略膨大成球状。关节下瘤发达。指间无蹼；趾间近满蹼。背侧皮肤较光滑，有疣粒，疣粒上常有1枚黑刺；雄蛙背部有皮肤褶。无背侧褶；颞褶稍发达，有零星刺疣。腹面皮肤光滑，雄蛙胸部满布有黑刺的疣粒。背面棕色或黑棕色，常有灰黑色云斑；两眼间有深色横纹，有或无浅色脊线，唇缘有深色纵纹，四肢背面有灰黑横纹。繁殖期，雄性个体内侧2指有黑色强婚刺。具单个咽下声囊。

生境与习性　栖息于海拔1500 m以下山区植被繁茂的山溪中。

分布　越南北部。除海南和台湾外，分布于华南、华东、贵州和云南等。

濒危和保护等级　数量较大，但被大量捕捉食用。国家"三有"保护动物，由于过度捕捉，种群严重受胁，IUCN红色名录和中国物种红色名录均列为易危（VU）等级物种。

（2）深圳种群

种群状况　种群数量不大，远小于小棘蛙。无法评测年龄结构和雌雄比例。

分布格局　与小棘蛙分布重叠。

环境特点　溪流及其附近区域。

受胁因素　部分溪流环境质量下降。

地方保护建议　建议列为深圳市重点保护动物和溪流生态环境指示物种，进行长期监测。

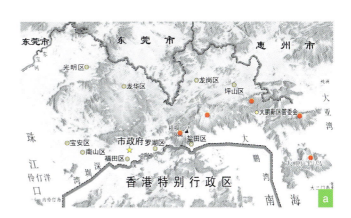

a. 棘胸蛙在深圳的记录位点
b. 棘胸蛙（拍摄于梧桐山）

4.3.14 圆舌浮蛙
Occidozyga martensii (Peters, 1867)

（1）物种描述

识别特征 体型小，头体长19-28 mm。头小，头长宽几乎相等，吻端钝圆，几无吻棱。鼻孔近吻端。舌后端圆；四肢短而粗壮，后肢贴体前伸，胫跗关节达肩部或肩前方，左右根部不相遇。指、趾侧无缘膜，末端圆；第I、II指间有蹼迹，趾间2/3蹼；无外跗褶。头体及四肢背面满布大小不等的圆疣，疣顶端呈白色疱状；两眼后方有1横肤沟，体腹面较光滑。体色变异颇大，背面多为浅棕色至棕红色，常散有深色斑点，少数个体有一镶浅色边的深棕色宽脊纹；腹面白色，雄性咽喉部呈浅棕色，雌蛙不明显；股后没有黑色线纹。雄性第I指有乳白色婚垫。具内单个咽下声囊。

生境与习性 栖息于海拔10-1000 m长满杂草的稻田边、路边、山间洼地等小水塘，临时水坑或其附近。

分布 泰国、柬埔寨、老挝、越南等。深圳是该种分布最东的记录。云南腾冲、孟连、景洪、勐腊、思茅、沧源，广东信宜，广西南部，海南全岛。

濒危和保护等级 国家"三有"保护动物；中国是边缘分布，此前只记录3个间断的分布区，因此中国物种红色名录评定为近危（NT）等级物种。

（2）深圳种群

种群状况 种群小，且行为隐蔽，无法评测年龄结构和雌雄配比。

分布格局 深圳大鹏半岛锣鼓山公园。

环境特点 多草的水洼。

受胁因素 仅有1个分布点，且在城镇附近，城市化进程可能使深圳单一栖息地消失，导致该种群灭绝。

地方保护建议 采取有针对性的措施进行特别保护。

a.圆舌浮蛙在深圳的记录位点
b、c.圆舌浮蛙（拍摄于锣鼓山公园）

4.3.15 斑腿泛树蛙
Polypedates megacephalus Hallowell, 1861

（1）物种描述

识别特征 中等体型树蛙。头体较扁。吻背面观钝尖，侧面观钝圆；吻棱发达。鼓膜大而显著。瞳孔平置椭圆形。后肢细长，跟部重叠，胫跗关节前伸达眼和鼻孔之间。仅趾间有蹼，指趾端具发达吸盘。体背皮肤光滑，有小痣粒；腹面有扁平疣粒。无背侧褶。颞褶发达。体色多变，通常浅棕色，一般具深色"X"形斑或纵条纹。大腿后面具网状斑纹。雄性第I、II指有乳白色婚垫。具内单个咽下声囊。

生境与习性 栖息于水坑、沟渠、山溪、田间、灌木草丛中。繁殖期雌雄抱对。

分布 越南北部，泰国和印度。中国亚热带至热带地区，向西远至西藏墨脱。

濒危和保护等级 国家"三有"保护动物。

（2）深圳种群

种群状况 种群数量大。无法评测年龄结构和雌雄比例。

分布格局 深圳全境。

环境特点 各种水域附近，包括市区住宅小区、公园、各种水塘、滨海湿地、丘陵低山内水库、溪流等生境。

受胁因素 环境质量下降，城市化进程造成的栖息地减少，外来入侵物种捕食和资源竞争。

地方保护建议 无。

a.斑腿泛树蛙红色型（拍摄于铁岗水库）
b.斑腿泛树蛙捕食（拍摄于铁岗水库）
c.斑腿泛树蛙棕色型（拍摄于铁岗水库）

4.3.16 小弧斑姬蛙
Microhyla heymonsi Vogt, 1911

（1）物种描述

识别特征 头体长稍长于20 mm，成年雌性稍大于雄性。头小，吻尖。无犁骨齿。鼓膜不显。颊部几垂直。跟部重叠，胫跗关节前达眼部。趾端微有吸盘。趾间有蹼迹。皮肤光滑。背面浅灰色或浅褐色，自吻端至肛部有一浅色细脊线，在脊线两侧有2对前后排列黑色弧形斑。四肢有黑色斑纹。腹部白色。雄性具单个咽下声囊。蝌蚪唇褶宽，呈圆形翻领状。

生境与习性 栖息于山区靠近水源环境中，于静水中繁殖。

分布 马来半岛、苏门答腊、印度。从云南至浙江的中国南方广大地区。

濒危和保护等级 国家"三有"保护动物。

（2）深圳种群

种群状况 数量很少，属罕见物种。

分布格局 仅见于田头山山脚和梧桐山风景名胜区。

环境特点 水域附近，较潮湿环境。

受胁因素 栖地性质改变。

地方保护建议 无。

a. 小弧斑姬蛙在深圳的记录位点
b. 小弧斑姬蛙抱对（拍摄于坪山）
c. 小弧斑姬蛙雄性求偶鸣叫（拍摄于梧桐山）

4.3.17 粗皮姬蛙
Microhyla butleri Boulenger, 1900

（1）物种描述

识别特征　体小，头体长约22 mm。头三角形，吻端钝尖。鼓膜不显。无犁骨齿。指趾端有小吸盘。指间无蹼；趾间微蹼。跟部重叠，胫跗关节前达眼部。体背粗糙，多疣粒，疣粒排成纵行。背灰棕色或红棕色，有独特的镶有黄边的黑棕色大斑。四肢有黑色斑纹。腹面白色，喉部有小黑斑点。雄蛙具单个咽下声囊。蝌蚪头体背部扁平，吻部较窄尖，口位于吻前端，眼位于头两侧。尾鳍较宽，末段变窄呈细丝状；背面和尾肌草绿色，密布小斑点，尾鳍末段无斑。

生境与习性　栖息于丘陵山区的水田、水沟、草地等环境。

分布　印度东北部、缅甸、越南、泰国、马来半岛和新加坡。华中，华南。

濒危和保护等级　国家"三有"保护动物。

（2）深圳种群

种群状况　种群数量大。

分布格局　深圳全境。

环境特点　山脚、水库周边水域附近。

受胁因素　栖地减少，外来物种的资源竞争。

地方保护建议　无。

a. 粗皮姬蛙在深圳的记录位点
b. 粗皮姬蛙（拍摄于坪山）
c. 粗皮姬蛙（拍摄于锣鼓山公园）

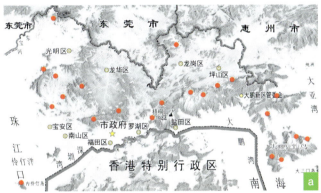

4.3.18 饰纹姬蛙
Microhyla fissipes Boulenger, 1884

（1）物种描述

识别特征 体小，头体长约 22 mm。头小，吻尖，整个身体背面观略呈三角形。无犁骨齿。吻棱不显。鼓膜不显。跟部重叠，胫跗关节前达肩部或肩部前方。趾端无吸盘。趾间有蹼迹。背面皮肤略显粗糙，有小疣排列成行。腹面光滑。背棕色或深棕色，前后有2个深棕色"Λ"形斑。四肢有深色横纹。腹面白色，雌蛙咽喉部有深灰色小斑点，雄蛙咽喉部黑色。具单个咽下声囊。

生境与习性 栖息于平原、丘陵和山区水田，水沟等环境。

分布 泰国、印度尼西亚，向东南穿过马来半岛至新加坡。华中至华南，北至山西和陕西。

濒危和保护等级 国家"三有"保护动物。

（2）深圳种群

种群状况 种群数量大。

分布格局 深圳全境，市区公园种群数量最大。

环境特点 山脚、农田、水库周边、市区公园、城市绿地等各种生境。

受胁因素 栖地减少，外来物种的资源竞争。

地方保护建议 在香蜜公园，该种与入侵种温室蟾同域分布，温室蟾种群的快速扩张可能导致饰纹姬蛙种群萎缩。因此，建议在已经发现温室蟾的区域，控制或清除温室蟾种群。

a. 饰纹姬蛙（拍摄于香蜜公园）
b. 饰纹姬蛙雄性求偶鸣叫（拍摄于华侨城湿地）
c. 饰纹姬蛙抱对（拍摄于华侨城湿地）

4.3.19 花姬蛙
Microhyla pulchra (Hallowell, 1861)

（1）物种描述

识别特征 雄蛙体长约 30 mm，雌蛙体长约33 mm。头小，吻尖，鼓膜不显。皮肤光滑，两眼间有深色横纹，从眼后至体侧后方有若干重叠相套、镶浅色线纹的"Λ"形黑棕色斑纹和大斑。四肢背面有粗细相间、镶浅色纹线的棕黑色横纹；腋部、体侧后部、腹股沟、大腿腹面及两侧、小腿和跗蹠部腹面柠檬黄色。腹部黄白色。雄蛙咽喉部密布深色点，雌蛙色较浅。胫跗关节前达眼部。雄蛙具单个咽下声囊。

栖息环境 见于水洼地和田间、灌木草丛或泥窝内。跳跃能力强。

分布 日本、中南半岛、马来半岛、印度、尼泊尔等。华中、华南、华东、云南、贵州和甘肃也有记录。

濒危和保护等级 国家"三有"保护动物。

（2）深圳种群

种群状况 种群数量不大，远小于粗皮姬蛙和饰纹姬蛙，而大于小弧斑姬蛙。

分布格局 见于丘陵低山区域。

环境特点 山脚、水库周边等生境。

受胁因素 栖地减少，外来物种的资源竞争。

地方保护建议 无。

a. 花姬蛙在深圳的记录位点
b. 花姬蛙（拍摄于内伶仃岛）
c. 花姬蛙雄性求偶鸣叫（拍摄于梧桐山）

4.3.20 花细狭口蛙
Kalophrynus interlineatus (Blyth, 1855)

（1）物种描述

识别特征　头体长30-40 mm。体型窄长，棱角分明。头小，吻略尖，突出于下唇。无犁骨齿。鼓膜不显。颊部几垂直。大腿与体轴垂直时，跟部相距较远，胫跗关节前伸达肩部。指趾关节下瘤发达，指基下瘤显著。掌突2个。趾端圆，趾间微蹼，无蹼间蹼；具内蹠突和外蹠突，内蹠突较小。皮肤粗糙，密布痣粒和疣粒。体背面和侧面交界线清晰，常有浅色疣粒排成一条清晰的背侧线。背面浅棕色至棕红色，体侧色深，有大小黑色斑点或板块排成几条纵行。四肢有镶浅色边线深色横纹。腹面浅黄色，喉部至前腹部灰褐色或黑棕色。雄性具单个咽下声囊。

生境与习性　栖息于低海拔平原丘陵地区。繁殖期雄蛙叫声洪亮。于静水中繁殖。

分布　中南半岛。云南到广西、广东、香港、澳门、海南。

濒危和保护等级　国家"三有"保护动物。

（2）深圳种群

种群状况　种群数量较大。

分布格局　深圳全境。

环境特点　常栖息于全境丘陵和山脚，并延伸至附近农田、草地，很少在水内。

受胁因素　环境质量下降，城市化进程造成栖地面积减少。

地方保护建议　建议列为深圳市环境指示物种，实行长期监测。

a. 花细狭口蛙在深圳的记录位点
b. 花细狭口蛙（拍摄于排牙山盐灶村）
c. 花细狭口蛙（拍摄于马峦山郊野公园）
d. 花细狭口蛙（拍摄于梧桐山西坑管理站）
e. 花细狭口蛙（拍摄于铁岗水库）

4.3.21 花狭口蛙
Kaloula pulchra Gray, 1831

（1）物种描述

识别特征 头体长50-80 mm，成年雄性稍大于雌性。头小，吻钝圆。无犁骨齿。鼓膜不显。颊部几垂直。大腿与体轴垂直时，跟部相距较远，胫跗关节前伸达肩后。指趾关节下瘤发达。掌突3个。趾端圆，趾间无蹼；具内蹠突和外蹠突。背光滑，有少量小疣粒；皮肤较松弛，在枕部皮肤形成横沟或呈折叠状。背面深棕色，有一个梯形镶黑边的浅棕色斑带，自两眼间沿背侧至胯部。四肢无横纹。腹面喉部蓝紫色，胸腹及四肢腹面浅黄色。雄性具单个咽下声囊。

生境与习性 栖息于低海拔丘陵、平原，常见于山边洞穴、树洞或居民下水道。繁殖期雄蛙叫声洪亮，易被当成牛蛙。于静水中繁殖，卵群成片，单粒浮于水面。

分布 中南半岛至苏门答腊和印度。云南到广西、广东、香港、澳门、福建。

濒危和保护等级 国家"三有"保护动物。

（2）深圳种群

种群状况 种群数量较大。

分布格局 深圳全境。

环境特点 生活于低海拔城市绿地公园或山边的石洞、土穴中或树洞里。

受胁因素 环境质量下降，城市化进程造成栖地面积减少。

地方保护建议 在香蜜公园，该种与入侵种温室蟾同域分布，温室蟾种群的快速扩张，可能导致其种群萎缩。因此，在已经发现温室蟾的区域，控制或清除温室蟾种群。

a. 花狭口蛙（拍摄于铁岗水库）

b. 花狭口蛙亚成体（拍摄于香蜜公园）

第5章

深圳市爬行类
多样性研究

| 摘 要 |

在2013年至2016年深圳市陆域调查数据基础上，综合作者2010-2013年的数据，补充了2017年的调查和研究数据，并对历史文献进行分析和厘定，最终确认深圳陆域本土爬行动物2目16科56种，外来物种2目3科4种。深圳爬行动物多样性水平相对较高，但中国特有物种所占比例中等，区域特有种较少，外来物种比例较高，其中有2种是全球公认的外来入侵物种。爬行动物多样性最高的区域是沿海山脉，以梧桐山风景名胜区片区最高，其次是大鹏半岛七娘山片区。

深圳地区爬行动物研究历史较短，最早的文献见于1998年，报道了深圳湾湿地的爬行动物3目（亚目）23种（王勇军和昝启杰，1998），记录了乌龟 *Mauremys reevesii*、三线闭壳龟 *Cuora trifasciata*、云南闭壳龟 *Cuora yunnanensis*、中华鳖 *Pelodiscus sinensis*、截趾虎 *Gehyra mutilata* 和黑斑水蛇 *Myrrophis bennettii* 等物种，并指出云南闭壳龟和巨蜥等可能为贩运逃逸或放生所致。香港嘉道理农场于2001年5月对梧桐山进行了快速调查，成果汇编成 *South China Forest Biodiversity Survey Report Series : No. 11*，共记录有鳞目爬行动物8种，无龟鳖类记录（Fellowes et al., 2002）。常弘等（2003）报道了围岭公园有鳞目爬行动物8科15种。蓝崇钰等（2001）报道了内伶仃岛爬行动物26种，包括龟鳖目2种、有鳞目蜥蜴亚目8种、有鳞目蛇亚目16种，该文报道了黑斑水蛇，并同时报道了白唇竹叶青蛇 *Trimeresurus albolabris* 和福建竹叶青蛇 *Trimeresurus stejnegeri* 在内伶仃的分布。林石狮等（2013a）年结合深圳绿道主干线设定31条样线进行了为期17个月的监测调查，共记录爬行动物25种，该文也报道了福建竹叶青在深圳的分布。庄馨等（2013）报道了大鹏半岛国家地质公园的爬行动物14种。2011-2013年，王英永等对梧桐山风景名胜区的两栖动物开展了系统调查，成果汇编入《深圳梧桐山陆生脊椎动物》（唐跃琳等，2015a），该书记录了梧桐山爬行动物42种，包括了红耳龟 *Trachemys scripta elegans*、拟鳄龟 *Chelydra serpentina*、赤链蛇 *Lycodon rufozonatum*、广东颈槽蛇 *Rhabdophis guangdongensis* 和越南烙铁头蛇 *Ovophis tonkinensis* 等物种。上述数据反映的是某一时间特定地理区块爬行动物资源状况。2013年9月，深圳市野生动植物保护管理处启动了全市陆生野生动物资源调查，爬行动物调查被划为该项目的重要内容之一。

5.1 材料与方法

5.1.1 调查区域

爬行动物调查区域与两栖类调查相同，详见4.1.1。

5.1.2 调查时间

2013年9月至2017年10月，每个季节做一次调查；重点在春夏季节；枯水季节即秋冬季节重点调查永久性溪流和山间积水。夜行性爬行动物调查在夜间进行，与两栖类调查一并实施；日行性爬行动物与鸟类调查一并实施。

5.1.3 野外调查方法

根据不同类群的习性采用不同的调查方法，具体包括溯溪和沿路调查，典型生境样线法和陷阱法调查，同时填写记录表，记录种类、数量、海拔、活动状况、生境及时间等信息。

标本制作和组织样品采集一般每个地点每种限采4个标本，重点调查物种采集10个标本，同时采集肌肉或肝脏组织样品，作为DNA研究材料，保存在95%的乙醇溶液中。

5.1.4 分类系统

Uetz, P., Freed, P. and Jirí Hošek, The Reptile Database, http://www.reptile-database.org.

蔡波, 王跃招, 陈跃英, 李家堂. 中国爬行纲动物分类厘定. 2015. 生物多样性, 23 (3) : 365-382.

王凯, 任金龙, 陈宏满, 吕植桐, 郭宪光, 蒋珂, 陈进民, 李家堂, 郭鹏, 王英永, 车静. 2020. 中国两栖、爬行动物更新名录.

生物多样性, 28(2): 189-218.

5.1.5 珍稀濒危和保护动物评定依据

物种珍稀濒危和保护等级等信息参照《世界自然保护联盟濒危物种红色名录》（IUCN, 2020）、《中国脊椎动物红色名录》（蒋志刚等，2016）、《国家重点保护野生动物名录》、《国家保护的有益的或者有重要经济、科学研究价值的陆生野生动物名录》（国家林业局，2000）、《濒危野生动植物种国际贸易公约》附录（UNEP-WCMC, 2020）。

5.2 爬行类物种组成

截至2017年底，深圳地区陆生脊椎动物调查共记录爬行纲动物2目17科60种。其中，有2种是市民放生的非本地区物种，即赤链蛇*Lycodon rufozonatum*和王锦蛇*Elaphe carinata*，均未形成有效的自然种群。另外，红耳龟*Trachemys scripta elegans*和拟鳄龟*Chelydra serpentina*通过市民放生后在深圳已形成有效的自然种群，是深圳的外来入侵物种。

除去上述4种外来爬行动物，深圳地区本土物种有2目16科56种。龟鳖目有2科2种。本次调查并未采集到三线闭壳龟*Cuora trifasciata*标本，但在七娘山等地仍有村民放置龟笼捕捉，说明仍可能有野生种群。有鳞目蜥蜴亚目共记录 4科16种。其中，壁虎科有5种，石龙子科有9种，蜥蜴科和鬣蜥科各有1种。有鳞目蛇亚目共记录9科38种。其中，游蛇科有23种，眼镜蛇科有5种，蝰科和水蛇科各有2种，盲蛇科、蟒科、闪皮蛇科、钝头蛇科、剑蛇科和光明蛇科各有1种。

统计各属的物种数量，可知后棱蛇属的多样性最高，共有4种；其次是壁虎属和链蛇属，各有3种；蜥虎属、石龙子属、蜓蜥属、滑蜥属、小头蛇属、颈槽蛇属、鼠蛇属、华游蛇属、环蛇属均记录2种；其余各属均只记录1种。

5.2.1 新物种和新记录物种

1. 新物种

在2013-2016年调查期间，本项目组共描述并发表2新种，即广东颈槽蛇*Rhabdophis guangdongensis*和深圳后棱蛇*Opisthotropis shenzhenensis*。

2. 新分布记录

共4种，即梅氏壁虎*Gekko melli*、锯尾蜥虎*Hemidactylus garnotii*、长尾南蜥*Eutropis longicaudata*和越南烙铁头蛇*Ovophis tonkinensis*。

5.2.2 珍稀濒危物种和保护物种

1. IUCN受胁物种

共5种。其中，极危（CR）等级1种，即三线闭壳龟；濒危（EN）等级1种，即平胸龟*Platysternon megacephalum*；易危（VU）等级3种，即蟒蛇*Python bivittatus*、舟山眼镜蛇

*Naja atra*和眼镜王蛇*Ophiophagus hannah*。

2. 中国物种红色名录受胁物种

共18种。其中，极危（CR）等级4种，即平胸龟、三线闭壳龟、黑疣大壁虎*Gekko reevesii*和蟒蛇；濒危（EN）等级6种，即三索锦蛇*Coelognathus radiatus*、金环蛇*Coelognathus radiatus*、银环蛇*Bungarus multicinctus*、眼镜王蛇、滑鼠蛇*Ptyas mucosa*和王锦蛇*Elaphe carinata*；易危（VU）等级8种：梅氏壁虎、中国水蛇*Myrrophis chinensis*、铅色水蛇*Hypsiscopus plumbea*、中华珊瑚蛇*Sinomicrurus macclellandi*、舟山眼镜蛇*Naja atra*、灰鼠蛇*Ptyas korros*、环纹华游蛇*Sinonatrix aequifasciata*和乌华游蛇*Sinonatrix percarinata*。

3. 国家重点保护野生动物

共3种。其中，国家I级重点保护野生动物有1种，即蟒蛇；国家II级保护动物有2种，即黑疣大壁虎和三线闭壳龟。

4. CITES附录收录物种

共6种。其中，列入附录I的爬行动物有1种，即平胸龟；列入附录II的爬行动物有5种，即三线闭壳龟、蟒蛇、滑鼠蛇、舟山眼镜蛇和眼镜王蛇。

5.2.3 中国特有种

共7种，即三线闭壳龟、中国壁虎*Gekko chinensis*、梅氏壁虎、宁波滑蜥*Scincella modesta*、广东颈槽蛇、深圳后棱蛇和香港后棱蛇*Opisthotropis andersonii*，占深圳市本土爬行动物总数的12.5%。

5.2.4 物种多样性分布特点

在不计入侵物种红耳龟和拟鳄龟的情况下，深圳爬行纲动物与两栖类一样，物种多样性最高的区域是东部沿海山脉和大鹏半岛（表5.1），依次是梧桐山41种、七娘山40种、排牙山-田头山32种、三洲田-马峦山23种；中西部丘陵和低山区域爬行类多样性普遍偏低，以羊台山区域最高，但也仅记录了20种，内伶仃岛共记录了18种；其余重点调查区域包括松子坑-清林径、银湖山-塘朗山-梅林山、观澜-罗田山、福田-西湾滨海及重点调查区域外的区域，包括农田和城市公园等均记录了9-14种，大多为广布种。

三线闭壳龟在3年调查中未发现，说明这个物种在深圳的野外种群数量很小。另外，在七娘山，仍然发现很多当地村民布设的用于捕捉三线闭壳龟的龟笼，据此推定在七娘山仍有三线闭壳龟的野外种群，但种群数量极少。

黑疣大壁虎只记录于七娘山。

平胸龟、白眉腹链蛇、福清白环蛇、中华珊瑚蛇和越南烙铁头蛇只记录于梧桐山，其中，赤链蛇属于放生物种记录于梧桐山和大鹏鹅公湾。宁波滑蜥和黑头剑蛇记录于梧桐山和七娘山。

王锦蛇只记录于三洲田-马峦山，属放生物种。铅色水蛇记录于三洲田-马峦山和大鹏坝光村，坝光村为一路杀

记录。

紫灰锦蛇在深圳分布的是黑线亚种 *Oreocryptophis porphyraceus nigrofasciata*，记录于排牙山-田头山，但在整个深圳东部沿海山脉应均有分布。

钝尾两头蛇记录于内伶仃岛，种群数量较大。

梅氏壁虎在深圳仅记录于羊台山，且种群数量很小，应予以特别保护。

印度蜓蜥虽然只记录于梧桐山和内伶仃岛，但应在整个深圳东部沿海山脉和大鹏半岛均有分布。

灰鼠蛇、滑鼠蛇见于七娘山及市区公园等。

国家I级重点保护野生动物蟒蛇记录于七娘山、梧桐山和内伶仃岛等区域，其中内伶仃岛种群数量稍多，其他区域

表5.1　深圳爬行纲动物在主要地理单元的分布

物种名	梧桐山	三洲田-马峦山	排牙山-田头山	七娘山	松子坑-清林径
本土物种					
一、龟鳖目TESTUDINES					
（一）平胸龟科Platysternidae					
1. 平胸龟*Platysternon megacephalum* Gray, 1831	√				
（二）地龟科Geoemydidae					
2. 三线闭壳龟*Cuora trifasciata* (Bell, 1825)				#	
二、有鳞目SQUAMATA蜥蜴亚目LACERTILIA					
（三）壁虎科Gekkonidae					
3. 中国壁虎*Gekko chinensis* (Gray, 1842)	√	√	√	√	√
4. 梅氏壁虎*Gekko melli* (Vogt, 1922)					
5. 黑疣大壁虎*Gekko reevesii* (Grey, 1831)				√	
6. 原尾蜥虎*Hemidactylus bowringii* (Gray, 1845)	√	√	√	√	√
7. 锯尾蜥虎*Hemidactylus garnotii* Duméril and Bibron, 1836	√	√	√		
（四）石龙子科Scincidae					
8. 光蜥*Ateuchosaurus chinensis* Gray, 1845	√	√	√	√	
9. 长尾南蜥*Eutropis longicaudata* (Hallowell, 1857)					√
10. 中国石龙子*Plestiodon chinensis* (Gray, 1838)	√				√
11. 四线石龙子*Plestiodon quadrilineatus* Blyth, 1853			√		√
12. 宁波滑蜥*Scincella modesta* (Günther, 1864)	√				
13. 南滑蜥*Scincella reevesii* (Gray, 1838)	√	√	√		√
14. 印度蜓蜥*Sphenomorphus indicus* (Gray, 1853)	√				
15. 股鳞蜓蜥*Sphenomorphus incognitus* (Thompson, 1912)	√	√	√	√	
16. 中国棱蜥*Tropidophorus sinicus* Boettger, 1886	√	√	√	√	
（五）蜥蜴科Lacertidae					
17. 南草蜥*Takydromus sexlineatus* Daudin, 1802				√	√
（六）鬣蜥科Agamidae					
18. 变色树蜥*Calotes versicolor* (Daudin, 1802)	√	√	√	√	√
三、有鳞目SQUAMATA蛇亚目SERPENTES					
（七）盲蛇科Typhlopidae					
19. 钩盲蛇*Indotyphlops braminus* (Daudin, 1803)	√	√	√	√	√
（八）蟒科Pythonidae					
20. 蟒蛇*Python bivittatus* Kuhl, 1820	√	√	√	√	√
（九）闪皮蛇科Xenodermidae					
21. 棕脊蛇*Achalinus rufescens* Boulenger, 1888	√	√	√	√	
（十）钝头蛇科Pareidae					
22. 横纹钝头蛇*Pareas margaritophorus* (Jan, 1866)	√	√	√	√	
（十一）蝰科Viperidae					
23. 越南烙铁头蛇*Ovophis tonkinensis* (Bourrt, 1934)	√				
24. 白唇竹叶青蛇*Trimeresurus albolabris* Gray, 1842	√	√	√	√	√
（十二）水蛇科Homalopsidae					
25. 中国水蛇*Myrrophis chinensis* (Gray, 1842)	√	√	√	√	

较为罕见。

金环蛇记录于田头山、内伶仃岛、梅林公园和梧桐山，其中，内伶仃岛种群数量较大，属常见物种。

锯尾蜥虎见于梧桐山、三洲田、马峦山、排牙山、田头山和七娘山。

香港后棱蛇、侧条后棱蛇、挂墩后棱蛇、新种深圳后棱蛇、环纹华游蛇和其他物种在整个深圳东部沿海山脉均有分布，侧条后棱蛇和香港后棱蛇在羊台山也有记录。

细白环蛇记录于内伶仃岛、梧桐山、铁岗水库，应该广泛分布在深圳山区。

中国壁虎、原尾蜥虎、变色树蜥、南滑蜥、钩盲蛇、黄斑渔游蛇和白唇竹叶青蛇广布于深圳全境。

银湖山-塘朗山-梅林山	铁岗-石岩-凤凰山-五指耙	羊台山	观澜-罗田山	福田-西湾滨海	内伶仃岛	其他（公园绿地、农田等）	种群量
							+
							—
√	√	√	√	√	√	√	+++
		√					+
							+
√	√	√	√	√	√	√	+++
							++
							+
√				√		√	+
√	√			√			+
					√		+
							+
√		√	√	√	√	√	+++
					√		+
		√					++
		√					++
	√						+
√	√	√	√	√	√	√	++
√	√	√	√	√	√	√	+++
				√	√		+
		√					++
√	√	√					++
							+
√	√	√	√	√	√	√	+++
	√						+

物种名	梧桐山	三洲田-马峦山	排牙山-田头山	七娘山	松子坑-清林径
26. 铅色水蛇*Hypsiscopus plumbea* (Boie, 1827)		√	√		
（十三）光明蛇科Lamprophiidae					
27. 紫沙蛇*Psammodynastes pulverulentus* (Boie, 1827)				√	
（十四）眼镜蛇科Elapidae					
28. 中华珊瑚蛇*Sinomicrurus macclellandi* (Reinhardt, 1844)	√				
29. 金环蛇*Bungarus fasciatus* (Schneider, 1801)	√		√		
30. 银环蛇*Bungarus multicinctus* Blyth, 1861	√	√	√	√	
31. 舟山眼镜蛇*Naja atra* Cantor, 1842	√		√	√	
32. 眼镜王蛇*Ophiophagus hannah* (Cantor, 1836)				√	
（十五）游蛇科Colubridae					
33. 白眉腹链蛇*Hebius boulengeri* (Gressitt, 1937)	√				
34. 草腹链蛇*Amphiesma stolatum* (Linnaeus, 1758)	√			√	
35. 繁花林蛇*Boiga multomaculata* (Boie, 1827)	√		√	√	
36. 翠青蛇*Cyclophiops major* (Günther, 1858)	√		√	√	
37. 三索锦蛇*Coelognathus radiatus* (Boie, 1827)	√		√	√	
38. 紫灰锦蛇*Oreocryptophis porphyraceus nigrofasciata* (Cantor, 1839)			√		
39. 福清白环蛇*Lycodon futsingensis* (Pope, 1928)	√				
40. 细白环蛇*Lycodon subcinctus* Boie, 1827	√				
41. 钝尾两头蛇*Calamaria septentrionalis* Boulenger, 1890					
42. 台湾小头蛇*Oligodon formosanus* (Günther, 1872)				√	√
43. 紫棕小头蛇*Oligodon cinereus* (Günther, 1864)		√	√		
44. 香港后棱蛇*Opisthotropis andersonii* (Boulenger, 1888)	√	√	√	√	
45. 侧条后棱蛇*Opisthotropis lateralis* Boulenger, 1903	√			√	
46. 挂墩后棱蛇*Opisthotropis kuatunensis* Pope, 1928	√				
47. 深圳后棱蛇*Opisthotropis shenzhenensis* Wang, Guo, Liu, Lyu, Wang, Luo, Sun and Zhang, 2017	√	√	√		
48. 横纹斜鳞蛇*Pseudoxenodon bambusicola* Vogt, 1922				√	
49. 灰鼠蛇*Ptyas korros* (Schlegel, 1837)			√		
50. 滑鼠蛇*Ptyas mucosa* (Linnaeus, 1758)			√		
51. 红脖颈槽蛇*Rhabdophis subminiatus* (Schlegel, 1837)	√	√	√	√	
52. 广东颈槽蛇*Rhabdophis guangdongensis* Zhu, Wang, Hirohiko and Zhao, 2014	√		√		
53. 黑头剑蛇*Sibynophis chinensis* (Günther, 1889)	√			√	
54. 乌华游蛇*Sinonatrix percarinata* (Boulenger, 1899)	√	√	√	√	√
55. 黄斑渔游蛇*Xenochrophis flavipunctatus* (Hallowell, 1860)	√			√	√
（十六）剑蛇科Sibynophiidae					
56. 环纹华游蛇*Sinonatrix aequifasciata* (Barbour, 1908)	√		√	√	√
外来物种					
一、龟鳖目TESTUDINES					
（一）池龟科Emydidae					
1. 红耳龟*Trachemys scripta elegans* (Wied-Neuwied, 1839)	√	√	√	√	√
（二）鳄龟科Chelydridae					
2. 拟鳄龟*Chelydra serpentina* (Linnaeus, 1758)	√				
二、有鳞目SQUAMATA蛇亚目SERPENTES					
（三）游蛇科Colubridae					
3. 王锦蛇*Elaphe carinata* (Günther, 1864)		√			
4. 赤链蛇*Lycodon rufozonatum* (Cantor, 1842)	√			√	
合计	43	24	33	41	12

注：# 此前有报道，访问当地居民确认近年有捕捉或目击记录。+为少见，++为常见，+++为大量

续表

湖山-塘朗山-梅林山	铁岗-石岩-凤凰山-五指耙	羊台山	观澜-罗田山	福田-西湾滨海	内伶仃岛	其他（公园绿地、农田等）	种群量
							+
√		√					+
							+
√					√		+
√		√			√		+++
√			√	√	√		++
							+
							+
		√			√		++
					√		++
							++
							+
							++
	√				√		++
					√		+
√		√		√	√	√	++
							+
		√					++
		√					++
							+
							++
							+
						√	++
						√	+
							+++
							++
							+
	√	√	√				++
√	√	√	√	√	√	√	+++
							+
	√	√	√	√	√	√	+++
						√	+
							+
							+
14	12	21	10	12	19	13	

续表

5.3　部分物种简述

5.3.1　平胸龟
Platysternon megacephalum Gray, 1831

（1）物种描述

识别特征　头大，不能缩入龟壳内；头背部鳞片为一整块。腹甲扁平，背甲亦扁平，背中央有一显著的纵走隆起脊棱。上颌钩曲如鹰嘴，故又名大头龟、鹰嘴龟。五趾型附肢，具爪，指间具蹼。尾长，亦不能缩入壳内；尾鳞方形，环形排列。头背部棕红色或橄榄绿色，盾片具放射状细纹；腹甲黄绿色或黄色。

生境与习性　栖息于较大型山溪中，夜间活动。肉食性，以小鱼、螺、蛙等为食。

分布　越南等。东南地区长江以南各省区、云南、贵州。

濒危和保护等级　种群很小，偶见。国家"三有"保护动物，IUCN红色名录濒危（EN）等级物种，中国物种红色名录为极危（CR）等级物种，CITES附录I物种。

（2）深圳种群

种群状况　深圳野生种群数量很小。

分布格局　偶见于梧桐山马水涧和西坑。

环境特点　山溪。

受胁因素　非法捕捉；溪流环境质量下降，食物减少。

地方保护建议　建议列为深圳市重点保护动物，严禁捕捉、毒鱼、电鱼等行为，并做好溪流的保护和管理工作。

a. 平胸龟在深圳的记录位点
b. 平胸龟（拍摄于梧桐山西坑）
c. 平胸龟（拍摄于梧桐山马水涧）

5.3.2 中国壁虎

Gekko chinensis (Gray, 1842)

（1）物种描述

识别特征 全长110-150 mm，头体长大于尾长。吻鳞宽是高的2倍，上缘无裂缝；2枚上鼻鳞被一大小与之相当的鳞隔开。瞳孔纵置。体背灰褐色，深浅随环境而变；体背具有浅色横斑5-6条，原生尾具横斑8-12条；体腹面浅肉色。本种甚相似于蹼趾壁虎 *G. subpalmatus*，指趾间具蹼，攀瓣宽，不对分，全部指趾末节均与扩展部联合，头、体及尾的背侧被均匀粒鳞，尾基部每侧肛疣1个；但中国壁虎颗粒鳞间散布疣鳞，疣粒一直分布到尾的前段（蹼趾壁虎无疣粒），肛前孔和股孔多达17-27个（蹼趾壁虎肛前孔5-11个）。

生境与习性 栖息于石壁岩缝、树洞或房舍墙壁顶部。夜晚常见于垃圾桶、大树树干，也常见于路灯灯罩部位。

分布 中国特有种。香港、澳门、广东、广西、海南和福建。

濒危和保护等级 常见种。国家"三有"保护动物。

（2）深圳种群

种群状况 种群数量大，雌雄成幼都很多，无法评估年龄结构和雌雄比例。

分布格局 深圳全境。

环境特点 见于各种生境，常栖于山区岩壁、建筑墙壁、乔木树干、路灯、广告牌、垃圾桶等物体上。

受胁因素 未发现致胁因素。

地方保护建议 无。

a. 中国壁虎（拍摄于迭福山绿道）
b. 中国壁虎（拍摄于盐灶水库）
c. 中国壁虎（拍摄于内伶仃岛）

5.3.3 梅氏壁虎
Gekko melli（Vogt, 1922）

（1）物种描述

识别特征　中等体型，头体长59.7-84.6 mm。上唇鳞10-13枚，下唇鳞9-12枚；鼻孔与吻鳞相接；鼻间鳞单枚；鼻鳞3枚（上鼻鳞1枚，后鼻鳞2枚）；眶间鳞34-40枚；没有背疣鳞；体中段环体鳞147-160枚；体中段两腹侧褶间腹鳞43-49枚；第I趾趾下瓣10-12枚，第IV趾趾下瓣11-14枚；指趾间有蹼；肛前孔9-11个；肛疣每侧1枚；第三尾环鳞9行；尾下鳞扩大。此外，梅氏壁虎以其清晰而独特体色斑纹而显著区别于其他的已知壁虎。

生境与习性　栖息于山区岩石和土质、水泥质墙壁上。

分布　中国特有种。梅氏壁虎模式产地在广东连平县。目前已知的分布地只有江西九连山自然保护区、广东普宁市、河源康禾自然保护区、东莞银瓶山森林公园和深圳羊台山森林公园。

濒危和保护等级　中国特有种，种群数量较少。该种曾被作为蹼趾壁虎的同物异名，2007年重新恢复为有效种。根据其分布面积和种群数量，按照IUCN的濒危等级标准，至少应列为易危（VU）等级。中国物种红色名录易危（VU）等级物种。

（2）深圳种群

种群状况　梅氏壁虎在深圳目前仅见于羊台山森林公园，数次调查仅见到4只，种群数量稀少，应加以重点保护。年龄结构为3成年1幼年，2粒卵。雌雄比例为2：1。

分布格局　只记录于羊台山。

环境特点　残破水泥墙体，岩石石壁，仿真树干等。

受胁因素　水泥墙被现代外墙材料（如瓷砖等）替代，使其适宜的居所越来越少，严重影响种群发展。

地方保护建议　建议列为特别保护动物，根据其习性和栖息特点，建议在不破坏整体环境和景观的前提下，在羊台山适当增加人工设施，如多缝隙的仿真树干、改变亭榭的材质以增加缝隙。

a. 梅氏壁虎在深圳的记录位点
b. 梅氏壁虎成年雄性（拍摄于羊台山森林公园）
c. 梅氏壁虎幼体（拍摄于羊台山森林公园）
d. 梅氏壁虎的卵（拍摄于羊台山森林公园）

5.3.4 黑疣大壁虎
Gekko reevesii (Gray, 1831)

（1）物种描述

　　识别特征　大型壁虎，全长可超过300 mm，头体长大于尾长。头、体及尾的背侧被均匀粒鳞，散布疣鳞。吻鳞宽是高的2倍，上缘多有1小裂缝；鼻间鳞单枚；头腹面被粒鳞；有颏片2-3对，弧形排列；腹面被覆瓦状鳞。环体鳞40-42行。尾基部肛疣每侧1-3个；尾背粒鳞每5-6行成为1节，每节后缘有6个疣鳞排成1横行；尾下鳞为较大方形鳞。指趾间微蹼；攀瓣宽，不对分，全部指趾末节均与扩展部联合。雄性肛前孔和股孔合计16-26枚。体背蓝灰或紫灰，有红色、蓝色或白色点斑，体、四肢和尾具深色或花斑组成的横斑纹。体腹面肉色。

　　生境与习性　栖息于石壁岩缝、树洞或房舍墙壁顶部。会鸣叫。

　　分布　广东、广西、云南。

　　濒危和保护等级　大壁虎俗称蛤蚧，是名贵药材，被大量捕杀，野外种群大幅下降。国家II级重点保护动物，中国物种红色名录极危（CR）等级物种。

（2）深圳种群

　　种群状况　罕见。

　　分布格局　仅记录于七娘山地质公园和大鹏半岛自然保护区。

　　环境特点　墙壁、岩壁。

　　受胁因素　栖息地显著减少。

　　地方保护建议　建议列为深圳市重点保护动物。

a. 黑疣大壁虎在深圳的记录位点
b. 黑疣大壁虎（拍摄于大鹏半岛半天云村）

5.3.5 锯尾蜥虎

Hemidactylus garnotii Duméril and Bibron, 1836

（1）物种描述

识别特征 中等体型，身体侧扁。第2对颏片与上唇鳞被小鳞隔开；体背被均匀颗粒鳞，无疣鳞；尾部两侧具锯齿状疣鳞。体背浅灰色至灰褐色，有规则散布的浅色白斑。

生境与习性 丘陵或山区农舍墙壁、海滨红树林木栈道等生境，营孤雌生殖。

分布 香港；广东深圳，东莞银瓶山、台山上川岛、阳春鹅凰嶂；海南；广西；云南。

濒危和保护等级 种群数量较小，野外遇见率不高。国家"三有"保护动物。

（2）深圳种群

种群状况 深圳东部沿海山脉有一定种群数量。三年调查中共记录7只：七娘山杨梅坑2只，西冲鹅公湾1只，排牙山2只，梧桐山2只。所见均为成年雌性，无法评估年龄结构。

分布格局 记录于梧桐、排牙山盐灶村、锣鼓山公园、农科院实验基地、杨梅坑、鹅公湾。

环境特点 山区民居，红树林木栈道。

受胁因素 传统民居被不断拆除，栖息地显著减少。

地方保护建议 建议列为深圳市重点保护动物。

a. 锯尾蜥虎在深圳的记录位点
b. 锯尾蜥虎（拍摄于梧桐山）
c. 锯尾蜥虎腹面（拍摄于排牙山盐灶村）
d. 锯尾蜥虎（拍摄于锣鼓山公园）

5.3.6 光蜥
Ateuchosaurus chinensis Gray, 1845

（1）物种描述

识别特征　身体粗壮，头短，与颈部区分不显。吻短，端部钝圆。眼大。鼻孔圆形，位于鼻鳞前下缘。无上鼻鳞；额鼻鳞宽大，前与吻鳞相接甚宽，后与额鳞相接甚宽；前额鳞一对，较小，被额鼻鳞和额鳞分隔；额鳞甚长，后与顶间鳞相接较窄；额顶鳞较小，彼此分离；顶间鳞小，其上有顶眼点，为1个白色圆点；顶鳞在顶间鳞后相接；眶上鳞4枚；颊鳞2枚；上唇鳞6枚。四肢短小，贴体相向时，指趾端相距甚远。尾略长于头体长，基部粗大，向后渐细。全身鳞片甚光亮。背鳞覆瓦状排列，大小一致，每枚鳞片上有2-3个纵行弱棱。环体鳞28-30行。腹鳞平滑，尾下鳞不扩大。背面棕色、棕红色或深棕色，体侧及尾侧每个鳞片中央有小黑点和白色斑点，前后缀连成行。

生境与习性　栖息于低山林下落叶间，性隐蔽。卵生。

分布　越南。福建、广东、海南和广西。

濒危和保护等级　国家"三有"保护动物。

（2）深圳种群

种群状况　罕见。

分布格局　在深圳见于梧桐山、马峦山郊野公园、田头山自然保护区、鹅公湾。

环境特点　溪流附近覆盖枯枝落叶的地面。

受胁因素　数据缺乏，无法评估。

地方保护建议　无。

a. 光蜥在深圳的记录位点
b. 光蜥（拍摄于七娘山）

5.3.7 中国石龙子
Plestiodon chinensis (Gray, 1838)

（1）物种描述

识别特征　身体粗壮，四肢和尾发达。吻短圆；没有后鼻鳞；上唇鳞7枚，少数9枚；下唇鳞7枚；额鳞与前2枚眶上鳞相接；环体鳞24行，少数22行或26行。第IV趾趾下瓣17枚。幼体背黑色有1条不分叉的乳白色线纹起于顶间鳞，2条背侧线起于最后1枚眶上鳞，尾蓝色。亮丽的幼年色斑随着年龄增长而消失，头变成红棕色，背橄榄色或橄榄棕色，有红色或橘红色斑块出现在体侧，喉乳白色有灰色鳞缘，腹表面其余部分乳白色或黄色。

生境与习性　栖息于低海拔地区，包括农田和城市绿地。日行性动物。卵生。

分布　越南。台湾、香港、澳门、福建、浙江、江苏、安徽、江西、湖南、广东、广西、海南、云南和贵州。

濒危和保护等级　国家"三有"保护动物。

（2）深圳种群

种群状况　数量较少。

分布格局　深圳全境，包括平原、低山丘陵台地、所有公园和城市绿地，但较罕见。

环境特点　见于各种生境，栖息于地面，偶尔爬到树干上。

受胁因素　未见明显的致胁因素。

地方保护建议　无。

a. 中国石龙子在深圳的记录位点
b. 中国石龙子幼体

5.3.8 宁波滑蜥
Scincella modesta (Günther, 1864)

（1）物种描述

　　识别特征　体纤细，四肢短，前后肢贴体相向时，雄性相遇或重叠，雌性不相遇。头顶被大型对称鳞，前额鳞不相接或刚刚相遇。无股窝或鼠蹊窝，亦无肛前孔。有眼睑窗。背鳞为体侧鳞2倍，环体中段鳞26-30行；第IV趾趾下瓣10-16枚；背古铜色或黄褐色，散布不规则黑色斑点或线纹；自吻端经鼻孔、眼上方、颈侧至尾末端有黑褐色纵纹，该纹较窄，上缘清晰波浪状，下缘模糊。头腹面白色，散布不规则黑色斑点，体腹面浅灰白色或黄白色，喉胸部有黑斑，尾腹面橙红色。

　　生境与习性　栖息于森林地面，常见于落叶堆中及山间溪边卵石间和灌丛石缝。日行性陆栖动物。以昆虫为食。卵生。

　　分布　中国特有种。长江以南地区为指名亚种*Scincella modesta modesta*。

　　濒危和保护等级　常见种。国家"三有"保护动物。

（2）深圳种群

　　种群状况　种群数量小。

　　分布格局　深圳梧桐山、七娘山杨梅坑。

　　环境特点　常见于山区溪流附近地面。

　　受胁因素　数据缺乏，无法评估。

　　地方保护建议　无。

a. 宁波滑蜥在深圳的记录位点
b. 宁波滑蜥（拍摄于梧桐山）

5.3.9 南滑蜥
Scincella reevesii (Gray, 1838)

（1）物种描述

识别特征　体纤细，四肢短，前后肢贴体相向时指趾端相遇。头顶被大型对称鳞，2枚前额鳞彼此相接；扩大颈鳞0-3对。无股窝和鼠蹊窝，亦无肛前孔；有眼睑窗。背鳞等于或略大于体侧鳞，环体中段鳞26-30行；第IV趾趾下瓣15-18枚；背浅棕色或黄褐色，散布不规则黑色斑点或线纹；自吻端经鼻孔、眼上方、颈侧至尾末端有黑褐色纵纹，该纹较宽，跨3行鳞。头腹面白色，散布不规则黑色斑点，体腹面白色或浅黄色，尾腹面橘红色。

生境与习性　栖息于低山、丘陵甚至城市公园的林下地面。日行性陆栖动物。常见于落叶堆中，喜在路上日光浴，常被碾压致死。以昆虫为食。卵生。

分布　广东、香港、海南、广西和四川攀枝花。

濒危和保护等级　常见种。国家"三有"保护动物。

（2）深圳种群

种群状况　种群数量大。

分布格局　深圳全境，包括市区公园、郊野公园、红树林生态公园。

环境特点　栖息于公园及山区溪流附近地面，常见于落叶层比较厚实且杂草丛生的环境。

受胁因素　未发现致胁因素。

地方保护建议　无。

a. 南滑蜥（拍摄于梧桐山）
b. 求偶中的南滑蜥（拍摄于梧桐山）

5.3.10 印度蜓蜥
Sphenomorphus indicus (Gray, 1853)

（1）物种描述

识别特征　吻短，吻鳞凸。头顶被大型对称鳞。无股窝或鼠蹊窝，亦无肛前孔。下眼睑被鳞，无眼睑窗；股后外侧没有一团大鳞；没有上鼻鳞；一般额鼻鳞与额鳞相接，偶有被前额鳞分离者；前额鳞一般不相接；额鳞与前3个眶上鳞相接；1对额顶鳞，稍大于顶间鳞；顶间鳞菱形，上有清晰的圆形凹坑，为顶眼点；顶鳞围绕顶间鳞。通常有1对颈鳞；鼻孔在单1的鼻鳞上；颊鳞2枚；眶前鳞3枚；上睫鳞9枚；4枚眶上鳞；前颞鳞1枚，大，不与顶鳞相接；上唇鳞7-8枚，下唇鳞7-8枚。前后肢贴体相向时，彼此重叠。第IV趾趾下瓣16-20枚。全身鳞片光滑，覆瓦状排列。环体中段鳞34-38枚。背古铜色或棕色，具黑色斑点；体两侧自吻端起至尾各有一条黑色宽纵带。纵带上镶不连续浅色窄纵纹。黑色纵带下方在头颈有2列白色点斑，分别为上唇鳞和下唇鳞中央的白斑，在头颈侧至前肢插入点成连续的白色斑纹，延伸至体侧成为黑带下方1条乳白色线。腹面为纯净的乳白色。

生境与习性　栖息于丘陵、山地阴湿灌丛间，常见于路边。以昆虫、蜘蛛和蚯蚓等为食。卵胎生。

分布　印度、中国、南亚大陆、印度尼西亚、马来西亚和中南半岛。

濒危和保护等级　常见种。国家"三有"保护动物。

（2）深圳种群

种群状况　不常见。

分布格局　深圳梧桐山、内伶仃岛和大鹏半岛。

环境特点　见于山区溪流附近地面。

受胁因素　未发现致胁因素。

地方保护建议　无。

a. 印度蜓蜥在深圳的记录位点
b-d. 印度蜓蜥成体（拍摄于内伶仃岛）
e. 印度蜓蜥亚成体（拍摄于梧桐山）

5.3.11 股鳞蜓蜥

Sphenomorphus incognitus (Thompson, 1912)

（1）物种描述

识别特征　头顶被大型对称鳞；无股窝或鼠蹊窝，亦无肛前孔。下眼睑被鳞，无眼睑窗；无上鼻鳞。额鼻鳞与额鳞相接，前额鳞一般不相接；眶上鳞4枚；股后外侧有1团大鳞；第IV趾趾下瓣17-22枚。背深褐色，具密集黑色斑点；体两侧各有1条上缘锯齿状的黑色纵带，杂浅黄色斑点；体腹面浅黄色，有黑色斑点。幼体尾橘红色。

生境与习性　栖息于丘陵、山地阴湿灌丛间，常见于路边。多在中午活动。以昆虫、蜘蛛等为食。卵胎生。

分布　中国特有种。台湾、福建、江西、广东、海南、广西、云南和湖北等。

濒危和保护等级　常见种。国家"三有"保护动物。

（2）深圳种群

种群状况　较常见。

分布格局　见于整个深圳东部沿海山脉、大鹏半岛和羊台山森林公园。

环境特点　见于山区溪流附近地面。

受胁因素　未发现致胁因素。

地方保护建议　无。

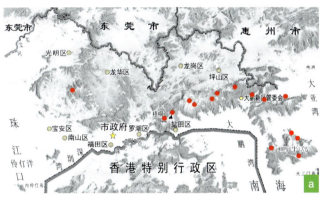

a. 股鳞蜓蜥在深圳的记录位点
b、c. 股鳞蜓蜥（拍摄于梧桐山）

5.3.12 中国棱蜥
Tropidophorus sinicus Boettger, 1886

（1）物种描述

识别特征　体型稍大于海南棱蜥。由于所见多为再生尾，通常尾短于头体长，但在具有原生尾的幼体，尾长可达头体长的1.2倍，显著长于头体长。与海南棱蜥的主要区别是额鼻鳞纵裂为二，后颏鳞也纵裂为二，颊鳞2枚，背鳞和体侧鳞起棱，通常棱后端有尖锐棘突。雄性腹鳞、四肢腹面鳞片均具强棱，尾下鳞弱棱；雌性腹鳞和尾下鳞、后肢腹面鳞平滑无棱，前肢腹面鳞片弱棱。背黄棕色、棕色至红黑色，吻背多浅棕色。体背和尾背具深浅相间的宽横纹，两侧有白色或浅色斑；唇有白斑。腹面喉颈部灰黑色，胸和体腹面肉色，尾下亮黑色。

生境与习性　栖息于山溪及其附近、也见于铺满落叶的山间小路上。卵胎生。

分布　越南。广东、广西和香港。

濒危和保护等级　常见种。国家"三有"保护动物。

（2）深圳种群

种群状况　较常见。

分布格局　见于整个深圳东部沿海山脉、大鹏半岛和羊台山森林公园。

环境特点　见于山区溪流附近地面。

受胁因素　溪流栖地被开发利用或质量下降。

地方保护建议　建议列为深圳溪流生态环境指示物种，实行长期监测。

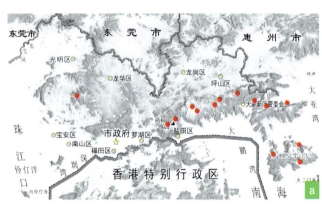

a. 中国棱蜥在深圳的记录位点　　c. 中国棱蜥背侧面观（拍摄于大鹏半岛鹿角溪）
b. 中国棱蜥（拍摄于梧桐山）　　d. 中国棱蜥腹面观（拍摄于大鹏半岛鹿角溪）

5.3.13 钩盲蛇
Indotyphlops braminus (Daudin, 1803)

（1）物种描述

识别特征　无毒蛇。全长84-164 mm，是中国已知蛇类最小的一种。体纤细，圆筒状，形似蚯蚓。头小，头颈无区分。眼隐于眼鳞下，呈2个黑色小圆点。吻端钝圆，超出下颌很多。尾短钝，末端有几丁质钩刺。鼻鳞全裂为二；头部鳞显著大于体背鳞，背鳞和腹鳞分化不明显，大小相似，覆瓦状排列，环体一周鳞20行。整体黑褐色，具金属光泽；背较腹色深；头部棕褐色；吻和尾尖色淡。

生境与习性　见于人类活动区（如小片林地），也见于山区林下。夜出性穴居动物，也会钻出地面活动，尤其是在下雨的时候。以昆虫为食。卵生。

分布　西亚、南亚、东南亚、澳洲、非洲和墨西哥。江西、浙江、福建、台湾、广东、香港、海南、广西、云南、贵州、重庆和湖北。

濒危和保护等级　常见种。国家"三有"保护动物。

（2）深圳种群

种群状况　较隐蔽，不易发现，不能评估年龄结构和雌雄比例。

分布格局　深圳全境。

环境特点　见于水源附近地面，秋冬季集中出现在内伶仃岛。

受胁因素　未发现确切的致胁因素，在华侨城湿地曾见鹊鸲捕食钩盲蛇。

地方保护建议　无。

a.钩盲蛇头部观（拍摄于锣鼓山公园）
b.钩盲蛇尾部观（拍摄于锣鼓山公园）
c.钩盲蛇整体观（拍摄于锣鼓山公园）

5.3.14 蟒蛇
Python bivittatus Kuhl, 1820

（1）物种描述

识别特征　又名缅甸蟒。大型无毒蛇，全长可超过6 m，以3-4 m常见。主要识别特征在于其上下唇有唇窝，泄殖腔孔两侧有爪状后肢残余特殊斑纹；头颈背部有一暗棕色矛形斑，体背棕褐色、灰褐色或黄色，体背和体侧由颈部开始至尾末端排列有数个大型镶黑边的斑块。腹面黄白色。

生境与习性　栖于热带亚热带低山丛林，可长期生活于水中。以鼠类、鸟类、爬行类和两栖类为食，也可吃较大型的动物，如鹿类、野猪等。

分布　印度尼西亚（爪哇，巴厘岛）、尼泊尔、印度、孟加拉国、缅甸、泰国、老挝、柬埔寨和越南。云南东部至福建，包括海南和香港。

濒危和保护等级　东南亚、中国香港和澳门常见，尽管中国内地经常有分布报道，但实际并不常见，中国内地种群极度濒危，被列为国家I级重点保护动物，IUCN红色名录易危（VU）等级物种，CITES附录II、中国物种红色名录为极危（CR）等级。

（2）深圳种群

种群状况　深圳内伶仃岛较常见，内陆区域在梧桐山、葵涌等地有报道记录，调查期间在七娘山见到宽大的爬行痕迹。

分布格局　见于深圳内伶仃岛、羊台山森林公园、福田红树林和大鹏半岛。

环境特点　见于山区水域附近。

受胁因素　在深圳主要威胁来自人类的干扰及食物匮乏。内伶仃岛由于干扰少，种群数量较大，但由于岛屿面积较小，其种群发展受到限制。

地方保护建议　建议列为深圳市重点保护动物。

a. 蟒蛇在深圳的记录位点
b. 蟒蛇成体（拍摄于内伶仃岛）
c、d. 蟒蛇幼体（拍摄于杨梅坑）

5.3.15 横纹钝头蛇
Pareas margaritophorus (Jan, 1866)

（1）物种描述

识别特征　身体细长，稍侧扁。头与颈部区分显著。吻短而钝圆。眼小，虹膜黑色；瞳孔黑色镶白边，直立。颊部微凹，颊鳞单枚，不入眶。上唇鳞不入眶。背鳞通体15行，光滑或中央几行有弱棱。肛鳞完整单枚。尾下鳞双行。上体灰黑色至深紫棕色，身体和尾有数条黑白双色横斑，该横斑是由1个鳞片前部分白色后部分黑色，多个鳞片缀连而成。上下唇白色，有黑斑。腹白色，有黑斑。

生境与习性　栖息于平原、丘陵和山区，多见于农耕地附近。以蜗牛、蛞蝓等为食。卵生。

分布　越南、老挝、缅甸、泰国至马来西亚。香港、广东、海南、广西、云南和贵州。

濒危和保护等级　常见种。国家"三有"保护动物。

（2）深圳种群

种群状况　种群量较大。

分布格局　见于深圳华侨城湿地、塘朗山郊野公园、梧桐山、七娘山、杨梅坑、铁岗水库、羊台山森林公园和内伶仃岛等地。

环境特点　见于近水地面。

受胁因素　未发现致胁因素。

地方保护建议　无。

a. 横纹钝头蛇在深圳的记录位点
b. 横纹钝头蛇头部观（拍摄于铁岗水库）
c. 横纹钝头蛇整体观（拍摄于铁岗水库）

5.3.16 中国水蛇
Myrrophis chinensis (Gray, 1842)

（1）物种描述

识别特征　体粗壮。头颈区分稍显。吻鳞宽钝，圆，背视可见。鼻孔背侧位。眼小，瞳孔小，圆形。尾短。左右鼻鳞相接。鼻间鳞小，单枚，不与颊鳞相接。颊鳞单枚。眶前鳞单枚。眶后鳞2枚，少数1枚。上唇鳞7枚，仅第4枚入眶。背鳞平滑，23-23-21（19）行。腹鳞138-154枚。肛鳞对分。尾下鳞对分，40-51对。体背灰棕色，散布有黑斑，在颈背形成黑线，一系列密集的黑色斑点为背中线。上唇鳞下部和整个下唇鳞黄白色。背鳞外侧2-3行粉棕色。每一腹鳞前部分暗灰色，后部分黄白色。

生境与习性　栖息于平原、丘陵、山脚的溪流、池塘和水田。夜行性水生蛇类。以小型鱼类和蝌蚪为食。卵胎生。

分布　越南北部。江西、安徽、江苏、浙江、福建、广东、海南、广西、湖南、湖北、香港和台湾。

濒危和保护等级　不常见。国家"三有"保护动物，中国物种红色名录易危（VU）等级物种。

（2）深圳种群

种群状况　种群量不大。

分布格局　见于梧桐山、马峦山郊野公园、五指耙水库、石岩水库等库区。

环境特点　水库、鱼塘、山溪水潭等生境。

受胁因素　水质污染，水生生物多样性减少。

地方保护建议　建议列为山区水环境指示物种，实行长期监测。

a. 中国水蛇在深圳的记录位点
b. 中国水蛇头部观（拍摄于马峦山郊野公园）
c. 中国水蛇整体观（拍摄于马峦山郊野公园）

5.3.17 铅色水蛇
Hypsiscopus plumbea (Boie, 1827)

（1）物种描述

识别特征 体型较小而匀称。头大小适中，与颈区分不明显，尾短。上颌骨后端具沟牙。吻较宽短，吻鳞宽度超过高度，从背面仅能见到它的上缘。鼻孔具瓣膜，位于吻端背面；鼻间鳞1枚，宽度超过长度，位于左右鼻鳞之后中央，与颊鳞不相切。前额鳞2枚，宽度超过长度，其长等于从它到吻端的距离。眶上鳞前窄后宽，其长超过眶径。眶前鳞1-2枚。上唇鳞8（3-2-3）枚，第4枚和第5枚上唇鳞入眶。背鳞平滑，19-19-17行。腹鳞雄蛇124-132枚，雌蛇124-131枚。肛鳞二分；尾下鳞双行，雄蛇平均35-42对，雌蛇31-36对。生活时背面为一致的灰橄榄色，鳞缘色深，形成网纹；上唇及腹面黄白色；背鳞外侧1-2行鳞片带黄色；腹鳞中央常有黑点缀连成一纵线；尾下中央有一明显的黑色纵线。

生境与习性 栖息于平原、丘陵、山脚的溪流、池塘和水田。夜行性水生蛇类。以小型鱼类和蝌蚪为食。卵胎生。

分布 越南北部。江西、安徽、江苏、浙江、福建、广东、海南、广西、湖南、湖北、香港和台湾。

濒危和保护等级 常见种。国家"三有"保护动物，中国物种红色名录易危（VU）等级物种。

（2）深圳种群

种群状况 种群量不大。

分布格局 记录于三洲田森林公园和马峦山郊野公园；排牙山坝光村有一路杀记录。因其比较隐蔽，估计全境的水库、水塘和山溪水潭均有其分布。

环境特点 深圳水库、水塘和山溪水潭等。

受胁因素 水质污染，水生生物多样性减少。

地方保护建议 建议列为山区水环境指示物种，实行长期监测。

a. 铅色水蛇在深圳的记录位点
b. 铅色水蛇头部观（拍摄于马峦山郊野公园）
c. 铅色水蛇整体观（拍摄于马峦山郊野公园）

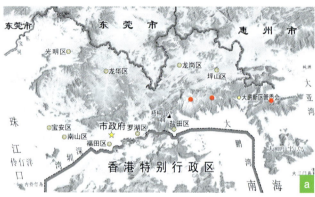

5.3.18 棕脊蛇
Achalinus rufescens Boulenger, 1888

（1）物种描述

识别特征 头窄长。吻鳞小，背视不可见。额鳞约为顶鳞的一半。颊鳞1枚，入眶。没有眶前鳞和眶后鳞；颞鳞2+2（3）枚，2枚前颞鳞入眶或仅上枚入眶。上唇鳞6枚，第1枚非常小，第4枚和第5枚入眶，第6枚最大；下唇鳞5枚，少数6枚。颏片2或3对，其后为腹鳞。背鳞窄长，披针状，23行，均起强棱，或仅外侧行平滑。腹鳞136-165枚；肛鳞完整不对分；尾下鳞单行，63-82枚。体背均一浅黄色或棕色，具金属光泽，通常有1条清晰的黑色脊线延伸至尾尖。腹面微黄色，鳞缘白色。

生境与习性 栖息于平原、丘陵、山区。夜行性，穴居，性隐蔽。食虫。卵生。

分布 浙江、江西、广东、香港、海南和广西。

濒危和保护等级 种群较大。国家"三有"保护动物。

（2）深圳种群

种群状况 种群量较大。

分布格局 山区。

环境特点 山溪附近。

受胁因素 未发现致胁因素。

地方保护建议 无。

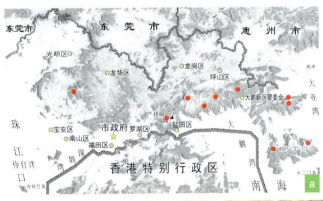

a. 棕脊蛇在深圳的记录位点
b. 棕脊蛇头部观（拍摄于大鹏半岛杨梅坑）
c. 棕脊蛇整体观（拍摄于羊台山）

5.3.19 越南烙铁头蛇
Ovophis tonkinensis (Bourret, 1934)

（1）物种描述

识别特征 体粗壮。头三角形，宽且头顶平坦，与颈部区分显著。眼小。吻端平钝。头顶鳞小而平滑，不等大，稍覆瓦状排列。有颊窝。眶前鳞3枚，眶后鳞2枚。上唇鳞9-10枚，第4枚最大，位于眶下。在唇和眼间有2行眶下小鳞；下唇鳞10-13枚。背鳞中央数行具弱棱。腹鳞127-144枚，肛鳞完整。尾下鳞单行。背面棕红色、黄褐色，头背深棕色；体背有镶黑边的深色云斑和杂斑；深色云斑在体前段彼此相连，后段交错排列。1条白色的斑纹起于吻端、过眼至颈部；下方还有1条浅色的眶后纹斜向下至颈侧；两浅色纹之间为1个深棕色大斑块直达颈侧。尾棕红色，通常有一系列白色点斑彼此相连成为1条连续或不连续的白色纵纹。腹面乳白，有棕色斑纹。

生境与习性 栖息于低山林地。夜行性陆栖蛇类，常见于溪流岸边。食物包括蛙类、啮齿动物等。卵生。

分布 模式产地在越南北部，近年陆续在中国的广西、海南和广东被发现。

濒危和保护等级 中国近年的新记录，尚无濒危和保护等级。

（2）深圳种群

种群状况 只记录到1个个体。

分布格局 仅记录于梧桐山泰山涧。

环境特点 山溪附近。

受胁因素 资料缺乏。

地方保护建议 无。

a. 越南烙铁头蛇在深圳的记录位点
b. 越南烙铁头蛇头部观（拍摄于梧桐山）
c. 越南烙铁头蛇整体观（拍摄于梧桐山）

5.3.20 白唇竹叶青蛇
Trimeresurus albolabris Gray, 1842

（1）物种描述

识别特征 中等体型前沟牙毒蛇。鳞被、体色变化较大。头大，呈三角形，颈细，有颊窝；头背被小鳞，仅鼻间鳞及眶上鳞略大。通体绿色，最外背鳞行上半部白色，略带黄色，在体侧形成白色纵线纹，该最外鳞行下半部分红色，或橄榄绿色，略带红色。虹膜橘红色或黄色，略带橘色。尾背及尾尖焦红色。鼻间鳞大，显著大于头背其他鳞片，彼此相切或间隔1枚小鳞。本种与福建竹叶青蛇 *T. stejnegeri* 相似，区别在于鼻鳞与第一上唇鳞愈合，仅有鳞沟痕迹。

生境与习性 栖息于平原、丘陵和山区，常见于水域附近或低矮灌木上。尾具有缠绕性。以蛙类、蜥蜴类和鼠类为食。

分布 中南半岛、印度和印度尼西亚。福建、广东、香港、澳门、海南、广西和云南。

濒危和保护等级 种群较大，广东沿海尤其珠江口甚常见。国家"三有"保护动物。

（2）深圳种群

种群状况 种群量较大，该物种是深圳最常见蛇类之一。

分布格局 山区、公园、荒草地。

环境特点 林下灌丛。

受胁因素 未发现致胁因素。

地方保护建议 建议列为深圳市陆域环境指示物种，实行长期监测。

a. 白唇竹叶青蛇在深圳的记录位点

b. 白唇竹叶青蛇，虹膜橘红色，体侧白线下有红色三角斑（拍摄于羊台山）

c. 白唇竹叶青蛇，虹膜黄色，略带橙红（拍摄于葵涌公园）

d. 白唇竹叶青蛇（拍摄于葵涌公园）

e. 白唇竹叶青蛇，体侧白线下有三角斑橄榄色，略带红色（拍摄于葵涌公园）

5.3.21 中华珊瑚蛇

Sinomicrurus macclellandi (Reinhardt, 1844)

（1）物种描述

识别特征 体细长，圆筒形。头短，与颈部区别不显著。鼻鳞单枚，鼻孔位于鼻鳞中央。没有颊鳞。眶前鳞单枚。眶后鳞2枚。颞鳞1+1枚。上唇鳞7枚，第3和第4枚入眶；下唇鳞5-7枚。背鳞光滑，通体13行。腹鳞195-230枚。肛鳞对分。尾下鳞对分，26-38对。体背棕红色，有镶黄色边的横向黑带纹。头背黑色，有2个横带，一个黄白色，在吻端，穿过鼻间鳞延展至鼻鳞和第1上唇鳞及第2上唇鳞前缘；另一个在眼后，乳白色。腹面黄白色，有黑带或近方形黑斑。

生境与习性 栖息于低地和中海拔丘陵亚热带常绿林。夜行性陆栖掘洞蛇类，躲藏在松软泥土中。食物包括其他蛇类、蜥蜴类（如石龙子）等。卵生。

分布 缅甸北部、越南北部、泰国北部、老挝、印度、尼泊尔和孟加拉国。华东（除山东）、华南、西南、湖南、甘肃和西藏。

濒危和保护等级 常见种。国家"三有"保护动物。中国物种红色名录为易危（VU）等级物种。

（2）深圳种群

种群状况 深圳甚罕见。

分布格局 只在梧桐山有1条记录。

环境特点 山溪附近。

受胁因素 数据缺乏。

地方保护建议 无。

a. 中华珊瑚蛇头部观（拍摄于梧桐山）
b. 中华珊瑚蛇整体观（拍摄于梧桐山）

5.3.22 银环蛇
Bungarus multicinctus Blyth, 1861

（1）物种描述

　　识别特征　体细长。头卵圆形，与颈部区分不显。眼小，瞳孔圆形。无颊鳞。眶前鳞单枚。眶后鳞2枚，少数单枚。上唇鳞6-8枚；下唇鳞6-8枚。背鳞光滑，通体15行。腹鳞198-231枚。肛鳞完整。尾下鳞完整，少数前3枚对分。上体黑色，有窄白斑带。腹面黄白色或灰白色，散布黑斑。

　　生境与习性　栖息于平原丘陵，常见于近水区域。食物包括鱼类、蛙类、蜥蜴类、蛇类和小型哺乳动物。夜行性蛇类。卵生。

　　分布　越南、老挝和缅甸。华东（除山东）、华南、西南、湖北和湖南。

　　濒危和保护等级　常见种。国家"三有"保护动物，中国物种红色名录濒危（EN）等级物种。

（2）深圳种群

　　种群状况　种群量较大，是深圳最常见蛇类之一。

　　分布格局　深圳山区、公园、荒草地。

　　环境特点　林下灌丛。

　　受胁因素　捕杀。

　　地方保护建议　建议列为深圳市陆域环境指示物种，实行长期监测。

a. 银环蛇捕食白唇竹叶青蛇（拍摄于内伶仃岛）
b. 银环蛇（拍摄于梧桐山）

5.3.23 金环蛇
Bungarus fasciatus (Schneider, 1801)

（1）物种描述

识别特征　体细长。头卵圆形，与颈部区分不显。尾较短，末端钝圆。眼小，瞳孔圆形。无颊鳞。眶前鳞单枚。眶后鳞2枚，少数单枚。上唇鳞7-8枚；下唇鳞7-8枚。背鳞光滑，通常通体15行，脊鳞扩大，脊棱明显。肛鳞完整。尾下鳞单行。通体具黑黄相间环纹，二者几乎等宽。

生境与习性　栖息于平原丘陵，常见于近水区域。食物包括鱼类、蛙类、蜥蜴类、蛇类和小型哺乳动物。夜行性蛇类。卵生。

分布　中南半岛、印度、马来西亚和印度尼西亚。福建、广东、香港、海南、广西和云南。

濒危和保护等级　常见种。由于被过度捕杀，中国物种红色名录列为濒危（EN）等级物种，国家"三有"保护动物。

（2）深圳种群

种群状况　种群量较小。

分布格局　内伶仃岛、梅林水库、梧桐山、东部沿海山脉内水库库区。

环境特点　常见于水库库尾、水洼地、山脚荒草地、小水渠等。

受胁因素　人为捕杀。

地方保护建议　建议列为深圳市重点保护动物，实施特别保护。

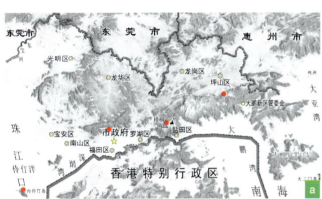

a. 金环蛇在深圳的记录位点

b、c. 金环蛇（拍摄于内伶仃岛）

5.3.24 舟山眼镜蛇
Naja atra Cantor, 1842

（1）物种描述

识别特征   体长可达2m。头稍区别于颈部。眼中等。无颊鳞。眶前鳞单枚，通常与鼻间鳞相接。眶后鳞3枚，少数2枚。上唇鳞7枚，第2枚最高，入眶，第4枚也入眶；下唇鳞7-10枚。第4枚和第5枚大，通常有1枚三角形小鳞在这2枚鳞之间的唇边缘上。背鳞光滑斜列，中段鳞19枚或21枚。腹鳞158-185枚。肛鳞完整，少数对分。尾下鳞对分，38-53对。生活时体色变异较大。通常上背浅灰色、黄褐色、灰黑色至亮黑色，有或没有成对的浅黄色成对距离不等的横斑，幼体该斑显著。头侧浅色。颈背有眼镜状斑纹扩展至浅色喉部，喉部通常有1对黑斑。腹面白色至深灰色杂以白色或黑色斑。

生境与习性   栖息于森林、灌丛、草地、红树林、开阔地，甚至人口稠密地区。日行性和夜行性蛇类。食物包括鱼类、蛙类、蜥蜴类、蛇类、鸟类和鸟卵、小型哺乳动物。卵生。

分布   老挝北部，越南北部。华南、福建、安徽、贵州、湖南、湖北、浙江和台湾，南方更常见。

濒危和保护等级   较常见。国家"三有"保护动物，IUCN红色名录易危（VU）等级物种，中国物种红色名录易危（VU）等级物种，CITES附录II物种。

（2）深圳种群

种群状况   种群量中等。

分布格局   深圳全境，内伶仃岛最常见。

环境特点   深圳森林、灌丛、草地、红树林、市区公园。

受胁因素   人为捕杀。

地方保护建议   建议列为深圳市重点保护动物，实施特别保护。

舟山眼镜蛇（拍摄于内伶仃岛）

5.3.25 白眉腹链蛇
Hebius boulengeri (Gressitt, 1937)

（1）物种描述

识别特征　小型腹链蛇。背灰黑色，头每侧有一条醒目的白纹，起于最下枚眶后鳞，沿第7-9枚上唇鳞向后斜上延伸，连接体侧背方的一条纵行粉红棕色窄纹，向后延伸至尾侧。唇鳞和颌片大部分黑色，或有黑斑；腹鳞两侧黑斑在前段长宽几乎相等，向后变宽，前后缀连成"腹链"纹；腹鳞在链状纹外侧部分有杂斑。有1枚眶前鳞和2枚眶后鳞。腹鳞143-147枚，尾下鳞85-102枚。背鳞19-19-17行，除最外行背鳞平滑无棱，均具棱。

生境与习性　栖息于山区稻田和山谷小溪附近。卵生。

分布　模式产地为广东揭西。越南。广东、香港、海南、福建、江西、贵州和云南。

濒危和保护等级　国家"三有"保护动物。

（2）深圳种群

种群状况　罕见。

分布格局　仅见于深圳梧桐山。

环境特点　见于溪流附近道路。

受胁因素　资料欠缺。

地方保护建议　无。

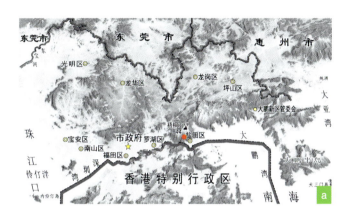

a. 白眉腹链蛇在深圳的记录位点
b. 白眉腹链蛇（拍摄于梧桐山）

5.3.26 翠青蛇
Cyclophiops major (Günther, 1858)

（1）物种描述

识别特征　身体适度粗壮。头颈区分显著。眼大，瞳孔圆形。尾适度长。上唇鳞7-9枚；下唇鳞6枚。颊鳞单枚。眶前鳞单枚，眶后鳞2枚。颞鳞1+2枚。背鳞光滑，通体15行，但雄性荐背鳞起弱棱。腹鳞156-189枚。肛鳞对分。尾下鳞对分，72-97对。背亮绿色，幼体有黑色斑点。腹面和上唇鳞下部、下唇鳞浅黄绿色，或乳黄色。

生境与习性　栖息于丘陵和山地森林。日行性陆栖蛇类物，有时也在夜间活动。食物包括蚯蚓和昆虫幼虫。卵生。

分布　越南北部。甘肃、陕西、河南、四川、重庆、湖北、湖南、江西、江苏、浙江、安徽、上海、浙江、福建、广东、海南、广西、贵州、台湾和香港。

濒危和保护等级　常见种。国家"三有"保护动物。

（2）深圳种群

种群状况　少见。

分布格局　深圳梧桐山、内伶仃岛记录到该物种；在七娘山，红外相机拍摄到黄腹鼬正在捕食一条翠青蛇；在大鹏新区水头沙村附近林子中记录到一只个体，在鹅公湾的公路上发现一条压死的个体。

环境特点　栖息于灌丛和茂密树枝间，地面觅食，常见于溪流附近道路上，时有路杀情况发生。

受胁因素　深圳种群资料欠缺。

地方保护建议　无。

a. 翠青蛇在深圳的记录位点

b. 翠青蛇（拍摄于梧桐山）

5.3.27 繁花林蛇
Boiga multomaculata (Boie, 1827)

（1）物种描述

识别特征　头大，颈部较细，头颈区分明显。体纤长，侧扁。尾细长。有后沟毒牙。眼大，瞳孔直立。颞区鳞片扩大，前颞鳞1-3枚。背鳞平滑，脊鳞显著扩大，中段背鳞19行；腹鳞196-230枚；尾下鳞72-93对；肛鳞多完整，不对分。通体背面有镶白色边缘线的深棕色大斑，交错排列2行，体侧下部有1行较小深棕色斑，也有浅色镶边。头背有镶浅色边的"Λ"形深棕色大斑，沿头侧过眼至颌角有镶浅色边的深棕色宽纵纹。唇鳞白色，鳞沟黑色。腹面白色，每一腹鳞有数个浅褐色斑。

生境与习性　栖息于平原、丘陵和山区，常见于溪边灌木上，善攀援。多夜间活动。以鸟类、蜥蜴类等为食。卵生。

分布　中国北纬25°以南，东经98°以东的广大地区。

濒危和保护等级　常见种。国家"三有"保护动物。

（2）深圳种群：

种群状况　种群量中等。

分布格局　深圳全境。

环境特点　多树木、潮湿环境，喜在树上攀援。

受胁因素　常被误当成蝰科蛇类而被猎杀。

地方保护建议　建议列为深圳市陆域环境指示物种，实行长期监测。

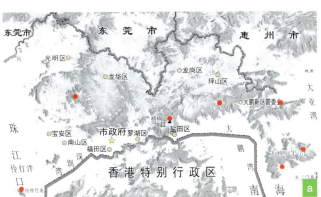

a. 繁花林蛇在深圳的记录位点
c. 繁花林蛇头部观（拍摄于内伶仃岛）
b. 繁花林蛇整体观（拍摄于梧桐山）

5.3.28 三索锦蛇
Coelognathus radiatus (Boie, 1827)

（1）物种描述

识别特征　又名三索颌腔蛇。最大体长超过2 m。主要识别特征是头背部棕黄色，眼后及眼下方有3条黑线纹；1条位于眼正下方，止于上唇鳞下缘；1条始于眶后鳞与上唇鳞鳞缝，斜向下，止于下唇鳞；1条始于眶后鳞之后，沿顶鳞边缘向后，与枕部的有1条黑色横纹相连，该黑色横纹沿顶鳞后缘向两侧延伸，止于最外侧1行背鳞。身体前段两侧各有2条黑色纵纹，上面1条较宽，近连续，下面的1条较窄，断续；身体后段至尾部无斑纹，尾色橙红。背鳞中段19行，中央数行起棱；腹鳞超过200枚。肛鳞完整，尾下鳞对分。

生境与习性　栖息于平原、丘陵和山区河谷地带。日行性。食鼠类、鸟类、蜥蜴类及蛙类，也食蚯蚓。被激怒时颈部侧扁，身体呈"S"形，做出攻击姿态。

分布　中南半岛、印度、马来西亚和印度尼西亚。福建、广东、香港、广西、贵州和云南。

濒危和保护等级　常见种。国家"三有"保护动物，中国物种红色名录濒危（EN）等级物种。

（2）深圳种群

种群状况　种群量中等。

分布格局　记录于梧桐山、排牙山和鹅公湾等东部沿海山脉。

环境特点　水库库尾、山脚荒草地、山区道路等多种生境。

受胁因素　路杀及人为捕杀。在排牙山和鹅公湾分别记录到一只路杀个体。

地方保护建议　建议列为深圳市陆域环境指示物种，实行长期监测。

a. 三索锦蛇在深圳的记录位点
b. 三索锦蛇（拍摄于梧桐山）

5.3.29 福清白环蛇
Lycodon futsingensis (Pope, 1928)

（1）物种描述

　　识别特征　本种由于具有白色（至粉红色）和黑色交替环纹，与黑背白环蛇 *L. ruhstrati* 形态相似而一度被认为是后者的同物异名。2009年，Vogel等将其恢复为有效种（Vogel et al., 2009）。与后者的主要区别在于该种背鳞光滑，后者背鳞中央几行起棱；腹鳞和尾下鳞均少于后者。其他特征如下：瞳孔直立，上颌牙由前向后为4枚几乎等大的小牙齿，紧跟着6枚大牙齿，最后有3枚牙齿，且与前面的8枚牙齿有齿隙；颊鳞单枚，不入眶；眶前鳞1枚或2枚，眶后鳞2枚；上唇鳞8枚，第3-5枚或第4-6枚入眶；下唇鳞10枚，前5枚与前颌片相接；背鳞17-17-15行；肛鳞对分，尾下鳞双行。体黑色，略带棕红，有22-29个白色或白色带有不同程度的粉红色环斑，该斑在背中部较窄，约2枚鳞宽，向腹面逐渐变宽，接近腹部时分叉状。

尾部有12-15个同样的环斑。头背面由眼后缘向前至吻端棕黑色，向后至颈背前5-6枚鳞处灰白色，中央有一深色纵斑。幼体全身斑纹白色。

　　生境与习性　栖息于山区溪流及其附近。食物包括蜥蜴类和蛇类。

　　分布　越南等。福建、香港、广东深圳、东莞至南岭（包括湖南宜章，广西猫儿山和花坪）。

　　濒危和保护等级　较常见。由于近年恢复为有效种，尚未评估等级。

（2）深圳种群

　　种群状况　种群量中等。

　　分布格局　东部沿海山脉内，以梧桐山最常见。

　　环境特点　溪流及其附近生境，常在路边出现。

　　受胁因素　溪流质量下降。

　　地方保护建议　建议列为深圳市山区环境指示物种，实行长期监测。

a. 福清白环蛇在深圳的记录位点
b. 福清白环蛇头部观（拍摄于梧桐山）
c. 福清白环蛇整体观（拍摄于梧桐山）

5.3.30 细白环蛇
Lycodon subcinctus Boie, 1827

（1）物种描述

识别特征　体细长，圆筒状，最大体长可达0.9 m。头扁平，吻钝圆。瞳孔直立。在鳞被方面的主要识别特征为：无眶前鳞；前额鳞入眶；颊鳞1枚，入眶；背鳞有弱棱，背鳞17-17-15行；肛鳞对分。头前部为黑色，喉部灰白色；体背黑色或灰黑色，全身具白色环纹，有时背后段环纹不显。

生境与习性　生活于平原、丘陵和山地。捕食壁虎、蜥蜴等。卵生。

分布　中南半岛、印度尼西亚和菲律宾。福建、广东、香港、海南和广西等。

濒危和保护等级　较常见。国家"三有"保护动物。

（2）深圳种群

种群状况　种群量较小。

分布格局　内伶仃岛、铁岗水库和梧桐山。

环境特点　水库库尾、荒草地和小水渠等。

受胁因素　人为捕杀。

地方保护建议　建议列为深圳市陆域环境指示物种，实行长期监测。

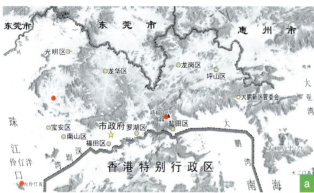

a. 细白环蛇在深圳的记录位点
b. 细白环蛇头部观（拍摄于内伶仃岛）
c. 细白环蛇整体观（拍摄于内伶仃岛）

5.3.31 钝尾两头蛇
Calamaria septentrionalis Boulenger, 1890

（1）物种描述

识别特征 外形很像尖尾两头蛇*C. pavimentata*，与其区别在于吻鳞背视刚刚可见；吻短而宽圆。尾短钝，与身体等粗。腹鳞136-192枚，尾下鳞8-12对。背面黑棕色或蓝棕色，鳞有许多小白点，形成网状。有一个背中部断开的黄色围领。尾基部有2个黄斑。腹面珊瑚红色，尾正中有一条黑线。

生境与习性 栖息于低地林中。吃蚯蚓或昆虫幼虫。卵生。

分布 越南北部。江西、安徽、江苏、浙江、福建、广东、海南、广西、贵州、四川、湖南、湖北、河南、香港和台湾。

濒危和保护等级 常见种，但很隐蔽。国家"三有"保护动物。

（2）深圳种群

种群状况 种群量较小。

分布格局 目前仅记录于内伶仃岛，10月份有种群爆发迹象，一晚可见3条以上。

环境特点 山脚荒草地、沟渠。

受胁因素 岛屿面积较小，种群发展受到限制。

地方保护建议 无。

a. 钝尾两头蛇在深圳的记录位点
b. 钝尾两头蛇背面观（拍摄于内伶仃岛）
c. 钝尾两头蛇头部观和尾部观（拍摄于内伶仃岛）
d. 钝尾两头蛇腹面观（拍摄于内伶仃岛）

5.3.32 台湾小头蛇
Oligodon formosanus (Günther, 1872)

（1）物种描述

识别特征　体粗壮，近圆筒形。头小，短，与颈部区分不显著。吻鳞三角形，背视可见。眼中等大，瞳孔圆形。尾短。上颌齿10-11枚。颊鳞单枚，罕见2枚。有下眶前鳞；眶前鳞单枚。上唇鳞8枚（罕见7枚），3-2-3排列；下唇鳞6-9枚。背鳞光滑，19-19-17行。腹鳞155-189枚。肛鳞完整。尾下鳞对分，40-60对。背棕灰色或红棕色。身体和尾背色斑模式是网状带有不规则细黑色横斑；有一条橘红色脊纹。头背表面有一条暗棕色条纹从额鳞穿过眼到达上唇鳞；一个尖端向前的"V"形斑纹从额鳞延伸到颈部；2个饰有黑色和橘红色边的暗斑分别位于顶鳞上。头腹面和前腹部苍白色有褐色或橘红色侧斑。后腹部和尾腹面粉红色。

生境与习性　栖息于平原或山地。嗜吃爬行动物的卵，包括自己的卵。卵生。

分布　越南。福建、广东、广西、江西、江苏、贵州、海南、浙江和台湾。

濒危和保护等级　常见种。国家"三有"保护动物。

（2）深圳种群

种群状况　种群中等。

分布格局　羊台山森林公园、福田红树林保护区、深圳福田高尔夫俱乐部、内伶仃岛、市区公园绿地、清林径水库和南海水产研究所深圳试验基地。

环境特点　水库库尾、杂草地和小水渠等，常见于路上。

受胁因素　人为捕杀、路杀。

地方保护建议　建议列为深圳市陆域环境指示物种，实行长期监测。

a. 台湾小头蛇在深圳的记录位点
b. 台湾小头蛇（拍摄于笔架山公园）

5.3.33 黄斑渔游蛇
Xenochrophis flavipunctatus (Hallowell, 1860)

（1）物种描述

识别特征　体型中等。头颈区分显著。眼大，圆形。颊鳞单枚。眶前鳞单枚。眶后鳞2-3枚。上唇鳞7-9枚；下唇鳞9-10枚。背鳞19-19-17行，中间9-15行起棱。腹鳞125-152枚。肛鳞对分。尾下鳞对分，54-89对。上体橄榄绿色。头后颈背有"V"形黑斑。身体和尾有模糊的黑色横斑，幼体在斑纹间染红色。有2个显著的黑色斜斑纹，1个在眼下，1个在眼后。腹面灰白色或浅黄色。腹鳞有黑色鳞缘。

生境与习性　栖息于森林、灌丛、草地、红树林、开阔水域和社区。半水栖蛇类。食物包括鱼类、蛙类及其卵和蝌蚪、蜥蜴类、昆虫和小型哺乳动物。卵生。

分布　东南亚和南亚。华东（除山东），华南，西南，湖南和陕西。

濒危和保护等级　常见种。国家"三有"保护动物。

（2）深圳种群

种群状况　深圳种群量大。

分布格局　深圳全境。

环境特点　各种生境，包括城市公园绿地、滨海红树林公园等。

受胁因素　人为捕杀。

地方保护建议　建议列为深圳市陆域环境指示物种，实行长期监测。

a. 黄斑渔游蛇头部观
b. 黄斑渔游蛇（拍摄于田头山）

5.3.34 侧条后棱蛇
Opisthotropis lateralis Boulenger, 1903

（1）物种描述

识别特征 体圆筒形。头平扁，与颈部区分不显。眼小，瞳孔圆形。头部鳞片鳞缝黑色，清晰。吻鳞大，背视可见较多。鼻孔背置，在单一鼻鳞上。鼻间鳞小。前额鳞单枚。颊鳞单枚，不入眶。眶前鳞2枚；眶后鳞2枚。上唇鳞10-11枚；下唇鳞10枚。背鳞通体17行，体背后段鳞具强棱。肛鳞对分。尾下鳞对分。上体橄榄色或棕褐色，体侧自眼后有一条清晰的黑线向后延伸。腹面黄白色。

生境与习性 栖息于山区溪流。夜行性。

分布 中国特有种。广东、广西。

濒危和保护等级 常见种。国家"三有"保护动物。

（2）深圳种群

种群状况 梧桐山种群量较大。

分布格局 梧桐山、羊台山森林公园和杨梅坑。

环境特点 山溪。

受胁因素 溪流被开发利用，环境质量有下降趋势。

地方保护建议 建议列为深圳市溪流环境指示物种，实行长期监测。

a. 侧条后棱蛇在深圳的记录位点
b. 侧条后棱蛇头部观（拍摄于梧桐山）
c. 侧条后棱蛇整体观（拍摄于梧桐山）

5.3.35 挂墩后棱蛇
Opisthotropis kuatunensis Pope, 1928

（1）物种描述

识别特征　体圆柱形。头宽平扁，与颈部区分不显。上颌齿小，几等大。鼻孔接近鼻鳞上缘。鼻间鳞长，弯向外侧。前额鳞单枚，额鳞大，长稍大于宽，显著短于顶鳞。眶上鳞对分或完整。颊鳞长大于高。眶前鳞2枚，少数1或3枚；眶后鳞2枚，少数3枚。上唇鳞14枚，少数13枚，前6枚（少数5枚）完整，其后上唇鳞横裂；下唇鳞小，更加不规则。前颌片皱褶状，几倍于后颌片。背鳞通体19行，有沟和起强棱。腹鳞150-175枚。肛鳞对分。尾下鳞对分，62-65对。背橄榄棕色，有3条昏暗的黑色纵纹，每一纵纹1行鳞宽。腹部和每侧1-3行鳞均匀浅色。尾腹面除肛后区域外，有暗色云斑。

生境与习性　栖息于山区溪流。常见于水中和岩石下。夜行性水生蛇类。以蚯蚓和鱼虾等为食。卵生。

分布　中国特有种。江西、福建、浙江、香港、广东和广西。

濒危和保护等级　种群较少。国家"三有"保护动物。

（2）深圳种群

种群状况　种群量较小。

分布格局　仅记录于梧桐山，共记录4个个体，马水涧和泰山涧各2个。

环境特点　山溪。

受胁因素　溪流被开发利用，水质下降。

地方保护建议　建议列为深圳市溪流环境指示物种，实行长期监测。

a. 挂墩后棱蛇在深圳的记录位点
b. 挂墩后棱蛇头部观（拍摄于梧桐山）
c. 挂墩后棱蛇整体观（拍摄于梧桐山）

5.3.36 香港后棱蛇
Opisthotropis andersonii (Boulenger, 1888)

（1）物种描述

识别特征 水栖蛇类，成年个体全长378-462 mm，尾长仅为全长的15%-20%。体圆筒形，头与颈部区分不显。眼小，瞳孔圆形。吻鳞宽大于高，吻宽为头宽的 31%-37%，背视刚刚可见。鼻孔背置，在单一鼻鳞上。鼻鳞与第1、第2枚上唇鳞相接。颊鳞单枚，长超过高的2倍，入眶或不入眶，并与第2至第4或第5枚上唇鳞相接。上唇鳞7-8枚，最后一枚上唇鳞短于之前的上唇鳞；下唇鳞7-10枚。背鳞通体17行，背鳞在前颈部光滑，随后起弱棱，尾棱较强。腹鳞141-174枚。肛鳞对分。尾下鳞对分，43-60对。头及体背橄榄绿色至橄榄棕色，每个鳞两侧有清晰或不清晰黑纹。腹面黄色，有黑斑。

生境与习性 栖息于山区溪流。夜行性蛇类，低山区常绿阔叶林内溪流物种，溪流多为石底。以蚯蚓等为食。

分布 中国特有种。仅分布于香港和深圳。

濒危和保护等级 较常见。国家"三有"保护动物，IUCN近危（NT）物种；中国物种红色名录评定为易危（VU）等级。

（2）深圳种群

种群状况 种群量较大。

分布格局 以梧桐山马水涧、泰山涧及西坑溪流最常见，田头山自然保护区、三洲田森林公园、马峦山郊野公园、七娘山地质公园和羊台山森林公园亦有一定种群规模。

环境特点 石底山溪。

受胁因素 旅游开发对溪流水质影响；人为捕杀。

地方保护建议 建议列为深圳市陆域环境指示物种，实行长期监测。

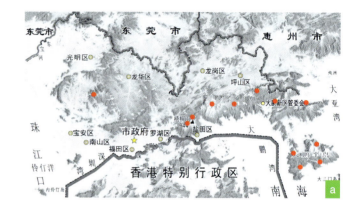

a. 香港后棱蛇在深圳的记录位点
b. 香港后棱蛇（拍摄于梧桐山）

5.3.37 深圳后棱蛇

Opisthotropis shenzhenensis Wang, Guo, Liu, Lyu, Wang, Luo, Sun and Zhang, 2017

（1）物种描述

识别特征　水栖蛇类。成年个体体全长 328-412 mm。尾短，尾长占全长的16%-19%。吻窄长，吻宽是头宽的25%-30%。吻鳞与第1-3枚上唇鳞相接，鼻鳞沟指向第2上唇鳞上缘中部。颊鳞长为颊鳞宽的 1.3-1.6倍；颊鳞不入眶，不与第2上唇鳞相接。上唇鳞 9-10 枚，最后一个上唇鳞小于前面一枚；下唇鳞8-10枚。背鳞通体19行，背鳞全身起棱，颈部棱弱，向后逐渐变强。腹鳞162-179枚；尾下鳞53-60对。生活时背橄榄绿色，每个鳞有黑色镶边，形成小网纹。腹面黄色，头尾腹面有黑灰色杂斑。

生境与习性　栖息于山区溪流。夜行性蛇类。与香港后棱蛇、挂墩后棱蛇和侧条后棱蛇同域分布于深圳梧桐山泰山涧。

分布　中国特有种。广东东莞南部和深圳山区特有。广东深圳梧桐山、三洲田森林公园、罗屋田水库和田头山自然保护区，东莞银瓶山自然保护区。

濒危和保护等级　2017年发表的新种，尚未评定濒危和保护等级。分布区狭窄，种群量很小。分布区面积约为 500 km²；占有区面积小于100 km²，符合IUCN濒危（EN）等级。

（2）深圳种群

种群状况　种群量较小。

分布格局　分布区狭窄，在深圳仅见于梧桐山泰山涧、三洲田森林公园、罗屋田水库和田头山自然保护区。

环境特点　石底山溪。

受胁因素　旅游开发对溪流水质影响；人为猎杀。

地方保护建议　建议列为深圳市重点保护野生动物，并列为深圳市陆域环境指示物种，实行长期监测。

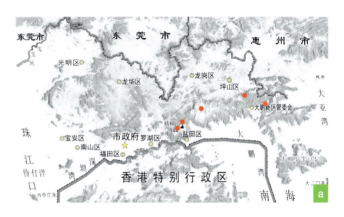

a. 深圳后棱蛇在深圳的记录位点

b. 深圳后棱蛇（拍摄于三洲田森林公园）

5.3.38 广东颈槽蛇
Rhabdophis guangdongensis Zhu, Wang, Hirohiko and Zhao, 2014

（1）物种描述

识别特征　全长约537 mm，头体长约449 mm，尾长约88 mm。体细长。头颈区分明显。上颌齿20枚，最后3枚突然变大，与前面的齿列没有齿隙分隔。上唇鳞6枚，第3和第4枚入眶；下唇鳞7枚，前4枚与前颌片相接。背鳞通体15行，背鳞除最外一行光滑外，均起弱棱。腹鳞126枚。肛鳞对分。尾下鳞39对。头顶、枕部至颈背前段灰色，其后的颈部有一个黑色宽围领，紧接一个倒"V"形橘红色围领。身体和背为棕灰色，有黑色窄横斑，同时在体侧和尾侧有一条不明显的棕红色纵纹，该纹与黑色横斑交汇处有2个白斑点。上唇有2条黑色斑带，1条位于眼斜下方，1条位于眼后第5和第6枚上唇鳞之间。头和颈腹面乳白色，有黑色斑点，向后黑斑逐渐增多，最后变成纯黑色。

生境与习性　日行性低山或丘陵森林物种。

分布　中国特有种。广东深圳梧桐山、大鹏半岛迭福山，东莞银瓶山自然保护区，惠州南昆山自然保护区和韶关仁化丹霞山自然保护区矮寨村。

濒危和保护等级　该种为本项目组于2014年发表的新种，分布区狭窄，种群量很小，甚罕见。尚未评定濒危和保护等级。

（2）深圳种群

种群状况　该种在深圳没有凭证标本，只有照片记录。过去几年，迭福山有1个拍摄记录，梧桐山有2个拍摄记录。

分布格局　梧桐山和大鹏半岛迭福山。

环境特点　路边、近水环境。

受胁因素　未知。

地方保护建议　建议列为深圳市重点保护动物。

a. 广东颈槽蛇在深圳的记录位点
b. 广东颈槽蛇（拍摄于大鹏半岛迭福山）

5.3.39 红脖颈槽蛇
Rhabdophis subminiatus (Schlegel, 1837)

（1）物种描述

识别特征　中等体型，成年全长超过1 m。吻长。头颈区分显著。颈背有1个纵行沟槽，即为颈槽；两侧为成对扩大鳞片。鼻孔侧位，鼻鳞对分。颊鳞单枚。眶前鳞单枚。背鳞起棱，19-19-17排列，全部具棱或最外2行光滑。肛鳞对分。尾下鳞双行。成年和幼体体色有较大变化，幼年个体头背和前颈背灰色，其后依次为黑色和明黄色围领，黄色围领后至体前段背猩红色有黑斑纹，体侧下部黄色；向后至尾背均为橄榄绿色，有深色横纹和块斑。成年个体头和前颈背橄榄绿色，黑色和黄色围领消失；其后至体前段猩红色，余部鳞片外露部分橄榄绿色，隐藏部分深灰色，因此通常为橄榄绿色，有深色斑，但当其吞食猎物时，身体变粗，隐藏部分鳞片外露，此时该部位整体呈深灰色。

生境与习性　栖息于山间水域附近。多在白天活动，但夜晚也常见。以蟾蜍和蛙类为食。卵生。

分布　福建、广东、香港、海南、广西、云南、四川和贵州。东南亚至爪哇和加里曼丹。

濒危和保护等级　常见种。国家"三有"保护动物。

（2）深圳种群

种群状况　种群量大。

分布格局　深圳东部山区，见于马峦山郊野公园、罗屋田水库、七娘山、排牙山和梧桐山等地。

环境特点　水库库尾、荒草地小水渠等，常见于路上，时有路杀现象。

受胁因素　路杀是该种在深圳面临的最大威胁。

地方保护建议　建议列为深圳市陆域环境指示物种，实行长期监测。

a. 红脖颈槽蛇在深圳的记录位点
b. 红脖颈槽蛇头颈部特征（拍摄于深圳马峦山郊野公园）
c. 红脖颈槽蛇整体形态（拍摄于深圳马峦山郊野公园）

5.3.40 黑头剑蛇
Sibynophis chinensis (Günther, 1889)

（1）物种描述

识别特征 体细长圆柱状。头颈区分不显。尾甚长。鼻孔大，在鼻鳞中央。颊鳞小。眶前鳞单枚。眶后鳞2枚。背鳞17行，平滑。腹鳞168-175枚；肛鳞对分。尾下鳞对分，171-187对。头背灰棕色，有2条黑色横斑，1条在眼后，另1条在枕部；唇鳞醒目白色；颈背有镶浅黄色后缘的黑色大斑。该斑之后至尾背棕绿色，有一条清晰的黑色脊线，通常还有2条由白色点斑构成的不太清晰的侧纵线。体腹面浅黄色，通常每个腹鳞有外侧黑斑点，形成2条纵线。

生境与习性 栖息于低山森林。日行性动物。食物有蜥蜴和蛙类。卵生。

分布 越南北部和老挝。江西、安徽、浙江、江苏、福建、广东、香港、海南、广西、云南、四川、甘肃、陕西、贵州、湖南。

濒危和保护等级 常见种。国家"三有"保护动物。

（2）深圳种群

种群状况 罕见。

分布格局 深圳只记录于梧桐山和七娘山。

环境特点 路边沟渠。

受胁因素 未发现致胁因素。

地方保护建议 无。

a. 黑头剑蛇在深圳的记录位点
b. 黑头剑蛇（拍摄于梧桐山）
c. 黑头剑蛇捕食翠青蛇（拍摄于七娘山）

5.3.41 乌华游蛇
Sinonatrix percarinata (Boulenger, 1899)

（1）物种描述

识别特征　体粗壮而长，最大全长近1.6 m。头与颈部区分显著。鼻孔侧位。鼻鳞对分。颊鳞单枚。眶前鳞单枚，偶尔2枚。眶后鳞3-5枚。通常有小型眶下鳞。上唇鳞8-10枚，通常有2枚入眶，偶尔只有1枚入眶。下唇鳞8-11枚。背鳞起棱，19-19-17排列，最外行弱棱或光滑。腹鳞131-160枚。肛鳞对分。尾下鳞对分，44-87对。成年上体橄榄棕色，幼年个体橄榄色，有超过36个镶浅色边缘的黑色斑带，该斑带在背部分叉，通常该斑带在成年个体不显，幼年个体显著。体侧的斑带间在幼体为桃红色。体腹面发白或发灰色，有不完整暗色斑带。

生境与习性　栖息于常绿植被山间水域附近。水生蛇类，以鱼类和蛙类为食。卵生。

分布　缅甸、泰国、老挝和越南。华东（除山东）、华中至华南、西南、甘肃和陕西。

濒危和保护等级　常见种。国家"三有"保护动物，中国物种红色名录易危（VU）等级物种。

（2）深圳种群

种群状况　种群量中等。

分布格局　深圳主要山区均有分布。

环境特点　临时积水、排水沟、水库等。

受胁因素　人为捕杀。

地方保护建议　建议列为深圳市陆域环境指示物种，实行长期监测。

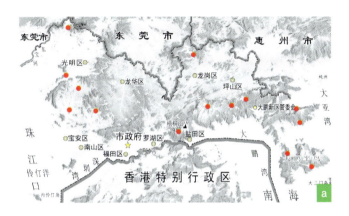

a. 乌华游蛇在深圳的记录位点
b. 乌华游蛇（拍摄于梧桐山）

5.3.42 环纹华游蛇
Sinonatrix aequifasciata (Barbour, 1908)

（1）物种描述

识别特征 体强壮而长，最大全长达1.42 m。头颈区分显著。鼻孔侧向。鼻鳞单枚，长方形，宽2倍于高。颊鳞单枚。眶前鳞单枚，少数2枚。眶后鳞2-4枚。通常有小眶下鳞1-3枚。上唇鳞9或8枚，不入眶或仅1-2枚入眶。下唇鳞8-11枚。背鳞19-19-17行，中央13-17行起强棱。腹鳞144-164枚。肛鳞对分。尾下鳞对分，63-75对。头背红棕色。唇灰白色。体尾背灰色或棕色，有18-21+11-13个独特的镶黑边和白边的斑带，该斑带中心浅色，并向体侧延展并形成"X"形。腹面白色，有不完整的黑斑带。

生境与习性 栖息于低地到山区森林内的大型多石溪流。以鱼类和蛙类为食。卵生。

分布 中国特有种。华南、江西、浙江、福建、云南、重庆、贵州和湖南。

濒危和保护等级 常见种。国家"三有"保护动物，中国物种红色名录易危（VU）等级物种。

（2）深圳种群

种群状况 种群量较小。

分布格局 梧桐山风景名胜区、田头山自然保护区、排牙山、七娘山和清林径水库。

环境特点 较大溪流、水潭，水库等。

受胁因素 人为捕杀。深圳种群数量较小，受胁主要来自山区溪流减少。

地方保护建议 建议列为深圳市陆域环境指示物种，实行长期监测。

a. 环纹华游蛇在深圳的记录位点
b. 环纹华游蛇（拍摄于梧桐山）

第 *6* 章

深圳市鸟类
多样性研究

摘 要

本研究以2013-2016年的野外调查数据为基础，结合历史观察数据，共记录鸟类18目69科335种（含8个外来种），同时记录了白鹡鸰2个亚种，黄鹡鸰3个亚种和蓝矶鸫2个亚种。其中，深圳市新记录鸟类12种，中国特有鸟类2种。国家I级重点保护野生动物2种，国家II级重点保护野生动物38种；IUCN红色名录列为受胁物种有13种，其中极危（CR）2种，濒危（EN）物种4种，易危（VU）物种7种；中国物种红色名录受胁物种有16种，其中极危（CR）物种1种，濒危（EN）物种6种，易危（VU）物种9种；列入《濒危野生动植物种国际贸易公约》附录的有34种，列入附录I的有4种，列入附录II的有30种。居留型方面，旅鸟种类最多，其次为留鸟，再次为冬候鸟，夏候鸟最少，候鸟占全部鸟类（以亚种计算）的68.1%，表明深圳市在东亚-澳大利西亚候鸟迁徙路线上具有重要作用。对于不同地区鸟类群落进行多样性分析，物种数（S）较高的调查区域依次为深圳湾、田头山-马峦山-三洲田和梧桐山-仙湖植物园-东湖水库，表示这三个区域有着较为丰富的物种。Simpson指数（D）和Shannon-Wiener指数（H′）最高的区域为田头山-马峦山-三洲田和梧桐山-仙湖植物园-东湖水库，表示在这两个区域内，不同鸟类物种之间的数量是较为均衡的，优势种和少见种之间的数量差异较小。深圳湾水鸟的种类较多，不同种类之间的数量差异较为明显。各调查区域鸟类群落中的优势物种也各有不同。对宝安机场鸟撞残留物的分子生物学分析发现，每年9-11月鸟撞事件的频次最高，推测应与鸟类的季节性迁徙行为有关，鸟撞事件中金眶鸻、灰背鸫、家燕、普通燕鸻和小白腰雨燕最为常见，是候鸟迁徙期间较为常见的种类。

1986年，邓巨燮等发表了第一篇报告深圳湾福田红树林鸟类和无脊椎动物多样性文章，这是深圳鸟类多样性研究的开始（邓巨燮等，1986）。在之后的30年里，深圳地区的鸟类研究迅速增加和深入起来。1990-1999年陆续发表了5篇研究深圳湾鸟类多样性的文章（关贯勋和邓巨燮，1990；王勇军等，1993，1998；陈桂珠等，1995a，1995b）。2000-2010年发表内伶仃岛夏季鸟类多样性文章1篇（常弘等，2001a）及自然资源专著1部（蓝崇钰等，2001），梧桐山夏季鸟类1篇（常弘等，2001b）及自然资源专著1部（Fellowes et al.，2002），深圳湾红树林生态系统专著1部（王伯荪等，2002）和深圳湾鸟类监测与评价文章1篇（王勇军等，2004），围岭公园2篇文章（庄平弟和常弘，2003；常弘和庄平弟，2003a），笔架山公园2篇文章（刘忠宝等，2005，2006），马峦山郊野公园1篇（常弘，2007），羊台山（邱春荣等，2007）1篇。2011-2016年发表了研究大鹏半岛（庄馨等，2013）、深圳湾（徐华林，2013）、松子坑森林公园（丁晓龙等，2012）、铁岗水库（林石狮等，2013b）、华侨城湿地（徐桂红等，2015）鸟类多样性的文章。

深圳湾是深圳市鸟类研究最早的区域。早在1984年成立自然保护区之初，科研工作者们就开始在这一区域开展鸟类调查。截至本次调查开展前，共发表9篇鸟类文章和1本综合性科学专著，基本摸清了该区域鸟类的本底和动态。由于深圳湾是一个开放区域，毗邻香港米埔，且位于重要的候鸟迁徙路线上，因此该区域鸟类组成始终处于变动之中，近年陆续有些鸟类消失，再无记录，如卷羽鹈鹕 *Pelecanus crispus* 等，也有斑脸海番鸭 *Melanitta stejnegeri*、长尾鸭 *Clangula hyemalis*、蓝翅八色鸫 *Pitta moluccensis* 等新记录加入。

内伶仃岛是深圳市第二个鸟类调查工作开展得比较好的区域。然而这些调查主要集中在1999年至2001年，距本次调查已有17年。由于内伶仃岛距离大陆较近，岛屿面积不大，其生态脆弱性显著，兼之内伶仃岛位于候鸟迁徙路线上，这些因素导致岛内鸟类组成与17年前相比，发生了一些显著变化。

其余开展过鸟类调查研究的区域包括梧桐山、围岭公园、笔架山公园、羊台山森林公园、松子坑水库区和大鹏半岛等，这些区域的研究均非系统性研究，因此不能全面真实的反映鸟类的本底状况。个别记录亦存在错误，如大鹏半岛的新疆歌鸲 *Luscinia megarhynchos*（庄馨等，2013）、松子坑水库记录到的勺嘴鹬 *Calidris pygmaea*（丁晓龙等，2012）等均属于错误鉴定。

6.1 材料与方法

6.1.1 调查方法

2013-2016年，将深圳地区分为七娘山、排牙山、田头山-仙湖植物园-东湖水库、塘朗山-梅林山、羊台山、凤凰山、光明丘陵-罗田山、大南山-小南山、内伶仃岛及附近海域、松子坑水库、清林径水库、深圳湾、海上田园和西乡红树林-大铲湾等14个调查区域，分别对其进行系统性调查。

调查采用样线法，样线选取采用分层抽样，依据植被类型、海拔、面积等因素进行布设。以2 km/h左右的速度步行，利用8倍的双筒望远镜和20-60倍的单筒望远镜进行观察，同时用相机和录音笔辅助记录。记录鸟类种类、数量、生境、时间等信息。

此外对深圳市以往的鸟类监测、观鸟报告及自然保护区的数据进行了整理，并用非结构式访问法补充信息。

6.1.2 多样性测度方法

鸟类群落多样性有多种测度方法，其中较为常用的有 α 和 β 多样性指数测度方法。因不同区域的调查强度有所不同，本研究只简要统计了深圳不同调查区域内鸟类的α多样性。

α多样性表征群落内部的多样性特征，本调查中选用单一区域内部的物种数（S）、Simpson指数（D）和Shannon-Wiener指数（H'）作为特征值。S值为直接计数，表征一个区域内物种的多寡；D 和 H'表示一个区域内不同物种的数量差异，即数量分布是否均衡。D取值范围是0-1，两个群落中，物种数S相同时，D 值较大的群落多样性较好。H' 值无取值范围，两个群落中，物种数S 相同时，H'值较大的群落多样性较好。

6.1.3 分类系统和珍稀濒危、保护动物评定依据

分类系统参照《中国鸟类分类与分布名录》（第三版）（郑光美，2017），物种中文名和拉丁学名参照《中国鸟类名录7.0版》（中国观鸟年报，2019）。

物种珍稀濒危和保护等级等信息参照《国家重点保护野生动物名录》、《世界自然保护联盟濒危物种红色名录》（IUCN，2020）（简称"IUCN红色名录"）、《中国脊椎动物红色名录》（蒋志刚等，2016）（简称"中国物种红色名录"）、《濒危野生动植物种国际贸易公约》附录（UNEP-WCMC，2020）（简称"CITES附录"）、《国家保护的有益的或者有重要经济、科学研究价值的陆生野生动物名录》（国家林业局，2000）（简称"三有保护名录"）。

6.2 鸟类物种组成

2013-2016年，野外调查中共记录到野生鸟类18目59科184属319种。以本次调查数据为基础，整合过去十年的历史数据，确认深圳市鸟类18目69科335种，包括外来鸟类8种；此外，在深圳记录了2个白鹡鸰亚种、3个黄鹡鸰亚种、2个蓝矶鸫亚种（表6.1）。

表6.1　深圳市鸟类名录及珍稀濒危状况

物种名	居留型	国家保护野生动物	中国物种红色名录	IUCN红色名录	CITES附录
本土物种					
一、鸡形目GALLIFORMES					
（一）雉科Phasianidae					
1. 中华鹧鸪*Francolinus pintadeanus* (Scopoli, 1786)	留				
2. 鹌鹑*Coturnix japonica* Temminck and Schlegel, 1849	冬				
3. 灰胸竹鸡*Bambusicola thoracicus* (Temminck, 1815)	冬				
二、雁形目ANSERIFORMES					
（二）鸭科Anatidae					
4. 翘鼻麻鸭*Tadorna tadorna* (Linnaeus, 1758)	冬				
5. 罗纹鸭*Mareca falcata* (Georgi, 1775)	冬				
6. 赤颈鸭*Mareca penelope* Linnaeus, 1758	冬				
7. 绿头鸭*Anas platyrhynchos* Linnaeus, 1758	冬				
8. 斑嘴鸭*Anas zonorhyncha* Swinhoe, 1866	冬				
9. 针尾鸭*Anas acuta* Linnaeus, 1758	冬				
10. 绿翅鸭*Anas crecca* Linnaeus, 1758	冬				

物种名	居留型	国家保护野生动物	中国物种红色名录	IUCN红色名录	CITES附录
11. 琵嘴鸭*Spatula clypeata* (Linnaeus, 1758)	冬				
12. 白眉鸭*Spatula querquedula* (Linnaeus, 1758)	冬				
13. 红头潜鸭*Aythya ferina* (Linnaeus, 1758)	冬			VU	
14. 凤头潜鸭*Aythya fuligula* (Linnaeus, 1758)	冬				
15. 斑背潜鸭*Aythya marila* (Linnaeus, 1761)	冬				
16. 红胸秋沙鸭*Mergus serrator* Linnaeus, 1758	冬				
17. 斑脸海番鸭*Melanitta stejnegeri* (Ridgway, 1887)	冬				
18. 长尾鸭*Clangula hyemalis* (Linnaeus, 1758)*	冬		EN	VU	

三、䴙䴘目PODICIPEDIFORMES

（三）䴙䴘科Podicipedidae

19. 小䴙䴘*Tachybaptus ruficollis* (Pallas, 1764)	留				
20. 凤头䴙䴘*Podiceps cristatus* (Linnaeus, 1758)	冬				
21. 黑颈䴙䴘*Podiceps nigricollis* Brehm, 1831	冬				

四、鸽形目COLUMBIFORMES

（四）鸠鸽科Columbidae

22. 山斑鸠*Streptopelia orientalis* (Latham, 1790)	留				
23. 火斑鸠*Streptopelia tranquebarica* (Hermann, 1804)	冬				
24. 珠颈斑鸠*Spilopelia chinensis* (Scopoli, 1786)	留				
25. 斑尾鹃鸠*Macropygia unchall* (Wagler, 1827)	留	II			
26. 绿翅金鸠*Chalcophaps indica* (Linnaeus, 1758)	留				

五、夜鹰目CAPRIMULGIFORMES

（五）夜鹰科Caprimulgidae

27. 林夜鹰*Caprimulgus affinis* Horsfield, 1821	留				
28. 普通夜鹰*Caprimulgus jotaka* Temminck and Schlegel, 1845	夏				

（六）雨燕科Apodidae

29. 短嘴金丝燕*Aerodramus brevirostris* (Horsfield, 1840)	旅				
30. 白腰雨燕*Apus pacificus* (Latham, 1801)	旅				
31. 小白腰雨燕*Apus nipalensis* (Hodgson, 1837)	夏				

六、鹃形目CUCULIFORMES

（七）杜鹃科Cuculidae

32. 红翅凤头鹃*Clamator coromandus* (Linnaeus, 1766)	旅				
33. 鹰鹃*Hierococcyx sparverioides* (Vigors, 1832)	夏				
34. 霍氏鹰鹃*Hierococcyx nisicolor* (Blyth, 1843)	旅				
35. 四声杜鹃*Cuculus micropterus* Gould, 1838	夏				
36. 北方中杜鹃*Cuculus optatus* Gould, 1845	旅				
37. 小杜鹃*Cuculus poliocephalus* Latham, 1790	夏				
38. 八声杜鹃*Cacomantis merulinus* (Scopoli, 1786)	夏				
39. 乌鹃*Surniculus lugubris* (Horsfield, 1821)	旅				

续表

物种名	居留型	国家保护野生动物	中国物种红色名录	IUCN红色名录	CITES附录
40. 噪鹃*Eudynamys scolopaceus* (Linnaeus, 1758)	留				
41. 褐翅鸦鹃*Centropus sinensis* (Stephens, 1815)	留	II			
42. 小鸦鹃*Centropus bengalensis* (Gmelin, 1788)	留	II			

七、鹤形目GRUIFORMES

　（八）秧鸡科Rallidae

43. 白胸苦恶鸟*Amaurornis phoenicurus* (Pennant, 1769)	留				
44. 红脚苦恶鸟*Amaurornis akool* (Sykes, 1832)	留				
45. 蓝胸秧鸡*Gallirallus striatus* (Linnaeus, 1766)	旅				
46. 普通秧鸡*Rallus indicus* Blyth, 1849	旅				
47. 白喉斑秧鸡*Rallina eurizonoides* (Lafresnaye, 1845)	夏		VU		
48. 小田鸡*Porzana pusilla* (Pallas, 1776)*	旅				
49. 红胸田鸡*Porzana fusca* (Linnaeus, 1766)	旅				
50. 董鸡*Gallicrex cinerea* (Gmelin, 1789)	夏				
51. 黑水鸡*Gallinula chloropus* (Linnaeus, 1758)	留				
52. 骨顶鸡*Fulica atra* Linnaeus, 1758	冬				

八、鸻形目CHARADRIIFORMES

　（九）反嘴鹬科Recurvirostridae

53. 反嘴鹬*Recurvirostra avosetta* Linnaeus, 1758	冬				
54. 黑翅长脚鹬*Himantopus himantopus* (Linnaeus, 1758)	旅				

　（十）鸻科Charadriidae

55. 凤头麦鸡*Vanellus vanellus* (Linnaeus, 1758)	旅				
56. 灰头麦鸡*Vanellus cinereus* (Blyth, 1842)	旅				
57. 金斑鸻*Pluvialis fulva* (Gmelin, 1789)	旅				
58. 灰斑鸻*Pluvialis squatarola* (Linnaeus, 1758)	冬				
59. 剑鸻*Charadrius hiaticula* Linnaeus, 1758	旅				
60. 长嘴剑鸻*Charadrius placidus* Gray and Gray, 1863	冬				
61. 环颈鸻*Charadrius alexandrinus* Linnaeus, 1758	冬				
62. 金眶鸻*Charadrius dubius* Scopoli, 1786	冬				
63. 蒙古沙鸻*Charadrius mongolus* Pallas, 1776	旅				
64. 铁嘴沙鸻*Charadrius leschenaultii* Lesson, 1826	旅				
65. 东方鸻*Charadrius veredus* Gould, 1848*	旅				

　（十一）彩鹬科Rostratulidae

66. 彩鹬*Rostratula benghalensis* (Linnaeus, 1758)	旅				

　（十二）水雉科Jacanidae

67. 水雉*Hydrophasianus chirurgus* (Scopoli, 1786)	旅				

　（十三）鹬科Scolopacidae

68. 丘鹬*Scolopax rusticola* Linnaeus, 1758	冬				
69. 针尾沙锥*Gallinago stenura* (Bonaparte, 1831)	旅				

续表

物种名	居留型	国家保护野生动物	中国物种红色名录	IUCN红色名录	CITES附录
70. 扇尾沙锥*Gallinago gallinago* (Linnaeus, 1758)	冬				
71. 长嘴鹬*Limnodromus scolopaceus* (Say, 1823)	旅				
72. 半蹼鹬*Limnodromus semipalmatus* (Blyth, 1848)	旅				
73. 黑尾塍鹬*Limosa limosa* (Linnaeus, 1758)	旅				
74. 斑尾塍鹬*Limosa lapponica* (Linnaeus, 1758)	旅				
75. 大杓鹬*Numenius madagascariensis* (Linnaeus, 1766)	旅		VU	EN	
76. 中杓鹬*Numenius phaeopus* (Linnaeus, 1758)	旅				
77. 小杓鹬*Numenius minutus* Gould, 1841	旅	II			
78. 白腰杓鹬*Numenius arquata* (Linnaeus, 1758)	冬				
79. 鹤鹬*Tringa erythropus* (Pallas, 1764)	旅				
80. 红脚鹬*Tringa totanus* (Linnaeus, 1758)	旅				
81. 泽鹬*Tringa stagnatilis* (Bechstein, 1803)	旅				
82. 青脚鹬*Tringa nebularia* (Gunnerus, 1767)	旅				
83. 小青脚鹬*Tringa guttifer* (Nordmann, 1835)*	旅	II	EN	EN	I
84. 白腰草鹬*Tringa ochropus* Linnaeus, 1758	旅				
85. 林鹬*Tringa glareola* (Linnaeus, 1758)	旅				
86. 灰尾漂鹬*Tringa brevipes* (Vieillot, 1816)	旅				
87. 翘嘴鹬*Xenus cinereus* (Güldenstädt, 1775)	旅				
88. 矶鹬*Actitis hypoleucos* (Linnaeus, 1758)	旅				
89. 翻石鹬*Arenaria interpres* (Linnaeus, 1758)	旅				
90. 大滨鹬*Calidris tenuirostris* (Horsfield, 1821)	旅		VU	EN	
91. 红腹滨鹬*Calidris canutus* (Linnaeus, 1758)	旅		VU		
92. 三趾滨鹬*Calidris alba* (Pallas, 1764)	旅				
93. 黑腹滨鹬*Calidris alpina* (Linnaeus, 1758)	旅				
94. 勺嘴鹬*Calidris pygmaea* (Linnaeus, 1758)*	旅		CR	CR	
95. 红颈滨鹬*Calidris ruficollis* (Pallas, 1776)	旅				
96. 小滨鹬*Calidris minuta* (Leisler, 1812)	旅				
97. 青脚滨鹬*Calidris temminckii* (Leisler, 1812)	旅				
98. 长趾滨鹬*Calidris subminuta* (Middendorff, 1853)	旅				
99. 尖尾滨鹬*Calidris acuminata* (Horsfield, 1821)	旅				
100. 斑胸滨鹬*Calidris melanotos* (Vieillot, 1819)*	旅				
101. 弯嘴滨鹬*Calidris ferruginea* (Pontoppidan, 1763)	旅				
102. 阔嘴鹬*Calidris falcinellus* (Pontoppidan, 1763)	旅				
103. 流苏鹬*Calidris pugnax* (Linnaeus, 1758)	旅				
104. 红颈瓣蹼鹬*Phalaropus lobatus* (Linnaeus, 1758)	旅				

（十四）三趾鹑科Turnicidae

| 105. 黄脚三趾鹑*Turnix tanki* Blyth, 1843 | 旅 | | | | |

续表

物种名	居留型	国家保护野生动物	中国物种红色名录	IUCN红色名录	CITES附录
（十五）燕鸻科Glareolidae					
106. 普通燕鸻*Glareola maldivarum* Forster, 1795	旅				
（十六）鸥科Laridae					
107. 黑尾鸥*Larus crassirostris* Vieillot, 1818	冬				
108. 蒙古银鸥*Larus mongolicus* Sushkin, 1925	冬				
109. 乌灰银鸥*Larus heuglini* Bree, 1876	冬				
110. 渔鸥*Ichthyaetus ichthyaetus* (Pallas, 1773)*	冬				
111. 红嘴鸥*Chroicocephalus ridibundus* (Linnaeus, 1766)	冬				
112. 黑嘴鸥*Chroicocephalus saundersi* (Swinhoe, 1871)	冬		VU	VU	
113. 须浮鸥*Chlidonias hybrida* (Pallas, 1811)	旅				
114. 白翅浮鸥*Chlidonias leucopterus* (Temminck, 1815)	旅				
115. 红嘴巨鸥*Hydroprogne caspia* (Pallas, 1770)	冬				
116. 鸥嘴噪鸥*Gelochelidon nilotica* (Gmelin, 1789)	冬				
117. 黑枕燕鸥*Sterna sumatrana* Raffles, 1822	夏				
九、鹳形目CICONIIFORMES					
（十七）鹳科Ciconiidae					
118. 黑鹳*Ciconia nigra* (Linnaeus, 1758)	冬	I	VU		II
十、鲣鸟目SULIFORMES					
（十八）军舰鸟科Fregatidae					
119. 白斑军舰鸟*Fregata ariel* (Gray, 1845)	夏				
（十九）鸬鹚科Phalacrocoracidae					
120. 普通鸬鹚*Phalacrocorax carbo* (Linnaeus, 1758)	冬				
十一、鹈形目PELECANIFORMES					
（二十）鹮科Threskiornithidae					
121. 白琵鹭*Platalea leucorodia* Linnaeus, 1758	冬	II			II
122. 黑脸琵鹭*Platalea minor* Temminck and Schlegel, 1849	冬	II	EN	EN	
（二十一）鹭科Ardeidae					
123. 苍鹭*Ardea cinerea* Linnaeus, 1758	冬				
124. 草鹭*Ardea purpurea* Linnaeus, 1766	冬				
125. 大白鹭*Ardea alba* Linnaeus, 1758	冬				
126. 中白鹭*Ardea intermedia* (Wagler, 1827)	冬				
127. 白鹭*Egretta garzetta* (Linnaeus, 1766)	冬				
128. 岩鹭*Egretta sacra* (Gmelin, 1789)	留	II			
129. 池鹭*Ardeola bacchus* (Bonaparte, 1855)	留				
130. 夜鹭*Nycticorax nycticorax* (Linnaeus, 1758)	留				
131. 牛背鹭*Bubulcus coromandus* (Boddaert, 1783)	留				
132. 绿鹭*Butorides striata* (Linnaeus, 1758)	夏				

物种名	居留型	国家保护野生动物	中国物种红色名录	IUCN红色名录	CITES附录
133. 黄苇鳽*Ixobrychus sinensis* (Gmelin, 1789)	夏				
134. 栗苇鳽*Ixobrychus cinnamomeus* (Gmelin, 1789)	旅				
135. 紫背苇鳽*Ixobrychus eurhythmus* (Swinhoe, 1873)	旅				
136. 黑鳽*Dupetor flavicollis* (Latham, 1790)	旅				
（二十二）鹈鹕科Pelecanidae					
137. 卷羽鹈鹕*Pelecanus crispus* Bruch, 1832*	冬	II	EN		I
十二、鹰形目ACCIPITRIFORMES					
（二十三）鹗科Pandionidae					
138. 鹗*Pandion haliaetus* (Linnaeus, 1758)	旅	II			II
（二十四）鹰科Accipitridae					
139. 黑鸢*Milvus migrans* (Boddaert, 1783)	留	II			II
140. 黑翅鸢*Elanus caeruleus* (Desfontaines, 1789)	冬	II			II
141. 蛇雕*Spilornis cheela* (Latham, 1790)	留	II			II
142. 乌雕*Clanga clanga* Pallas, 1811	留	II	EN	VU	II
143. 白肩雕*Aquila heliaca* Savigny, 1809	冬	I	EN	VU	I
144. 白腹海雕*Haliaeetus* leucogaster (Gmelin, 1788)	留	II	VU		II
145. 凤头鹰*Accipiter trivirgatus* (Temminck, 1824)	留	II			II
146. 赤腹鹰*Accipiter soloensis* (Horsfield, 1821)	旅	II			II
147. 雀鹰*Accipiter nisus* (Linnaeus, 1758)	冬	II			II
148. 日本松雀鹰*Accipiter gularis* (Temminck and Schlegel, 1844)	冬	II			II
149. 松雀鹰*Accipiter virgatus* (Temminck, 1822)	留	II			II
150. 黑冠鹃隼*Aviceda leuphotes* (Dumont, 1820)	旅	II			II
151. 凤头蜂鹰*Pernis ptilorhynchus* (Temminck, 1821)	旅	II			II
152. 灰脸鵟鹰*Butastur indicus* (Gmelin, 1788)	旅	II			II
153. 白腹鹞*Circus spilonotus* Kaup, 1847	冬	II			II
154. 普通鵟*Buteo japonicus* Temminck and Schlegel, 1844	冬	II			II
十三、鸮形目STRIGIFORMES					
（二十五）鸱鸮科Strigidae					
155. 雕鸮*Bubo bubo* (Linnaeus, 1758)	留	II			II
156. 领角鸮*Otus lettia* (Hodgson, 1836)	留	II			II
157. 红角鸮*Otus sunia* (Hodgson, 1836)	旅	II			II
158. 褐渔鸮*Ketupa zeylonensis* (Gmelin, 1788)	留	II	EN		II
159. 领鸺鹠*Glaucidium brodiei* (Burton, 1836)	留	II			II
160. 斑头鸺鹠*Glaucidium cuculoides* (Vigors, 1831)	留	II			II
十四、犀鸟目BUCEROTIFORMES					
（二十六）戴胜科Upupidae					
161. 戴胜*Upupa epops* Linnaeus, 1758	留				

续表

物种名	居留型	国家保护 野生动物	中国物种 红色名录	IUCN 红色名录	CITES 附录
十五、佛法僧目CORACIIFORMES					
（二十七）蜂虎科Meropidae					
162. 栗喉蜂虎*Merops philippinus* Linnaeus, 1767	旅				
（二十八）佛法僧科Coraciidae					
163. 三宝鸟*Eurystomus orientalis* (Linnaeus, 1766)	旅				
（二十九）翠鸟科Alcedinidae					
164. 普通翠鸟*Alcedo atthis* (Linnaeus, 1758)	留				
165. 白胸翡翠*Halcyon smyrnensis* (Linnaeus, 1758)	留				
166. 蓝翡翠*Halcyon pileata* (Boddaert, 1783)	冬				
167. 斑鱼狗*Ceryle rudis* (Linnaeus, 1758)	留				
十六、啄木鸟目PICIFORMES					
（三十）拟啄木鸟科Capitonidae					
168. 黑眉拟啄木鸟*Psilopogon faber* (Swinhoe, 1870)	留				
169. 大拟啄木鸟*Psilopogon virens* (Boddaert, 1783)	留				
（三十一）啄木鸟科Picidae					
170. 蚁䴕*Jynx torquilla* Linnaeus, 1758	旅				
171. 斑姬啄木鸟*Picumnus innominatus* Burton, 1836	留				
172. 黄嘴栗啄木鸟*Blythipicus pyrrhotis* (Hodgson, 1837)	留				
十七、隼形目FALCONIFORMES					
（三十二）隼科Falconidae					
173. 红隼*Falco tinnunculus* Linnaeus, 1758	冬	II			II
174. 燕隼*Falco subbuteo* Linnaeus, 1758	旅	II			II
175. 游隼*Falco peregrinus* Tunstall, 1771	留	II			I
176. 红脚隼*Falco amurensis* Radde, 1863	留	II			II
十八、雀形目PASSERIFORMES					
（三十三）八色鸫科Pittidae					
177. 蓝翅八色鸫*Pitta moluccensis* (Müller, 1776) *	迷	II			
（三十四）黄鹂科Oriolidae					
178. 黑枕黄鹂*Oriolus chinensis* Linnaeus, 1766	旅				
（三十五）莺雀科Vireonidae					
179. 白腹凤鹛*Erpornis zantholeuca* (Blyth, 1844)	留				
（三十六）山椒鸟科Campephagidae					
180. 小灰山椒鸟*Pericrocotus cantonensis* Swinhoe, 1861	旅				
181. 灰山椒鸟*Pericrocotus divaricatus* (Raffles, 1822)	旅				
182. 灰喉山椒鸟*Pericrocotus solaris* Blyth, 1846	留				
183. 赤红山椒鸟*Pericrocotus speciosus* (Latham, 1790)	留				
184. 暗灰鹃鵙*Coracina melaschistos* (Hodgson, 1836)	旅				

续表

物种名	居留型	国家保护 野生动物	中国物种 红色名录	IUCN 红色名录	CITES 附录
（三十七）卷尾科Dicruridae					
185. 黑卷尾*Dicrurus macrocercus* Vieillot, 1817	旅				
186. 灰卷尾*Dicrurus leucophaeus* Vieillot, 1817	旅				
187. 发冠卷尾*Dicrurus hottentottus* (Linnaeus, 1766)	旅				
（三十八）王鹟科Monarchidae					
188. 紫寿带*Terpsiphone atrocaudata* (Eyton, 1839)	旅				
189. 寿带*Terpsiphone incei* (Gould, 1852)	旅				
190. 黑枕王鹟*Hypothymis azurea* (Boddaert, 1783)	旅				
（三十九）伯劳科Laniidae					
191. 棕背伯劳*Lanius schach* Linnaeus, 1758	留				
192. 牛头伯劳*Lanius bucephalus* Temminck and Schlegel, 1845	冬				
193. 红尾伯劳*Lanius cristatus* Linnaeus, 1758	旅				
（四十）鸦科Corvidae					
194. 松鸦*Garrulus glandarius* (Linnaeus, 1758)	留				
195. 喜鹊*Pica serica* Gould, 1845	留				
196. 红嘴蓝鹊*Urocissa erythroryncha* (Boddaert, 1783)	留				
197. 大嘴乌鸦*Corvus macrorhynchos* Wagler, 1827	留				
198. 白颈鸦*Corvus torquatus* Lesson, 1831	留			VU	
199. 灰树鹊*Dendrocitta formosae* Swinhoe, 1863	留				
（四十一）山雀科Paridae					
200. 黄腹山雀*Pardaliparus venustulus* (Swinhoe, 1870)	冬				
201. 远东山雀*Parus minor* Temminck and Schlegel, 1848	留				
202. 黄颊山雀*Machlolophus spilonotus* Bonaparte, 1850	留				
（四十二）攀雀科Remizidae					
203. 中华攀雀*Remiz consobrinus* (Swinhoe, 1870)	冬				
（四十三）百灵科Alaudidae					
204. 小云雀*Alauda gulgula* Franklin, 1831	冬				
（四十四）扇尾莺科Cisticolidae					
205. 纯色山鹪莺*Prinia inornata* Sykes, 1832	留				
206. 黄腹山鹪莺*Prinia flaviventris* (Delessert, 1840)	留				
207. 棕扇尾莺*Cisticola juncidis* (Rafinesque, 1810)	冬				
208. 金头扇尾莺*Cisticola exilis* (Vigors and Horsfield, 1827)	留				
209. 长尾缝叶莺*Orthotomus sutorius* (Pennant, 1769)	留				
（四十五）苇莺科Acrocephalidae					
210. 黑眉苇莺*Acrocephalus bistrigiceps* Swinhoe, 1860	旅				
211. 东方大苇莺*Acrocephalus orientalis* (Temminck and Schlegel, 1847)	旅				

续表

物种名	居留型	国家保护野生动物	中国物种红色名录	IUCN红色名录	CITES附录
（四十六）鳞胸鹪鹛科Pnoepygidae					
212. 小鳞胸鹪鹛*Pnoepyga pusilla* Hodgson, 1845	留				
（四十七）蝗莺科Locustellidae					
213. 高山短翅莺*Locustella mandelli* (Brooks, 1875)	留				
214. 矛斑蝗莺*Locustella lanceolata* (Temminck, 1840)	旅				
（四十八）燕科Hirundinidae					
215. 淡色沙燕*Riparia diluta* (Sharpe and Wyatt, 1893) *	冬				
216. 家燕*Hirundo rustica* Linnaeus, 1758	夏				
217. 金腰燕*Cecropis daurica* (Laxmann, 1769)	旅				
218. 烟腹毛脚燕*Delichon dasypus* (Bonaparte, 1850)	旅				
（四十九）鹎科Pycnonotidae					
219. 白头鹎*Pycnonotus sinensis* (Gmelin, 1789)	留				
220. 红耳鹎*Pycnonotus jocosus* (Linnaeus, 1758)	留				
221. 白喉红臀鹎*Pycnonotus aurigaster* (Vieillot, 1818)	留				
222. 栗背短脚鹎*Hemixos castanonotus* (Swinhoe, 1870)	留				
223. 黑短脚鹎*Hypsipetes leucocephalus* (Gmelin, 1789)	留				
（五十）柳莺科Phylloscopidae					
224. 褐柳莺*Phylloscopus fuscatus* (Blyth, 1842)	冬				
225. 黄腰柳莺*Phylloscopus proregulus* (Pallas, 1811)	冬				
226. 黄眉柳莺*Phylloscopus inornatus* (Blyth, 1842)	冬				
227. 华南冠纹柳莺*Phylloscopus goodsoni* Hartert, 1910	旅				
228. 双斑绿柳莺*Phylloscopus plumbeitarsus* Swinhoe, 1861	旅				
229. 极北柳莺*Phylloscopus borealis* (Blasius, 1858)	旅				
230. 库页岛柳莺*Phylloscopus borealoides* Portenko, 1950	旅				
231. 淡脚柳莺*Phylloscopus tenellipes* Swinhoe, 1860	旅				
232. 冕柳莺*Phylloscopus coronatus* (Temminck and Schlegel, 1847)	旅				
233. 白眶鹟莺 *Phylloscopus intermedius* (La Touche, 1898)	冬				
（五十一）树莺科Cettiidae					
234. 鳞头树莺*Urosphena squameiceps* (Swinhoe, 1863)	旅				
235. 远东树莺*Horornis canturians* (Swinhoe, 1860)	旅				
236. 日本树莺*Horornis diphone* (von Kittlitz, 1830)	旅				
237. 强脚树莺*Horornis fortipes* (Hodgson, 1845)	留				
238. 金头缝叶莺*Phyllergates cucullatus* (Temminck, 1836)	留				
（五十二）长尾山雀科Aegithalidae					
239. 红头长尾山雀*Aegithalos concinnus* (Gould, 1855)	留				
（五十三）绣眼鸟科Zosteropidae					
240. 红胁绣眼鸟*Zosterops erythropleurus* Swinhoe, 1863	旅				

物种名	居留型	国家保护野生动物	中国物种红色名录	IUCN红色名录	CITES附录
241. 暗绿绣眼鸟*Zosterops simplex* Swinhoe, 1861	留				
242. 栗颈凤鹛*Yuhina torqueola* (Swinhoe, 1870)	留				
（五十四）林鹛科Timaliidae					
243. 华南斑胸钩嘴鹛*Pomatorhinus swinhoei* David, 1874	留				
244. 棕颈钩嘴鹛*Pomatorhinus ruficollis* Hodgson, 1836	留				
245. 红头穗鹛*Stachyridopsis ruficeps* Blyth, 1847	留				
（五十五）幽鹛科Pellorneidae					
246. 淡眉雀鹛*Alcippe hueti* David, 1874	留				
247. 褐顶雀鹛*Alcippe brunnea* Gould, 1863	留				
248. 大草莺*Graminicola striatus* Styan, 1892	留			VU	
（五十六）噪鹛科Leiothrichidae					
249. 黑脸噪鹛*Pterorhinus perspicillatus* (Gmelin, 1789)	留				
250. 黑领噪鹛*Pterorhinus pectoralis* (Gould, 1836)	留				
251. 黑喉噪鹛*Pterorhinus chinensis* (Scopoli, 1786)	留				
252. 白颊噪鹛*Pterorhinus sannio* (Swinhoe, 1867)	留				
253. 画眉*Garrulax canorus* (Linnaeus, 1758)	留				II
254. 红嘴相思鸟*Leiothrix lutea* (Scopoli, 1786)	留				II
（五十七）鹪鹩科Troglodytidae					
255. 鹪鹩*Troglodytes troglodytes* (Linnaeus, 1758)	冬				
（五十八）椋鸟科Sturnidae					
256. 八哥*Acridotheres cristatellus* (Linnaeus, 1758)	留				
257. 黑领椋鸟*Gracupica nigricollis* (Paykull, 1807)	留				
258. 灰背椋鸟*Sturnia sinensis* (Gmelin, 1788)	夏				
259. 丝光椋鸟*Spodiopsar sericeus* (Gmelin, 1789)	冬				
260. 灰椋鸟*Spodiopsar cineraceus* Temminck, 1835	冬				
（五十九）鸫科Turdidae					
261. 怀氏虎鸫*Zoothera aurea* (Holandre, 1825)	旅				
262. 橙头地鸫*Geokichla citrina* (Latham, 1790)	旅				
263. 白眉地鸫*Geokichla sibirica* (Pallas, 1776)	旅				
264. 乌鸫*Turdus mandarinus* Bonaparte, 1850	留				
265. 灰背鸫*Turdus hortulorum* Sclater, 1863	旅				
266. 乌灰鸫*Turdus cardis* Temminck, 1831	旅				
267. 白眉鸫*Turdus obscurus* Gmelin, 1789	旅				
268. 白腹鸫*Turdus pallidus* Gmelin, 1789	旅				
269. 赤胸鸫*Turdus chrysolaus* Temminck, 1832	旅				
270. 斑鸫*Turdus eunomus* Temminck, 1831	冬				

续表

物种名	居留型	国家保护野生动物	中国物种红色名录	IUCN红色名录	CITES附录
（六十）鹟科Muscicapidae					
271. 白喉短翅鸫Brachypteryx leucophris (Temminck, 1828)	留				
272. 蓝喉歌鸲Luscinia svecica (Linnaeus, 1758)	旅				
273. 日本歌鸲Larvivora akahige (Temminck, 1835)	冬				
274. 红尾歌鸲Larvivora sibilans Swinhoe, 1863	旅				
275. 蓝歌鸲Larvivora cyane (Pallas, 1776)	旅				
276. 红喉歌鸲Calliope calliope (Pallas, 1776)	旅				
277. 红胁蓝尾鸲Tarsiger cyanurus (Pallas, 1773)	冬				
278. 鹊鸲Copsychus saularis (Linnaeus, 1758)	留				
279. 北红尾鸲Phoenicurus auroreus (Pallas, 1776)	冬				
280. 红尾水鸲Phoenicurus fuliginosus Vigors, 1831	留				
281. 灰背燕尾Enicurus schistaceus (Hodgson, 1836)	留				
282. 东亚石鹛Saxicola stejnegeri (Parrot, 1908)	旅				
283. 灰林鹛Saxicola ferreus Gray and Gray, 1847	旅				
284. 蓝矶鸫Monticola solitarius (Linnaeus, 1758)					
蓝矶鸫华南亚种Monticola solitarius pandoo (Sykes, 1832)	留				
蓝矶鸫菲律宾亚种Monticola solitarius sphilippensis (Müller, 1776)	冬				
285. 紫啸鸫Myophonus caeruleus (Scopoli, 1786)	留				
286. 白喉林鹟Cyornis brunneatus (Slater, 1897)	旅		VU	VU	
287. 灰纹鹟Muscicapa griseisticta (Swinhoe, 1861)	旅				
288. 北灰鹟Muscicapa dauurica Pallas, 1811	旅				
289. 褐胸鹟Muscicapa muttui (Layard, 1854)	旅				
290. 乌鹟Muscicapa sibirica Gmelin, 1789	旅				
291. 棕尾褐鹟Muscicapa ferruginea (Hodgson, 1845)	旅				
292. 白眉姬鹟Ficedula zanthopygia (Hay, 1845)	旅				
293. 黄眉姬鹟Ficedula narcissina (Temminck, 1836)	旅				
294. 鸲姬鹟Ficedula mugimaki (Temminck, 1836)	旅				
295. 红喉姬鹟Ficedula albicilla (Pallas, 1811)	旅				
296. 白腹蓝鹟Cyanoptila cyanomelana (Temminck, 1829)	旅				
297. 铜蓝鹟Eumyias thalassinus (Swainson, 1838)	冬				
298. 海南蓝仙鹟Cyornis hainanus (Ogilvie-Grant, 1900)	旅				
299. 山蓝仙鹟Cyornis whitei Harington, 1908	旅				
（六十一）叶鹎科Chloropseidae					
300. 橙腹叶鹎Chloropsis hardwickii Jardine and Selby, 1830	留				
（六十二）啄花鸟科Dicaeidae					
301. 纯色啄花鸟Dicaeum minullum Swinhoe, 1870	留				
302. 红胸啄花鸟Dicaeum ignipectus (Blyth, 1843)	留				

物种名	居留型	国家保护 野生动物	中国物种 红色名录	IUCN 红色名录	CITES 附录
303. 朱背啄花鸟*Dicaeum cruentatum* (Linnaeus, 1758)	留				
（六十三）花蜜鸟科Nectariniidae					
304. 叉尾太阳鸟*Aethopyga christinae* Swinhoe, 1869	留				
（六十四）梅花雀科Estrildidae					
305. 斑文鸟*Lonchura punctulata* (Linnaeus, 1758)	留				
306. 白腰文鸟*Lonchura striata* (Linnaeus, 1766)	留				
（六十五）雀科Passeridae					
307. 麻雀*Passer montanus* (Linnaeus, 1758)	留				
（六十六）鹡鸰科Motacillidae					
308. 白鹡鸰*Motacilla alba* Linnaeus, 1758					
白鹡鸰指名亚种*Motacilla alba leucopsis* Gould, 1838	留				
白鹡鸰灰背眼纹亚种*Motacilla alba ocularis* Swinhoe, 1860	冬				
309. 黄鹡鸰*Motacilla tschutschensis* Gmelin, 1789					
黄鹡鸰东北亚种*Motacilla tschutschensis macronyx* (Stresemann, 1920)	旅				
黄鹡鸰堪察加亚种*Motacilla tschutschensis smillima* Hartert, 1905	旅				
黄鹡鸰台湾亚种*Motacilla tschutschensis taivana* (Swinhoe, 1863)	旅				
310. 灰鹡鸰*Motacilla cinerea* Tunstall, 1771	冬				
311. 山鹡鸰*Dendronanthus indicus* (Gmelin, 1789)	旅				
312. 山鹨*Anthus sylvanus* (Hodgson, 1845)	留				
313. 田鹨*Anthus rufulus* Vieillot, 1818	旅				
314. 理氏鹨*Anthus richardi* Vieillot, 1818	旅				
315. 树鹨*Anthus hodgsoni* Richmond, 1907	冬				
316. 红喉鹨*Anthus cervinus* (Pallas, 1811)	冬				
（六十七）燕雀科Fringillidae					
317. 燕雀*Fringilla montifringilla* Linnaeus, 1758	留				
318. 金翅雀*Chloris sinica* (Linnaeus, 1766)	留				
319. 黑尾蜡嘴雀*Eophona migratoria* Hartert, 1903	冬				
（六十八）鹀科Emberizidae					
320. 凤头鹀*Emberiza lathami* (Gray, 1831)	冬				
321. 白眉鹀*Emberiza tristrami* Swinhoe, 1870	冬				
322. 栗耳鹀*Emberiza fucata* Pallas, 1776	冬				
323. 小鹀*Emberiza pusilla* Pallas, 1776	冬				
324. 黄眉鹀*Emberiza chrysophrys* Pallas, 1776	冬				
325. 黄胸鹀*Emberiza aureola* Pallas, 1773	冬		EN	CR	
326. 栗鹀*Emberiza rutila* Pallas, 1776	旅				
327. 灰头鹀*Emberiza spodocephala* Pallas, 1776	冬				

续表

物种名	居留型	国家保护 野生动物	中国物种 红色名录	IUCN 红色名录	CITES 附录
外来物种					
一、鸡形目GALLIFORMES					
（一）雉科Phasianidae					
1. 雉鸡*Phasianus colchicus* Linnaeus, 1758	外来				
二、鹦鹉目PSITTACIFORMES					
（二）鹦鹉科Psittacidae					
2. 红领绿鹦鹉*Psittacula krameri* (Scopoli, 1769)	外来	II			
3. 亚历山大鹦鹉*Psittacula eupatria* (Linnaeus, 1766)	外来				
三、雀形目PASSERIFORMES					
（三）鸦科Corvidae					
4. 灰喜鹊*Cyanopica cyanus* (Pallas, 1776)	外来				
（四）椋鸟科Sturnidae					
5. 家八哥*Acridotheres tristis* (Linnaeus, 1766)	外来				
6. 鹩哥*Gracula religiosa* Linnaeus, 1758	外来		VU		II
（五）噪鹛科Leiothrichidae					
7. 矛纹草鹛*Pterorhinus lanceolatus* (Verreaux, 1870)	外来				
8. 蓝翅希鹛*Actinodura cyanouroptera* (Hodgson, 1837)	外来				

注：*为近10年的历史记录。居留型的划分以亚种为基本单位，对于具有多种居留型的物种，只列出主要的居留型

6.2.1 新记录物种

在2013-2016年的调查中，有12种鸟类为深圳市新记录，即红脚苦恶鸟*Amaurornis akool*、长嘴剑鸻*Charadrius placidus*、斑尾鹃鸠*Macropygia unchall*、短嘴金丝燕*Aerodramus brevirostris*、栗喉蜂虎*Merops philippinus*、黑眉拟啄木鸟*Psilopogon faber*、牛头伯劳*Lanius bucephalus*、白眉地鸫*Geokichla sibirica*、高山短翅莺*Locustella mandelli*、日本树莺*Horornis diphone*、褐渔鸮*Ketupa zeylonensis*、库页岛柳莺*Phylloscopus borealoides*。

6.2.2 外来物种

依据《中国鸟类分类与分布名录》（第三版）（郑光美，2017）和《中国香港及华南鸟类野外手册》（尹琏等，2017），在本次调查所记录的鸟类中，有8种为深圳市外来鸟类或再次引入鸟类（本书统称为外来物种），所观察到的群体应为笼养鸟类逃逸或人为放生后形成的种群，这些外来鸟类分别是雉鸡*Phasianus colchicus*、红领绿鹦鹉*Psittacula krameri*、亚历山大鹦鹉*Psittacula eupatria*、灰喜鹊*Cyanopica cyanus*、家八哥*Acridotheres tristis*、鹩哥*Gracula religiosa*、矛纹草鹛*Pterorhinus lanceolatus*和蓝翅希鹛*Actinodura cyanouroptera*。

6.2.3 中国特有种

深圳有分布的中国特有鸟类有2种，即黄腹山雀*Pardaliparus venustulus*和华南冠纹柳莺*Phylloscopus goodsoni*。

6.2.4 珍稀濒危物种

1. 国家重点保护物种

共39种。其中，国家I级重点保护野生鸟类有2种，即黑鹳*Ciconia nigra*和白肩雕*Aquila heliaca*；国家II级重点保护野生鸟类有37种，即斑尾鹃鸠、褐翅鸦鹃*Centropus sinensis*、小鸦鹃*Centropus bengalensis*、小杓鹬*Numenius minutus*、小青脚鹬*Tringa guttifer*、白琵鹭*Platalea leucorodia*、黑脸琵鹭*Platalea minor*、岩鹭*Egretta sacra*、卷羽鹈鹕*Pelecanus crispus*、鹗*Pandion haliaetus*、黑冠鹃隼*Aviceda leuphotes*、凤头蜂鹰*Pernis ptilorhynchus*、黑翅鸢*Elanus caeruleus*、黑鸢*Milvus migrans*、白腹海雕*Haliaeetus leucogaster*、蛇雕*Spilornis cheela*、乌雕*Clanga clanga*、凤头鹰*Accipiter trivirgatus*、赤腹鹰*Accipiter soloensis*、雀鹰*Accipiter nisus*、日本松雀鹰*Accipiter gularis*、松雀鹰*Accipiter virgatus*、灰脸鵟鹰*Butastur indicus*、白腹鹞*Circus spilonotus*、普通鵟*Buteo japonicus*、领角鸮*Otus lettia*、红角鸮*Otus sunia*、雕鸮*Bubo bubo*、褐渔鸮、领鸺鹠*Glaucidium brodiei*、斑头鸺鹠*Glaucidium cuculoides*、红隼*Falco tinnunculus*、燕隼*Falco* *subbuteo*、红脚隼*Falco amurensis*、游隼*Falco peregrinus*、蓝翅八色鸫*Pitta moluccensis*、红领绿鹦鹉。

2. IUCN红色名录受胁物种

共14种。其中，极危（CR）等级有2种，即勺嘴鹬*Calidris pygmaea*和黄胸鹀*Emberiza aureola*；濒危（EN）等级有4种，即大杓鹬*Numenius madagascariensis*、小青脚鹬、大滨鹬*Calidris tenuirostris*和黑脸琵鹭；易危（VU）等级有8种：红头潜鸭*Aythya ferina*、长尾鸭*Clangula hyemalis*、黑嘴鸥*Chroicocephalus saundersi*、乌雕、白肩雕、大草莺*Graminicola striatus*、白喉林鹟*Cyornis brunneatus*和白颈鸦*Corvus torquatus*。

3. 中国物种红色名录受胁物种

共18种。其中，极危（CR）等级有1种，即勺嘴鹬；濒危（EN）等级有8种，即长尾鸭、小青脚鹬、黑脸琵鹭、卷羽鹈鹕、乌雕、白肩雕、褐渔鸮和黄胸鹀；易危（VU）等级9种：白喉斑秧鸡*Rallina eurizonoides*、大杓鹬、大滨鹬、红腹滨鹬*Calidris canutus*、黑嘴鸥、黑鹳、白腹海雕、白喉林鹟和鹩哥。

4. CITES附录收录物种

共34种。其中，附录I收录鸟类有4种，即小青脚鹬、卷羽鹈鹕、白肩雕、游隼；附录II收录鸟类有30种，即黑鹳、白琵鹭、鹗、黑冠鹃隼、凤头蜂鹰、黑翅鸢、黑鸢、白腹海雕、蛇雕、乌雕、凤头鹰、赤腹鹰、雀鹰、日本松雀鹰、松雀鹰、灰脸鵟鹰、白腹鹞、普通鵟、领角鸮、红角鸮、雕鸮、褐渔鸮、领鸺鹠、斑头鸺鹠、红隼、燕隼、红脚隼、画眉*Garrulax canorus*、红嘴相思鸟*Leiothrix lutea*、鹩哥。

6.2.5 深圳鸟类居留型组成

一些鸟类（如黄鹡鸰），其不同亚种的居留型并不相同，因此以亚种为基本单位进行居留型统计。白鹭等鸟类，在深圳一年四季可见，存在替代性迁徙的现象，具有多种不同的居留型，在此选用其主要的居留型来进行统计。

在所记录的339种（以亚种计算）鸟类中，旅鸟种类最多，共131种，占全部鸟种数的38.6%；其次为留鸟99，占全部鸟种数的29.2%；再次为冬候鸟86种，占全部鸟种数的25.4%；夏候鸟14种，占全部鸟种数的4.1%。候鸟的数量共231种（以亚种计算），占深圳全部鸟类总数（以亚种计算）的68.1%，表明深圳市在东亚-澳大利西亚候鸟迁徙路线上具有重要作用。不同居留型鸟类的物种数量比较见图6.1。

旅鸟中数量较多的为弯嘴滨鹬、剑鸻和黑尾塍鹬；留鸟中数量较多的为白头鹎、红耳鹎和暗绿绣眼鸟；冬候鸟中数量较多的是白鹭和琵嘴鸭；夏候鸟中数量较多的为家燕和小白腰雨燕。

6.2.6 深圳鸟类群落多样性

依据2013-2016年的调查数据，我们给出了深圳不同区域

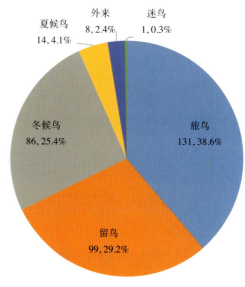

图6.1 深圳鸟类居留型分布情况
（2013-2016年，以亚种计算）

鸟类群落的α多样性指数（表6.2）。在计算过程中，为了降低假重复概率，对于同一区域的同一鸟种的数量，使用单次调查中的最大值。清林径水库和大铲湾因调查次数较少，数据不具有统计学意义，仅给出了物种数（S）。

对于深圳不同区域鸟类群落的α多样性指数，物种数（S）较高的调查区域依次为深圳湾（162）、田头山-马峦山-三洲田（136）和梧桐山-仙湖植物园-东湖水库（126），表示这三个区域生物多样性较高。Simpson指数（D）和Shannon-Wiener指数（H′）最高的区域为田头山-马峦山-三洲田（0.976，4.162）和梧桐山-仙湖植物园-东湖水库（0.975，4.162），表示在这两个区域内，不同鸟类物种之间的数量是较为均衡的，优势种不明显。

深圳湾虽然具有最高的S值，但D和H′的值都属于中等，这是因为深圳湾水鸟的种类较多，但不同种类之间的数量差异较为明显。

6.2.7 各调查区域的鸟类多样性及简要生态评价

（1）七娘山 共记录到118种鸟类，为山林系统中种类最多的区域。生境多样化，主要为成熟度高的次生林、人工林，兼有农田、红树林和滨海湿地。雀形目鸟类丰富，并兼有少量水鸟。鸟种组成结构均衡，生态功能较为完善。优势种为小白腰雨燕和八哥，单次最高计数分别为522和134只。在本区域记录到的短嘴金丝燕和高山短翅莺，为深圳市鸟类新记录。

（2）排牙山 共记录到103种鸟类。物种组成与大鹏半岛类似，雀形目所占比例较大，但整体不如大鹏半岛丰富。优势种为白头鹎，单次最高计数为95只。在本区域记录到的高山短翅莺，为深圳市鸟类新记录。白喉短翅鸫和海南蓝仙鹟在本区域有一定的繁殖种群，之前在深圳没有确切繁殖记录。

表6.2　深圳市鸟类群落 α 多样性比较（2013-2016年）

	调查区域	S	D	H′
1	七娘山	118	0.869	3.117
2	排牙山	103	0.959	3.813
3	田头山-马峦山-三洲田	136	0.976	4.162
4	梧桐山-仙湖植物园-东湖水库	126	0.975	4.162
5	塘朗山-梅林山	106	0.962	3.834
6	羊台山-凤凰山	115	0.964	3.901
7	光明丘陵-罗田山	117	0.969	3.734
8	大南山-小南山	45	0.934	3.178
9	内伶仃岛及附近海域	94	0.933	3.356
10	松子坑水库	53	0.946	3.404
11	清林径水库	14	—	—
12	深圳湾	162	0.953	3.677
13	海上田园	58	0.880	2.801
14	西乡红树林-大铲湾	15	—	—

注：S为单一区域内的鸟类物种数；D为Simpson指数，H′为Shannon-Wiener指数

（3）田头山、马峦山和三洲田　共记录到136种鸟类。生境为次生林地和人工林，部分次生林地的成熟度较高，亦有少量滨海湿地。鸟种组成以典型的山林鸟类为主，兼有少量的湿地鸟种。优势种为红耳鹎和家燕，单次最高计数分别为96和88只。本区域记录到的斑尾鹃鸠和红脚苦恶鸟，为深圳市鸟类新记录。白喉短翅鸫和海南蓝仙鹟在本区域有一定的繁殖种群，之前在深圳没有确切繁殖记录。

（4）梧桐山、仙湖植物园和东湖水库　共记录到126种鸟类。梧桐山为深圳市最高山峰，林地以成熟的阔叶林为主。鸟种组成为典型的山林鸟类，雀形目所占比例高。优势种有红耳鹎、白头鹎、黑脸噪鹛、麻雀和暗绿绣眼鸟。梧桐山记录到的褐渔鸮（2013年，李成），为深圳市鸟类新记录。白喉短翅鸫、海南蓝仙鹟和高山短翅莺在本区域有一定的繁殖种群，之前在深圳没有确切繁殖记录。

（5）塘朗山-梅林山　共记录到106种鸟类。这一区域靠近城市，植被以次生林和园林植物为主，因靠近城市，生境较为破碎。鸟类组成亦为典型的山林鸟类，优势种为麻雀、暗绿绣眼鸟和红耳鹎。

（6）羊台山-凤凰山　共记录到115种鸟类。主要生境为次生林地和果园，游客多，人为干扰较大。鸟类以常见的

山林鸟类为主，基本组成与田头山和梧桐山类似，但并不丰富。优势种为暗绿绣眼鸟、麻雀、白头鹎和红耳鹎。

（7）光明丘陵-罗田山　共记录到117种鸟类。主要生境为人工林、农田和淡水湿地，破碎化程度高。鸟种组成复杂，多为林缘地鸟类或喜欢破碎生境的鸟种，与其他区域均有一定差异。优势种有白鹭、白头鹎和暗绿绣眼鸟。

（8）大南山-小南山　共记录到45种鸟类。本区域面积较小，为人工化程度较高的山林，主要生境以人工林、果园和灌丛。鸟种组成以常见的雀形目鸟类为主，多样性较低，生态功能差。优势种为小白腰雨燕、白头鹎、红耳鹎、麻雀和暗绿绣眼鸟。

（9）内伶仃岛及附近海域　共记录到94种鸟类。主要生境为成熟原生林、次生林和果园。候鸟种类丰富，迁徙季节有多种猛禽和雀形目候鸟过境。因长期与大陆隔绝，受人类活动的干扰小，野化鸟种中仅记录到飞行能力较强的鹩哥、家八哥和亚历山大鹦鹉。优势种为黑鸢、八哥和白头鹎，冬季在海面上还能见到较多的红嘴鸥。在本区域记录到的白眉地鸫，为深圳市鸟类新记录。

（10）松子坑水库　共记录到53种鸟类。这一区域以开阔的草地、湿地、果园和次生林地为主，因调查频次较低，记录到的鸟种较少。优势种为黑脸噪鹛、红耳鹎和白头鹎。

（11）清林径水库　共记录到14种鸟类。这一区域以开阔农田、水库、果园和次生林地为主，人为干扰很大，因调查频次较低，记录到的鸟种较少。优势种为家燕、珠颈斑鸠和红耳鹎。

（12）深圳湾　共记录162种鸟类。深圳湾生境以滨海潮间带和海岸鱼塘为主，被《拉姆萨尔公约》列入国际重要湿地名录。鸟种组成以水鸟为主，种类丰富，多样性高，为深圳市生态功能最为完善的滨海湿地。优势种有黑尾塍鹬、琵嘴鸭、普通鸬鹚和反嘴鹬。这里是黑脸琵鹭在深圳主要的越冬地，白腹海雕、白肩雕、勺嘴鹬等珍稀鸟类也时常有记录。

（13）海上田园　共记录到58种鸟类。生境以半盐水鱼塘为主，多数滩涂已被围垦，可供水鸟利用的滩涂面积较小，污染亦较严重。鸟类组成以水鸟为主，鹭类数量较大，鸻鹬类种数中等但数量普遍较低。鸟类多样性较低，但仍能维持一定数量的水鸟，对深圳湾湿地起到补充作用。优势种为白鹭、池鹭，冬季还有较多的丝光椋鸟越冬。

（14）西乡红树林和大铲湾　共记录到15种鸟类。生境为潮间带和沿海水塘。该区域的红树林为人工种植，靠近城市，且已遭受一定程度的破坏。鸟类组成以水鸟为主，物种数少，结构单一，鸟类多样性和生态功能都较差。优势种为白鹭和大白鹭。

6.3 部分物种简述

6.3.1 罗纹鸭
Mareca falcata (Georgi, 1775)

（1）物种描述

识别特征　体型较大，全长50 cm。雄性有呈镰刀状延长并向下弯曲的三级飞羽，头顶栗红色，额部近嘴基处有一白色小块，头侧绿色，喉白色，有一个黑泛绿色光泽的围领，后颈及颈侧的羽毛略长，垂于脑后，为带金属光泽的绿色，上背及肩部灰白色，下背和腰部暗褐色，胸部密布黑色的粗鳞状纹，两胁密布细鳞状纹，两侧的尾下覆羽奶油黄色。雌性头及颈色浅，两胁略带扇贝形纹，尾上覆羽两侧具皮草黄色线纹，有铜棕色翼镜。虹膜褐色；嘴黑色；脚暗灰色。

生境与习性　栖息于内陆湖泊、沼泽、河流等生境的平静水面，较少见于沿海地区。常与其他鸭类混群，白天喜在近水的灌丛中休息，晨昏外出在浅水处觅食。

分布　繁殖于西伯利亚东部，中国东北的中部和东部。越冬于朝鲜、日本、中南半岛、缅甸和印度北部，中国东部自河北向南直到海南的大部分地区均可见越冬种群。

濒危和保护等级　国家"三有"保护动物。

（2）深圳种群

种群状况　深圳为冬候鸟，不常见。

分布格局　深圳湾。

受胁因素　深圳湾及沿岸环境改变，环境污染等。

地方保护建议　建议作为深圳湾环境指示物种，列为重点监测对象，实施科学监测。

a. 罗纹鸭在深圳的记录位点
b. 罗纹鸭（拍摄于新洲河河口）

6.3.2 赤颈鸭
Mareca penelope Linnaeus, 1758

（1）物种描述
识别特征　雄鸟头颈部棕红色，额顶部有金黄色纵行宽带，上体灰白色，密布幼细的暗褐色波浪状横纹，尾羽黑褐色，初级飞羽黑色，翼镜翠绿色镶有黑色边框，胸部为杂以灰色的淡红褐色，两胁灰色，腹部纯白色，虹膜为棕色，喙蓝灰色，双足灰色。雌鸟通体棕褐色，腹纯白色，头顶和后颈有碎杂斑，肩羽和翅上覆羽有棕色羽缘，翼镜灰褐。

生境与习性　常见于沼泽、湖泊、河流和滨海湿地。

分布　繁殖于欧亚大陆北部。越冬于欧洲南部、非洲东北部和亚洲大部。中国主要于长江以南地区越冬。

濒危和保护等级　国家"三有"保护动物。

（2）深圳种群
种群状况　冬候鸟，种群数量庞大。

分布格局　深圳湾和华侨城湿地。

受胁因素　深圳湾及沿岸环境改变，环境污染等。

地方保护建议　建议作为深圳湾环境指示物种，列为重点监测对象，实施科学监测。

a. 赤颈鸭在深圳的记录位点
b. 赤颈鸭雌鸟和雄鸟（拍摄于深圳华侨城湿地）
c. 赤颈鸭雄鸟（拍摄于深圳湾）

6.3.3 针尾鸭
Anas acuta Linnaeus, 1758

（1）物种描述

识别特征 雄鸟头、后颈棕褐色，胸部白色，延伸至颈侧成细线纹，上体灰色，有细致扇贝形纹，翼镜绿铜色，尾黑，中央尾羽特尖长，下体白色。雌鸟黯淡褐色，下体皮黄，胸部具黑点，翼镜褐色。虹膜褐色；嘴蓝灰色；脚灰色。

生境与习性 常见于潟湖、沼泽、湖泊、河流和滨海湿地。

分布 繁殖于全北界。越冬主要在东南亚、印度、北非和中美洲。中国主要于长江以南地区越冬。

濒危和保护等级 国家"三有"保护动物。

（2）深圳种群

种群状况 冬候鸟，越冬种群数量小，较罕见。

分布格局 深圳湾、华侨城湿地和大铲湾。

受胁因素 深圳湾及沿岸环境改变，环境污染等。

地方保护建议 制定相关政策，划定生态红线，通过环境整体保护实现物种保护。

a. 针尾鸭在深圳的记录位点
b. 针尾鸭雄鸟（拍摄于深圳湾）

6.3.4　绿翅鸭

Anas crecca Linnaeus, 1758

（1）物种描述

　　识别特征　体型稍小。雄鸟头颈棕红色，有过眼弧形宽斑，该斑亮绿色、有金属光泽，且有皮黄色镶边，体羽多灰色，有细致斑纹，肩羽上有一道长长白色条纹，翼镜亮绿色，尾下外侧具皮黄色斑块。雌鸟全身大致褐色。

　　生境与习性　常见于潟湖、沼泽、湖泊、河流和滨海湿地，集群栖息于多水草岸边或较平缓的水面。

　　分布　繁殖于整个古北区。中国东北有繁殖群，主要在华南地区越冬。

　　濒危和保护等级　国家"三有"保护动物。

（2）深圳种群

　　种群状况　冬候鸟，种群数量庞大。

　　分布格局　洪湖公园、深圳湾和华侨城湿地。

　　受胁因素　深圳湾及沿岸环境改变，环境污染等。

　　地方保护建议　建议作为深圳湾环境指示物种，列为重点监测对象，实施科学监测。

a. 绿翅鸭在深圳的记录位点
b. 绿翅鸭雌鸟（拍摄于深圳湾）
c. 绿翅鸭雄鸟（拍摄于深圳湾）

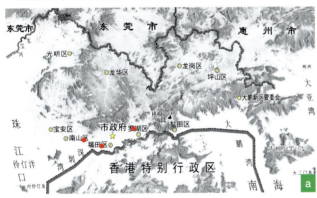

6.3.5 琵嘴鸭
Spatula clypeata (Linnaeus, 1758)

（1）物种描述

识别特征　嘴特长，呈匙形。雄鸟头深绿色，具光泽，胸白，腹部栗色。雌鸟褐色，背羽缘色浅，尾近白色。翼镜绿色；雄鸟嘴黑色，雌鸟深褐色；脚橘红色。

生境与习性　常见于潟湖、沼泽、湖泊、河流和滨海湿地。

分布　繁殖于欧亚大陆北部和北美洲西部。越冬主要在欧洲南部、亚洲大陆南部。中国主要于长江以南地区越冬。

濒危和保护等级　国家"三有"保护动物。

（2）深圳种群

种群状况　冬候鸟，种群数量庞大。

分布格局　深圳湾、华侨城湿地和大铲湾。

受胁因素　深圳湾及沿岸环境改变、环境污染等。

地方保护建议　建议作为深圳湾环境指示物种，列为重点监测对象，实施科学监测。

a. 琵嘴鸭在深圳的记录位点
b. 琵嘴鸭雌鸟（拍摄于华侨城湿地）
c. 琵嘴鸭雄鸟（拍摄于深圳湾）

6.3.6 白眉鸭
Spatula querquedula (Linnaeus, 1758)

（1）物种描述
识别特征 雄鸟头巧克力色，具宽阔的白色眉纹，胸、背棕色，腹白色，肩羽形长，黑白色，翼镜为闪亮绿色镶白色边缘。雌鸟褐色，头部图纹显著，腹白，翼镜暗橄榄色镶白色羽缘。繁殖期过后雄鸟羽色似雌鸟。

生境与习性 见于潟湖、沼泽、湖泊、河流和滨海湿地。

分布 分布广泛。中国东北和西北有繁殖群，主要在长江以南地区越冬。

濒危和保护等级 国家"三有"保护动物。

（2）深圳种群
种群状况 冬候鸟，越冬种群数量小，较罕见。

分布格局 深圳湾和华侨城湿地。

受胁因素 深圳湾及沿岸环境改变，环境污染等。

地方保护建议 制定相关政策，划定生态红线，通过环境整体保护实现物种保护。

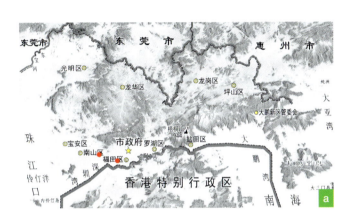

a. 白眉鸭在深圳的记录位点
b. 白眉鸭（拍摄于华侨城湿地）

6.3.7 红头潜鸭
Aythya ferina (Linnaeus, 1758)

（1）物种描述

识别特征　雄鸟头、颈部栗红色，胸部、上背及尾上覆羽黑色，翅膀收起时可见灰白色带黑色蠕虫状细纹，腰黑色，两胁显灰色。雌鸟背灰色，头、胸及尾近褐色，眼周皮黄色。雄鸟虹膜红色，雌鸟褐色；嘴灰色，嘴端黑色；脚灰色。

生境与习性　内陆性候鸟，沿海滩涂不常见，常栖息于芦苇丛生、视野不开阔的湖泊。

分布　西欧至中亚。越冬于北非、印度及中国的华东和华南。

濒危和保护等级　国家"三有"保护动物，IUCN红色名录易危（VU）等级物种。

（2）深圳种群

种群状况　冬候鸟，越冬种群数量较少。

分布格局　深圳湾。

受胁因素　深圳湾及沿岸环境改变，环境污染等。

地方保护建议　制定相关政策，划定生态红线，通过环境整体保护实现物种保护。

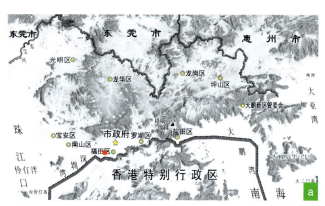

a. 红头潜鸭在深圳的记录位点
b. 红头潜鸭（拍摄于深圳湾）

6.3.8 凤头潜鸭
Aythya fuligula (Linnaeus, 1758)

（1）物种描述

识别特征　雄鸟头后有一小束羽冠，头颈、上体黑色，腹部及体侧白，展翅时，次级飞羽呈白色带状。雌鸟深褐，两肋褐而羽冠短。虹膜黄色；嘴及脚灰色。

生境与习性　常活动于海湾、河流、池塘等开阔水面，夜间栖息于岸边的软泥滩，或者漂浮在离岸不远的水面上。

分布　西欧至中亚。越冬于北非、印度及中国的华东和华南。

濒危和保护等级　国家"三有"保护动物。

（2）深圳种群

种群状况　冬候鸟，种群数量较多。

分布格局　深圳湾。

受胁因素　深圳湾及沿岸环境改变，环境污染等。

地方保护建议　制定相关政策，划定生态红线，通过环境整体保护实现物种保护。

a. 凤头潜鸭在深圳的记录位点
b. 凤头潜鸭（拍摄于深圳湾）

6.3.9 小䴙䴘
Tachybaptus ruficollis (Pallas, 1764)

（1）物种描述

识别特征 喙粗短圆锥状，略侧扁，身体短圆，尾短小，呈绒毛状，几无尾羽，后肢在身体遥后方，瓣蹼足，因此善游泳和潜水，而不善行走。成鸟繁殖期颈侧红褐色，背部黑色，尾部白色，嘴黑色，嘴尖白色，嘴基有米黄色斑块。冬羽颈侧为浅黄色，背部黑褐色，嘴土黄色。幼鸟的头部沿颈部有非常明显的白色条纹。

生境与习性 栖息于池塘、湖泊、江河、沼泽等地。有时成小群，也与其他水鸟混群。常潜水取食水生昆虫及其幼虫、鱼虾等。求偶期间相互追逐时常发出重复的高音吱叫声。营浮巢于水生植物上。幼雏为早成鸟，孵出后第2日即可下水游泳。

分布 非洲、欧亚大陆、印度、中国、日本、东南亚至新几内亚北部。

濒危和保护等级 国家"三有"保护动物。

（2）深圳种群

种群状况 留鸟为主，种群数量较大。

分布格局 深圳全境。

环境特点 见于全市所有淡水湿地，包括公园水塘、鱼塘、华侨城湿地、水库、深圳湾等地。

受胁因素 湿地面积减少和水体污染。

地方保护建议 建议列为深圳市湿地环境监测物种。

a、b. 小䴙䴘繁殖羽（拍摄于洪湖公园）

6.3.10 凤头鸊鷉
Podiceps cristatus (Linnaeus, 1758)

（1）物种描述

识别特征　体型显著大于小鸊鷉，颈修长，嘴喙尖长。身体短圆，尾短小，几无尾羽，后肢在身体遥后方，瓣蹼足，因此善游泳和潜水，而不善行走。繁殖期成鸟上体深褐色，黑色羽冠显著，耳羽和颈侧的领状饰羽栗色和黑色，下体白色，胁部栗褐色。非繁殖期上体灰褐色，下体近白，头部无饰羽，眼上方白色。虹膜近红；冬季嘴喙侧面粉红色，嘴峰近黑；脚近黑。

生境与习性　主要栖息于开阔的平原、湖泊、江河、大型水塘、水库、海湾等湿地环境，尤其是富有挺水植物和鱼类的湖泊和水塘。繁殖期具有复杂的求偶行为，雌雄个体在水面上表演仪式化的舞蹈，两只个体相互配合，和水面保持垂直，并且互相点头，有时还衔着水草。

分布　繁殖于东北、西北、华北和西藏的部分地区，迁徙时经过华北和华中，在长江流域、华南、东南沿海和西南地区越冬。

濒危和保护等级　国家"三有"保护动物。常被渔网误伤，偶有捕猎现象，水体污染、误食垃圾及人类湖泊改造导致栖息地丧失，均对本种的数量造成一定威胁。

（2）深圳种群

种群状况　在深圳为冬候鸟，有一定的种群规模，每年记录的数量超过100只。

分布格局　主要见于深圳湾、华侨城湿地，也见于东湖水库和铁岗水库。

受胁因素　湿地水环境污染，湿地面积减少。

地方保护建议　制定相关政策，划定生态红线，通过环境整体保护实现物种保护。

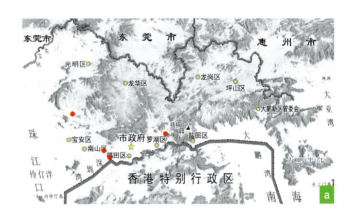

a. 凤头鸊鷉在深圳的记录位点
b. 凤头鸊鷉繁殖羽（拍摄于深圳湾）

6.3.11 山斑鸠
Streptopelia orientalis (Latham, 1790)

（1）物种描述

识别特征　全长约32 cm。颈侧有具黑白色条纹的块状斑，上体的深色鳞片状体羽羽缘棕色，腰蓝灰，尾羽近黑，尾梢浅灰，下体多偏粉色。虹膜橙黄色；嘴铅灰色；脚粉红色。

生境与习性　栖息于多树地区，或在丘陵、山脚及平原。常结群活动，亦见与珠颈斑鸠混群。食物主要为植物性，包括植物种子、幼芽、嫩叶、果实及农作物等，也食蜗牛、昆虫等动物性食物。营巢于树上或灌木丛间。

分布　印度、东北亚和日本。喜马拉雅，中国北方鸟南下越冬。

濒危和保护等级　国家"三有"保护动物。

（2）深圳种群

种群状况　常见，其种群显著小于珠颈斑鸠。

分布格局　深圳全境。

受胁因素　栖地性质改变，环境质量下降。

地方保护建议　制定相关政策，划定生态红线，通过环境整体保护实现物种保护。

山斑鸠（拍摄于华侨城湿地）

6.3.12 珠颈斑鸠
Spilopelia chinensis (Scopoli, 1786)

（1）物种描述

　　识别特征　全长约30 cm。颈侧具缀满白点的黑色块斑，上体灰褐，较山斑鸠单调，下体粉红。飞行时，翼内缘青灰色，尾略显长，外侧尾羽末端白色明显。虹膜橙色；嘴深灰色；脚暗粉红色。

　　生境与习性　栖息于有疏林的草地、丘陵、郊野农田，或住家附近，也见于潮湿的阔叶林。常结成小群，有时和山斑鸠等其他鸠类混群。在树上停歇或在地面觅食，受惊时飞到附近的树上，拍翼咔嗒有声。食物以植物种子，特别是农作物种子为主。巢通常位于树上或在矮树丛和灌木丛间，也见于山边岩石的裂缝中。

　　分布　常见并广布于东南亚，经小巽他群岛引种其他各地远及澳大利亚。

　　濒危和保护等级　国家"三有"保护动物。

（2）深圳种群

　　种群状况　常见。

　　分布格局　深圳全境。

　　受胁因素　栖地性质改变，环境质量下降。

　　地方保护建议　制定相关政策，划定生态红线，通过环境整体保护实现物种保护。

珠颈斑鸠（拍摄于中山公园）

6.3.13 林夜鹰

Caprimulgus affinis Horsfield, 1821

（1）物种描述

识别特征 全长约为22 cm。雄鸟外侧尾羽为白色，白色喉有分裂成两块的斑纹。雌鸟多棕色但尾部无白色斑纹。

生境与习性 白天栖息于地面或城市建筑物的顶部，傍晚开始活动。主要取食昆虫，常为城市灯光所吸引。

分布 印度至中国南部，苏拉威西岛、菲律宾及马来群岛等东南亚地区。在中国主要分布于华南，还繁殖于云南东南部。

环境特点 主要见于中低海拔的山地森林，也见于城市园林植物或建筑物上，夜晚捕食时常被灯光吸引。

濒危和保护等级 国家"三有"保护动物。

（2）深圳种群

种群状况 留鸟，由于行踪隐蔽，很难评估其数量。

分布格局 深圳全境，夜间活动，通常只闻其声，夜晚常躲在城市楼顶鸣叫。

受胁因素 未知。

地方保护建议 无。

林夜鹰（拍摄于福田建筑物上）

6.3.14　普通夜鹰

Caprimulgus jotaka Temminck and Schlegel, 1845

（1）物种描述

　　识别特征　全长约28 cm。全身满布深色蠹状纹，尾上具宽阔黑横斑，头顶平而色深，嘴小而口裂大，深色的脸上具白色短髭纹，具一白色喉斑（有时从中断开）。飞行时，雄鸟尾部近末端有一条中间断开的白色横带，初级飞羽有小白斑，雌鸟尾部无白斑。虹膜黑色；嘴乌黑色；脚深灰色。

　　生境与习性　栖息于山区森林及林缘。白天伏贴于多树山坡的地面或树枝，黄昏时开始活跃。夜间常蹲在路上，两眼展开甚大，暗中闪亮。飞行飘忽无声，两翼鼓动缓慢。在森林上空飞捕昆虫为食。不营巢，卵产在地面或岩石上。

　　分布　印度次大陆，中国及菲律宾等东南亚地区。南迁至印度尼西亚及新几内亚。在井冈山见于八面山、荆竹山等地。

　　濒危和保护等级　国家"三有"保护动物。

（2）深圳种群

　　种群状况　罕见。

　　分布格局　梧桐山、梅林山公园、笔架山公园、中山公园、盐灶水库、观音山公园、松子坑水库、清林径水库和鹅公湾等地。

　　受胁因素　可能是过境鸟，致胁因素未能评估。

　　地方保护建议　无。

a

b

a. 普通夜鹰在深圳的记录位点

b. 普通夜鹰（拍摄于笔架山公园）

6.3.15 八声杜鹃
Cacomantis merulinus (Scopoli, 1786)

（1）物种描述

识别特征 全长约21 cm。成鸟头灰，背部至尾部为褐色，胸腹棕褐色。亚成鸟上体褐色而具黑色横斑，下体偏白，且横斑较多。和栗斑杜鹃 *C. sonneratii* 类似，但无眼纹。

生境与习性 主要栖息于平原、丘陵及山地的森林，常见于有茂密的大树的阔林地及农耕区，有时也可在城市绿地公园看到。性羞涩，常匿身于树冠层，难得一见。

分布 印度东部至中国南部、大巽他群岛、苏拉威西及菲律宾。中国繁殖于西藏东南部、四川南部、云南、广西、广东、海南及福建。

濒危和保护等级 国家"三有"保护动物。

（2）深圳种群

种群状况 常见。

分布格局 深圳全境，常见于城市公园、绿地、林缘地带。

受胁因素 栖地性质改变，环境质量下降，适宜生境日益减少。

地方保护建议 制定相关政策，划定生态红线，通过环境整体保护实现物种保护。

a. 八声杜鹃成鸟（拍摄于深圳湾公园）
b. 八声杜鹃亚成鸟（拍摄于华侨城湿地）

6.3.16 噪鹃

Eudynamys scolopaceus (Linnaeus, 1758)

（1）物种描述

　　识别特征　尾较长，全长约42 cm。雄鸟全身黑色带钢蓝色光泽。 雌鸟深灰色染褐，并具大量白斑，在腹部形成横纹。虹膜深红色；嘴暗绿色；脚蓝灰色。

　　生境与习性　栖于稠密或开阔的森林，也常出现在果园、灌丛或园林。常隐蔽于大树顶层密集的叶簇中，若不鸣叫，就很难发现，受惊时立即飞离远去。飞行快速而无声。食物比一般杜鹃杂，野果、种子、其他植物质及昆虫都吃。卵寄孵在黑领椋鸟、喜鹊、红嘴蓝鹊等巢中。

　　分布　印度、中国等东南亚地区。

　　濒危和保护等级　国家"三有"保护动物。

（2）深圳种群

　　种群状况　常见。

　　分布格局　深圳全境，主要见于城市公园、绿地等丘陵平原和台地，很少见于低山区。

　　受胁因素　栖地性质改变，环境质量下降，适宜生境日益减少。

　　地方保护建议　制定相关政策，划定生态红线，通过环境整体保护实现物种保护。

a.噪鹃雌鸟（拍摄于华侨城湿地）
b.噪鹃雄鸟（拍摄于人才公园）

6.3.17 褐翅鸦鹃
Centropus sinensis (Stephens, 1815)

（1）物种描述

识别特征 全长约52 cm。上背、翼为纯栗红色，余部黑色而带有光泽。亚成体具多少不一的横纹。虹膜红色（成鸟）或灰蓝至暗褐色（亚成鸟）；嘴黑色；脚黑色。

生境与习性 喜林缘地带、次生灌木丛、多芦苇河岸及红树林。单只或成对活动。在矮丛顶鸣叫，常下至地面活动或在浓密灌丛中攀爬。晨昏常见在芦苇顶上晒太阳。善走而拙于飞行。食物主要为动物质，包括昆虫、蚯蚓、软体动物、蜥蜴、蛇、田鼠、鸟卵、雏鸟等。

分布 印度、中国和大巽他群岛及菲律宾等东南亚地区。

濒危和保护等级 国家II级重点保护野生动物。

（2）深圳种群

种群状况 较为常见的留鸟。

分布格局 深圳全境。多见于低海拔的丘陵、山脚灌丛和城市公园。

受胁因素 栖地性质改变，环境质量下降。

地方保护建议 制定相关政策，划定生态红线，通过环境整体保护实现物种保护。

a. 褐翅鸦鹃（拍摄于华侨城湿地）

b. 褐翅鸦鹃（拍摄于深圳湾红树林保护区）

6.3.18 小鸦鹃

Centropus bengalensis (Gmelin, 1788)

（1）物种描述

识别特征　全长约42 cm，嘴和尾亦显短。繁殖期成鸟头、下体及尾污黑，上背暗栗色，两翼及翼下栗色，肩和翼上覆羽具浅色矛状纹。非繁殖期成鸟上体褐色，具密集的矛状纹，翼红棕色，下体色浅，胸胁具细横纹。亚成鸟似非繁殖期成鸟，但双翼和尾多褐色横纹，黄褐色的头、颈部具浅色纵纹。虹膜红褐色；嘴黑色（成鸟）或角质色（亚成鸟）；脚铅黑色。

生境与习性　喜山边灌木丛、沼泽地带及开阔的草地包括高草。常栖地面，有时作短距离的飞行，由植被上掠过。性机警而隐蔽，稍受惊就奔入密丛深处。食物主要为昆虫和其他小型动物。筑巢于茂密的矮植物丛中，巢圆球形。

分布　印度、中国和菲律宾及印度尼西亚等东南亚地区。

濒危和保护等级　国家II级重点保护野生动物。

（2）深圳种群

种群状况　深圳较为少见的留鸟。

分布格局　深圳主要见于北部丘陵地带，包括罗田山、五指耙水库、观澜丘陵和松子坑水库，坪山新区、排牙山也有记录。

受胁因素　栖地性质改变，环境质量下降。

地方保护建议　制定相关政策，划定生态红线，通过环境整体保护实现物种保护。

a. 小鸦鹃在深圳的记录位点
b. 小鸦鹃（拍摄于大鹏农科院实验基地）

6.3.19 白胸苦恶鸟
Amaurornis phoenicurus (Pennant, 1769)

（1）物种描述

识别特征 头顶及上体深灰色，前额、两颊至上腹部白色，胁部黑色，臀部栗色。虹膜红色；嘴黄绿色，上嘴基橙红色；脚黄褐色。

生境与习性 栖息于沼泽、河流、湖泊、农田、红树林、沟渠和池塘等湿地生境。常单个活动，偶尔两三成群。善于步行、奔跑和涉水，行走时头颈前后伸缩，尾上下摆动。飞行时头颈伸直，两腿垂悬。杂食性。巢营于水域附近的灌木丛、草丛或灌水的水稻田内。

分布 印度，中国南方和菲律宾、苏拉威西岛、马鲁古群岛及马来群岛等东南亚地区。

濒危和保护等级 国家"三有"保护动物。

（2）深圳种群

种群状况 留鸟，较为易见，尤其是湿地生境，种群数量很大。

分布格局 深圳全境，主要见于淡水和半咸水生境，包括城市内河流、池塘、公园水体、海岸鱼塘、大型水库和农田区域。

受胁因素 未见可以确认的受胁因素。

地方保护建议 建议作为湿地环境指示物种，列为重点监测对象，实施科学监测。

白胸苦恶鸟（拍摄于大鹏半岛）

6.3.20 红脚苦恶鸟

Amaurornis akool (Sykes, 1832)

（1）物种描述

识别特征 头顶灰褐色，脸灰，眉纹浅灰而眼线深灰，上体橄榄褐色多深色纵纹，颏白，颈及胸灰色并沾褐色，两胁和尾下覆羽具黑白色横斑。亚成鸟下体较褐，翼上覆羽具不明晰的白斑。虹膜红褐色；嘴基侧面和下喙近端黄色，其余部分黑色；脚褐红色。

生境与习性 栖息于水边植被茂密处、农田和沼泽地。单个或成对活动，性隐秘，见人迅速逃匿。晨昏活动，在地面觅食。杂食性。

分布 古北界。迁徙至加里曼丹等东南亚地区。

濒危和保护等级 国家"三有"保护动物。

（2）深圳种群

种群状况 罕见。

分布格局 大鹏南澳，福田红树林自然保护区、沙河西。

受胁因素 资料缺乏，未能评估受胁因素。

地方保护建议 无。

a.红脚苦恶鸟在深圳的记录位点

b、c.红脚苦恶鸟（拍摄于大鹏南澳）

6.3.21 蓝胸秧鸡
Gallirallus striatus (Linnaeus, 1766)

（1）物种描述

识别特征 额、头顶和后颈栗红色，其余上体暗褐色，羽缘具细的白色横斑和斑点，翅覆羽和内侧飞羽具窄的白色波浪形斑纹，颏、喉白色，眼先、头侧、颈侧和胸灰色，其余下体橄榄褐色，具白色横斑。虹膜棕红色或橙黄色；上喙暗褐色，下喙淡红色或橙色；脚青灰色或橄榄褐色。

生境与习性 栖息于水塘、水田、湖岸、水渠和芦苇沼泽地带。通常营巢于水边草丛或芦苇沼泽。主要以水生动物为食，也吃植物性食物。

分布 长江中下游、四川、云南、贵州、广东、福建、海南、香港和台湾。孟加拉国、文莱、柬埔寨、印度、印度尼西亚、老挝、马来西亚、缅甸、菲律宾、新加坡、斯里兰卡、泰国、越南。

濒危和保护等级 国家"三有"保护动物。

（2）深圳种群

种群状况 罕见，种群数量不大。

分布格局 见于深圳湾、大鹏半岛西涌及南澳。

受胁因素 未见可以确认的受胁因素。

地方保护建议 无。

a. 蓝胸秧鸡在深圳的记录位点
b. 蓝胸秧鸡（拍摄于深圳湾）

6.3.22 黑水鸡
Gallinula chloropus (Linnaeus, 1758)

（1）物种描述

识别特征　成鸟嘴基红而端黄，额甲亮红，体羽全青黑色，两胁有白色细纹，尾下有两块白斑，尾上翘时很醒目。亚成鸟全身灰褐色，脸颊至下体色浅。虹膜红色；脚绿色。

生境与习性　多见于水生植物繁茂的湖泊、池塘及运河。水栖性强，常一边在水中慢慢游动，一边在水面浮游植物间翻拣找食，也取食于开阔草地。于陆地或水中尾不停上翘。不善飞，起飞前先在水上助跑很长一段距离。

分布　除澳大利亚及大洋洲外，全世界。冬季北方鸟南迁越冬。繁殖于青藏高原以外的中国大部适宜生境。在冬季不结冰的地区即可越冬。

濒危和保护等级　国家"三有"保护动物。栖地破坏、捕捉等是其主要威胁。

（2）深圳种群

种群状况　深圳较为易见，尤其是在湿地生境，种群数量很大。

分布格局　在深圳为留鸟，全境均有分布，但主要见于淡水和半咸水生境，包括城市内的河流和池塘、海岸鱼塘、大型水库和农田区域。

受胁因素　栖地质量下降，海岸滩涂食物数量种类减少和环境污染。

地方保护建议　建议作为湿地环境指示物种，列为重点监测对象，实施科学监测。

黑水鸡（拍摄于华侨城湿地）

6.3.23 骨顶鸡
Fulica atra Linnaeus, 1758

（1）物种描述

识别特征 成鸟通体青黑色，仅飞行时可见近白色狭窄翼后缘；嘴及额甲白色；脚暗绿色，脚大具瓣蹼。亚成鸟灰褐色，喉、前颈略白，腹部具浅色斑块。虹膜成鸟深红色，嘴白色，亚成鸟深褐色；嘴灰色。

生境与习性 栖息于有水生植物的湖泊、池塘、水库、河湾、沼泽、泛滩和盐水湖。非繁殖季节常成群活动，迁徙或越冬时可集数百只的大群。善游泳，能潜水捕食鱼和水草，游泳时尾部下垂，头前后摆动。起飞前在水面做长距离助跑。杂食性，但主要以植物为食。

分布 古北界、中东、印度次大陆。冬季北方鸟南迁至非洲及菲律宾等东南亚地区，鲜至印度尼西亚。

濒危和保护等级 国家"三有"保护动物。

（2）深圳种群

种群状况 冬候鸟，冬季较易见。

分布格局 主要栖息于深圳湾，偶见华侨城湿地。

受胁因素 海岸滩涂食物数量，种类减少和环境污染。

地方保护建议 建议作为湿地环境指示物种，列为重点监测对象，实施科学监测。

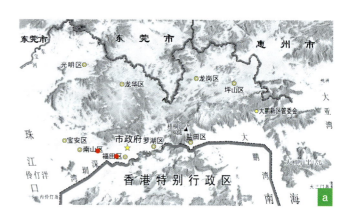

a. 骨顶鸡在深圳的记录位点

b. 骨顶鸡（拍摄于深圳湾）

6.3.24 反嘴鹬
Recurvirostra avosetta Linnaeus, 1758

（1）物种描述

识别特征　全长41.9-45.1 cm。嘴细长上翘，嘴长7.5-8.5 cm，脚特长，7.6-10.2 cm。通体黑白二色。头顶和颈背色黑，头颈其余部分白色，飞行时从下面看体羽全白，仅翼尖黑色，具黑色的翼上横纹及肩部条纹。虹膜褐色；嘴黑色；脚灰蓝色。

生境与习性　栖息于湖泊、水塘和沼泽地带，也见于海边水塘和盐碱沼泽地，迁徙时见于水稻田和鱼塘，冬季则多栖息于海岸和河口地带，常结大群活动。食物以甲壳类动物和昆虫为主，觅食时嘴往两边扫动。善游泳，能在水中倒立。繁殖期成鸟会佯装断翅在地面跛行以将入侵者从巢区或幼鸟身边引开。

分布　在我国，繁殖于北方，冬季在长江中下游、东南及华南沿海越冬，偶见于台湾。

濒危和保护等级　国家"三有"保护动物。主要威胁来自栖息地生态质量退化和丧失，水质污染和人为干扰。

（2）深圳种群

种群状况　在深圳湾涨潮时常结超大群，数以万计。

分布格局　在深圳以冬候鸟为主，主要见于福田红树林保护区、华侨城湿地和其他河口、海湾等浅水区。

受胁因素　栖地性质改变，海岸湿地质量下降。

地方保护建议　建议列为深圳湾冬季环境指示鸟类，实施科学监测。

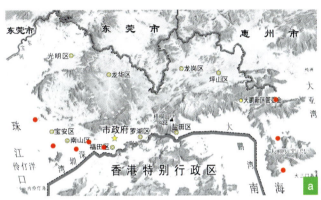

a. 反嘴鹬在深圳的记录位点
b. 反嘴鹬（拍摄于深圳湾）

6.3.25 黑翅长脚鹬
Himantopus himantopus (Linnaeus, 1758)

（1）物种描述

识别特征 全长33-36 cm。腿甚长，粉红色，黑色嘴长而细，体羽白，颈背具黑色斑块。亚成鸟褐色较浓，头顶及颈背沾灰。

生境与习性 栖息于开阔平原草地中的湖泊、浅水塘和沼泽地带。非繁殖期亦出现于河流浅滩、水稻田、鱼塘和海岸附近之淡水或咸水水塘和沼泽地带。常单独、成对或成小群在浅水中或沼泽地上活动，非繁殖期常集成较大的群。

分布 在我国，繁殖于新疆西部、青海东部及内蒙古西北部内陆浅水湖沼周围。中国其余地区均有过境记录，越冬于台湾、广东及香港。在珠江口有繁殖群。

濒危和保护等级 国家"三有"保护动物。

（2）深圳种群

种群状况 结群活动，甚常见。

分布格局 在深圳以冬候鸟为主，主要见于福田红树林保护区、华侨城湿地和其他河口、海湾等浅水区。有少量种群在福田保护区繁殖，不迁徙。

受胁因素 栖地性质改变，海岸湿地质量下降。

地方保护建议 建议列为深圳湾冬季环境指示鸟类，实施科学监测。

a. 黑翅长脚鹬在深圳的记录位点
b. 黑翅长脚鹬卵（拍摄于大亚湾淡澳河河口）
c. 黑翅长脚鹬成鸟（拍摄于深圳湾）

6.3.26 灰头麦鸡
Vanellus cinereus (Blyth, 1842)

（1）物种描述

识别特征 全长约35 cm。成鸟头、颈及上胸灰色，胸带黑色，上体褐色，腹部白色。亚成鸟似成鸟但褐色较浓而无黑色胸带。飞行时，从背面看，黑色的翼尖与白色翼中部、褐色翼上覆羽及背形成对比；从腹面看，翼内侧大片白色部分与黑色初级飞羽形成对比。虹膜橘红色；眼周裸出部及眼先肉垂黄色；嘴黄色，端黑；脚黄色。

生境与习性 栖息于开阔的沼泽、水田、耕地、草地、河畔或山中池塘。迁飞时常10余只结群，也与其他水鸟混群。常涉水取食，多以昆虫、水蛭、螺类、水草及杂草籽为食。

分布 繁殖于中国东北及长江流域，日本。冬季南迁至印度东北部、东南亚，少量个体到菲律宾。

濒危和保护等级 国家"三有"保护动物。

（2）深圳种群

种群状况 种群量不大。

分布格局 深圳湾和华侨城湿地。

受胁因素 栖地性质改变，湿地质量下降。

地方保护建议 制定相关政策，划定生态红线，通过环境整体保护实现物种保护。

a. 灰头麦鸡在深圳的记录位点
b. 灰头麦鸡（拍摄于华侨城湿地）

6.3.27 金斑鸻
Pluvialis fulva (Gmelin, 1789)

（1）物种描述

识别特征　全长23-26 cm。头大，嘴短厚。冬羽金棕色，过眼线、脸侧及下体均色浅，翼上无白色横纹，飞行时翼衬不成对照。繁殖期雄鸟脸、喉、胸前及腹部均为黑色；脸周及胸侧白色。雌鸟下体也有黑色，但不如雄鸟多。

生境与习性　单独或成群活动。栖息于沿海滩涂、沙滩、开阔多草地区、草地及机场。

分布　繁殖于亚洲最北端到阿拉斯加西部的北极冻土带。越冬于非洲东部、印度、马来西亚等东南亚地区、澳大利亚、新西兰及太平洋岛屿。在我国，迁徙时全境可见，冬候鸟常见于长江以南沿海及开阔地区、海南和台湾。

濒危和保护等级　国家"三有"保护动物。

（2）深圳种群

种群状况　越冬群和过境群数量巨大。

分布格局　深圳湾、大铲湾、华侨城湿地、大鹏半岛滨海湿地。

受胁因素　栖地性质改变，湿地质量下降。

地方保护建议　建议列为深圳冬季环境指示鸟类，实施科学监测。

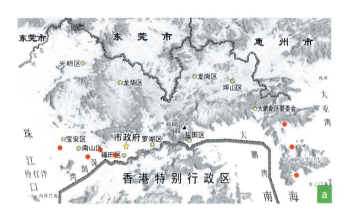

a.金斑鸻在深圳的记录位点
b.金斑鸻非繁殖羽（拍摄于深圳湾）

6.3.28 灰斑鸻
Pluvialis squatarola (Linnaeus, 1758)

（1）物种描述

识别特征 全长27-30 cm。头大，嘴短厚，上体褐灰，下体近白，展翅时翼纹和腰部偏白，翼下白色，基部有黑色的腋羽形成黑色块斑。繁殖期雄鸟下体黑色似金斑鸻，但上体多银灰色，尾下白色。

生境与习性 单独或结小群在潮间带沿海滩涂或沙滩取食，通常凭视觉觅食。食物包括小型软体动物、多毛类蠕虫、甲壳类为节肢动物，如虾、蟹等。和昆虫。通常不形成密集的摄食群，而是分散在在海滩上，个体间的距离很大，但在高潮位时它们会形成密集栖息群。

分布 繁殖于全北界北部。越冬于热带及亚热带沿海地带。在我国，迁徙途经东北、华东及华中，于华南、台湾和长江下游的沿海及河口地带有越冬群。

濒危和保护等级 国家"三有"保护动物。

（2）深圳种群

种群状况 常见，但种群量显著少于金斑鸻。

分布格局 深圳湾。

受胁因素 栖地性质改变，湿地质量下降。

地方保护建议 建议列为深圳冬季环境指示鸟类，实施科学监测。

a. 灰斑鸻在深圳的记录位点
b. 灰斑鸻非繁殖羽（拍摄于深圳湾）

6.3.29 环颈鸻
Charadrius alexandrinus Linnaeus, 1758

（1）物种描述

识别特征 全长约15 cm。嘴和脚均为黑色。繁殖季节雄性头部有一个黑色横斑，耳羽黑色，前接过眼黑纹，头顶和颈背红棕色黑色胸带不完整。雌性上述区域色浅，无黑色。随着繁殖季节结束，雌雄颜色差异变小。

生境与习性 单独或成小群于海滩或近海岸的多沙草地、沿海河流及沼泽地活动和觅食，常与其他鸻鹬类混群。

分布 拥有广泛的地理分布，在欧洲、亚洲和非洲都有繁殖群。在中国，整个华东及华南沿海，包括海南和台湾都有繁殖群。北方繁殖鸟通常南迁越冬；而在华南地区，既有迁徙鸟也有繁殖鸟。

濒危和保护等级 国家"三有"保护动物。

（2）深圳种群

种群状况 常见，秋冬迁徙季节常见，有少量繁殖群。

分布格局 深圳全境滨海地区均可见，在毗邻深圳的大亚湾有繁殖群，推测深圳滨海地区合适生境也有繁殖群。

受胁因素 栖地性质改变，湿地质量下降。

地方保护建议 建议作为深圳湾环境指示物种，列为重点监测对象，实施科学监测。

a. 环颈鸻繁殖羽（拍摄于深圳湾沙河西海岸）
b. 环颈鸻非繁殖羽（拍摄于大亚湾淡澳河河口）
c. 环颈鸻幼雏（拍摄于大亚湾淡澳河河口）

6.3.30 金眶鸻
Charadrius dubius Scopoli, 1786

（1）物种描述

识别特征 全长约16 cm。繁殖期成鸟枕部至上体褐色，飞羽深色，但较长的三级飞羽覆盖了初级飞羽；前额白色，额基具黑纹，并经眼先和眼周延至耳后形成黑色贯眼纹，其上缘白色，下缘亦白并形成颈环；下体白色，具黑或褐色的全胸带。成鸟黑色部分在亚成鸟或非繁殖期为褐色，金黄色的眼圈不显著。飞行时翼上无白斑，尾羽两侧浅色、尾端深色。虹膜暗褐色，眼周金黄色；嘴黑色，下嘴基橘色；腿黄色。

生境与习性 栖息于近水的草地、盐碱滩、多砾石的河滩、沼泽和水田等地，以及沿海海滨。常单独或成对活动，性活泼，边走边觅食。常急速奔跑一段距离后，稍事停息，然后再向前走。飞行迅速而灵活。主要以昆虫、甲壳类、软体动物等小型无脊椎动物为食，亦吃少量草籽等植物性食物。营巢于河心沙洲或近水滩地地面凹陷处，非常简陋。

分布 北非、古北界、东南亚至新几内亚。北方的鸟南迁越冬，但在华南有留鸟群，为繁殖鸟。

濒危和保护等级 国家"三有"保护动物。

（2）深圳种群

种群状况 常见，但种群不大，有繁殖群。

分布格局 深圳全境海岸、内陆湿地、荒草地。

受胁因素 栖地性质改变，湿地质量下降。

地方保护建议 建议作为深圳湾环境指示物种，列为重点监测对象，实施科学监测。

金眶鸻繁殖羽（拍摄于华侨城湿地）

6.3.31 蒙古沙鸻
Charadrius mongolus Pallas, 1776

（1）物种描述

识别特征 全长约20 cm。体形短粗。繁殖期雄鸟背灰色，下体白色，胸、前额和颈背栗红色，有黑色眼罩。雌鸟较平淡，冬羽和亚成鸟缺栗红色，但在头上有微少栗红色。腿深灰色，嘴黑色。该鸟甚似铁嘴沙鸻，常与之混群但体较短小，嘴短而纤细。

生境与习性 栖于沿海泥滩及沙滩，有时结大群，数量多达数百只。以昆虫、甲壳类动物和环节虫等为食。通常走走停停来觅食。

分布 繁殖于中亚至东北亚。迁徙至非洲沿海、印度、东南亚及澳大利亚。在西伯利亚繁殖的种群迁徙经过中国东部，少量鸟在中国南部沿海越冬。

濒危和保护等级 国家"三有"保护动物。

（2）深圳种群

种群状况 迁徙季节常见较大群，并与其他鸻类混群。

分布格局 深圳湾、华侨城湿地、大铲湾、西乡红树林、坝光海岸和大鹏半岛沿岸。

受胁因素 栖地性质改变，湿地质量下降。

地方保护建议 建议作为深圳湾环境指示物种，列为重点监测对象，实施科学监测。

a.蒙古沙鸻在深圳的记录位点

b.蒙古沙鸻繁殖羽（拍摄于深圳湾沙河西海岸）

6.3.32 铁嘴沙鸻

Charadrius leschenaultii Lesson, 1826

（1）物种描述

识别特征 全长约23 cm。繁殖期雄鸟背灰色，下体白色，胸、前额和颈背栗红色，有黑色眼罩。雌鸟较平淡，冬羽缺栗红色，但在头上有微少栗红色。亚成鸟胸带及上体为黄褐色，羽缘淡色。腿偏黄绿色，嘴黑色。与蒙古沙鸻区别在体型较大，嘴较长较厚，腿较长而偏黄色。

生境与习性 栖息于沿海泥滩及沙滩，有时结大群，数量多达数百只。以昆虫、甲壳类动物和环节虫等为食。通常走走停停来觅食。

分布 繁殖由土耳其至中东、中亚至蒙古国，包括我国的新疆和内蒙古。越冬在非洲沿海、印度、马来西亚等东南亚地区至澳大利亚。迁徙经中国全境，少量鸟在台湾、广东及香港沿海越冬。

濒危和保护等级 国家"三有"保护动物。

（2）深圳种群

种群状况 迁徙季节常见较大群，并与其他鸻类混群。

分布格局 深圳湾、华侨城湿地、大铲湾、西乡红树林、坝光海岸和大鹏半岛沿岸。

受胁因素 栖地性质改变，湿地质量下降。

地方保护建议 建议作为深圳湾环境指示物种，列为重点监测对象，实施科学监测。

a. 铁嘴沙鸻在深圳的记录位点
b、c. 铁嘴沙鸻（拍摄于深圳湾沙河西海岸）

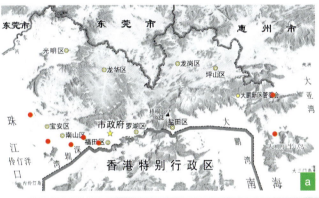

6.3.33 彩鹬

Rostratula benghalensis (Linnaeus, 1758)

（1）物种描述

识别特征　有显著的雌雄二态现象，雌鸟色彩较雄鸟更加艳丽，头及胸深栗色，顶冠纹黄色，白色眼圈延至枕侧，背及两翼偏绿色，白色条带从肩部绕至下背并渐变为褐黄色。雄鸟体型较小，图案似雌鸟但较暗淡，且多具杂斑，翅上覆羽具金色点斑。虹膜红褐色；喙橙色、黄褐色；脚黄绿色。

生境与习性　栖息于水草茂密的沼泽、池塘、稻田、河滩草丛和灌丛。性隐秘，喜晨昏活动。行走时尾上下摇动，飞行时双腿下悬如秧鸡。以昆虫、软体动物、蚯蚓和植物等为食。

分布　非洲、印度至中国及日本、菲律宾，巽他群岛等东南亚地区和澳大利亚。

濒危和保护等级　国家"三有"保护动物。

（2）深圳种群

种群状况　较少见。

分布格局　留鸟，记录于大鹏半岛、洪湖公园、海上田园、福田红树林保护区和华侨城湿地公园。

受胁因素　栖地性质改变或消失，如华侨城湿地改造导致该地繁殖的彩鹬种群流失。

地方保护建议　该鸟较隐蔽，建议列为重点调查监测对象。

a.彩鹬在深圳的记录位点
b.彩鹬，左雄鸟，右雌鸟（拍摄于光明森林公园）
c.彩鹬雌鸟（拍摄于华侨城湿地）

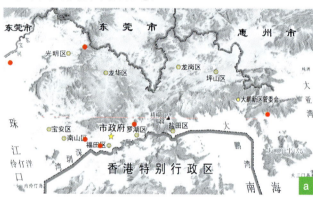

6.3.34　丘鹬

Scolopax rusticola Linnaeus, 1758

（1）物种描述

识别特征　全长约35 cm。头略成三角形，喙长且直，头顶及颈背具深色宽横斑，羽以淡黄褐色为主，上体具黑色带状横纹，下体色浅密布暗色横斑，双翼圆阔。虹膜深褐色；嘴黄褐色，端黑；脚粉灰色。

生境与习性　主要栖息于丘陵山区潮湿的针叶林、混交林和阔叶林中。多单只活动。白天隐蔽，伏于地面，晨昏或夜晚飞至开阔地觅食。受惊时往往疾走躲避，不得已时起飞，很快飞入附近的草丛中。取食蚯蚓、昆虫幼虫、蛙类等，也吃部分绿色植物及其种子。

分布　古北界。于东南亚为候鸟。

濒危和保护等级　国家"三有"保护动物。

（2）深圳种群

种群状况　在深圳为过境鸟，偶见。

分布格局　见于海上田园、深圳湾内伶仃岛和田头山。

受胁因素　过境鸟，受胁因素未能评估。

地方保护建议　无。

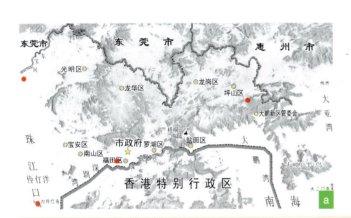

a. 丘鹬在深圳的记录位点
b. 丘鹬（拍摄于深圳湾）

6.3.35 扇尾沙锥
Gallinago gallinago (Linnaeus, 1758)

（1）物种描述

识别特征　全长约26 cm。脸皮黄色，具深色的侧冠纹、贯眼纹和颊纹，上体深褐，具白及黑色的细纹及蠹斑，下体淡皮黄色具褐色纵纹，外侧尾羽几乎与中央尾羽等宽。飞行时，次级飞羽具白色宽后缘，翼下具白色宽横纹。站立时，背部浅色纵纹明显。虹膜褐色；嘴长，褐色；脚橄榄色。

生境与习性　栖于沼泽地带、稻田、河湖岸边及沿海滩涂。善隐藏，惊飞时发出警叫声，曲折飞行，外侧尾羽伸出，颤动有声。啄食泥土中的软体动物、昆虫幼虫、蠕虫、植物种子等。

分布　繁殖于古北界。南迁越冬至非洲、印度、菲律宾等东南亚地区。

濒危和保护等级　国家"三有"保护动物。

（2）深圳种群

种群状况　常单独活动，常见但种群量不大。

分布格局　深圳全境，常见于深圳湾和华侨城湿地。

受胁因素　栖地性质改变，湿地质量下降。

地方保护建议　制定相关政策，划定生态红线，通过环境整体保护实现物种保护。

扇尾沙锥（拍摄于深圳湾）

6.3.36 长嘴鹬

Limnodromus scolopaceus (Say, 1823)

（1）物种描述

　　识别特征 全长约30 cm。喙长且直，基部浅黄色，尖端深色，腿黄绿色，体色较深，尾部多横斑，飞行时背部白色呈楔形，无横斑，次级飞羽白色后缘明显。

　　生境与习性 栖于沼泽地及沿海滩涂。

　　分布 繁殖于西伯利亚东北部及新北界西北部。越冬于北美洲。

　　濒危和保护等级 国家"三有"保护动物。

（2）深圳种群

　　种群状况 极罕见。

　　分布格局 深圳湾。

　　受胁因素 未确定。

　　地方保护建议 制定相关政策，划定生态红线，通过环境整体保护实现物种保护。

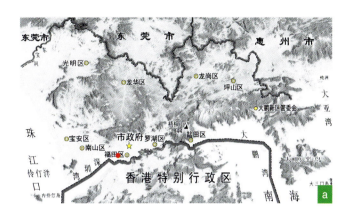

a.长嘴鹬在深圳的记录位点
b.左一长嘴鹬，右三泽鹬（拍摄于福田红树林保护区）

6.3.37 黑尾塍鹬
Limosa limosa (Linnaeus, 1758)

（1）物种描述

识别特征 全长约42 cm。腿长，喙基粉色，喙长且直，不上翘，过眼线显著，上体杂斑少，尾前半部近黑，腰及尾基白色，白色的翼上横斑明显，脚绿灰色。

生境与习性 栖息于沿海泥滩、河流及湖泊近岸。常在淤泥环境取食，头往泥里探得很深，有时头的大部分都埋在泥里。

分布 繁殖于古北界北部。冬季南迁至非洲、澳大利亚。大群的迁徙鸟经中国大部分地区，少量个体于东海和南海沿岸、海南及台湾越冬。

濒危和保护等级 国家"三有"保护动物。

（2）深圳种群

种群状况 较常见，多集大群。

分布格局 深圳湾。

受胁因素 深圳湾整体环境质量下降。

地方保护建议 通过提升深圳湾环境质量，可有效保护深圳湾的水鸟。

a

b

a. 黑尾塍鹬在深圳的记录位点
b. 左一黑尾塍鹬繁殖羽，右三泽鹬（拍摄于深圳湾）

6.3.38 大杓鹬
Numenius madagascariensis (Linnaeus, 1766)

（1）物种描述

识别特征 大型海岸鸟类，全长60-66 cm，翼展可达110 cm，嘴甚长而下弯，嘴达12.8-20.1 cm。上体棕色，整体比较平淡，翼下无棕色图案。嘴黑色，嘴基粉红色；脚灰色。

生境与习性 喜沿海潮间带、河口潮间带、草地、盐沼等生境。使用长喙来探测泥浆中的无脊椎动物。单独觅食，迁徙或停栖时会集大群。

分布 繁殖于东北亚，包括西伯利亚、堪察加和蒙古国。大多数迁徙至澳大利亚海岸过冬，迁徙多经过中国黄海，少量途径珠江口。

濒危和保护等级 2006年估测全球种群量在38 000只左右，IUCN红色名录列为濒危（EN）等级物种，中国物种红色名录为易危（VU）等级物种，国家"三有"保护动物。

（2）深圳种群

种群状况 在深圳为过境鸟，数量较少。

分布格局 目前仅见于深圳湾。

受胁因素 数据缺乏，未能评估。

地方保护建议 建议列为深圳湾冬季环境指示鸟类，实施科学监测。

a. 大杓鹬在深圳的记录位点
b. 左大杓鹬，右白腰杓鹬（拍摄于深圳湾）

6.3.39 中杓鹬
Numenius phaeopus (Linnaeus, 1758)

（1）物种描述

识别特征 全长约43 cm。嘴长而下弯，眉纹色浅，具两侧黑而中间色浅的顶纹。似白腰杓鹬但体型小许多，嘴也相应短。虹膜褐色；喙黑色；脚蓝灰。

生境与习性 喜沿海潮间带、河口潮间带、草地、沼泽等，通常结小至大群，常与其他涉禽混群。

分布 繁殖于欧洲北部及亚洲。冬季南迁至东南亚、澳大利亚及新西兰。迁徙时见于中国大部分地区，常见于华东及华南沿海河口地带，也见于内陆草原湿地。少数个体在台湾及广东越冬。

濒危和保护等级 国家"三有"保护动物。

（2）深圳种群

种群状况 旅鸟，罕见。

分布格局 见于深圳湾和大铲湾。

受胁因素 资料缺乏，未能评估。

地方保护建议 该鸟已经分离出多种禽流感亚型的低水平抗体（陈洪勋，2006），建议列为禽流感监测鸟类。

a. 中杓鹬在深圳的记录位点

b. 中杓鹬（拍摄于深圳湾）

6.3.40 白腰杓鹬
Numenius arquata (Linnaeus, 1758)

（1）物种描述

识别特征 全长约55 cm。嘴甚长而下弯；腰白，渐变成尾部色及褐色横纹。虹膜褐色；嘴褐色；脚青灰。

生境与习性 喜沿海洋潮间带、河口潮间带、草地、盐沼等生境。单独或结小至大群，常与其他涉禽混群。

分布 繁殖于古北界北部，包括中国东北。冬季南迁，远至印度尼西亚及澳大利亚，途经中国多数地区，为长江下游、华南、东南沿海、海南、台湾及西藏南部的雅鲁藏布江流域的定期候鸟。

濒危和保护等级 国家"三有"保护动物。

（2）深圳种群

种群状况 在深圳为冬候鸟，数量较多，常结中等群。

分布格局 目前仅见于深圳湾。

受胁因素 深圳湾整体环境质量下降。

地方保护建议 建议列为深圳湾冬季环境指示鸟类，实施科学监测。

a. 白腰杓鹬在深圳的记录位点
b-e. 白腰杓鹬（拍摄于深圳湾）

6.3.41 鹤鹬
Tringa erythropus (Pallas, 1764)

（1）物种描述

识别特征　全长约30 cm。繁殖羽黑色，具白色点斑；冬季似红脚鹬，但体型较大，灰色较深；嘴较长且细，嘴基红色较少；过眼纹明显；两翼色深并具白色点斑，飞行时翼后缘缺少白色横纹，脚伸出尾后较长。虹膜褐色；脚红色。

生境与习性　栖于鱼塘、沿海滩涂、湖泊、水塘和沼泽等生境。

分布　繁殖在欧洲。迁至非洲、印度及东南亚越冬。

濒危和保护等级　国家"三有"保护动物。

（2）深圳种群

种群状况　过境鸟，迁徙季节较常见。

分布格局　深圳全境有沼泽、泥滩的水域均有分布，但更多出现在深圳湾、华侨城湿地、大铲湾和大鹏半岛东涌。

受胁因素　湿地性质改变，环境质量下降。

地方保护建议　通过深圳湾和西乡红树林生态系统等湿地环境质量提升，实现整体保护。

鹤鹬非繁殖羽（拍摄于深圳湾）

6.3.42 红脚鹬
Tringa totanus (Linnaeus, 1758)

（1）物种描述

识别特征 全长约28 cm。腿红色，嘴前半部为红色，上体褐灰，下体白色，胸具褐色纵纹。比鹤鹬体型小，嘴也较短，嘴基红色较多。飞行时腰部白色明显，次级飞羽具明显白色外缘。尾上具黑白色细斑。

生境与习性 栖于泥岸、海滩、盐田、干涸的沼泽及鱼塘等，通常结小群活动。

分布 繁殖于非洲及古北界。冬季南迁至苏拉威西、东帝汶及澳大利亚。

濒危和保护等级 国家"三有"保护动物。

（2）深圳种群

种群状况 过境鸟，迁徙季节较常见。

分布格局 深圳全境有沼泽泥滩的水域均有分布，但更多出现在深圳湾、华侨城湿地和大铲湾。

受胁因素 湿地性质改变，环境质量下降。

地方保护建议 通过深圳湾和西乡红树林生态系统等湿地环境质量提升，实现整体保护。

红脚鹬繁殖期（拍摄于深圳湾）

6.3.43 泽鹬

Tringa stagnatilis (Bechstein, 1803)

（1）物种描述

识别特征 全长约23 cm。额白，嘴黑而细直，腿长而偏绿色；两翼及尾近黑，眉纹较浅；上体灰褐，腰及下背白色，下体白。

生境与习性 栖息于湖泊、盐田、沼泽地、池塘和沿海滩涂。冬季常结成大群停栖和觅食。

分布 繁殖于古北界。冬季南迁至非洲、南亚及东南亚，远至澳大利亚和新西兰。在我国，于内蒙古东北部呼伦湖地区繁殖。迁徙经过华东沿海、华南沿海、海南及台湾。有种群在珠江口越冬。

濒危和保护等级 国家"三有"保护动物。

（2）深圳种群

种群状况 甚常见，常结小群或大群。

分布格局 主要在深圳湾活动觅食，偶有小群至华侨城湿地、大铲湾、海上田园、农科院实验基地等地。

受胁因素 湿地性质改变，环境质量下降。

地方保护建议 建议列为深圳湾冬季环境指示鸟类，实施科学监测。

a. 泽鹬在深圳的记录位点

b. 泽鹬（拍摄于深圳湾）

6.3.44 青脚鹬
Tringa nebularia (Gunnerus, 1767)

（1）物种描述

识别特征 全长约32 cm。上体灰褐具杂色斑纹，翼尖及尾部横斑近黑，下体白色，喉、胸及两胁具褐色纵纹，背部的白色长条于飞行时尤为明显。翼下具深色细纹，以此与小青脚鹬相区别，后者翼下为白色。腿近绿色，灰色的嘴长而粗且略向上翻，而与泽鹬相区别。

生境与习性 栖息于沿海和内陆的沼泽等生境。通常单独或小群活动。进食时嘴在水里左右甩动寻找食物。

分布 繁殖于古北界，从英国至西伯利亚。越冬在非洲南部、印度次大陆、中国东南和华南沿海及海南、马来西亚等东南亚地区至澳大利亚。迁徙时见于中国大部分地区。

濒危和保护等级 国家"三有"保护动物。

（2）深圳种群

种群状况 甚常见，常单独活动或结小群活动。

分布格局 深圳全境沿海滩涂，但更多出现在深圳湾和华侨城湿地。

受胁因素 湿地性质改变，环境质量下降。

地方保护建议 建议列为深圳湾冬季环境指示鸟类，实施科学监测。

青脚鹬非繁殖期（拍摄于深圳湾）

6.3.45 白腰草鹬
Tringa ochropus Linnaeus, 1758

（1）物种描述

识别特征 全长约23 cm。夏季上体黑褐色，具细小的白色斑点。白色眼圈显著，下体白色，胸具黑褐色纵纹。飞行时，翼下为黑色，腰白色，尾部具深色宽横斑，脚伸至尾后。冬羽颜色较灰，纵纹不明显。虹膜暗褐色；嘴基部暗橄榄色，端黑；脚橄榄绿色。

生境与习性 广泛栖息于各类海岸和内陆湿地。多单只或结小群。行动时尾巴上下摆动，受到惊扰时频频点头，身体也会摆动。主要以各种昆虫和小型水生无脊椎动物为食。

分布 繁殖于欧亚大陆北部。冬季南迁远至非洲、印度次大陆、加里曼丹北部及菲律宾等东南亚地区。

濒危和保护等级 国家"三有"保护动物。

（2）深圳种群

种群状况 甚常见，常单独活动。

分布格局 深圳全境湿地环境。

受胁因素 栖地性质改变，湿地质量下降。

地方保护建议 制定相关政策，划定生态红线，通过环境整体保护实现物种保护。

白腰草鹬（拍摄于华侨城湿地）

6.3.46 林鹬
Tringa glareola (Linnaeus, 1758)

（1）物种描述

识别特征　全长约20 cm。白色眉纹长，背褐灰色具显眼的白色斑点，胸具黑褐色纵纹，腹部及臀偏白，尾白而具褐色横斑。飞行时尾部的横斑、白色的腰部及下翼、翼上无横纹为其特征。脚远伸于尾后。虹膜褐色；嘴黑色；脚淡黄至橄榄绿色。

生境与习性　主要栖于各种淡水和盐水湖泊、水塘、水库、沼泽和水田地带。多单只活动，亦结成松散小群。惊起时向上高飞，也能潜泳以逃避敌害。觅食水生昆虫、蠕虫、虾等，也吃部分植物。

分布　繁殖于欧亚大陆北部。冬季南迁至非洲、印度次大陆、东南亚及澳大利亚。

濒危和保护等级　国家"三有"保护动物。

（2）深圳种群

种群状况　甚常见，常单独活动。

分布格局　深圳全境湿地环境。

受胁因素　栖地性质改变，湿地质量下降。

地方保护建议　制定相关政策，划定生态红线，通过环境整体保护实现物种保护。

林鹬繁殖羽（拍摄于深圳湾）

6.3.47 灰尾漂鹬
Tringa brevipes (Vieillot, 1816)

（1）物种描述

识别特征 全长约25 cm。上体体羽全灰，胸浅灰，腹白，腰具横斑。嘴黑色，粗直。过眼纹黑色，眉纹白。腿短，黄色。颏近白，飞行时翼下色深。

生境与习性 常光顾多岩沙滩，珊瑚礁海岸及沙质或卵石海滩、极少至沿海泥滩。通常单独或成小群活动。不与其他涉禽混群。奔走时身子蹲下尾部高高翘起。

分布 繁殖于西伯利亚。冬季至马来西亚，澳大利亚及新西兰。迁徙时常见于中国东南地区，部分个体在台湾及海南越冬。

濒危和保护等级 国家"三有"保护动物。

（2）深圳种群

种群状况 不常见，常单独或结小群活动。

分布格局 沿海湿地，记录点包括坝光盐灶村、大鹏半岛西涌、深圳湾、华侨城湿地。

受胁因素 海岸被大量开发利用，栖地减少。

地方保护建议 制定相关政策，划定生态红线，通过环境整体保护实现物种保护。

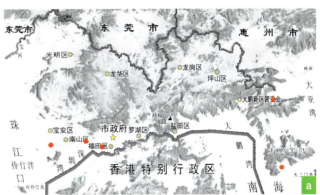

a. 灰尾漂鹬在深圳的记录位点
b. 灰尾漂鹬（拍摄于深圳湾）

6.3.48 翘嘴鹬
Xenus cinereus (Güldenstädt, 1775)

（1）物种描述

识别特征　全长约23 cm。嘴长而上翘，上体灰色，具半截白色眉纹，黑色的初级飞羽明显，腹部及臀白色。繁殖期肩羽具黑色条纹。飞行时翼上狭窄的白色内缘明显。嘴黑色，嘴基黄色；脚橘黄色。

生境与习性　栖息于沿海泥滩、小河及河口等生境，进食时与其他涉禽混群，但飞行时不混群。通常单独或一两只在一起活动，偶成大群。

分布　繁殖于欧亚大陆北部。冬季南迁远及澳大利亚和新西兰。迁徙时常见于中国东南及西部。部分非繁殖鸟整个夏季可见于中国南部。

濒危和保护等级　国家"三有"保护动物。

（2）深圳种群

种群状况　不常见。

分布格局　深圳湾和大鹏半岛沿海。

受胁因素　海岸环境质量下降。

地方保护建议　制定相关政策，划定生态红线，通过环境整体保护实现物种保护。

a. 翘嘴鹬在深圳的记录位点
b. 翘嘴鹬非繁殖羽（拍摄于深圳湾）

6.3.49 矶鹬
Actitis hypoleucos (Linnaeus, 1758)

（1）物种描述

识别特征 全长约20 cm。嘴短，翼不及尾。上体深褐色，翼角有"几"字形白斑；下体白，胸侧具褐灰色斑块。飞行时，翼上具宽阔白色翼带，翼下具黑色及白色横纹，腰无白色。秋季亚成鸟上覆羽微带褐色波浪形横斑。虹膜暗褐色；嘴黑褐色；脚暗橄榄绿。

生境与习性 栖于从沿海滩涂和沙洲至海拔1500 m的山地稻田及溪流、河流两岸等不同生境。常单独活动，性活跃，走动时头部和尾部不停地上下摆动。贴近水面，快速地扇动翅膀飞行。以昆虫、蠕虫、小鱼、水藻等为食。

分布 繁殖于古北界及喜马拉雅山脉。冬季至非洲、印度次大陆和东南亚，远至澳大利亚。

濒危和保护等级 国家"三有"保护动物。

（2）深圳种群

种群状况 甚常见，常单独活动。

分布格局 深圳全境湿地环境。

受胁因素 栖地性质改变，湿地质量下降。

地方保护建议 制定相关政策，划定生态红线，通过环境整体保护实现物种保护。

矶鹬（拍摄于华侨城湿地）

6.3.50 翻石鹬
Arenaria interpres (Linnaeus, 1758)

（1）物种描述

识别特征 全长约23 cm。嘴、腿及脚均短，腿及脚为鲜亮的橘黄色；头及胸部具黑色、棕色及白色的复杂图案；嘴型颇具特色。飞行时翼上具醒目的黑白色图案。

生境与习性 结小群栖于沿海泥滩、沙滩及海岸石岩。有时在内陆或近海开阔处进食。偶尔与其他鹬类混群。在海滩上翻动石头及其他物体找食甲壳类。奔走迅速。

分布 繁殖于全北界纬度较高地区。冬季南迁至南美洲、非洲和亚洲热带地区至澳大利亚及新西兰。在中国，迁徙时甚常见，经华东，部分鸟留于台湾、福建及广东越冬。

濒危和保护等级 国家"三有"保护动物。

（2）深圳种群

种群状况 不甚常见。

分布格局 深圳湾和大鹏半岛沿岸。

受胁因素 深圳湾整体环境质量下降。

地方保护建议 通过深圳湾环境提升，实现整体保护。

a. 翻石鹬在深圳的记录位点
b. 翻石鹬繁殖羽（拍摄于深圳湾）

6.3.51 红腹滨鹬

Calidris canutus (Linnaeus, 1758)

（1）物种描述

识别特征　全长约24 cm。黑色的嘴短且厚，具浅色眉纹；上体灰色，略具鳞状斑；下体近白，颈、胸及两胁淡皮黄色。飞行时翼具狭窄的白色横纹，腰浅灰。夏季下体棕色，脚黄绿色。

生境与习性　栖于内陆沙滩、沿海滩涂及河口近岸裸滩。常结大群活动，常与其他涉禽混群。

分布　繁殖于北极圈内。冬季迁至美洲南部、非洲、印度次大陆、澳大利亚及新西兰。冬季有少量在台湾、海南、广东及香港沿海越冬。

濒危和保护等级　国家"三有"保护动物，中国物种红色名录易危（VU）等级物种。

（2）深圳种群

种群状况　在迁徙季节偶尔可见大群。2012年4月12日在华侨城湿地单日记录7000多只。

分布格局　深圳湾和华侨城湿地。

受胁因素　深圳湾整体环境质量下降。

地方保护建议　制定相关政策，划定生态红线，通过环境整体保护实现物种保护。

a. 红腹滨鹬在深圳的记录位点

b. 红腹滨鹬繁殖羽（拍摄于深圳湾）

6.3.52 三趾滨鹬
Calidris alba (Pallas, 1764)

（1）物种描述

识别特征 全长约20 cm。整体体色比其他滨鹬白，肩羽明显黑色。飞行时翼上具白色宽纹，尾中央色暗，两侧白。夏季鸟上体赤褐色。无后趾，脚黑色；嘴黑色。

生境与习性 栖息于滨海沙滩，较硬质泥地。通常随潮线在水边奔跑，拣食海潮冲刷出来的小食物。独行或与其他鹬类混群。

分布 全北界。繁殖于北半球。冬季远至澳大利亚及新西兰。迁徙季节中国见于东北、华东和华南沿海、贵州、新疆西部和西藏南部，有部分种群在华南、东南沿海和台湾南部越冬。

濒危和保护等级 国家"三有"保护动物。

（2）深圳种群

种群状况 不甚常见，常混群于其他鹬类中，不易发现。

分布格局 深圳湾。

受胁因素 深圳湾整体湿地环境质量下降。

地方保护建议 制定相关政策，划定生态红线，通过环境整体保护实现物种保护。

a. 三趾滨鹬在深圳的记录位点
b. 三趾滨鹬非繁殖羽（拍摄于深圳湾）

6.3.53 黑腹滨鹬
Calidris alpina (Linnaeus, 1758)

（1）物种描述

识别特征 全长约19 cm。冬羽上体灰色，下体白色，腹部偶有黑色斑块痕迹，头部色彩单调，仅为一道白色眉纹，嘴黑色，末段略下弯，尾中央黑而两侧白。夏羽胸部黑色，上体棕色。腿较短，脚近黑色，胸色较暗。

生境与习性 栖息于沿海及内陆泥滩，单独或成小群，常与其他涉禽混群。

分布 繁殖于全北界北部，南方越冬。在华东和华南是常见过境鸟及冬候鸟。

濒危和保护等级 国家"三有"保护动物。

（2）深圳种群

种群状况 过境时结大群，种群数量很大。

分布格局 深圳湾、西乡红树林、大铲岛、大鹏半岛东涌和西涌。

受胁因素 栖地性质改变，海岸湿地质量下降。

地方保护建议 通过深圳湾和西乡红树林生态系统环境提升，实现整体保护。

a. 黑腹滨鹬在深圳的记录位点
b. 黑腹滨鹬繁殖羽（拍摄于深圳湾）

6.3.54 红颈滨鹬
Calidris ruficollis (Pallas, 1776)

（1）物种描述

识别特征 全长约15 cm。冬羽羽色单调，上体灰褐，多具杂斑及纵纹，眉线白，腰的中部及尾深褐，尾侧白；下体白，胸部白色具深褐色斑纹。春夏季头顶、颈的体羽及翅上覆羽棕色。腿黑色，较短，嘴较粗厚、黑色。

生境与习性 栖于沿海滩涂，结大群活动，性活跃，行走敏捷。

分布 繁殖于西伯利亚北部。越冬于东南亚至澳大利亚。为华东和华中甚常见的迁徙过境鸟，有少量冬候鸟在海南、广东、香港及台湾沿海越冬。

濒危和保护等级 国家"三有"保护动物。

（2）深圳种群

种群状况 过境时结大群，种群数量很大。

分布格局 深圳湾和西乡红树林。

受胁因素 栖地性质改变，海岸湿地质量下降。

地方保护建议 通过深圳湾和西乡红树林生态系统环境提升，实现整体保护。

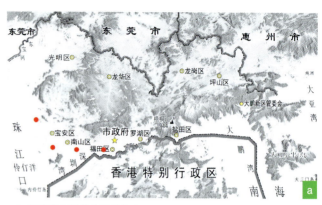

a. 红颈滨鹬在深圳的记录位点
b. 红颈滨鹬非繁殖羽（拍摄于深圳湾）
c. 红颈滨鹬繁殖羽（拍摄于深圳湾沙河西海滨）

6.3.55 青脚滨鹬
Calidris temminckii (Leisler, 1812)

（1）物种描述

识别特征　全长13.5-15 cm。该尺寸与小滨鹬相似，但与后者区别是其体色更加偏棕色，腿黄色，较短，翅较长，拢翼稍短于尾，外侧尾羽纯白。头和上体浅棕色，胸色深，其后渐变为近白色的腹部。繁殖季节成鸟换成明亮的红棕色体羽。

生境与习性　栖于沿海滩涂及沼泽地带，成小或大群。

分布　繁殖于古北界北部。冬季至非洲、中东、印度、菲律宾及加里曼丹等东南亚地区。过境鸟全国均有，台湾、福建、广东及香港有越冬群。

濒危和保护等级　国家"三有"保护动物。

（2）深圳种群

种群状况　甚罕见。

分布格局　深圳湾、华侨城湿地、大铲湾。

受胁因素　深圳湾整体环境质量下降。

地方保护建议　制定相关政策，划定生态红线，通过环境整体保护实现物种保护。

a. 青脚滨鹬在深圳的记录位点
b. 青脚滨鹬（拍摄于深圳湾红树林自然保护区）

6.3.56 长趾滨鹬
Calidris subminuta (Middendorff, 1853)

（1）物种描述

　　识别特征　全长13-16 cm。腿偏黄，嘴黑色且短直而细。繁殖季节成鸟上体每一羽片中央深色，有宽的棕色羽缘，下体白色，眼上方有浅色眼线，顶冠棕色。冬季上体灰色，与红颈滨鹬的区别为腿色较淡，与青脚滨鹬区别为上体具粗斑纹。

　　生境与习性　在泥滩上觅食，有时是通过嘴端探测来捕捉食物。以小甲壳动物、昆虫和蜗牛为食。

　　分布　繁殖于亚洲北部。迁徙至南亚、东南亚和澳大利亚、新西兰及南太平洋岛屿越冬。在台湾、广东及香港有越冬群。

　　濒危和保护等级　国家"三有"保护动物。

（2）深圳种群

　　种群状况　罕见。

　　分布格局　深圳湾、华侨城湿地、大鹏半岛沿岸。

　　受胁因素　深圳湾环境质量下降。

　　地方保护建议　制定相关政策，划定生态红线，通过环境整体保护实现物种保护。

a.长趾滨鹬在深圳的记录位点
b.长趾滨鹬（拍摄于大鹏农科院实验基地）

6.3.57 尖尾滨鹬
Calidris acuminata (Horsfield, 1821)

（1）物种描述

识别特征　全长约19 cm。繁殖期成鸟上体多棕色，每一羽片中央深色，胸部浅黄色，下体其余部分为白色，眼上方有浅色眉线，顶冠板栗色。冬季上体灰色。

生境与习性　于草原和泥滩上觅食，通过观察来获取食物，有时也通过嘴端探测觅食。主要以昆虫和其他无脊椎动物为食。

分布　繁殖于西伯利亚东部极北地区的沼泽苔原地带。迁徙至东南亚和澳大利亚、新西兰及南太平洋岛屿等地越冬。在我国为甚常见的迁徙过境鸟，东北、沿海各省及云南均有记录。

濒危和保护等级　国家"三有"保护动物。

（2）深圳种群

种群状况　罕见。

分布格局　深圳湾、华侨城湿地、大鹏半岛滨海湿地。

受胁因素　栖地性质改变，深圳湾整体环境质量下降。

地方保护建议　制定相关政策，划定生态红线，通过环境整体保护实现物种保护。

a. 尖尾滨鹬在深圳的记录位点
b. 尖尾滨鹬繁殖羽（拍摄于大鹏半岛）

6.3.58 弯嘴滨鹬
Calidris ferruginea (Pontoppidan, 1763)

（1）物种描述

识别特征 全长约21 cm。腰部白色明显，嘴黑色，长而下弯，上体大部灰色几无纵纹，下体白，眉纹、翼上横纹及尾上覆羽的横斑均白。夏羽胸部及通体体羽深红棕色，颏白。繁殖期腰部的白色不明显。脚黑色。

生境与习性 常栖息于沿海滩涂、河口、沼泽等生境。

分布 繁殖于西伯利亚北部。越冬至非洲、中东、印度次大陆及澳大利亚。在我国，迁徙时见于全国，少量在海南、广东及香港越冬。

濒危和保护等级 国家"三有"保护动物。

（2）深圳种群

种群状况 过境时结大群，种群数量很大。

分布格局 深圳湾、华侨城湿地和西乡红树林。

受胁因素 栖地性质改变，海岸湿地质量下降。

地方保护建议 建议列为深圳湾冬季环境指示鸟类，实施科学监测。

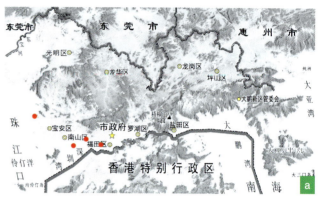

a. 弯嘴滨鹬在深圳的记录位点
b. 弯嘴滨鹬繁殖羽和非繁殖羽混群（拍摄于华侨城湿地）
c. 弯嘴滨鹬繁殖羽（拍摄于深圳湾沙河西海岸）
d. 弯嘴滨鹬繁殖羽和非繁殖羽混群（拍摄于深圳湾沙河西海岸）

6.3.59 阔嘴鹬
Calidris falcinellus (Pontoppidan, 1763)

（1）物种描述

识别特征　全长约17 cm。具有特征性的双眉纹，翼角常具明显的黑色块斑。与黑腹滨鹬平滑下弯的嘴相比，阔嘴鹬的嘴具微小纽结，使其看似破裂。上体具灰褐色纵纹，下体白，胸具细纹，腰及尾的中心部位黑而两侧白。冬季与黑腹滨鹬区别在于眉纹叉开，腿短。与姬鹬 *Lymnocryptes minimus* 易混淆，但嘴不如其直，肩部条纹不甚明显。

生境与习性　栖于沿海泥滩、沙滩及沼泽地区。翻找食物时嘴垂直向下。高度集群，并常与其他类水鸟，特别是与黑腹滨鹬混群。

分布　繁殖于北欧和西伯利亚北部。迁徙能力强，从非洲东部（非繁殖地）开始，经过南亚、东南亚、澳大利亚、新西兰和南太平洋岛屿而回到繁殖地。尽管它在欧洲繁殖，但在西欧很少见，大概是因为其东南迁徙路线所致。

濒危和保护等级　国家"三有"保护动物。

（2）深圳种群

种群状况　不常见。

分布格局　深圳湾和华侨城湿地。

受胁因素　栖地性质改变，湿地质量下降。

地方保护建议　制定相关政策，划定生态红线，通过环境整体保护实现物种保护。

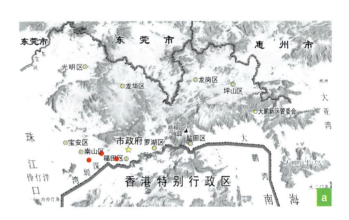

a. 阔嘴鹬在深圳的记录位点

b. 阔嘴鹬（拍摄于深圳湾沙河西海岸）

6.3.60 流苏鹬
Calidris pugnax (Linnaeus, 1758)

（1）物种描述

识别特征 雄鸟全长29-32 cm，翼展54-60 cm；雌鸟全长22-26 cm，翼展46-49 cm。嘴短，暗褐色，嘴基橘红，腿长，黄绿色或呈褐色，头小，颈长，嘴直。冬羽上体深褐具浅色鳞状斑纹，喉浅皮黄色，头及颈皮黄色；下体白，两胁常具少许横斑。飞行时可见翼上狭窄白色横纹和深色尾基两侧的椭圆形白色块斑。

生境与习性 沼泽地带及沿海滩涂，与其他涉禽混群。

分布 繁殖于北欧和亚洲。冬季至非洲及南亚。在中国，迁徙时见于新疆西部、西藏南部及华南、华东沿海，有少量个体在广东、福建及香港沿海越冬。

濒危和保护等级 国家"三有"保护动物。

（2）深圳种群

种群状况 种群量不大。

分布格局 深圳湾和华侨城湿地。

受胁因素 栖地性质改变，湿地质量下降。

地方保护建议 制定相关政策，划定生态红线，通过环境整体保护实现物种保护。

a. 流苏鹬在深圳的记录位点
b. 左上二流苏鹬，右下二白腰草鹬（拍摄于华侨城湿地）

6.3.61　红颈瓣蹼鹬
Phalaropus lobatus (Linnaeus, 1758)

（1）物种描述

识别特征　全长约18 cm。嘴黑色、细长，头顶及眼周黑色，上体灰，羽轴色深，下体偏白。飞行时深色腰部及翼上的宽白横纹明显。夏羽色深，喉白，棕色的眼纹至眼后而下延颈部成兜围，肩羽金黄。

分布　繁殖于全北界。于世界各地的海上越冬。在中国是罕见过境鸟，常见于海南、台湾、广东珠江口等沿海水域及港湾。常见其游泳于海上。

濒危和保护等级　国家"三有"保护动物。

（2）深圳种群

种群状况　过境鸟，以单独活动者常见。

分布格局　深圳湾和华侨城湿地。

受胁因素　栖地性质改变，湿地质量下降。

地方保护建议　制定相关政策，划定生态红线，通过环境整体保护实现物种保护。

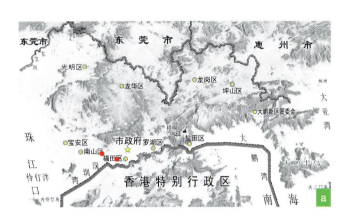

a. 红颈瓣蹼鹬在深圳的记录位点
b. 红颈瓣蹼鹬非繁殖羽（拍摄于福田红树林自然保护区）

6.3.62 普通燕鸻
Glareola maldivarum Forster, 1795

（1）物种描述

识别特征 全长约25 cm。翼长，停落时翅超过尾羽。喉皮黄色具黑色边缘，黑色边缘在冬候鸟较模糊。上体棕褐色具橄榄色光泽，两翼近黑，尾上覆羽白色，腹部灰，尾下白，叉形尾黑色，但基部及外缘白色，嘴黑色，嘴基猩红，脚深褐色。

生境与习性 栖于开阔地、沼泽地及稻田。善走，头不停点动。飞行优雅似燕，于空中捕捉昆虫。

分布 繁殖于亚洲东部。冬季南迁经印度尼西亚至澳大利亚。有种群繁殖于华北、东北、华东、华南、新疆，近年在广东中山有繁殖记录。迁徙时见于中国东部多数地区。

濒危和保护等级 国家"三有"保护动物。

（2）深圳种群

种群状况 种群量不大。

分布格局 深圳全境，在坪山新区有夏季记录。

受胁因素 栖地性质改变，湿地质量下降。

地方保护建议 制定相关政策，划定生态红线，通过环境整体保护实现物种保护。

普通燕鸻（拍摄于深圳坪山）

6.3.63 黑尾鸥
Larus crassirostris Vieillot, 1818

（1）物种描述

识别特征　全长约46 cm，翼展126-128 cm。上体深灰，腰白，尾白而具宽大的黑色次端带。成鸟繁殖期头白，喙末端红色，具有一黑色环带，背及翅上深灰黑色；飞行时可见白腰黑尾，翼上全部深灰色。非繁殖期头顶及颈部具深色斑。

生境与习性　海岸性鸥类，通常见于海岸线、海湾和河口附近。越冬和迁徙季节在海滨潮间带和海面上活动，停歇至鱼塘。食物包括鱼类、甲壳类、昆虫、软体动物和环节动物。常跟随渔船飞行，也会从其他海鸟处劫掠食物。叫声似猫叫。

分布　东亚特有鸥类。分布于中国华东、朝鲜半岛、日本和俄罗斯东部的沿海地区。在中国繁殖于福建至辽宁沿海的无人岛礁上；越冬于华南和台湾的滨海地区。

濒危和保护等级　国家"三有"保护动物。繁殖地有非法拣拾鸟蛋现象。

（2）深圳种群

种群状况　深圳较为少见的旅鸟和冬候鸟。

分布格局　目前仅记录于南澳、坝光和深圳湾。

受胁因素　栖地性质改变，湿地质量下降。

地方保护建议　制定相关政策，划定生态红线，通过环境整体保护实现物种保护。

a. 黑尾鸥在深圳的记录位点
b. 黑尾鸥（拍摄于深圳湾）

6.3.64 乌灰银鸥
Larus heuglini Bree, 1876

（1）物种描述

识别特征 全长约60 cm。上体灰至深灰，颜色深于中国其他银鸥但仍浅于黑背鸥。冬季成鸟头部具少量至中量的纵纹，颈背纵纹最多。三级飞羽白色月牙形斑较宽，但肩部月牙形斑较细。初级飞羽的两枚外侧羽具微小的白色羽端，至第6、第7枚羽逐渐增大。飞行时初级飞羽外侧翼镜中等大小，第9枚初级飞羽具一小翼镜。初级飞羽外侧色深，与白色翼下覆羽及次级飞羽羽尖成对照。眼周裸皮红色。脚鲜黄色。

生境与习性 见于食物丰富的河口和滨海潮间带。具松散的群栖性，4月中旬至6月下旬集群繁殖。

分布 繁殖于俄罗斯西北部沿海。越冬于东南亚、南亚和东非。中国华南沿海的常见冬季留鸟。

濒危和保护等级 国家"三有"保护动物。

（2）深圳种群

种群状况 深圳市少见的冬候鸟。

分布格局 目前仅见于红树林保护区及周边海域。

受胁因素 栖地性质改变，湿地质量下降。

地方保护建议 制定相关政策，划定生态红线，通过环境整体保护实现物种保护。

a. 乌灰银鸥在深圳的记录位点
b. 乌灰银鸥（拍摄于深圳湾）

6.3.65 红嘴鸥
Chroicocephalus ridibundus (Linnaeus, 1766)

（1）物种描述

识别特征 全长约40 cm。繁殖期成鸟具深褐色头罩，并具不完整的狭窄白眼圈，上背和翼灰色，具黑色翼尖，其余体羽白色。非繁殖期成鸟无深色头罩，但颊部有一黑斑，眼上方或有灰色污迹。亚成鸟似非繁殖期成鸟，但具褐色三级飞羽及翼上覆羽，翼尖及尾羽末端黑色。飞行时，浅灰色的翼尖而狭窄，从背面看外侧初级飞羽白色，初级飞羽后缘黑色。虹膜褐色；繁殖期嘴红色或橘红色具黑端；脚红色，亚成鸟色较淡。

生境与习性 栖于平原和低山丘陵地带的湖泊、河流、水库、河口及海滨等。常浮于水上，或立于漂浮物及岸边岩石、沙滩上。上下翻飞，俯冲取食。主要以小鱼、虾、水生昆虫、甲壳类、软体动物等为食，也吃鼠类、蜥蜴类等小型陆生脊椎动物及小型动物尸体。

分布 繁殖于古北界。南迁至印度、中国华南沿海、东南亚越冬。

濒危和保护等级 国家"三有"保护动物。

（2）深圳种群

种群状况 深圳较为常见的冬候鸟，集大群于深圳湾和珠江口水域。

分布格局 主要见于深圳湾、蛇口码头及内伶仃岛附近海域。

受胁因素 栖地性质改变，湿地质量下降。

地方保护建议 建议列为深圳冬季环境指示鸟类，实施科学监测。

a. 红嘴鸥在深圳的记录位点
b、c. 红嘴鸥（拍摄于深圳湾北湾鹭港）

6.3.66 须浮鸥
Chlidonias hybrida (Pallas, 1811)

（1）物种描述

识别特征 全长约25 cm。尾浅开叉，双翼显圆。繁殖期成鸟前额至枕部黑色，上体灰色，仅颊部白色，下体深灰色，尾下覆羽白色。非繁殖期成鸟，头顶具细纹，前额和眼先白色，眼后至枕部有一黑斑，上体灰，下体白。亚成鸟似非繁殖期成鸟但上体具褐色杂斑，腰及尾浅灰色。虹膜深褐；嘴血红色（繁殖期）或黑色；脚红色。

生境与习性 栖息于沼泽地、湖泊、水塘等地，常在内陆漫水地和稻田觅食。一般成群，频繁地在水面上空飞舞，行动敏捷轻快。取食时低掠水面，或俯冲入水捕捉食物，但不会全身浸于水中。以小鱼、虾、水生昆虫和其他水生动物为食，也吃部分水生植物。

分布 繁殖在非洲南部、西古北界的南部、南亚及澳大利亚。中国繁殖于华东的种群冬季南迁，有些鸟在台湾越冬。

濒危和保护等级 国家"三有"保护动物。

（2）深圳种群

种群状况 深圳较为少见的旅鸟，迁徙时可见集大群。

分布格局 见于海上田园、深圳湾、华侨城湿地和南澳。

受胁因素 未见确定的致胁因素。

地方保护建议 制定相关政策，划定生态红线，通过环境整体保护实现物种保护。

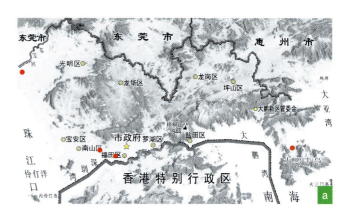

a

b

a. 须浮鸥在深圳的记录位点

b. 须浮鸥（拍摄于深圳湾）

6.3.67 白翅浮鸥
Chlidonias leucopterus (Temminck, 1815)

（1）物种描述

识别特征　全长约23 cm。尾浅灰色，具浅分叉、近方形。繁殖期成鸟的头、背及下体黑色，与白色翼上覆羽、腰、臀及浅灰色尾成明显反差。非繁殖期成鸟上体浅灰，耳羽处有一黑色斑点，以狭窄的黑带与灰色的头顶相接，白色的枕部具狭窄黑带，颈侧无黑斑，下体白。亚成鸟似非繁殖期成鸟，但上背和翼上覆羽具深褐色扇形斑纹，初级飞羽超出尾长。虹膜深褐；嘴深血红色（繁殖期）或黑色（非繁殖期）；脚橙红色（繁殖期）或暗红色（非繁殖期）。

生境与习性　喜沿海地区、港湾及河口，也至内陆稻田及沼泽觅食。以小群活动，常与其他浮鸥混群；常栖于杆状物或石块上。飞行灵活轻快，取食时低低掠过水面，顺风而飞捕捉昆虫，或把嘴伸入水中。以小鱼、虾、昆虫及其幼虫和其他水生动物为食。

分布　繁殖于南欧及阿拉伯海，横跨亚洲至俄罗斯中部及中国。冬季南迁至非洲南部，并经印度尼西亚至澳大利亚，偶至新西兰。

濒危和保护等级　国家"三有"保护动物。

（2）深圳种群

种群状况　深圳较为少见的旅鸟，迁徙时可见集大群。

分布格局　见于海上田园及红树林保护区，大鹏半岛鱼塘，偶尔也会见于内陆水域，如石岩湿地公园。

受胁因素　未见确定的致胁因素。

地方保护建议　制定相关政策，划定生态红线，通过环境整体保护实现物种保护。

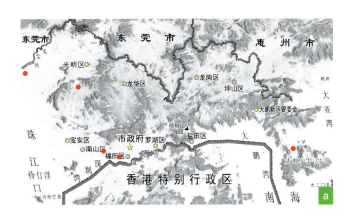

a. 白翅浮鸥在深圳的记录位点
b. 白翅浮鸥繁殖羽（拍摄于深圳湾公园）

6.3.68 红嘴巨鸥
Hydroprogne caspia (Pallas, 1770)

（1）物种描述

识别特征 全长约49 cm。嘴大，红色。夏季顶冠黑色，冬季白，具纵纹。初级飞羽腹面黑色。亚成鸟上体具褐色横斑。第一冬鸟似成鸟，但两翼具褐色杂点，顶冠深黑。

生境与习性 主要栖息于河口和海湾沙滩、泥地等沼泽地带，也见于内陆平原和荒漠中的湖泊与河流中。常单独或成小群活动。频繁地在水面低空飞翔。

分布 分布广泛。中国繁殖于沿海及内陆大型水域，在华南和东南沿海、台湾及海南越冬。

濒危和保护等级 国家"三有"保护动物。

（2）深圳种群

种群状况 深圳较为少见的旅鸟。

分布格局 深圳湾。

受胁因素 深圳湾整体湿地环境质量下降。

地方保护建议 制定相关政策，划定生态红线，通过环境整体保护实现物种保护。

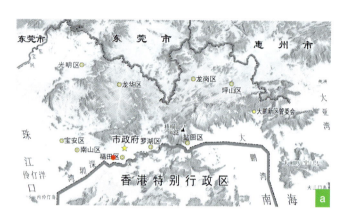

a.红嘴巨鸥在深圳的记录位点
b.红嘴巨鸥繁殖羽（拍摄于深圳湾）

6.3.69 鸥嘴噪鸥
Gelochelidon nilotica (Gmelin, 1789)

（1）物种描述

识别特征 全长约39 cm。尾呈尖叉状，嘴黑。成鸟夏季头顶全黑，冬季头顶则为白色，脸部有黑色块斑过眼，颈背具灰色杂斑，上体浅灰而下体白。

生境与习性 常光顾沿海河口、潟湖及内陆淡、咸水湖。取食时通常轻掠水面，或于泥地捕食甲壳类等动物，很少潜入水中。

分布 几乎遍布全世界。在我国，越冬于东南沿海和台湾、广东珠江口和海南。

濒危和保护等级 国家"三有"保护动物。

（2）深圳种群

种群状况 深圳较为少见的旅鸟。

分布格局 深圳湾、华侨城湿地。

受胁因素 深圳湾整体环境质量下降。

地方保护建议 制定相关政策，划定生态红线，通过环境整体保护实现物种保护。

a. 鸥嘴噪鸥在深圳的记录位点
b. 鸥嘴噪鸥繁殖羽（拍摄于深圳湾）

6.3.70 黑枕燕鸥

Sterna sumatrana Raffles, 1822

（1）物种描述

识别特征 全长约31 cm。尾长、叉形，头白，过眼黑斑纹向后延伸形成颈背黑色斑带，即枕部黑色带，上体浅灰，下体白。第一冬鸟头顶具褐色杂斑，颈背有近黑色斑。

生境与习性 群栖，常与其他燕鸥混群，喜沙滩及珊瑚海滩，极少到泥滩，从不到内陆。于近海有礁岩的海岛上繁殖

分布 印度洋、太平洋西部沿海的热带岛屿及澳大利亚北部。在我国为繁殖鸟及夏候鸟，繁殖于东南及华南沿海的海上岩礁及岛屿，南沙群岛也有分布。有些鸟冬季在海南岛附近及更南的海岛上越冬。

濒危和保护等级 国家"三有"保护动物。

（2）深圳种群

种群状况 甚常见，夏季于大鹏半岛对出的海岛上繁殖。

分布格局 大鹏半岛。

受胁因素 海岛开发，人类干扰。

地方保护建议 严格控制岛屿和海岸的开发，限制登岛行为。

a. 黑枕燕鸥在深圳的记录位点
b. 黑枕燕鸥求偶（拍摄于珠江口）
c. 黑枕燕鸥（拍摄于大鹏半岛）

6.3.71 黑鹳
Ciconia nigra (Linnaeus, 1758)

（1）物种描述

识别特征　体型较大，全长100-120 cm。雌雄相似，头、颈、上体和上胸黑色，具绿色和紫色光泽，三级飞羽及次级飞羽内侧白色，下胸、腹部及尾下白色，嘴红色，长而直，胫下部、跗蹠和脚趾裸出，均为红色，眼周裸露，皮肤红色，虹膜褐色。亚成鸟上体褐色，下体白色。

生境与习性　喜食鱼类和其他小型水生生物，通常在淡水湿地活动，偶尔至滨海。繁殖期较为分散，通常迁徙和越冬时集群。迁徙通常在白天进行。

分布　繁殖于俄罗斯东部和中国北方地区。越冬至中国黄河流域及其以南地区，偶至香港及广东。

濒危和保护等级　稀见种。国家I级重点保护野生动物，CITES附录II物种，中国物种红色名录易危（VU）等级物种。

（2）深圳种群

种群状况　在深圳为罕见冬候鸟。

分布格局　大铲湾、南山西丽。

受胁因素　远离其主要分布区，属偶见种，数据缺乏，无法评估。

地方保护建议　偶见物种，无特别针对性保护建议。

a. 黑鹳在深圳的记录位点
b. 黑鹳（拍摄于大铲湾）

6.3.72 白斑军舰鸟
Fregata ariel (Gray, 1845)

（1）物种描述

识别特征　大型海洋性鸟类。该种在军舰鸟科中体型最小。翅窄而尖长，尾深分叉，后肢短弱，全蹼足，但蹼不发达，脚趾部位无蹼。因此，该鸟飞行能力极强，很少游泳，不能在陆上行走。嘴喙长，上喙端部勾曲。雄性有深红色喉囊，可充气膨胀以吸引雌性。雄鸟全身近黑色，仅两胁及翼下基部具白色斑块。雌鸟略大于雄鸟，黑色，头近褐，胸及腹部有凹形白斑，翼下基部有些白色，眼周裸露皮肤粉红或蓝灰，颏黑。亚成鸟上体褐黑，头、颈、胸及两胁白色沾棕。该鸟与小军舰鸟亚成鸟的区别在于其体型较小，下体具凹形白色斑块，翼下基部有较多白色。

生境与习性　该鸟常以在海水表面飞行的鱼类为食（通常是颌针鱼目的飞鱼），有时也骚扰其他衔食海鸟，迫使它们吐掉食物，并在食物下降过程中截获。季节性的一夫一妻制，雌雄共同筑巢、孵卵和育雏。巢粗糙，建在低矮的树木上或偏远岛屿的地面上。每次繁殖产卵一枚，每隔一年繁殖一次。

分布　印度洋、太平洋及大西洋巴西沿岸的热带和亚热带水域。夏季偶尔会飞至中国及日本。在我国为罕见夏候鸟，在广东至福建沿海偶有记录，但在中国南海、西沙群岛及南沙群岛相对较常见。

濒危和保护等级　全球种群数量庞大，中国较罕见，为国家"三有"保护动物。

（2）深圳种群

种群状况　罕见夏候鸟，偶尔出现在深圳和香港近岸。

分布格局　仅记录于深圳湾。

受胁因素　数据缺乏，未能评估。

地方保护建议　无。

a. 白斑军舰鸟在深圳的记录位点
b. 白斑军舰鸟（拍摄于深圳湾）

6.3.73 普通鸬鹚
Phalacrocorax carbo (Linnaeus, 1758)

（1）物种描述

识别特征 嘴长，上喙端部具钩，基部有喉囊，全蹼足，后肢在身体较后方，善于游泳和潜水，通体黑色，阳光下头颈部有紫绿色光泽，两肩和翅膀有青铜色光泽，眼后下方白色，嘴基部黄色，裸出。繁殖期头颈有白色丝状羽毛，翅膀下有一块大白斑。

生境与习性 栖息于河川、湖沼、海湾等湿地环境。夏季在近水的岩崖高树或沼泽低地的矮树上营巢。善游泳和潜水，以鱼类为食。由于尾脂腺不发达，从水中出来后要停栖在岩石或光枝上晾翼。成群飞行队形呈"V"形或直线。

分布 北美洲东部沿海、欧洲、俄罗斯南部、西伯利亚南部、非洲西北部及南部、中东、中亚、印度、中国、东南亚、澳大利亚、新西兰。有迁徙种群，在华南和东南越冬的种群大多为冬候鸟，繁殖在中国内蒙古、青海、新疆至哈萨克斯坦。

濒危和保护等级 国家"三有"保护动物。常被渔网误伤，偶有被捕捉驯养的情况。

（2）深圳种群

种群状况 冬季数量庞大。

分布格局 记录于深圳湾、华侨城湿地、铁岗水库、深圳水库、松子坑水库、海上田园等地。

受胁因素 海水污染、人类活动对海岸线整体环境的改变和破坏等。

濒危等级 制定海岸和湿地保护相关政策，划定生态红线，通过环境整体保护实现物种保护。

a. 普通鸬鹚（拍摄于深圳湾）
b. 普通鸬鹚（拍摄于华侨城湿地）

6.3.74 白琵鹭
Platalea leucorodia Linnaeus, 1758

（1）物种描述

识别特征 体型较大，全长74-85 cm。夏羽全身白色，头后枕部具长的发丝状橙黄色冠羽，前额下部具橙黄色颈环，颏和上喉裸露无羽呈橙黄色。冬羽和夏羽相似，全身白色，头后枕部无羽冠，前颈下部亦无橙黄色颈环。成鸟似黑脸琵鹭，脸部被白色羽毛，眼先裸露部分较窄，黑色，嘴末端为黄色而非黑色，虹膜暗黄色。

生境与习性 喜在泥泞水塘、湖泊或泥滩等生境中活动，常在水中缓慢前进，嘴左右甩动以寻找食物。

分布 欧亚大陆和非洲。冬季南迁经华中至云南、长江中下游、华南和东南沿海、台湾及澎湖列岛。

濒危和保护等级 国家II级重点保护野生动物，CITES附录II物种，中国物种红色名录易危（VU）等级物种。

（2）深圳种群

种群状况 在深圳为罕见冬候鸟。

分布格局 偶见于福田红树林保护区，常与黑脸琵鹭混群。

受胁因素 深圳湾整体环境质量下降。

地方保护建议 建议纳入深圳湾水鸟的整体保护计划，实施种群动态监测。

a. 白琵鹭在深圳的记录位点
b. 白琵鹭（拍摄于深圳湾）
c. 白琵鹭（拍摄于深圳湾红树林自然保护区）

6.3.75 黑脸琵鹭
Platalea minor Temminck and Schlegel, 1849

（1）物种描述

识别特征　中型涉禽，全长68-78 cm。嘴长、扁平而直，黑色，先端扩大成匙状。脚较长，黑色，胫下部裸出。额、喉、脸、眼周和眼先裸出，全为黑色，与黑色嘴融为一体，其余全身白色。繁殖期间头后枕部有长而呈发丝状的黄色冠羽，前颈下部有黄色颈圈。非繁殖期冠羽较短，不为黄色，前颈下部亦无黄色颈环。虹膜深红色或血红色，嘴和脚黑色。亚成鸟似成鸟冬羽，但嘴为暗红褐色，初级飞羽外缘端部黑色。

生境与习性　常单独或成小群在海边潮间带或内陆水域岸边浅水处活动觅食。繁殖期集小群在海岛上营巢，越冬期常集数十只乃至上百只的大群。觅食时常与白琵鹭及其他鹭类混群。觅食姿态独特，在水中左右摇摆喙部，扫荡觅食，容易辨识。

分布　繁殖于中国辽宁，朝鲜半岛和日本。越冬见于我国华东和华南（包括香港、澳门和台湾）的沿海地区，偶至泰国。

濒危和濒危等级　国家II级重点保护野生动物，中国物种红色名录和IUCN红色名录均列为濒危（EN）等级物种。目前，栖息地丧失和环境质量下降是目前黑脸琵鹭面临的最大威胁。

（2）深圳种群

种群状况　在深圳为冬候鸟，种群数量较大。

分布格局　主要见于红树林保护区、华侨城湿地和大铲湾，有稳定的越冬种群。

受胁因素　深圳湾整体环境质量下降，偶有偷猎行为对其种群也有一定影响。

地方保护建议　建议纳入深圳湾水鸟的整体保护计划，实施种群动态监测。

a. 黑脸琵鹭在深圳的记录位点
b、c. 黑脸琵鹭（拍摄于深圳湾）

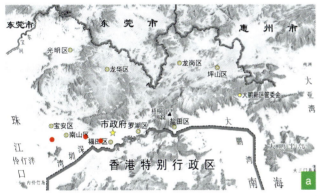

6.3.76 苍鹭
Ardea cinerea Linnaeus, 1758

（1）物种描述

识别特征 体型较大，全长约92 cm。上体青灰色，头、颈、下体白色，有黑色过眼纹及延长的冠羽，飞羽、翼角及两道胸斑黑色，前颈中部具2-3列黑色纵纹；幼鸟的头及颈灰色较重。虹膜黄色，嘴黄绿色。

生境与习性 栖息于河流、湖泊、沼泽及海岸滩涂等。常单个或成对活动于浅水处，颈缩至两肩间，腿亦常缩起一只于腹下。以鱼、虾、蛙、昆虫等为食，有时也取食鼠类等。性机警，飞行沉重而缓慢。多集群或混群营巢在水域附近的岩壁、树上或芦苇丛中。

分布 非洲、欧亚大陆、朝鲜半岛、日本至菲律宾及巽他群岛。

濒危和保护等级 国家"三有"保护动物。

（2）深圳种群

种群状况 易见，种群较大。

分布格局 苍鹭在深圳主要为冬候鸟，见于全市各处的湿地环境。在福田红树林保护区、大铲湾、海上田园、枫木浪水库、铁岗水库、东涌、西涌等地有较大种群。

受胁因素 环境污染、栖地减少或环境质量下降、人类活动干扰。

地方保护建议 建议作为湿地环境指示物种，列为重点监测对象，实施科学监测。

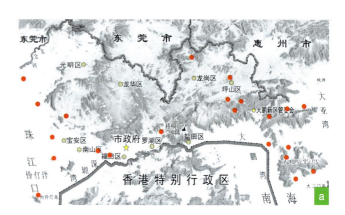

a. 苍鹭在深圳的记录位点
b. 苍鹭（拍摄于华侨城湿地）

6.3.77 草鹭
Ardea purpurea Linnaeus, 1766

（1）物种描述

识别特征 体型较大，全长约80 cm。大体栗褐色，头顶蓝黑色，繁殖期具两枚黑灰色饰羽。颈棕色，颈侧黑色纵纹延至胸部，背及覆羽、尾灰色，飞羽黑色，胁部及大腿栗色。幼鸟褐色较重。虹膜黄色；嘴褐色，嘴峰近黑；脚黄褐色。

生境与习性 栖息于沼泽、湖泊、稻田等地。飞行时振翅缓慢而沉重。常单独或结3-5只小群活动于水边，以鱼、虾、蛙、蜥蜴及昆虫等为食。有时会站着不动，静静等候鱼类和其他动物性食物。集群营巢在树上或芦苇、杂草丛中。

分布 非洲、欧亚大陆至菲律宾，苏拉威西岛及马来群岛。见于我国东部及南部地区，繁殖于东北、华北、越冬于华南至西南。

濒危和保护等级 国家"三有"保护动物。

（2）深圳种群

种群状况 较为少见。

分布格局 在深圳为冬候鸟，见于福田红树林保护区、华侨城湿地和石岩水库和大铲湾。

受胁因素 栖息地减少，环境质量下降，人类活动干扰。

地方保护建议 较少见，建议与其他鹭科鸟类一起实施重点保护和监测。

a.草鹭在深圳的记录位点
b.草鹭（拍摄于华侨城湿地）

6.3.78 大白鹭
Ardea alba Linnaeus, 1758

（1）物种描述

识别特征 全长约95 cm。嘴较厚重，颈长且具特别的扭结。嘴裂较深，延伸至眼下后方。繁殖期脸颊裸露皮肤蓝绿色，仅下背着生蓑羽。非繁殖期脸颊裸露皮肤黄色。虹膜黄色，嘴黑色（繁殖期）或黄色，嘴端有时为深色（非繁殖期），脚全黑（非繁殖期）或腿部裸露皮肤红色，跗蹠和趾黑色（繁殖期）。

生境与习性 栖息于稻田、湖泊、河流、海滨及沼泽地等。常单只或小群活动，在浅水处涉水觅食，边走边啄食。以鱼、蛙、田螺、水生昆虫等为食。常与白鹭、池鹭等混群筑巢于高大树木上或芦苇丛中。

分布 世界广布。

濒危和保护等级 国家"三有"保护动物。主要受胁因素包括人为因素（农业、土地用途改变、水利等）导致的栖息地丧失和质量下降、环境污染及人为捕猎。

（2）深圳种群

种群状况 常见留鸟，有较大冬候鸟种群，数量较大。

分布格局 分布于深圳的滨海及内陆湿地。

受胁因素 环境污染、栖地减少或环境质量下降、人类活动干扰。

地方保护建议 建议作为湿地环境指示物种，列为重点监测对象，实施科学监测。

大白鹭（拍摄于华侨城湿地）

6.3.79 中白鹭
Ardea intermedia (Wagler, 1827)

（1）物种描述

识别特征　全长70 cm，与大白鹭、白鹭相似，但大白鹭体型明显较大，而白鹭体型明显小于该种。全身白色，眼先黄色。嘴相对较短，颈呈"S"形。繁殖期颈下和背上披有针状蓑羽，非繁殖期蓑羽退去。嘴裂不超过眼睛；虹膜黄色；嘴黄色；端部褐色；脚黑色。

生境与习性　栖息和活动于河流、湖泊、河口、海边和水塘岸边浅水河滩上，也常在沼泽和水稻田中活动。相对于其他白色鹭类，更偏爱淡水和半盐水的生境。

分布　欧亚大陆，南亚次大陆，东南亚，非洲。东北和华北为夏候鸟，长江中下游以南的华南各省为留鸟。

濒危和保护等级　国家"三有"保护动物。主要威胁来自水环境污染、湿地减少或退化等。

（2）深圳种群

种群状况　相比白鹭、大白鹭和苍鹭，中白鹭在深圳较少见。

分布格局　见于深圳湾、华侨城湿地和大鹏半岛的海湾、河口等湿地环境。

受胁因素　环境污染、栖地减少或环境质量下降、人类活动干扰。

地方保护建议　建议作为湿地环境指示物种，列为重点监测对象，实施科学监测。

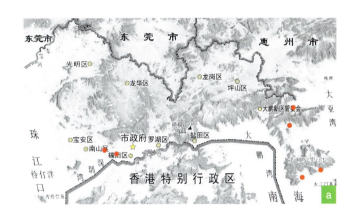

a. 中白鹭在深圳记录位点
b、c. 中白鹭（拍摄于华侨城湿地）
d. 中白鹭（拍摄于大鹏半岛打马坜水库）

6.3.80 白鹭
Egretta garzetta (Linnaeus, 1766)

（1）物种描述

识别特征 中等体型，全长约60 cm。全身羽毛白色。与非繁殖期牛背鹭的区别在于体型较大而纤瘦。繁殖期枕部具两根细长饰羽，背及胸具蓑状羽。虹膜黄色；脸部裸露皮肤黄绿色，繁殖期为淡粉色；嘴黑色；腿及脚黑色，趾黄色，爪黑色。

生境与习性 栖息于河岸、海岸、沼泽、稻田、湖岸、海岸及水塘小溪。单独或成散群活动。常与其他鹭集群营巢于竹林、杉木林、红树林及其他阔叶林等冠层。以鱼、蛙、昆虫等为食，兼食植物性食物。

分布 非洲、欧洲、亚洲及大洋洲。中国主要分布于南方、台湾及海南岛，为常见留鸟及候鸟。

濒危和保护等级 国家"三有"保护动物。主要威胁来自于栖地丧失、环境污染、人类捕猎。

（2）深圳种群

种群状况 甚常见，种群数量很大。有留鸟、冬候鸟和过境鸟种群。

分布格局 深圳全境，在红树林保护区、华侨城湿地、大铲湾、海上田园和大鹏半岛鱼塘常有大群聚集。

受胁因素 栖息地丧失、海岸滩涂食物数量减小、质量下降，环境污染。

地方保护建议 建议作为湿地环境指示物种，列为重点监测对象，实施科学监测。

a. 白鹭繁殖羽（拍摄于洪湖公园）
b. 白鹭繁殖羽（拍摄于华侨城湿地）

6.3.81 岩鹭
Egretta sacra (Gmelin, 1789)

（1）物种描述

识别特征　体全长55-64 cm。嘴较长而粗钝，颈长，脚较粗短。体色有常见的炭灰色型和罕见的白色型。炭灰色型全身深炭灰色或蓝灰色，头后有短饰羽，喉部有一白色纵纹，眼先裸露皮肤黄绿色，眼和嘴黄色，脚黄绿色或灰色，趾黄色。白色型全身白色，繁殖期头后部和前颈下部有长的披针饰羽，背部有长的蓑羽，但长度仅达尾基部。脸部裸露皮肤黄绿色；眼和嘴黄色；脚黄绿色或灰色，趾黄色。冬季头，背和前颈无饰羽。

生境与习性　典型海岸鸟类，大多单独活动，偶尔集成小群活动。飞行时速度缓慢，常在海上及岩礁上低空飞行。巢筑于小岛大砾石下的石堆上。以海洋鱼类、甲壳类、软体动物为食。

分布　东亚、西太平洋沿海、印度尼西亚至新几内亚、澳大利亚和新西兰。广东、香港、澳门、福建、浙江、台湾沿海、南沙群岛、海南岛及澎湖列岛。

濒危和保护等级　国家Ⅱ级重点保护野生动物。

（2）深圳种群

种群状况　常见，但数量不多。

分布格局　深圳的整条海岸线均有分布，包括内伶仃岛、大鹏半岛等，见于滨海滩涂、岩礁区，偶尔见于码头和浮标上。

受胁因素　海水污染，填海造地，海岸环境性质改变。

地方保护建议　建议作为海岸环境指示物种，列为重点监测对象，实施科学监测。

a.岩鹭在深圳的记录位点
b.岩鹭（拍摄于大鹏半岛）

6.3.82 池鹭
Ardeola bacchus (Bonaparte, 1855)

（1）物种描述

识别特征 体型略小，约47 cm。繁殖期头及颈深栗色，胸深绛紫色，从肩披至尾的蓑羽蓝黑色，余部白色。非繁殖期大体灰褐色，具褐色纵纹，飞行时双翼及下体白而背部深褐色。虹膜金黄色；眼先裸部黄绿色；嘴黄色，嘴端黑色；腿至趾黄绿色。

生境与习性 栖息于池塘、湖泊、沼泽及稻田等水域或附近的树上。单独或成分散小群进食，以动物性食物为主。常与夜鹭、白鹭、牛背鹭等组成巢群，在竹林、杉林等顶部营巢。

分布 孟加拉国至中国及东南亚，越冬至马来半岛、中南半岛及大巽他群岛。迷鸟至日本。

濒危和保护等级 国家"三有"保护动物。威胁主要来自环境污染、栖息地质量下降。

（2）深圳种群

种群状况 常见留鸟，有较大冬候鸟种群，数量较大。

分布格局 深圳的滨海及内陆湿地。

受胁因素 环境污染，栖息地减少或环境质量下降，人类活动干扰。

地方保护建议 建议作为湿地环境指示物种，列为重点监测对象，实施科学监测。

池鹭（拍摄于深圳湾）

6.3.83 牛背鹭
Bubulcus coromandus (Boddaert, 1783)

（1）物种描述

识别特征 体型略小，全长约50 cm。繁殖期头、颈、胸披着橙黄色的饰羽，背上着红棕色蓑羽，其余部分白色。非繁殖期体羽纯白，仅部分鸟额部沾橙黄。喙、颈较白鹭短。虹膜黄色；嘴橙黄；脚暗黄至近黑。

生境与习性 栖息于稻田、牧场、水塘、农田及沼泽地等。成对或结小群，常在家畜周围捕食昆虫，也吃鱼、虾等食物。繁殖期常与白鹭、池鹭等混群营巢于近水的大树、竹林或杉林顶层。

分布 北美洲东部，南美洲中部及北部。伊比利亚半岛至伊朗，印度，中国，日本南部，菲律宾，马来群岛和马鲁古群岛等东南亚地区。

濒危和保护等级 国家"三有"保护动物。

（2）深圳种群

种群状况 常见留鸟，种群数量较大，但远少于白鹭和池鹭的数量。

分布格局 深圳全境可见，多见于观澜丘陵、福田红树林保护区、华侨城湿地、松子坑水库、清林径水库、排牙山坝光村、大鹏半岛和内伶仃岛。

受胁因素 可利用的繁殖生境减少，湿地减少和污染等。

地方保护建议 建议作为湿地环境指示物种，列为重点监测对象，实施科学监测。

a. 牛背鹭繁殖羽（拍摄于福田红树林保护区）
b. 牛背鹭非繁殖羽（拍摄于华侨城湿地）

6.3.84 夜鹭
Nycticorax nycticorax (Linnaeus, 1758)

（1）物种描述

识别特征　体型中等，全长约50 cm。成年个体繁殖期头顶、上背及肩等处黑绿色，额和眉纹白色，枕后有2-3枚白色较长的带状羽。上体余部灰色，下体均白色。亚成鸟上体暗褐色，缀有淡棕色纵纹和白色星状端斑，下体白色而满缀暗褐色细纵纹。虹膜亚成鸟黄色，成鸟红色；嘴黑色；脚黄色。

生境与习性　常栖息于平原和低山丘陵地区的各种水域中，白天隐藏于密林或灌丛僻静处，夜间在水边浅水处觅食。飞翔能力强，迅速且无声。主要以小鱼、蛙及水生昆虫为食。

分布　欧亚大陆、非洲、印度次大陆、东南亚和南美洲。见于在我国东部季风区。

濒危和保护等级　国家"三有"保护动物。

（2）深圳种群

种群状况　常见留鸟，其中枫木浪水库夜栖的夜鹭超过1000只。

分布格局　见于深圳各种湿地生境，常到市区的河流和池塘中活动觅食。

受胁因素　栖息地丧失，河岸及海岸滩涂食物数量，种类减少，环境污染等。

地方保护建议　建议作为湿地环境指示物种，列为重点监测对象，实施科学监测。

a. 夜鹭亚成体（拍摄于枫木浪水库）
b. 夜鹭成体（拍摄于深圳湾）

6.3.85 绿鹭
Butorides striata (Linnaeus, 1758)

（1）物种描述

识别特征　全长约43 cm。成鸟头顶羽冠黑色并具绿色金属光泽。嘴基部的黑线延至脸颊。上背灰色，两翼及尾青蓝色并具绿色光泽，覆羽羽缘皮黄色。颏白，腹部粉灰。雌鸟体型比雄鸟略小。亚成鸟具褐色纵纹。虹膜黄色；嘴黑色；脚黄色或黄绿色。

生境与习性　性孤僻，栖息于山间溪流、湖泊、滩涂，也栖于灌丛、红树林等有浓密覆盖的地方。常单个或2-3只结小群活动，在溪边或水中岩石边注视水流伺机捕食。食物主要为鱼、蛙类、螺类及昆虫等。在近水的阔叶林或灌木林的树冠隐蔽处筑巢。

分布　美洲，非洲，印度，中国，东北亚，马来群岛及菲律宾等东南亚地区，以及新几内亚和澳大利亚。

濒危和保护等级　国家"三有"保护动物。主要威胁来自于栖地性质改变或丧失。

（2）深圳种群

种群状况　种群不大，较少见。

分布格局　几见于深圳全境所有湿地环境，以海上田园、福田红树林、华侨城湿地、铁岗水库、东湖水库、枫木浪水库、坝光和大鹏半岛东西涌等较常见。

受胁因素　湿地草丛减少，繁殖地植被改变，环境污染等。

地方保护建议　建议作为湿地环境指示物种，列为重点监测对象，实施科学监测。

绿鹭（拍摄于华侨城湿地）

6.3.86 黄苇鳽

Ixobrychus sinensis (Gmelin, 1789)

（1）物种描述

识别特征　体型较小，约32 cm。成鸟顶冠黑色，上体淡黄褐色，下体皮黄色，飞羽和尾黑色，覆羽和身体皮黄色。亚成鸟似成鸟但褐色较浓，全身满布黑褐色或黄褐色纵纹。虹膜黄色；眼周裸露皮肤黄绿色；嘴淡黄色，先端褐色；脚黄绿色。

生境与习性　栖息于河岸、湖泊、水库、水塘、稻田、沼泽草地和滨海等湿地。以鱼、虾、蛙类及水生昆虫为食。常见沿水面掠飞，停歇在芦苇等植物茎上，颈僵直不动。在水边的苇丛或灌丛中营巢，也筑巢于树上和竹林上。

分布　印度，东亚至菲律宾，密克罗尼西亚及苏门答腊；冬季至印度尼西亚及新几内亚。

濒危和保护等级　国家"三有"保护动物。

（2）深圳种群

种群状况　深圳有一定种群规模。

分布格局　在深圳为留鸟及旅鸟，见于海上田园、大铲湾、华侨城湿地、福田红树林保护区、排牙山滨海红树林、铁岗水库、石岩水库、东湖水库、三洲田水库、枫木浪水库

等几乎所有湿地生境。

受胁因素　湿地减少，湿地植被退化，环境污染等。

地方保护建议　建议作为湿地环境指示物种，列为重点监测对象，实施科学监测。

a. 黄苇鳽（拍摄于深圳华侨城湿地）
b. 黄苇鳽

6.3.87 栗苇鳽
Ixobrychus cinnamomeus (Gmelin, 1789)

（1）物种描述

识别特征　体型较小，约41 cm。成年雄鸟上体栗色，下体黄褐，两胁具黑色纵纹，颈侧具偏白色纵纹，尾下覆羽白色。雌鸟褐色较浓，头顶深褐色，胸腹具黑色纵纹。亚成鸟较雌鸟更为深色，上体具浅色点斑，下体具纵纹及横斑。虹膜黄色；嘴黄色，嘴端黑色；脚黄绿色。

生境与习性　栖息于河岸、湖泊、水库、水塘、稻田、沼泽、草地和滨海等湿地。性羞怯孤僻，常单独活动。受惊时一跃而起，飞行低，振翼缓慢有力。以小鱼、蛙类和昆虫为食，兼食植物种子。在湿地草丛或芦苇丛中营巢。

分布　印度，中国，苏拉威西岛及马来群岛等东南亚地区。

濒危和保护等级　国家"三有"保护动物。

（2）深圳种群

种群状况　深圳为繁殖鸟，种群数量较少。

分布格局　分布于深圳各处湿地环境，多见于市区公园、大鹏半岛东涌和海上田园。

受胁因素　湿地减少，湿地植被退化和环境污染等。

地方保护建议　建议作为湿地环境指示物种，列为重点监测对象，实施科学监测。

栗苇鳽（拍摄于洪湖公园）

6.3.88 鹗
Pandion haliaetus (Linnaeus, 1758)

（1）物种描述

识别特征　中型猛禽。头部白色，头顶具有黑褐色的纵纹，枕部的羽毛稍微呈披针形延长，形成一个短的羽冠。头的侧面有一条宽阔的黑带，从前额的基部经过眼睛到后颈部，并与后颈的黑色融为一体。上体为沙褐色或灰褐色，略微具有紫色的光泽。下体为白色，胸部具有赤褐色的斑纹，飞翔时两翅狭长，不能伸直，翼角向后弯曲成一定的角度，常在水面的上空翱翔盘旋。亚成鸟和成鸟大体相似，但头顶暗褐色纵纹较粗密而显著；上体和翅下覆羽褐色，具宽阔的淡褐色羽缘；下体白色，胸部斑纹较成鸟少而不显著。虹膜淡黄色或橙黄色；眼周裸露皮肤铅黄绿色；嘴黑色，蜡膜铅蓝色；脚和趾黄色，爪黑色。

生境与习性　常见于水库、河湖、海岸、红树林沼泽或开阔地。常单独或成对活动，迁徙期间也常集小群，多在水面低空缓慢飞行，有时也在高空翱翔和盘旋。常在水域岸边的枯树或电线杆上停栖。

分布　仅指名亚种分布于中国，几乎遍及全国各地；东北、内蒙古东部、西北和西藏为夏候鸟，其余地区为留鸟。

濒危和保护等级　国家II级重点保护野生动物，CITES附录II物种。

（2）深圳种群

种群状况　较常见猛禽，秋冬至春季遇见率远大于夏季，估计大部分为越冬种群。

分布格局　深圳滨海和较大水库库区，常见于深圳湾、华侨城湿地、大鹏半岛和内伶仃岛，海上田园、大铲湾、铁岗水库和西丽水库等也有分布记录。

受胁因素　未见可以确认的致胁因素。

地方保护建议　制定相关政策，划定生态红线，通过环境整体保护实现物种保护。

a. 鹗在深圳的记录位点
b. 鹗（拍摄于深圳湾）

6.3.89 黑鸢

Milvus migrans (Boddaert, 1783)

（1）物种描述

识别特征　中型猛禽。前额基部和眼先灰白色，耳羽黑褐色，头顶至后颈棕褐色，具黑褐色羽干纹。上体暗褐色，微具紫色光泽和不甚明显的暗色细横纹和淡色端缘，尾棕褐色，呈浅叉状，尾端具淡棕白色羽缘；胸、腹及两胁暗棕褐色，具粗著的黑褐色羽干纹，下腹至肛部羽毛稍浅淡，呈棕黄色，几无羽干纹，或羽干纹较细，尾下覆羽灰褐色，翅上覆羽棕褐色。亚成鸟全身大都栗褐色，头、颈大多具棕白色羽干纹；胸、腹具有宽阔的棕白色纵纹，翅上覆羽具白色端斑，尾上横斑不明显，其余似成鸟。虹膜暗褐色；嘴黑色，蜡膜和下嘴基部黄绿色；脚和趾黄色或黄绿色，爪黑色。

生境与习性　栖息于开阔草地和低山丘陵地带。常单独在高空飞翔，秋季有时亦结小群，优雅盘旋或作缓慢振翅飞行。以动物性食物为主，偶尔也吃家禽和腐尸。

分布　常见并分布广泛。此鸟为中国最常见的猛禽之一。留鸟分布于中国各地，包括台湾、海南岛和青藏高原，高可至海拔5000 m。

濒危和保护等级　国家II级重点保护野生动物，CITES附录II物种。

（2）深圳种群

种群状况　在深圳为留鸟，是深圳最常见猛禽，种群数量较大。有近30只活动于枫木浪水库，黄昏时分集群停栖在电线和电线塔上。

分布格局　深圳全境，但在滨海地区和内陆山区水库附近尤为常见，偶至城市上空翱翔。冬季在内伶仃岛、枫木浪水库等地集大群。

受胁因素　未见可以确认的致胁因素。

地方保护建议　制定相关政策，划定生态红线，通过环境整体保护实现物种保护。

黑鸢（拍摄于深圳湾）

6.3.90 黑翅鸢
Elanus caeruleus (Desfontaines, 1789)

（1）物种描述

识别特征 中小型猛禽。体灰白色，下体白色。眼先和眼周具黑斑，肩部亦有黑斑，飞翔时初级飞羽下面黑色，和白色的下体形成鲜明对照。尾较短，中间稍凹，浅叉状。脚黄色，嘴黑色。眼先至眼眶上角有黑斑，前额白色，到头顶逐渐变为灰色。后颈、背、肩、腰，一直到尾上覆羽均为浅灰色。亚成鸟头顶褐色；上体更褐，亦具宽阔的白色羽缘；翅覆羽黑灰色，亦具白色羽缘；胸部羽毛具窄的褐色羽轴纹，羽缘缀有茶褐色或灰色，其余似成鸟。虹膜成鸟血红色，亚成鸟黄色或黄褐色；嘴黑色；脚和趾深黄色，爪黑色。

生境与习性 常单独在早晨和黄昏活动，白天常见其停栖于在大树树梢或电线杆上。有时也在空中悬停、盘旋，并不时地将两翅上举成"V"形滑翔。

分布 欧洲西南部、非洲、南亚及东亚南部。华南、华东及西南均有分布，近年记录至山东。

濒危和保护等级 国家II级重点保护野生动物，CITES附录II物种。

（2）深圳种群

种群状况 罕见留鸟。

分布格局 深圳坪山新区、大鹏半岛、梧桐山风景名胜区、深圳湾和大铲湾。

受胁因素 记录较少，不能评估其致胁因素。

地方保护建议 无。

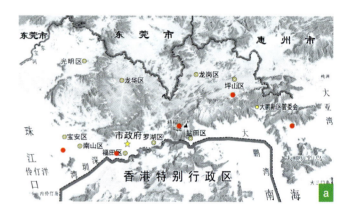

a. 黑翅鸢在深圳的记录位点
b. 黑翅鸢（拍摄于坪山新区）

6.3.91 蛇雕
Spilornis cheela (Latham, 1790)

（1）物种描述

识别特征　中等体型。成鸟上体暗褐色或灰褐色，头顶冠羽蓬松，黑色，末端白色；下体褐色，腹部、两胁及臀具白色点斑；飞行时可见腹部与翼下满布白点；双翼宽阔，有显著翼指，有宽阔的白色横斑和黑色翼后缘；尾宽短，中段有白色横斑。亚成鸟似成鸟，但褐色较浓，体羽多白色。虹膜黄色；脸黄色；嘴灰褐色；脚黄色。

生境与习性　栖息于高大密林中，亦见于林缘开阔地带。常单独或成对活动。

分布　印度次大陆、中南半岛、菲律宾及印度尼西亚。留鸟见于西藏东南部及云南西部，长江以南各地。

濒危和保护等级　国家Ⅱ级重点保护野生动物，CITES附录Ⅱ物种。

（2）深圳种群

种群状况　秋冬至春季较常见。

分布格局　深圳全境。

受胁因素　栖息地丧失及过度猎捕都是导致其种群数量减少的因素。

地方保护建议　制定相关政策，划定生态红线，通过环境整体保护实现物种保护。

蛇雕（拍摄于田头山自然保护区）

6.3.92 白肩雕
Aquila heliaca Savigny, 1809

（1）物种描述

识别特征 大型猛禽。体羽黑褐色，头和颈较淡，肩部有明显的白斑，为区别其他雕类的主要特征。前额至头顶黑褐色，头顶后部、枕、后颈和头侧棕褐色，后颈缀细的黑褐色羽干纹。上体至背、腰和尾上覆羽均为黑褐色，微缀紫色光泽，长形肩羽纯白色，形成显著的白色肩斑；尾羽灰褐色，具不规则的黑褐色横斑和斑纹，并具宽阔的黑色端斑。翅上覆羽黑褐色，初级飞羽亦为黑褐色，内翈基部杂有白斑，次级飞羽暗褐色，内翈杂有淡黄白色斑。虹膜成鸟为红褐色，亚成鸟为暗褐色；嘴黑褐色，嘴基铅蓝灰色，蜡膜和趾黄色；爪黑色。

生境与习性 常见于滨海地区的半咸水湿地、鱼塘和开阔草地。常单独活动，或翱翔于空中，或长时间的停栖于空旷地区的孤树、岩石或地面上。

分布 在中国新疆为夏候鸟，其他地区为冬候鸟或旅鸟。越冬于青海湖、云南西北部、甘肃、陕西、长江中游、福建、广东、台湾和海南。

濒危和保护等级 国家I级重点保护野生动物，CITES附录I物种和IUCN红色名录为易危（VU）物种，中国物种红色名录濒危（EN）等级物种。

（2）深圳种群

种群状况 罕见冬候鸟。

分布格局 深圳湾。

受胁因素 未见可以确认的致胁因素。

地方保护建议 制定相关政策，划定生态红线，通过环境整体保护实现物种保护。

a. 白肩雕在深圳的记录位点
b. 白肩雕（拍摄于深圳湾）

6.3.93 凤头鹰
Accipiter trivirgatus (Temminck, 1824)

（1）物种描述

识别特征 中型猛禽。前额至后颈鼠灰色，具显著羽冠，上体其余部分褐色；尾具4条宽阔的暗色横斑；喉白色，具显著的黑色中央纹。亚成鸟上体褐色，下体白色或皮黄白色，具黑色纵纹。虹膜金黄色；嘴角褐色或铅色，嘴峰和嘴尖黑色，蜡膜和眼睑黄绿色；脚和趾淡黄色，爪黑色。

生境与习性 留鸟，通常栖息在2000 m以下的山地森林，也出现在竹林和小斑块林地，偶尔也到山脚平原和村庄附近活动。多单独活动，飞行缓慢，领域性甚强。

分布 西南、华东和华南（包括台湾）。

濒危和保护等级 国家II级重点保护野生动物，CITES附录II物种。

（2）深圳种群

种群状况 罕见留鸟，数量较少。

分布格局 深圳全境。

受胁因素 未见可以确认的致胁因素。

地方保护建议 制定相关政策，划定生态红线，通过环境整体保护实现物种保护。

凤头鹰（拍摄于梧桐山）

6.3.94 日本松雀鹰
Accipiter gularis (Temminck and Schlegel, 1844)

（1）物种描述

识别特征 小型猛禽，雌鸟大于雄鸟。停栖时翼达尾部一半，尾上具4条较窄的深色横斑。成年雄鸟上体深蓝灰，下体略白，胸、胁、腹具砖红色横斑。雌鸟上体褐色，下体少棕色但具浓密的褐色横斑。亚成鸟胸具纵纹而非横斑，多棕色。飞行时，略带锥形的双翼具窄而圆的翼尖。该鸟外形和羽色很像松雀鹰，但喉部中央的黑纹较为细窄，不似松雀鹰那样宽；翅下的覆羽为白色而具有灰色的斑点，而松雀鹰翅下覆羽为棕色；另外腋下羽毛白色，具灰色横斑，而松雀鹰的腋羽为棕色而具有黑色横斑。日本松雀鹰雄鸟的虹膜为深红色，雌鸟则为黄色；嘴为石板蓝色，尖端黑色，蜡膜为黄色；脚为黄色，爪为黑色。

生境与习性 主要栖息于山地针叶林和混交林中，也出现在林缘和疏林地带，是典型的森林猛禽。白天活动，喜欢出入林中溪流和沟谷地带。多单独活动。常见停栖于林缘高大树木的顶枝上，有时亦见在空中飞行，两翅鼓动甚快，常在快速鼓翼飞翔之后接着又进行一段直线滑翔，有时还伴随着高而尖锐的叫声。

分布 中国在东北和华北北部繁殖，迁徙季节经过华北、华东，在南方为冬候鸟。

濒危和保护等级 国家II级重点保护野生动物，CITES附录II物种。

（2）深圳种群

种群状况 罕见留鸟，数量较少。

分布格局 华侨城湿地、笔架山公园、梅林公园、内伶仃岛、马峦山郊野公园和南澳。

受胁因素 未见可以确认的致胁因素。

地方保护建议 制定相关政策，划定生态红线，通过环境整体保护实现物种保护。

a.日本松雀鹰在深圳的记录位点
b、c.日本松雀鹰（拍摄于内伶仃岛）

6.3.95 凤头蜂鹰
Pernis ptilorhynchus (Temminck, 1821)

（1）物种描述

识别特征　体型略大，色型多变，全长约58 cm。头型似鸽，停栖时翅尖不及尾端，尾具不规则横纹。所有色型均具对比性浅色喉块，缘以浓密的黑色纵纹，并常具黑色中线。成鸟具灰色蜡膜，头和背深色，羽冠或有或。雄鸟眼深色，脸灰色。雌鸟眼黄色，脸棕色或有图案。亚成鸟头浅色，眼和蜡膜黄色，上体具浅色杂斑。飞行时特征为头相对小而颈显长，两翼及尾均狭长。虹膜橘黄；嘴灰色，尖端深色；脚黄色。

生境与习性　栖息于沿岸、近海潟湖及河口。较隐秘的林鸟，大群集体迁徙。飞行具特色，振翼几次后便作长时间滑翔，两翼平伸翱翔高空。喜食蜜蜂及黄蜂，也捕食其他小动物，兼食部分果实。

分布　古北界东部、印度及东南亚至大巽他群岛。

濒危和保护等级　国家II级重点保护动物，CITES附录II物种。

（2）深圳种群

种群状况　迁徙过境鸟，较罕见。

分布格局　目前仅记录于内伶仃岛和梧桐山。

受胁因素　未见可以确认的致胁因素。

地方保护建议　制定相关政策，划定生态红线，通过环境整体保护实现物种保护。

a. 凤头蜂鹰在深圳的记录位点
b. 凤头蜂鹰（拍摄于内伶仃岛）

6.3.96 白腹鹞
Circus spilonotus Kaup, 1847

（1）物种描述

识别特征 中型猛禽。体羽深褐，头顶、颈背、喉及前翼缘皮黄色；头顶及颈背具深褐色纵纹；尾具横斑；从下边看初级飞羽基部的近白色斑块上具深色粗斑。一些个体头部皮黄色，胸具皮黄色块斑。亚成鸟似雌鸟但色深，仅头顶及颈背为皮黄色。虹膜橙黄色；嘴黑褐色，嘴基淡黄色，蜡膜暗黄色；脚淡黄绿色。

生境与习性 通常栖息于海滨湿地、河流湖泊沿岸等较开阔的地方，迁徙时也见于山区。白天活动，常单独或成对活动。多见其在沼泽和芦苇上空低空飞行，两翅上举成浅"V"形，长时间缓慢滑翔，偶尔扇动几下翅膀。

分布 在中国主要繁殖于内蒙古东北部的呼伦贝尔、黑龙江和吉林；越冬于长江中下游、云南、广东、海南、福建、香港和台湾等。

濒危和保护等级 国家II级重点保护野生动物，CITES附录II物种。

（2）深圳种群

种群状况 罕见冬候鸟。

分布格局 目前仅记录于马峦山的红花岭水库、红树林保护区。

受胁因素 未见可以确认的致胁因素。

地方保护建议 制定相关政策，划定生态红线，通过环境整体保护实现物种保护。

a. 白腹鹞在深圳的记录位点
b. 白腹鹞（拍摄于深圳湾）

6.3.97 普通鵟

Buteo japonicus Temminck and Schlegel, 1844

（1）物种描述

识别特征　中型猛禽。体色变化较大，上体主要为暗褐色，下体主要为暗褐色或淡褐色，具深棕色纵纹，尾淡灰褐色，具多道暗色横斑。飞翔时两翼宽阔，初级飞羽基部有明显的白斑，翼下白色，仅翼尖、翼角和飞羽外缘黑色（淡色型）或全为黑褐色（暗色型），尾散开呈扇形。翱翔时两翅微向上举成浅"V"形。

生境与习性　常见于开阔平原、荒漠、旷野和农田，常在林缘草地和村庄上空盘旋翱翔。多单独活动，善飞翔，白天的大部分时间都在空中盘旋滑翔。

分布　部分迁徙，部分留鸟。繁殖于俄罗斯远东地区、日本和朝鲜半岛；越冬于东南亚地区。中国繁殖于东北地区，迁徙时中国东部大部分地区都可以看到，在长江中下游地区为冬候鸟，也有少量个体在北方越冬。

濒危和保护等级　国家II级保护动物，CITES附录II物种。

（2）深圳种群

种群状况　秋冬至春季常见冬候鸟，在深圳猛禽中，其遇见率较高，仅次于黑鸢。

分布格局　深圳全境。

受胁因素　未见可以确认的致胁因素。

地方保护建议　制定相关政策，划定生态红线，通过环境整体保护实现物种保护。

a

b

a. 普通鵟（拍摄于华侨城湿地）
b. 普通鵟（拍摄于深圳）

6.3.98 雕鸮
Bubo bubo (Linnaeus, 1758)

（1）物种描述

识别特征 体型硕大，全长约69 cm。耳羽簇长，具边缘不清楚的面盘，眼大，橘黄色。体羽棕褐色，上背和翅上的羽毛具大块黑斑，腹部羽毛具幼细的深褐色横纹和由深褐色羽干形成的粗大纵纹。双脚被羽，延伸到趾；脚黄色。

生境与习性 夜行性鸟类，白天在藏身处休息，晚上才外出活动。

分布 分布广泛，在整个欧亚大陆均可见到，有多个地理亚种。中国全境。

濒危和保护等级 国家II级重点保护野生动物，CITES附录II物种。

（2）深圳种群

种群状况 偶见。

分布格局 目前只有2个正式记录，分别记录于深圳湾红树林湿地公园及与其紧邻的福田内伶仃国家级自然保护区办公区。

受胁因素 环境质量下降，适宜生境日益减少。

地方保护建议 通过环境整体保护实现物种保护。

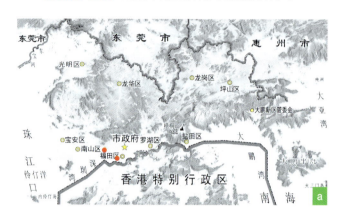

a. 雕鸮在深圳的记录位点
b. 雕鸮（拍摄于福田红树林生态公园）

6.3.99 领角鸮
Otus lettia (Hodgson, 1836)

（1）物种描述

识别特征 全长约24 cm。具明显耳羽簇及特征性的浅沙色颈圈。上体偏灰或沙褐，具黑色及皮黄色蠹纹；下体浅褐色，具黑色纵纹。虹膜暗褐色；嘴角质色；脚污黄。

生境与习性 夜行性鸟类，白天大都隐蔽在具浓密枝叶的树冠上，或其他阴暗的地方，一动不动，黄昏至黎明前较活跃。常鸣叫。主要以鼠类、小鸟、昆虫为食。常产卵于天然树洞、啄木鸟的旧洞或喜鹊的旧巢中。

分布 印度次大陆，中国、日本等东亚地区，大巽他群岛、菲律宾等东南亚地区。

濒危和保护等级 国家II级重点保护野生动物，CITES附录II物种。

（2）深圳种群

种群状况 分布广泛但较为少见的留鸟。

分布格局 深圳全境，见于城市公园、风水林和低山丘陵林缘地带。

受胁因素 栖地性质改变，环境质量下降，适宜生境日益减少。

地方保护建议 制定相关政策，划定生态红线，通过环境整体保护实现物种保护。

领角鸮（拍摄于梧桐山）

6.3.100 斑头鸺鹠
Glaucidium cuculoides (Vigors, 1831)

（1）物种描述

识别特征 全长约24 cm。无耳羽簇，白色的颏纹明显；上体褐色而具浅黄色横斑，沿肩部有一道白色线；下体几全褐，具深褐色横斑；臀部白，两胁栗色；近黑色的尾具间距较宽的白色细横斑。虹膜橙黄色；嘴偏绿而端黄；脚绿黄色。

生境与习性 栖息的生境较广泛，森林、农田、村庄、公园都可见。昼夜都活动。站姿比其他鸺鹠接近竖直方向。低空起伏飞行。能像鹰那样在空中捕捉小鸟和大型昆虫，也吃蛙、鼠等。营巢于天然洞穴中，有时也抢占其他鸟类的洞巢。晨昏时发出快速的颤音，调降而音量增。另发出一种似犬叫的双哨音。

分布 喜马拉雅、印度东北部至中国南部及东南亚。

种群状况 国家II级重点保护野生动物，CITES附录II物种。

（2）深圳种群

种群状况 罕见留鸟。

分布格局 大鹏半岛、福田笔架山公园、福田梅林山郊野公园和内伶仃岛。

受胁因素 栖地性质改变，环境质量下降，适宜生境日益减少。

地方保护建议 制定相关政策，划定生态红线，通过环境整体保护实现物种保护。

a. 斑头鸺鹠在深圳的记录位点
b. 斑头鸺鹠（拍摄于肇庆）

6.3.101 领鸺鹠
Glaucidium brodiei (Burton, 1836)

（1）物种描述

识别特征　全长约16 cm。头大、无耳羽簇，尾显长、具狭窄横斑。上体红褐色或灰褐色，头顶具浅色细斑，面盘具白色短眉纹和显著领圈，头后具一对眼斑状花纹，形成假眼；下体白色，胸、胁具宽阔的褐色纵纹。虹膜黄色；嘴浅黄绿色至角质色；脚黄绿色。

生境与习性　栖息于山脚至高山的森林，偏好高大树木。多在日间及晨昏活动。性勇猛，常攻击猎取几乎和它等大的猎物，主要以鼠类、小鸟及昆虫为食。营巢在天然洞穴，或强占拟啄木鸟或啄木鸟的巢繁殖。

分布　喜马拉雅至中国南部、苏门答腊及加里曼丹等东南亚地区。

濒危和保护等级　国家II级重点保护野生动物，CITES附录II物种。

（2）深圳种群

种群状况　罕见留鸟。

分布格局　深圳见于东部的山区，偏爱植被良好的原始林。

受胁因素　栖地性质改变，环境质量下降，适宜生境日益减少。

地方保护建议　制定相关政策，划定生态红线，通过环境整体保护实现物种保护。

领鸺鹠（拍摄于江西九连山）

6.3.102 戴胜
Upupa epops Linnaeus, 1758

（1）物种描述

识别特征 全长约30 cm。具长而端黑的粉棕色丝状冠羽，嘴长且下弯。头、上背、肩及下体粉棕色，两翼具黑白相间的条纹，尾黑色具白色横斑。虹膜褐色；嘴黑色；脚铅灰色。

生境与习性 栖息于山区或平原的开阔林地、林缘、河谷、耕地、果园等。平时羽冠低伏，惊恐或飞行降落时羽冠竖直。于地面用长嘴翻动觅食昆虫。营巢于树洞或岩壁、堤岸、墙垣的洞缝中，也见营巢于建筑物的缝隙中。

分布 非洲、欧亚大陆和中南半岛。

濒危和保护等级 国家"三有"保护动物。

（2）深圳种群

种群状况 单独活动，种群量不大。

分布格局 坪山、洪湖公园、笔架山公园和福田红树林保护区。

受胁因素 未确定。

地方保护建议 无。

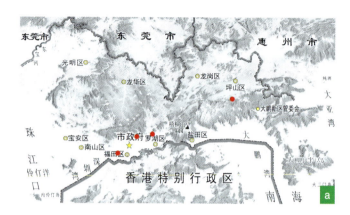

a. 戴胜在深圳的记录位点
b. 戴胜（拍摄于深圳湾公园）

6.3.103 栗喉蜂虎

Merops philippinus Linnaeus, 1767

（1）物种描述

识别特征　包括中央尾羽全长约30 cm。头及上背绿色，腰、尾蓝色，颏黄色，喉栗色，腹部浅绿色，有一条黑色过眼纹，其上下均为蓝色。飞行时下翼羽橙黄色。

生境与习性　于峭壁上筑巢，常结群于开阔地的裸露树枝或电线上，迂回滑翔飞行捕食飞虫。

分布　繁殖于在南亚、菲律宾、苏拉威西及新几内亚。冬季迁移至其他群岛。在我国，福建至云南保山一线多地有繁殖记录。

濒危和保护等级　国家"三有"保护动物。

（2）深圳种群

种群状况　罕见鸟类。

分布格局　华侨城湿地、深圳湾和坝光。

受胁因素　未确定。

地方保护建议　无。

a. 栗喉蜂虎在深圳的记录位点
b. 栗喉蜂虎（拍摄于福建厦门）

6.3.104 白胸翡翠

Halcyon smyrnensis (Linnaeus, 1758)

（1）物种描述

识别特征 全长约27 cm。上体和尾鲜蓝略带绿色，颏、喉及胸中部白色，头、颈、肩及下体余部巧克力褐色。飞行时，现出白色翼斑和黑色翼端，翼上覆羽深褐色。虹膜深褐色；嘴珊瑚红色；脚红色。

生境与习性 栖息于各种淡水或海岸湿地，如沼泽、湖泊、池塘、河流和水田等。常见停息在电线上。觅食并不仅在水中，还常在地面上。主食昆虫、螃蟹、蛙、蜥蜴、蠕虫等。巢营于较大的溪流或河流堤岸，或在距水较远的裸露陡峭山坡中。

分布 中东、印度、中国、菲律宾、安达曼斯群岛及苏门答腊等东南亚地区。

濒危和保护等级 国家"三有"保护动物。

（2）深圳种群

种群状况 甚常见，常单独活动，种群量不大。

分布格局 深圳全境，但更多出现在滨海湿地和近岸水塘、湖泊。

受胁因素 湿地性质改变，消失或质量下降。

地方保护建议 可作为湿地生态环境指示物种，实施长期监测。

白胸翡翠（拍摄于华侨城湿地）

6.3.105 蓝翡翠

Halcyon pileata (Boddaert, 1783)

（1）物种描述

识别特征 全长约30 cm。头黑，上体及尾深蓝色，颏、颈圈、胸部白色，腹部淡红棕色。飞行时白色翼斑显见。亚成鸟色暗淡。虹膜深褐色；嘴红色；脚红色。

生境与习性 喜大河流两岸、河口及红树林。常停栖在电线或电杆上。主要吃鱼，也吃蛙、蟹、昆虫等。营巢于水平的隧道洞穴中。

分布 繁殖于中国及朝鲜半岛。南迁越冬远至印度尼西亚。

濒危和保护等级 国家"三有"保护动物。

（2）深圳种群

种群状况 冬季在局部地区较常见，但总体上种群量不大。

分布格局 深圳全境，但更常见于深圳湾、沿海山脉和大鹏半岛。

受胁因素 湿地性质改变，消失或质量下降。

地方保护建议 可作为湿地生态环境指示物种，实施长期监测。

蓝翡翠（拍摄于深圳湾红树林自然保护区）

6.3.106 斑鱼狗
Ceryle rudis (Linnaeus, 1758)

（1）物种描述

识别特征 全长约27 cm。头黑色，较小的冠羽偏至后枕，白色眉纹显著。上体白而多具黑点；下体白，具两道黑色胸斑（雌鸟有一道断开的胸斑）。飞行时，可见初级飞羽的大白斑，及白色尾羽上的宽阔黑色次端斑。虹膜淡褐色；嘴黑色；脚黑色。

生境与习性 喜鱼塘、湖泊、沼泽地及红树林。性嘈杂。多在水域附近飞行，速度较缓慢。常在空中定点振翅和俯冲潜入水中捕食。以小鱼、虾、蟹及水生昆虫和蝌蚪等为食。营巢于堤岸或断崖的土洞。

分布 印度东北部、斯里兰卡、缅甸、中国、中南半岛及菲律宾。

濒危和保护等级 国家"三有"保护动物。

（2）深圳种群

种群状况 较常见，因其常单独或成对活动，种群量不大。

分布格局 深圳全境，但更多出现在海岸基围鱼塘和内陆湿地。

受胁因素 湿地性质改变，消失或质量下降。

地方保护建议 可作为湿地生态环境指示物种，实施长期监测。

斑鱼狗（拍摄于深圳湾公园）

6.3.107 黑眉拟啄木鸟
Psilopogon faber (Swinhoe, 1870)

（1）物种描述

识别特征　全长约20 cm。头部色彩鲜艳，其余大部为绿。前额具非常狭窄的黑色；头顶前部浅黄色，后部深蓝色；眉黑；颊部的天蓝色延至颈侧；喉黄；眼先、枕部、颈侧具红点。亚成鸟色彩较黯淡。虹膜褐色；嘴黑色，下嘴基灰白，嘴须明显；脚深灰色。

生境与习性　丛林鸟类，典型的冠栖型。单独或成群在树上活动，在远处亦可听见其连续而洪亮的"咯咯咯"的鸣叫声。只作短距离飞行，不能持久。食物主要为野果，也吃少量昆虫。营巢于树洞内。

分布　华南地区，近年江西井冈山、武夷山陆续有分布报道。

濒危和保护等级　国家"三有"保护动物。

（2）深圳种群

种群状况　深圳新记录物种。常单独活动，种群量不大。

分布格局　排牙山、七娘山。

受胁因素　未确定。

地方保护建议　无。

a

b

a.黑眉拟啄木鸟在深圳的记录位点
b.黑眉拟啄木鸟（拍摄于排牙山）

6.3.108 大拟啄木鸟
Psilopogon virens (Boddaert, 1783)

（1）物种描述

识别特征 全长约30 cm。雌雄相似。具有显著大的头和嘴。头钢蓝色，前额、眼先及颏色深；上背棕色，双翼、腰及尾绿色；下体黄色而带深绿色纵纹，尾下覆羽亮红色。亚成体颜色较暗。虹膜棕褐色；嘴浅黄色或褐色而端黑；脚灰色。

生境与习性 栖息于落叶或常绿林中，多停栖在山顶的阔叶树上。一般多成对或5、6只一起活动。有时数只集于一棵树顶鸣叫。具绿色保护色，在林间活动难于发现。飞行如啄木鸟，升降幅度大。食昆虫、植物果实等。营巢于树洞中。

分布 喜马拉雅至中国南部及中南半岛北部。

濒危和保护等级 国家"三有"保护动物。

（2）深圳种群

种群状况 常单独活动，种群量不大。

分布格局 园山风景区、梧桐山等沿海山脉、七娘山。

受胁因素 未确定。

地方保护建议 无。

a. 大拟啄木鸟在深圳的记录位点
b. 大拟啄木鸟（拍摄于梧桐山）

6.3.109 蚁䴕
Jynx torquilla Linnaeus, 1758

（1）物种描述

　　识别特征　全长约17 cm。体羽为斑驳杂乱的黑褐色，后枕至下背有一暗黑色菱形斑块；下体具小横斑；嘴相对较短，呈圆锥形。尾较其他啄木鸟长，具不明显的横斑。虹膜淡褐色；嘴角质色；脚灰褐色。

　　生境与习性　栖息于低山丘陵和山脚平原的阔叶林或混交林的树上，有时也在河滩。性孤独，多单个活动。常在地面觅食，行走跳跃式，像麻雀一样，但尾上翘。也站在树枝或电线上。嗜食蚁类。舌长，先端具钩并有黏液，能伸入树洞或蚁巢中取食。

　　分布　非洲、欧亚、印度、中国和东南亚。

　　濒危和保护等级　国家"三有"保护动物。

（2）深圳种群

　　种群状况　过境鸟，单独活动，种群量不大。

　　分布格局　深圳全境。

　　受胁因素　未确定。

　　地方保护建议　无。

蚁䴕（拍摄于华侨城湿地）

6.3.110 斑姬啄木鸟

Picumnus innominatus Burton, 1836

（1）物种描述

识别特征 体型纤小、尾短的啄木鸟，约10 cm。头顶深栗红色，与白色长眉纹、深色贯眼纹、白色颊纹及深色髭纹形成对比，颏喉白色；上体橄榄绿色；下体灰白色具显著鳞状斑，尾黑白相间。雄鸟前额橘黄色。虹膜红褐色；嘴近黑；脚铅灰色。

生境与习性 栖息于山地灌丛、竹林或混交林间。体型小而敏捷，常单个或成对与鹛莺、山雀等小鸟混群。多攀缘于低矮的小树和灌丛的枝条上觅食。食物主要是蚁类及蚁卵等。营巢于树洞中。

分布 喜马拉雅至中国南部、东南亚、加里曼丹及苏门答腊。

濒危和保护等级 国家"三有"保护动物。

（2）深圳种群

种群状况 不常见，单独活动，种群量不大。

分布格局 园山风景区、梧桐山、仙湖植物园、马峦山郊野公园、田头山自然保护区、莲花山公园、梅林山公园和燕子岭公园。

受胁因素 未确定。

地方保护建议 无。

a. 斑姬啄木鸟在深圳的记录位点
b、c. 斑姬啄木鸟（拍摄于田头山自然保护区）

6.3.111 红隼

Falco tinnunculus Linnaeus, 1758

（1）物种描述

识别特征 体型较游隼小。翼长而狭窄，尾长、尖端较圆。雄鸟头灰色具模糊的深色过眼纹和髭纹，尾蓝灰色且无横斑但末端具白色窄横带及黑色宽横带，上体红棕色略具黑色横斑，下体皮黄而具黑色纵纹。雌鸟上体全褐，头顶和颈背红棕色具条纹，尾红色具较多深色窄横斑。亚成鸟似雌鸟，但纵纹较浓密。虹膜褐色；嘴灰而端黑，蜡膜黄色；脚黄色。

生境与习性 栖息于林缘、林间空地、疏林和有疏林的旷野、河谷和农田地区等生境。常停栖在柱子、枯树或电线上。飞行快速、灵活而优雅，经常懒散盘旋和定点振翅，俯冲捕捉地面的猎物。主要以蝗虫、蟋蟀等昆虫为食，也吃小型脊椎动物。常营巢于悬崖、山坡岩石裂缝、土洞，也借用喜鹊、乌鸦等鸟类在树上的旧巢。

分布 非洲、古北界、印度及中国。越冬于菲律宾等东南亚地区。

濒危和保护等级 国家II级重点保护野生动物，CITES附录II物种。

（2）深圳种群

种群状况 罕见留鸟和冬候鸟。

分布格局 深圳全境，多见于罗田山、五指耙水库、笔架山公园、梧桐山脚、松子坑水库和大鹏半岛东西涌。

受胁因素 未见可以确认的致胁因素。

地方保护建议 制定相关政策，划定生态红线，通过环境整体保护实现物种保护。

红隼（拍摄于笔架山公园）

6.3.112 游隼
Falco peregrinus Tunstall, 1771

（1）物种描述

识别特征　全长约45 cm。具深色头罩和宽阔髭纹。成鸟上体深灰色，颊后、颈、喉白色；下体白，腹部、腿及尾下多具黑色横斑。雌鸟比雄鸟体大，下体多深色纵纹。亚成鸟褐色浓重，腹部具纵纹。飞行时，从腹面看，翼下斑纹较为均匀，无深色的腋部。虹膜黑色；嘴灰色，蜡膜黄色；腿黄色。

生境与习性　栖息于山地、丘陵地带、沙漠、岛屿，也见于开阔田野、湿地、河流和村庄附近。常单独或成对活动。平常飞行似鸠鸽，间中做短距离滑翔。飞行迅速，能从高空垂直俯冲猛扑猎物。主要捕食鸭类、鹭类、鸡类和鸠鸽类等中小型鸟类，偶尔也捕食鼠类、野兔等小型兽类。营巢于林间空地、河谷悬崖等处。

分布　世界各地。

濒危和保护等级　国家II级重点保护野生动物，CITES附录I物种。

（2）深圳种群

种群状况　罕见留鸟和冬候鸟。

分布格局　深圳全境，多见于内伶仃岛、大鹏半岛、深圳湾、华侨城湿地、罗田林场、梧桐山和小南山公园等地。

受胁因素　栖息地丧失及过度猎捕，都是导致其种群数量减少的因素。

地方保护建议　制定相关政策，划定生态红线，通过环境整体保护实现物种保护。

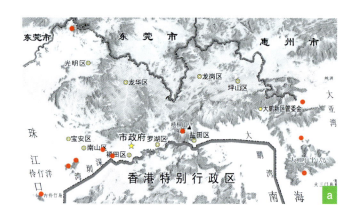

a. 游隼在深圳的记录位点

b. 游隼（拍摄于深圳湾）

6.3.113 红脚隼
Falco amurensis Radde, 1863

（1）物种描述

识别特征　体型较小。腿、腹部及臀棕色，飞行时白色的翼下覆羽为其识别特征。雌鸟额白，头顶灰色具黑色纵纹；背及尾灰，尾具黑色横斑；喉白，眼下具偏黑色线条；下体乳白，胸具醒目的黑色纵纹，腹部具黑色横斑；翼下白色并具黑色点斑及横斑。亚成鸟似雌鸟但下体斑纹为棕褐色而非黑色。虹膜褐色；嘴灰色，蜡膜红色；脚红色。

生境与习性　栖息于山地、丘陵、沙漠、岛屿，也见于开阔田野、湿地、河流和村庄附近。常单独或成对活动。平常飞行似鸠鸽，间中做短距离滑翔。飞行迅速，能从高空垂直俯冲猛扑猎物。主要捕食鸭类、鹭类、雉类和鸠鸽类等中小型鸟类，偶尔也捕食鼠类、野兔等小型兽类。营巢于林间空地、河谷悬崖及其他各类生境中人类难以到达的悬崖峭壁。

分布　繁殖于西伯利亚至朝鲜北部。中国繁殖于中北部、东北，华东及华南地区为罕见候鸟。

濒危和保护等级　国家II级重点保护野生动物，CITES附录II物种。我国东北大规模单一种植玉米，除草剂、杀虫剂的大量使用严重威胁着在该地区的繁殖种群；猎捕也是导致其种群数量减少的主要因素。

（2）深圳种群

种群状况　罕见过境鸟。

分布格局　仅记录于内伶仃岛。

受胁因素　过境鸟，不能确定致胁因素。

地方保护建议　无。

a. 红脚隼在深圳的记录位点
b、c. 红脚隼亚成鸟（拍摄于内伶仃岛）

6.3.114 白腹凤鹛
Erpornis zantholeuca (Blyth, 1844)

（1）物种描述

　　识别特征　全长约13 cm，头顶具短冠羽，与上背、两翼和尾羽同为橄榄绿色，脸颊、颏、喉和下体为灰白色，或多或少沾绿色。

　　生境与习性　栖息于亚热带和热带的山区林地中。性活泼，常与其他鸟混群。

　　分布　喜马拉雅、中国南方。东南亚。

（2）深圳种群

　　种群状况　罕见留鸟。

　　分布格局　园山风景区、梧桐山、马峦山郊野公园、田头山自然保护区、排牙山和七娘山、塘朗山郊野公园、羊台山森林公园。

　　受胁因素　尚未发现明确的致胁因素。

　　地方保护建议　无。

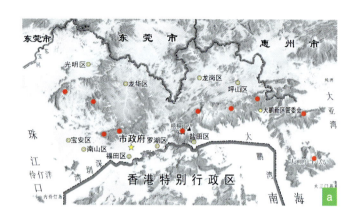

a. 白腹凤鹛在深圳的记录位点

b. 白腹凤鹛

6.3.115　灰喉山椒鸟
Pericrocotus solaris Blyth, 1846

（1）物种描述

识别特征　全长约17 cm。雌雄均有深灰色的头和上背，浅灰色的颏和喉，灰黑色的翼及尾。雄鸟下背至腰、外侧尾羽及下体亮橘红色，翼黑色具"フ"形红色翼斑。雌鸟似雄鸟但红色部位为黄色，上背至腰橄榄灰色。虹膜深褐色；嘴及脚黑色。

生境与习性　栖息于平原和山区杂木林、阔叶林、针叶林及茶园。一般结小群活动，有时也集大群。繁殖季节成对。飞行时躯体与双翅相衬如十字，边飞边叫。几完全以昆虫为食。

分布　喜马拉雅、中国南方。大巽他群岛等东南亚地区。

濒危和保护等级　国家"三有"保护动物。

（2）深圳种群

种群状况　留鸟，种群量较大。

分布格局　龙岗园山风景区、沿海山脉、大鹏半岛和塘朗山郊野公园。

受胁因素　栖地环境改变，食源减少。

地方保护建议　严控基本生态控制线开发利用，加大控制线内的生态保护力度。

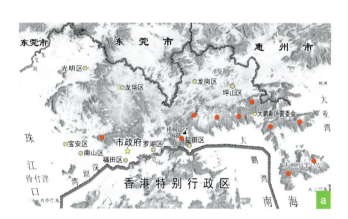

a.灰喉山椒鸟在深圳的记录位点
b.灰喉山椒鸟雄鸟（拍摄于梧桐山）
c.灰喉山椒鸟雌鸟（拍摄于梧桐山）

6.3.116 赤红山椒鸟

Pericrocotus speciosus (Latham, 1790)

（1）物种描述

识别特征 全长约19 cm。雄鸟胸腹、腰、外侧尾羽及翼上斑纹"刁"形，红色；余部蓝黑色。雌鸟背部多灰色，前额黄色，眼先黑色，灰色的耳羽与黄色的喉部形成对比，余部黄色替代雄鸟的红色。虹膜黑褐色；嘴及脚黑色。

生境与习性 栖息于中低海拔的山地和平原的雨林、季雨林、次生阔叶林，也见于松林、稀树草地或开垦的耕地。结群活动或与其他鸟混群，繁殖季节大都成对活动。常结集于乔木冠部觅食。主食昆虫。

分布 印度、中国南方、菲律宾及大巽他群岛等东南亚地区。

濒危和保护等级 国家"三有"保护动物。

（2）深圳种群

种群状况 留鸟，种群量小于灰喉山椒鸟。

分布格局 龙岗园山风景区、沿海山脉、大鹏半岛、笔架山公园等地，觅食时通常与灰喉山椒鸟结群行动。

受胁因素 栖地环境改变，食源减少。

地方保护建议 严控基本生态控制线开发利用，加大控制线内的生态保护力度。

a. 赤红山椒鸟在深圳的记录位点
b. 赤红山椒鸟雌鸟（拍摄于马峦山郊野公园）
c. 赤红山椒鸟雄鸟背面观（拍摄于七娘山鹿角溪）
d. 赤红山椒鸟雄鸟腹面观（拍摄于七娘山鹿角溪）

6.3.117 黑卷尾
Dicrurus macrocercus Vieillot, 1817

（1）物种描述

识别特征　全长约28 cm，雌雄同色，通体黑色而泛蓝色光泽，尾羽较长且尖端分叉明显，最外侧位于端部稍稍向上卷曲。

生境与习性　栖息于低山丘陵及农田、村寨附近，常立于开阔地中的树枝、电线之上，于空中捕食昆虫，繁殖期喜鸣唱，鸣唱声响亮而多变，急速且连续不断。生性好斗，常可见到于其他鸟类飞行打斗。

分布　西亚至印度、中国东部和南部、东南亚。留鸟种群见于云南南部、广西、广东、香港、台湾和海南等。

濒危和保护等级　国家"三有"保护动物。

（2）深圳种群

种群状况　较常见，但种群有明显下降趋势。

分布格局　迁徙期间可见于深圳全境，包括城市绿地，在开阔的农田、湿地等区域最为常见，常栖于附近的电线杆等突出的区域等。

受胁因素　城市绿化密植乔木、灌木，城市化导致农田等生境减少，种群数量呈下降趋势。

地方保护建议　建议作为环境指示物种，列为重点监测对象，实施科学监测。

黑卷尾（拍摄于内伶仃岛）

6.3.118 紫寿带
Terpsiphone atrocaudata (Eyton, 1839)

（1）物种描述

识别特征　成年雄鸟头具黑色的羽冠，上胸黑色，闪耀紫蓝色光泽，上体紫褐色，胸及两胁灰色，下体白色，尾及两翼黑紫色，中央尾羽特型延长20-35 cm。雌鸟似雄鸟但体色较暗淡，头部少光泽，背部颜色更暗，中央尾羽不延长。虹膜褐色；喙蓝色；跗跖铅黑色。

生境与习性　主要栖息于海拔800 m以下的低山和山脚平原地带的常绿和落叶阔叶林、次生林、林缘疏林与竹林中，迁徙时有时也出入于农田和村寨附近的树林。常单独或成对活动，多在树枝间跳跃觅食，也频繁地飞到空中捕食飞行性昆虫，很少下到地上活动和觅食。

分布　东亚包括日本、朝鲜半岛和中国华东。越冬于菲律宾。国内迁徙季节见于华北、华东和华南，留鸟和夏候鸟见于台湾。

濒危和保护等级　国家"三有"保护动物。

（2）深圳种群

种群状况　过境鸟，罕见。

分布格局　深圳多地有零星记录。

受胁因素　未发现明确的致胁因素。

地方保护建议　无。

紫寿带（拍摄于福田红树林保护区）

6.3.119 黑枕王鹟

Hypothymis azurea (Boddaert, 1783)

（1）物种描述

识别特征 雄鸟头、胸、背及尾蓝色，翼上多灰色，腹部近白，羽冠短，嘴上的小块斑及狭窄的喉带黑色。雌鸟头蓝灰，胸灰色较浓，背、翼及尾褐灰，少雄鸟的黑色羽冠及喉带。

生境与习性 性活泼，栖息于低地林及次生林。常与其他种类混群。多栖于森林较低层，尤喜近溪流的浓密灌丛。

分布 印度至中国、菲律宾、大巽他群岛及苏拉威西岛等东南亚地区。

濒危和保护等级 国家"三有"保护动物。

（2）深圳种群

种群状况 过境鸟，罕见。

分布格局 深圳多地有零星记录。

受胁因素 未发现明确的致胁因素。

地方保护建议 无。

黑枕王鹟（拍摄于梅林山）

6.3.120 棕背伯劳
Lanius schach Linnaeus, 1758

（1）物种描述

识别特征 全长约25 cm。成鸟头顶及颈背深灰色，具黑色眼罩，前额至少有狭窄的黑色，背、腰及体侧红褐，翼及尾黑色，翼上具一白斑，颏、喉、胸及腹中心部位白色。幼鸟色较暗，两胁及背具横斑，头及颈背灰色较重。有时可见黑色型。虹膜暗褐色；嘴及脚黑色。

生境与习性 喜草地、灌丛、茶林及其他开阔地。立于树枝顶端或电线上，俯视四周，伺机捕食。性凶猛。主要以昆虫为食，也捕食蛙、小型鸟类及鼠类。由于翅较短，尾较长，飞行速度较慢，常通过模仿其他小鸟的叫声实施诱捕。营巢于树上或高灌木的枝权基部。

分布 伊朗至中国、印度、菲律宾及巽他群岛等东南亚地区至新几内亚。

濒危和保护等级 国家"三有"保护动物。

（2）深圳种群

种群状况 较常见。

分布格局 深圳全境的各种生境，包括城市绿地、开阔的农田、湿地等区域。

受胁因素 未发现明确的致胁因素。

地方保护建议 小型"猛禽"，处于食物链较高层级，建议作为环境指示物种，实施科学监测。

a.棕背伯劳（拍摄于华侨城湿地）
b.棕背伯劳黑色型（拍摄于华侨城湿地）

6.3.121 牛头伯劳

Lanius bucephalus Temminck and Schlegel, 1845

（1）物种描述

识别特征 全长约19 cm。头顶褐色，尾端白色。飞行时初级飞羽基部的白色块斑明显。雄鸟过眼纹黑色，眉纹白，背灰褐，下体偏白而略具黑色横斑，两胁带棕。雌鸟褐色较重，具棕褐色耳羽。

生境与习性 栖息于平原、丘陵和山脚的灌丛、林缘、公园、农田等地，喜开阔地带。多单独或成对活动。

分布 东北亚，中国华东。冬季南迁至华南，华东（包括台湾）。

濒危和保护等级 国家"三有"保护动物。

（2）深圳种群

种群状况 过境鸟，仅记录于华侨城湿地和三洲田，是深圳的新记录。

分布格局 过去在洪湖公园曾有记录，但未得到正式确认。

受胁因素 未发现明确的致胁因素。

地方保护建议 无。

a. 牛头伯劳在深圳的记录位点

b. 牛头伯劳（拍摄于华侨城湿地）

6.3.122 红尾伯劳

Lanius cristatus Linnaeus, 1758

（1）物种描述

识别特征　全长约20 cm。成鸟前额灰。上体棕褐色或灰褐色，下体皮黄；具黑色眼罩和细白色眉纹，颏、喉白色；两翼黑褐色，具浅色羽缘。雌鸟脸部图案较雄鸟暗淡，下体具鳞状细纹。亚成鸟似雌鸟但背及体侧具更多深褐色鳞状细纹。虹膜暗褐色；嘴黑色；脚铅灰色。

生境与习性　栖息于平原、丘陵和低山区的灌丛、林缘、公园、农田等，喜开阔地带。多单独或成对活动，常在固定的栖点（树枝、电线）停栖鸣叫。主要以昆虫为食，也食蜥蜴等。常将猎物穿挂于树上的尖枝杈上，然后撕食其内脏和肌肉等柔软部分，剩余部分留在树上。

分布　繁殖于东亚。冬季南迁至印度、菲律宾、巽他群岛、苏拉威西、马鲁古群岛等东南亚地区及新几内亚。

濒危和保护等级　国家"三有"保护动物。

（2）深圳种群

种群状况　过境鸟，不常见。

分布格局　深圳全境。

受胁因素　未发现明确的致胁因素。

地方保护建议　无。

a、b.红尾伯劳（拍摄于华侨城湿地）

6.3.123 喜鹊
Pica serica Gould, 1845

（1）物种描述

识别特征　全长约45 cm。头、颈、胸、上体及臀部黑色，肩部、下腹及两胁白色，双翼及尾黑色具蓝绿色金属光泽。飞行时，初级飞羽大体白色，背部具"V"形白斑。虹膜暗褐色；嘴黑色；脚黑色。

生境与习性　栖息于山麓、林缘、农田、村庄、城市公园等人类居住附近。除繁殖期成对活动外，常结3-5只小群活动。性机警，觅食时总有一鸟负责警卫。飞行显弱，飞行时尾羽扩展、双翅缓慢鼓动，成波浪式前进。在地上活动时成跳跃式。杂食性。营巢于高大乔木上，有时也营巢于高压电柱上。

分布　欧亚大陆、北非、加拿大西部及美国加利福尼亚西部。

濒危和保护等级　国家"三有"保护动物。

（2）深圳种群

种群状况　种群量有日益增大的趋势。

分布格局　留鸟，见于深圳境内各种生境。

受胁因素　种群有增加趋势，尚未能确定影响其种群发展的因素。

地方保护建议　建议作为环境指示物种，列为重点监测对象，实施科学监测。

喜鹊（拍摄于华侨城湿地）

6.3.124 红嘴蓝鹊
Urocissa erythroryncha (Boddaert, 1783)

（1）物种描述

识别特征　全长约68 cm。头顶白，头至上胸黑色，上背及两翼蓝灰色，腹部及臀白色，尾甚长，楔形，中央尾羽蓝色具白端，外侧尾羽具白色端斑和黑色次端斑。虹膜红色；嘴和脚鲜红色。

生境与习性　栖息于山区各种类型的森林，也见于竹林、林缘和村旁。常成对或集小群活动，性活泼而嘈杂。在树间转移时常由一只带头，其余陆续飞去。飞行时多滑翔，两翅平伸，尾羽展开。受惊时吃力鼓翅向远处逃窜。较凶猛，主动围攻猛禽。杂食性。营巢于树木侧枝上，也在高大的竹林上筑巢。

分布　喜马拉雅、印度东北部、中国、缅甸及中南半岛。

濒危和保护等级　国家"三有"保护动物。

（2）深圳种群

种群状况　种群量有日益增大的趋势。

分布格局　留鸟，见于深圳境内各种生境。

受胁因素　未能确定影响其种群发展的因素。

地方保护建议　建议作为环境指示物种，列为重点监测对象，实施科学监测。

红嘴蓝鹊（拍摄于梅林山公园）

6.3.125 大嘴乌鸦
Corvus macrorhynchos Wagler, 1827

（1）物种描述

识别特征　全长约50 cm。全身黑色具蓝色光泽，嘴甚粗厚，前额隆起。虹膜褐色；嘴黑色；脚黑色。

生境与习性　栖息于各种森林类型中，尤以疏林和林缘地带较常见。喜在河谷、农田、村庄、沼泽和草地上活动。非繁殖期成群活动，迁徙时集大群，也与其他鸦类混群。性机警、好斗，攻击猛禽、甚至靠近巢的行人。杂食性。营巢在高大的树桠上，通常为针叶树。

分布　伊朗至中国、菲律宾、苏拉威西岛、马来半岛及巽他群岛等东南亚地区。

濒危和保护等级　国家"三有"保护动物。

（2）深圳种群

种群状况　种群量有日益增大的趋势。

分布格局　深圳全境，在深圳湾湿地和东部沿海山脉比较多，也有集群现象。

受胁因素　未能确定影响其种群发展的因素。

地方保护建议　建议作为环境指示物种，列为重点监测对象，实施科学监测。

大嘴乌鸦（拍摄于深圳湾红树林自然保护区）

6.3.126 白颈鸦
Corvus torquatus Lesson, 1831

（1）物种描述

识别特征　全长约54 cm。除枕部、上背、颈侧及胸带为白色外，其余部分灰黑色。虹膜深褐色；嘴黑色；脚黑色。

生境与习性　栖息于河口、海湾、平原、丘陵和低山，也见于海拔2500 m左右的山地。性机警，比其他鸦类更难接近。栖止时，多伸颈鸣叫。杂食性，主要食物因季节不同而不同。

分布　中国的华中、华南及东南至越南北部。

濒危和保护等级　国家"三有"保护动物，IUCN红色名录极危（VU）等级物种。

（2）深圳种群

种群状况　种群量有明显增大的趋势。

分布格局　深圳全境，在深圳湾湿地和东部沿海山脉比较多，也有集群现象。

受胁因素　未能确定影响其种群发展的因素。

地方保护建议　建议作为环境指示物种，列为重点监测对象，实施科学监测。

白颈鸦（拍摄于华侨城湿地）

6.3.127　灰树鹊
Dendrocitta formosae Swinhoe, 1863

（1）物种描述

识别特征　全长约36 cm。前额、眼先黑色，眼后浅褐色，后枕青灰色。颈侧、上背灰褐色，两翼黑色具白色斑块，飞行时较明显，腰灰白色，尾黑色。胸染棕色，腹部灰色，臀棕黄色。虹膜红褐色；嘴灰黑色；脚深灰色至黑色。

生境与习性　栖息于中低山的阔叶林、针阔混交林，也见于天然林、人工林和城市公园。多成对或集小群活动于乔木的中上层。性怯懦而吵嚷。杂食性，常以浆果、坚果等植物果实与种子为食，也吃昆虫等动物性食物。

分布　印度东部及东北部、缅甸、泰国北部、中南半岛北部。华中、华南、东南及喜马拉雅。

濒危和保护等级　国家"三有"保护动物。

（2）深圳种群

种群状况　种群量不大，不常见。

分布格局　多见于深圳东部沿海山脉，偶见于市区公园。

受胁因素　未能确定。

地方保护建议　无。

灰树鹊（拍摄于梧桐山）

6.3.128 小云雀
Alauda gulgula Franklin, 1831

（1）物种描述

识别特征 全长约15 cm。头具浅色眉纹及短羽冠，嘴较鹨厚重。似云雀但更小，耳羽暖褐色更重；初级飞羽和次级飞羽更多红棕色，三级飞羽几乎达初级飞羽端部；飞行时翼后缘偏褐色而非白色。虹膜深褐色；嘴角质色；脚肉黄色。

生境与习性 栖息于长有短草的开阔地区，从不停栖树上。非繁殖季节集群。杂食性，以杂草种子、稗子、谷物等植物性食物和昆虫、蜘蛛、虫卵等动物性食物为食。营巢于地面稍凹处，有时有杂草掩盖。常于地面直上空中，做炫耀飞行，并发出高音鸣唱。

分布 繁殖于古北界。冬季南迁。在华南及东南沿海有繁殖群。

濒危和保护等级 国家"三有"保护动物。

（2）深圳种群

种群状况 当前种群量不大。

分布格局 2013-2016年的调查中，仅见于内伶仃岛和深圳机场，后者是鸟撞残留物DNA鉴定的结果。

受胁因素 以前在深圳湾沿岸荒草地、大鹏半岛等多地有栖息和繁殖记录，目前这些栖息地均已被改造，原来的荒草地消失，因此栖地性质改变是导致栖地丧失的主要威胁。

地方保护建议 建议作为环境指示物种，列为重点监测对象，实施科学监测。

a. 小云雀在深圳的记录位点
b. 小云雀（拍摄于内伶仃岛）

6.3.129 纯色山鹪莺
Prinia inornata Sykes, 1832

（1）物种描述

识别特征 又名褐头鹪莺。全长约14 cm。尾较长，繁殖羽具浅色眉纹，上体暗灰褐，下体淡皮黄色至偏红。冬羽羽色浅而平淡，尾更长。虹膜浅褐色；嘴近黑；脚粉红。

生境与习性 栖息于中低山和平原的农田、果园、灌丛、草丛及沼泽中。常结小群活动，在灌木下部和草丛中跳跃觅食。尾时常竖起，飞行呈波浪式，常边飞边叫。主要以昆虫及其幼虫为食，也吃少量其他小型无脊椎动物和杂草种子等。常营巢于芒草丛间。

分布 印度、中国、爪哇等东南亚地区。

濒危和保护等级 国家"三有"保护动物。

（2）深圳种群

种群状况 留鸟，数量大，但远小于黄腹山鹪莺。

分布格局 深圳全境，多见于湿地灌丛。

受胁因素 未发现明确的致胁因素。

地方保护建议 无。

纯色山鹪莺（拍摄于洪湖公园）

6.3.130　黄腹山鹪莺

Prinia flaviventris (Delessert, 1840)

（1）物种描述

识别特征　全长约13 cm。尾较长，繁殖期头顶和头侧暗石板灰色，眉纹短，仅由嘴基延至眼中部，上体橄榄褐色，喉白色，胸及腹部黄色。冬羽颜色稍浅，尾较夏羽长。虹膜浅褐色；嘴夏季黑色，冬季褐色；脚橘黄。

生境与习性　栖息于山脚和平原地带的芦苇沼泽、高草地及灌丛等。多在灌丛或草丛下部及地上活动和觅食。飞行有力，常发出"啪、啪"的振翅声响。活动时尾常上下摆动，或垂直翘到背上，并不时发出猫一样的叫声。主要以昆虫及其幼虫为食，也吃植物果实和种子。多营巢于杂草丛间或低矮的灌木上。

分布　巴基斯坦至中国南方、大巽他群岛等东南亚地区。

濒危和保护等级　国家"三有"保护动物。

（2）深圳种群

种群状况　留鸟，数量远大于纯色山鹪莺。

分布格局　深圳全境，多见于湿地灌丛。

受胁因素　未发现明确的致胁因素。

地方保护建议　无。

黄腹山鹪莺（拍摄于洪湖公园）

6.3.131 棕扇尾莺
Cisticola juncidis (Rafinesque, 1810)

（1）物种描述

识别特征 全长约10 cm。头顶棕红色，白色眉纹较颈侧及颈背明显为浅，上体棕色具显著的黑褐色纵纹，腰棕色，短而凸的尾具白端。虹膜褐色；嘴灰褐色具黑端；脚粉红至近红色。

生境与习性 主要栖息于开阔草地、稻田、灌丛等生境。繁殖期单独或成对活动，领域性强，冬季多呈松散小群。飞行时尾常扇开并上下摆动。主要以昆虫及其幼虫为食，也取食其他小型无脊椎动物和杂草种子等植物性食物。多营巢于草丛中。

分布 非洲、南欧、印度、中国、日本、菲律宾、巽他群岛、苏拉威西岛等东南亚地区及澳大利亚北部。

濒危和保护等级 国家"三有"保护动物。

（2）深圳种群

种群状况 冬候鸟和过境鸟，春秋季节较常见。

分布格局 深圳湾红树林湿地、华侨城湿地等全境滨海和内陆湿地周边的杂灌、草地。

受胁因素 未发现明确的致胁因素。

地方保护建议 无。

棕扇尾莺（拍摄于内伶仃岛）

6.3.132 长尾缝叶莺
Orthotomus sutorius (Pennant, 1769)

（1）物种描述

识别特征　小型鸟类，全长12-14 cm。额和头顶棕色，往枕部逐渐变为棕褐色或褐色，眼先灰色，眼周淡棕色，颊和耳羽淡皮黄色沾橄榄绿色。背、肩、腰和尾上覆羽等上体亦为橄榄绿色或黄绿色，尾长，中央一对尾羽在繁殖期间尤为延长，外侧尾羽褐色。飞羽褐色。下体白色微沾皮黄色。雌鸟和雄鸟相似，但尾短，繁殖期间不延长。虹膜淡褐色、黄褐色或皮黄色；上嘴棕褐色或红褐色，下嘴黄色或皮黄色；脚肉色或肉黄色。

生境与习性　利用叶片缝合成巢，雏鸟晚成性，双亲共同育雏。主要以昆虫及其幼虫为食。

分布　尼泊尔、不丹、孟加拉国、印度、缅甸、克什米尔、巴基斯坦、泰国、越南、斯里兰卡、马来西亚和印度尼西亚爪哇等地。云南、贵州、广西、广东、福建、湖南和海南。

濒危和保护等级　国家"三有"保护动物。

（2）深圳种群

种群状况　留鸟，数量较大。

分布格局　深圳全境各种生境，包括红树林、山顶草灌。

受胁因素　无显著致胁因素。

地方保护建议　无。

a. 长尾缝叶莺（拍摄于田头山自然保护区）
b. 长尾缝叶莺（拍摄于华侨城湿地）

6.3.133 黑眉苇莺
Acrocephalus bistrigiceps Swinhoe, 1860

（1）物种描述

　　识别特征　全长约13 cm。上体棕褐色，有较显著的黑色侧冠纹和细贯眼纹及皮黄色眉纹，腰偏棕红色；下体皮黄色。虹膜褐色；上嘴褐色，下嘴色浅；脚粉色。

　　生境与习性　栖于中低山丘陵和平原地带的湖泊、河流、水塘、沼泽等水域岸边的灌丛和芦苇丛中。常单独或成对活动，性机警而活泼。繁殖期站在开阔草地上的小灌木顶端或高的草茎梢上鸣叫。主要以昆虫及其幼虫为食，也吃蜘蛛等其他无脊椎动物。

　　分布　繁殖于东北亚。冬季至印度，中国南方及东南亚。

　　濒危和保护等级　国家"三有"保护动物。

（2）深圳种群

　　种群状况　过境鸟，罕见。

　　分布格局　福田红树林自然保护区、华侨城湿地、洪湖公园、大鹏半岛。

　　受胁因素　未发现明确的致胁因素。

　　地方保护建议　无。

a. 黑眉苇莺在深圳的记录位点

b. 黑眉苇莺（拍摄于华侨城湿地）

6.3.134 小鳞胸鹪鹛
Pnoepyga pusilla Hodgson, 1845

（1）物种描述

识别特征　全长约9 cm，体型极小，看似无尾。上体灰褐色，具细小的浅色点斑；翼偏棕色，覆羽具浅色斑点；下体茶褐色，满布深色鳞状纹。虹膜深褐色；嘴黑褐色，嘴基黄褐；脚粉红至褐色。

生境与习性　栖息于山区森林，尤喜茂密、林下植物发达、地势起伏的阴暗潮湿森林。单独或成对活动。性隐匿，常在稠密灌木林或竹根间的地面跳来跳去，也在森林地面急速奔跑，形似老鼠。受惊即潜入密丛深处，从不远飞。频繁发出清脆响亮的特有叫声。杂食性，以植物的叶、芽及昆虫等为食。巢见于林下岩石间或长满苔藓植物的岩石壁上。

分布　尼泊尔至中国南方、马来半岛、苏门答腊、爪哇、佛罗勒斯岛及帝汶岛等东南亚地区。

濒危和保护等级　国家"三有"保护动物。

（2）深圳种群

种群状况　罕见过境鸟。

分布格局　沿海山脉和大鹏半岛。

受胁因素　尚未发现明确的致胁因素。

地方保护建议　无。

a. 小鳞胸鹪鹛在深圳的记录位点
b. 小鳞胸鹪鹛（拍摄于杨梅坑）

6.3.135 金腰燕
Cecropis daurica (Laxmann, 1769)

（1）物种描述

识别特征 全长约18 cm。腰浅栗色、尾深分叉，成鸟上体深钢蓝色，下体偏白而多具黑色细纹，耳羽、枕侧、腰及臀部红棕色。亚成鸟上体较暗淡，翼覆羽及三级飞羽具浅色羽端，下体纵纹较弱，尾羽无延长。虹膜黑色；嘴及脚黑色。

生境与习性 常栖于村镇附近的树枝或电线上。全天大部分时间在原野飞行，张口捕食飞虫。有时与家燕混群飞行。性喜结群，平日结小群，秋末南迁时常结成数百只的大群。每年常繁殖两次。营巢于住户横梁上、屋檐下、天花板上，巢呈半葫芦状。

分布 繁殖于欧亚大陆及印度的部分地区。冬季迁至非洲，印度南部及东南亚。

濒危和保护等级 国家"三有"保护动物。

（2）深圳种群

种群状况 在深圳为留鸟及旅鸟，见于深圳全境，尤其春夏季在开阔平坦的环境如华侨城湿地、铁岗水库等地，较为易见。种群量远小于家燕。

分布格局 深圳全境。

受胁因素 适宜生境日益减少，大量高层建筑及建筑的结构都不适宜其栖息和筑巢繁殖，因此种群数量下降趋势明显。

地方保护建议 建议作为环境指示物种，列为重点监测对象，实施科学监测。

金腰燕（拍摄于梧桐山村）

6.3.136 白头鹎
Pycnonotus sinensis (Gmelin, 1789)

（1）物种描述

识别特征 全长17-22 cm。额至头顶黑色，两眼上方至后枕白色，形成一白色枕环，耳羽后部有一白斑，白环与白斑在黑色的头部均极为醒目。上体灰褐或橄榄灰色具黄绿色羽缘。颏、喉白色，胸灰褐色，形成不明显的宽阔胸带。腹白色具黄绿色纵纹。亚成鸟整体灰色，仅头部橄榄色，且没有成鸟标志性的白头。

生境与习性 营巢于灌木或乔木上。雏鸟晚成性，双亲共同孵卵。以昆虫为食，也食植物果实、种子、浆果，多在灌木和小树上活动。主要为留鸟，一般不迁徙。

分布 日本、朝鲜、韩国、老挝、泰国和越南。西至四川、云南东北部，北达陕西南部及河南，东至沿海一带，分括海南和台湾，南至广西西南部。

濒危和保护等级 国家"三有"保护动物。

（2）深圳种群

种群状况 极常见。

分布格局 深圳全境。

受胁因素 栖息地性质改变，导致种群出现显著变化。人类捕捉。该种与红耳鹎同域分布，近年红耳鹎大幅占据其生态位，尤其在市区公园绿地，白头鹎种群数量下降显著。但在山区白头鹎数量较多，尤其在库区，秋冬季白头鹎常结大群活动。

地方保护建议 基于白头鹎和红耳鹎竞争关系，建议结合环境变化，制定科学研究方案，探究其种群消长的动因；同时将其列为重点监测对象，实施科学监测。

a. 白头鹎（拍摄于梅林山郊野公园）
b. 白头鹎（拍摄于梧桐山）

6.3.137 红耳鹎
Pycnonotus jocosus (Linnaeus, 1758)

（1）物种描述

识别特征　全长17-21 cm。额至头顶黑色，头顶有耸立的黑色羽冠，眼下后方有一鲜红色斑，其下又有一白斑，外周围以黑色，在头部甚为醒目。上体褐色。尾黑褐色，外侧尾羽具白色端斑。下体白色尾下覆羽红色。颧纹黑色，胸侧有黑褐色横带。虹膜棕色、褐色、棕红色或深棕色；嘴、脚黑色。

生境与习性　栖息于树林、灌丛、草地、果园、村庄、城市公园等。营巢于灌木、乔木及竹丛枝杈间。雏鸟晚成性，双亲共同孵卵。杂食性，但以植物性食物为主。

分布　尼泊尔、不丹、孟加拉国、印度、缅甸、泰国、越南、老挝等东喜马拉雅至中南半岛、马来半岛等地。西藏东南部，往东经云南南部、贵州南部、广西南部一直到广东西部和香港（留鸟）。

濒危和保护等级　国家"三有"保护动物。

（2）深圳种群

种群状况　极常见。

分布格局　深圳全境。

受胁因素　该种与白头鹎同域分布，近年在山脚林缘、市区公园绿地，种群数量显著大于白头鹎。

地方保护建议　见白头鹎。

红耳鹎（拍摄于华侨城湿地）

6.3.138　白喉红臀鹎
Pycnonotus aurigaster (Vieillot, 1818)

（1）物种描述

识别特征　全长18-23 cm。头顶黑色，有不显著的羽冠，上体和两翼灰褐色，腰苍白，尾羽黑色，末端白色，额黑而喉白，下体污白，尾下覆羽红色。

生境与习性　栖息于低海拔山区、丘陵和平原地带的次生林、竹林和灌丛等生境。

分布　东洋界。东南、华南和西南。

濒危和保护等级　国家"三有"保护动物。

（2）深圳种群

种群状况　深圳较常见，但明显少于白头鹎和红耳鹎。

分布格局　深圳全境，常与白头鹎和红耳鹎同域分布。

受胁因素　以前在福田红树林自然保护区和华侨城湿地有较大种群，近年种群量显著减少。

地方保护建议　建议作为环境指示物种，列为重点监测对象，实施科学监测。

白喉红臀鹎（拍摄于梧桐山村）

6.3.139 黄腰柳莺
Phylloscopus proregulus (Pallas, 1811)

（1）物种描述

识别特征 小型鸟类，全长约9 cm。上体橄榄绿色，具柠檬黄色的粗眉纹和浅黄色顶冠纹；腰柠檬黄色，具两道黄色翼斑，三级飞羽羽缘浅色；下体灰白，尾下覆羽沾浅黄。虹膜褐色；嘴黑色，嘴基橙黄；脚淡褐色。

生境与习性 夏季栖于针叶林和针阔混交林，也见于阔叶林；迁徙季和冬季常见于林地、灌丛等广阔生境。性活泼敏捷，常悬停捕食。

分布 繁殖于亚洲北部。越冬于印度、中国南方及中南半岛北部。

濒危和保护等级 国家"三有"保护动物。

（2）深圳种群

种群状况 留鸟，迁徙季和冬季甚常见。

分布格局 深圳全境各种生境，包括红树林、山顶草灌。

受胁因素 无显著致胁因素。

地方保护建议 无。

a.黄腰柳莺侧面观（拍摄于田头山自然保护区）
b.黄腰柳莺背面观（拍摄于马峦山郊野公园）

6.3.140 黄眉柳莺
Phylloscopus inornatus (Blyth, 1842)

（1）物种描述

识别特征　小型鸟类，全长约9 cm。上体橄榄绿色，下体偏白。眉纹长，几延至颈背，在眼先为黄色，眼后为白色；黑色过眼纹较模糊，后顶冠纹几不可见。三级飞羽黑色具白色羽缘，通常具两道翼斑，后一道较宽并具黑色边缘。虹膜褐色；上嘴深灰色，下嘴基黄色；脚褐色。

生境与习性　夏季栖于阔叶林或泰加林林缘，迁徙期间和冬季出现于各种森林类型、农田、城市公园。性活泼好动，频繁扇动翅和尾。常加入混合鸟群。

分布　繁殖于亚洲北部及中国东北。冬季南迁至印度，马来半岛等东南亚地区。

濒危和保护等级　国家"三有"保护动物。

（2）深圳种群

种群状况　留鸟，迁徙季和冬季甚常见。

分布格局　深圳全境各种生境，包括红树林、山顶草灌。

受胁因素　未发现明确的致胁因素。

地方保护建议　无。

黄眉柳莺（拍摄于华侨城湿地）

6.3.141 华南冠纹柳莺
Phylloscopus goodsoni Hartert, 1910

（1）物种描述

识别特征 全长约10.5 cm。上体鲜橄榄绿色，下体白色，胸部及两胁染黄。黄色顶冠纹在后方更宽阔明显，眉纹鲜黄色。具两道黄色翼斑，三级飞羽无浅色羽缘。虹膜褐色；嘴和脚橘黄色。

生境与习性 栖于山地常绿阔叶林、针阔混交林、针叶林和林缘灌丛地带，秋冬季多下到低山和山脚平原地带。常单独或成对活动，冬季多加入混合鸟群。常在树干上觅食，双翅轮番鼓动。营巢于中山林缘和林间空地等开阔地带的岸边陡坡岩穴或树洞中。

分布 中国特有种。华东、东南、华南。生活于海拔500-1000 m的常绿阔叶林，可作短距离迁徙。

濒危和保护等级 近期由亚种提升为独立种，未有相关等级评定。

（2）深圳种群

种群状况 过境鸟，属少见鸟类。

分布格局 深圳全境，常见于深圳沿海山脉和七娘山、排牙山，塘朗山郊野公园、梅林山公园；偶尔也见于建成区城市公园。

受胁因素 无显著致胁因素。

地方保护建议 无。

华南冠纹柳莺（拍摄于大鹏半岛）

6.3.142 双斑绿柳莺
Phylloscopus plumbeitarsus Swinhoe, 1861

（1）物种描述

识别特征　全长12 cm。上体暗灰绿色，下体偏白。无顶冠纹，黄白色的长眉纹从嘴基延至颈侧，深色过眼纹明显。具两道浅色翼斑，三级飞羽无浅色羽缘。虹膜深褐色；上嘴深褐色，下嘴黄色；脚淡褐色。

生境与习性　夏季栖于山地针叶林和针阔混交林、灌丛中，迁徙季及冬季见于低山至山脚的各类森林及林地。

分布　繁殖于东北亚及中国东北。越冬至泰国等中南半岛地区。

濒危和保护等级　国家"三有"保护动物。

（2）深圳种群

种群状况　过境鸟，属少见鸟类。

分布格局　田头山自然保护区、马峦山郊野公园、梧桐山及蛇口南山。

受胁因素　无显著致胁因素。

地方保护建议　无。

a. 双斑绿柳莺在深圳的记录位点
b、c. 双斑绿柳莺（拍摄于田头山自然保护区）

6.3.143 极北柳莺
Phylloscopus borealis (Blasius, 1858)

（1）物种描述

识别特征 全长约12 cm。上体橄榄绿色，下体污白色，胸部染黄，臀部白色。无顶冠纹，黄白色长眉纹前端不到嘴基处，过眼纹近黑。两道翼斑，但前一道通常不明显，三级飞羽无浅色羽缘。初级飞羽超出三级飞羽的部分较长。虹膜深褐色；上嘴深褐，下嘴基橙黄色，颜色较双斑绿柳莺明显；脚淡褐色。

生境与习性 夏季栖于潮湿的针叶林和针阔混交林及其林缘灌丛地带，迁徙期间见于阔叶林、灌丛、果园、庭院和宅旁小林等各种生境。除繁殖期单独或成对活动外，余时常与其他鸟类混群。

分布 繁殖于欧洲北部、亚洲北部及阿拉斯加。冬季南迁至中国南方、菲律宾及印度尼西亚等东南亚地区。

濒危和保护等级 国家"三有"保护动物。

（2）深圳种群

种群状况 过境鸟，偶见鸟类。

分布格局 迁徙季节内伶仃岛、华侨城湿地较为常见，其他区域偶见。

受胁因素 无显著致胁因素。

地方保护建议 无。

极北柳莺（拍摄于内伶仃岛）

6.3.144 远东树莺
Horornis canturians (Swinhoe, 1860)

（1）物种描述

识别特征 全长约15.5 cm。上体棕褐色，有显著的皮黄色眉纹和较弱的深褐色过眼纹，颊部色稍浅；下体浅色，喉白，胸侧、两胁和尾下覆羽染皮黄。似日本树莺，但下体更浅色。虹膜褐色；上嘴褐色，下嘴肉褐色；脚粉灰色。

生境与习性 栖于低山丘陵和山脚平原地带的林缘疏林、次生灌丛、农田、公园等。常隐匿在浓密的灌丛中，难以见到。通常尾略上翘。

分布 繁殖于东亚。越冬至印度东北部、中国南方及台湾、菲律宾等东南亚地区。

濒危和保护等级 国家"三有"保护动物。

（2）深圳种群

种群状况 过境鸟，罕见。

分布格局 华侨城湿地、福田红树林自然保护区、园山风景区、塘朗山郊野公园。

受胁因素 未发现明确的致胁因素。

地方保护建议 无。

a. 远东树莺在深圳的记录位点
b. 远东树莺（拍摄于东湖公园）

6.3.145 金头缝叶莺
Phyllergates cucullatus (Temminck, 1836)

（1）物种描述

识别特征 小型鸟类，全长10-12 cm。雌雄羽色相似。前额和头顶栗色或金橙棕色，眼上有一短而窄的黄色眉纹。眼先和贯眼纹黑色，眼后较白，头侧、枕、后颈和颈侧暗灰色。背、肩橄榄绿色，腰和尾上覆羽黄色或橄榄黄色，尾羽褐色。翅上覆羽橄榄绿色，飞羽褐色。颊和耳覆羽下部分银白色。颏、喉、胸白色或淡灰白色，下体鲜黄色。虹膜褐色；上嘴暗褐色，下嘴较淡，肉色或黄色；脚肉色或淡黄色。

生境与习性 栖息于茂密的阔叶林，常在冠层活动。在缝合的大型叶片中营巢。主要以昆虫及其幼虫为食。有垂直迁徙的习性，夏季多在高山繁殖，冬季下至较低海拔，经常出现在城市公园绿地。

分布 云南、广西等地。不丹、印度、缅甸、越南、老挝、泰国、柬埔寨、马来西亚、菲律宾和印度尼西亚等地。

濒危和保护等级 国家"三有"保护动物。

（2）深圳种群

种群状况 留鸟，多见于秋冬和春季。

分布格局 深圳全境的低山丘陵，包括七娘山、排牙山、田头山自然保护区、马峦山郊野公园、梧桐山、塘朗山郊野公园、梅林山公园、凤凰山森林公园、羊台山森林公园。

受胁因素 城市扩张、道路和旅游开发等导致栖地破碎，环境质量下降；人为活动干扰。

地方保护建议 建议列为山区森林生态系统的环境指示物种，实施科学监测。

a. 金头缝叶莺在深圳的记录位点
b. 金头缝叶莺（拍摄于七娘山）
c. 金头缝叶莺（拍摄于排牙山）

6.3.146 暗绿绣眼鸟
Zosterops simplex Swinhoe, 1861

（1）物种描述

识别特征　小型鸟类，全长9-11 cm。雌雄鸟羽色相似。从额基至尾上覆羽均为草绿或暗黄绿色，前额沾有较多黄色，眼周有一圈白色绒状短羽，眼先和眼圈下方有一细的黑色纹，耳羽、脸颊黄绿色。翅上内侧覆羽与背同色，外侧覆羽和飞羽暗褐色或黑褐色。尾暗褐色，外翈羽缘草绿或黄绿色。颏、喉、上胸和颈侧鲜柠檬黄色，下胸和两胁苍灰色，腹中央近白色，尾下覆羽淡柠檬黄色，腋羽和翅下覆羽白色有时腋羽微沾淡黄色。虹膜红褐或橙褐色；嘴黑色，下嘴基部稍淡；脚暗铅色或灰黑色。

生境与习性　营巢于乔木或灌木上。以昆虫为食。迁徙季节和冬季喜欢成群活动。迁徙性，夏季多迁往北部和高海拔温凉地区，最高有时可达海拔2000 m左右的针叶林，冬季多迁到南方和下到低山、山脚平原地带的阔叶林、疏林灌丛中。

分布　黄河中下游、长江流域及其以南的华南和西南各省区，包括台湾、海南和香港。朝鲜、日本、缅甸及越南等中南半岛地区。

濒危和保护等级　国家"三有"保护动物。

（2）深圳种群

种群状况　留鸟，种群量非常大。

分布格局　深圳全境各种森林生境，包括城市绿地、行道树。

受胁因素　未发现明确的致胁因素。

地方保护建议　无。

暗绿绣眼鸟（拍摄于华侨城湿地）

6.3.147 栗颈凤鹛

Yuhina torqueola (Swinhoe, 1870)

（1）物种描述

识别特征 全长约13 cm。羽冠灰色，较显著；颊部的栗色延伸成后颈圈，并杂白色纵纹；上体灰褐色，具白色羽轴形成的细小纵纹；下体近白；尾深褐灰具白色羽缘。虹膜浅红褐色；嘴红褐，嘴端深色；脚粉红至褐黄色。

生境与习性 栖息于中低山的常绿阔叶林和针阔叶混交林，冬季有时会出现在近山的城市公园中。非繁殖季节一般集群活动于较高的灌丛顶端或小乔木上。性活泼而嘈杂，常在树枝间跳跃或从一棵树飞向另一棵树。主要以昆虫为食，也兼食植物果实与种子。

分布 孟加拉国、印度、缅甸、泰国、老挝、越南和印度尼西亚等地。长江流域及其以南各省。

濒危和保护等级 国家"三有"保护动物。

（2）深圳种群

种群状况 留鸟，是深圳低山丘陵环境中较常见的凤鹛。

分布格局 见于深圳东部、北部和中部的低山丘陵，包括梧桐山、马峦山郊野公园、田头山自然保护区、排牙山、七娘山、塘朗山郊野公园、梅林山公园、凤凰山森林公园和羊台山森林公园。

受胁因素 栖息地性质改变，环境质量下降，人类活动干扰。

地方保护建议 建议作为环境指示物种，实施科学监测。

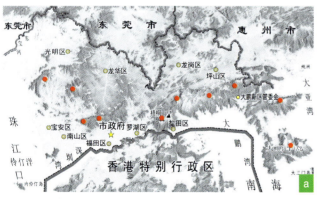

a. 栗颈凤鹛在深圳的记录位点
b. 栗颈凤鹛（拍摄于排牙山）

6.3.148 黑脸噪鹛
Pterorhinus perspicillatus (Gmelin, 1789)

（1）物种描述

识别特征 中型鸟类，全长27-32 cm。具黑色阔脸罩，头顶至后颈褐灰色。背暗灰褐色，至尾上覆羽转为土褐色。尾羽暗棕褐色。翼上覆羽和最内侧飞羽与背同色，其余飞羽褐色，外翈羽缘黄褐色。颏、喉至上胸褐灰色。下胸和腹棕白色或灰白沾棕，两胁棕白沾灰，尾下覆羽棕黄色，腋羽和翼下覆羽浅黄褐色。虹膜棕褐色或褐色；嘴黑褐色；脚淡褐色。

生境与习性 栖息于林缘地和灌丛，城市绿地等生境，极少至密林中。通常营巢于灌木、幼树或竹类枝丫上。杂食性，但以昆虫为主。

分布 越南北部。陕西南部，山西南部，河南，安徽，长江流域及其以南广大地区；东至江苏，浙江，福建；南至广东，香港，广西；西至四川，贵州和云南东部。

濒危和保护等级 国家"三有"保护动物。

（2）深圳种群

种群状况 留鸟，是深圳低山丘陵环境中较常见的鹛类。

分布格局 深圳全境，见于各种陆地生境。

受胁因素 未发现明确的致胁因素。

地方保护建议 建议作为环境指示物种，实施科学监测。

a. 黑脸噪鹛（拍摄于大鹏半岛）
b. 黑脸噪鹛（拍摄于华侨城湿地）

6.3.149 黑领噪鹛
Pterorhinus pectoralis (Gould, 1836)

（1）物种描述

识别特征 全长28-30 cm。上体红棕色，具显著的白色眉纹，白色耳羽镶黑色边缘，与黑色或灰色的胸带相接；颊、喉、上胸白色；下体偏白，胁部棕红色；除中央尾羽外，其余尾羽具白色端斑及黑色次端斑。虹膜栗色；上嘴黑色，下嘴灰色；脚蓝灰色。

生境与习性 通常栖息于林下、灌丛、竹丛或幼树上。主要以昆虫为食，也吃草籽和其他植物果实种子。经常集群活动，非常喧闹。

分布 中国喜马拉雅东段、印度东北部，东至中国华中及华东，南至泰国西部、老挝北部及越南北部。

濒危和保护等级 国家"三有"保护动物。天然栖息地的丧失、大量捕捉作为笼养鸟，是当前该鸟的主要威胁。

（2）深圳种群

种群状况 留鸟，是深圳低山丘陵环境中最常见的鹛类。

分布格局 深圳全境低山丘陵，甚常见于梧桐山、笔架山公园等的游步道及周边林下灌丛。

受胁因素 未发现明确的致胁因素。

地方保护建议 游人带来了大量食物，使其种群有扩张趋势，在一定程度挤占了对其他鸟类的生态位。因此，应该规范游人的投食行为，合理处理食物性垃圾。建议作为环境指示物种，实施科学监测。

a. 黑领噪鹛（拍摄于笔架山公园）
b. 黑领噪鹛（拍摄于梧桐山）

6.3.150 黑喉噪鹛
Pterorhinus chinensis (Scopoli, 1786)

（1）物种描述

识别特征　全长约26 cm。头颈和胸腹为深灰色，上体、两翼及尾羽褐灰色，额基、眼先、眼周、喉黑色并延伸至上胸，耳区为一醒目大白斑。

生境与习性　栖息于亚热带的中低海拔森林。性喧闹，结小群活动。

分布　中南半岛。西南、华南及海南。

濒危和保护等级　国家"三有"保护动物。

（2）深圳种群

种群状况　留鸟，种群量不大。香港种群被认为是外来的物种，深圳种群很可能由香港扩散而来。

分布格局　深圳沿海山脉及大鹏半岛，以及园山风景区、大南山公园、小南山公园等地。

受胁因素　天然栖息地的丧失、大量捕捉作为笼养鸟，是当前该鸟的主要威胁。

地方保护建议　建议对其种群实施持续监测，并评估性质。

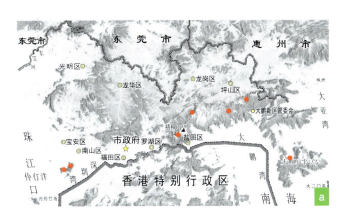

a. 黑喉噪鹛在深圳的记录位点
b. 黑喉噪鹛（拍摄于梧桐山）

6.3.151 矛纹草鹛
Pterorhinus lanceolatus (Verreaux, 1870)

（1）物种描述

识别特征　全长约26 cm。头顶栗红色，上体密布棕褐色与白色相间纵纹；尾甚长，具狭窄的横斑；下体白色，具赭石色纵纹；髭纹宽，赭石色。虹膜浅黄色；嘴黑色，略下弯。

生境与习性　自然生境为亚热带或热带湿润低地森林和亚热带或热带湿润山地森林。结小群于地面活动和取食。

分布　印度东北部、缅甸西部及北部。西藏东部、重庆、贵州、云南、华中和东南。

濒危和保护等级　国家"三有"保护动物。

（2）深圳种群

种群状况　留鸟，不常见。深圳的种群可能来源于香港，有学者认为香港种群为逃逸鸟并形成有效种群（Mackinnon et al., 2000）。

分布格局　仅记录于大梧桐山顶。

受胁因素　未发现明确的致胁因素。

地方保护建议　深圳外来物种，建议对其种群实施持续监测，并评估性质。

a. 矛纹草鹛在深圳的记录位点

b. 矛纹草鹛（拍摄于大梧桐山顶）

6.3.152　画眉
Garrulax canorus (Linnaeus, 1758)

（1）物种描述

识别特征　全长约22 cm。通体深褐色，白色眼圈在眼后延伸成狭窄的眉纹，顶冠、颈背及上胸具深色纵纹。虹膜棕褐色；嘴偏黄；脚黄褐色。

生境与习性　主要栖息于中低山丘陵和山脚平原地带的矮树丛和灌丛中，也见于农田、村落附近的竹林或庭园中。多成对或结小群活动。性机敏胆怯，常隐匿在浓密的杂草及树枝间跳动鸣叫。歌声悠扬婉转，富于变化，有时也模仿别的鸟叫。杂食性，主要以昆虫为食，也吃野生植物果实、种子及部分农作物。多营巢于灌木上。

分布　中南半岛北部。长江流域及其以南的华中、西南、华南和东南。

濒危和保护等级　国家"三有"保护动物，CITES附录 II 物种。

（2）深圳种群

种群状况　较常见留鸟。

分布格局　几乎所有郊野公园、低山丘陵地带均有分布，仅内伶仃岛无该鸟记录。

受胁因素　在深圳尚未发现明确的致胁因素，但从整个分布区看，该鸟是中国面临捕捉压力最大的鸟类之一。

地方保护建议　建议作为环境指示物种，实施科学监测。

画眉（拍摄于中心公园）

6.3.153 红嘴相思鸟
Leiothrix lutea (Scopoli, 1786)

（1）物种描述

识别特征　全长约15.5 cm。颜色鲜艳，嘴鲜红。头顶黄绿色、喉部鲜黄色；上体橄榄绿，初级飞羽和次级飞羽具黄色和红色的羽缘；下体浅黄，胸橘红色；尾近黑而略分叉。虹膜淡红褐色；脚粉红至黄褐色。

生境与习性　栖息于山地常绿阔叶林、竹林和林缘疏林灌丛地带，有时也进到村舍、农田附近的灌木丛中。繁殖季节成对活动，其他季节多成小群活动，也与其他小鸟混群。性机警而喧闹，善鸣叫。主要以昆虫和虫卵等为食，也吃大量植物性食物。常营巢于林下灌木侧枝、小树枝杈上或竹枝上。

分布　印度东北部，缅甸中北部至中国南部和越南北部。国内北至秦岭；东至沿海；西至西藏南部。喜马拉雅、台湾和海南无该鸟分布记录。

濒危和保护等级　国家"三有"保护动物，CITES附录II物种。

（2）深圳种群

种群状况　不常见留鸟。

分布格局　园山风景区、梧桐山、笔架山公园、排牙山、大南山和小南山。

受胁因素　在深圳尚未发现明确的致胁因素，但从整个分布区看，该鸟是中国面临捕捉压力最大的鸟类。

地方保护建议　建议作为环境指示物种，实施科学监测。

a.红嘴相思鸟在深圳的记录位点
b.红嘴相思鸟（拍摄于梧桐山）

6.3.154 黑领椋鸟
Gracupica nigricollis (Paykull, 1807)

（1）物种描述

识别特征 全长约28 cm。成鸟头白，眼周裸露皮肤黄色；宽阔颈环及上胸黑色；背及两翼黑色，具多道白色翼斑；尾黑而尾端与外侧尾羽白。亚成鸟较暗淡，无黑色颈环。虹膜黄色；嘴黑色；脚黄褐色。

生境与习性 常成对或结小群活动于开阔农田、荒地、城市公园绿地。常与八哥、其他椋鸟混群栖息及觅食。鸣声单调、嘈杂，经常且飞且叫。杂食性，以动物性食物为主。营巢于大树的树杈或枝梢间。

分布 中国南方，东南亚。

濒危和保护等级 国家"三有"保护动物。

（2）深圳种群

种群状况 留鸟，常见，种群量大。

分布格局 常见于深圳全境山脚林缘、农田、公园、绿地、行道树。

受胁因素 城市化导致适宜的栖地性质改变和减少，但该鸟适应能力强，能快速适应变化的环境。因此，种群量未见明显减少。

地方保护建议 无。

黑领椋鸟（拍摄于梅林公园）

6.3.155 灰背椋鸟
Sturnia sinensis (Gmelin, 1788)

（1）物种描述

识别特征　全长约19 cm。雄鸟上体褐灰色，头顶色略浅，飞羽黑色，翼上覆羽及肩部白色，外侧尾羽羽端白色；头侧及后胸部褐灰色，腹部灰白色。雌鸟翼覆羽的白色较少。亚成鸟多褐色。虹膜蓝白色；嘴灰色；脚灰色。

生境与习性　栖息于旷野及花园，食无花果、马樱丹等植物果实，也捕食昆虫。

分布　繁殖于华南、东南及台湾，有部分鸟在台湾、福建和广东沿海及海南有越冬群体。

濒危和保护等级　国家"三有"保护动物。

（2）深圳种群

种群状况　常见椋鸟。

分布格局　常见于深圳全境山脚林缘、农田、公园、绿地、行道树。

受胁因素　城市化导致农田灌丛等适宜生境改变和减少。

地方保护建议　无。

灰背椋鸟（拍摄于中心公园）

6.3.156 丝光椋鸟
Spodiopsar sericeus (Gmelin, 1789)

（1）物种描述

识别特征　全长约23 cm。雄鸟头部浅色，头顶及脸颊染褐，颏、喉至上胸白色具丝状羽，两翼及尾辉黑，腰浅灰色，余部青灰色，飞行时初级飞羽基部的白斑明显。雌鸟体羽暗淡偏褐色，头部为灰褐色且颈部丝状羽不明显，腰更浅色。虹膜黑色；嘴红色而尖端黑色；脚暗橘黄。

生境与习性　栖息于开阔平原、农耕区和丛林间，多成对或结群活动。从树丛飞出，到草坡、稻田觅食，不甚畏人。常与其他椋鸟混群。主要取食各类昆虫，也取食野生果实和杂草种子等植物性食物。营巢于墙洞或树洞中，以干草、鸡毛等做巢。

分布　留鸟于中国的华南及东南大部地区，冬季分散至越南北部及菲律宾。

濒危和保护等级　国家"三有"保护动物。

（2）深圳种群

种群状况　迁徙时常结大群，种群量大，常与灰椋鸟、灰背椋鸟混群。

分布格局　常见于深圳全境山脚林缘、农田、公园、绿地、行道树。

受胁因素　城市化进程导致适宜栖地减少；城市高层建筑增多限制了结大群时活动和飞行的空间。

地方保护建议　无。

丝光椋鸟（拍摄于深圳湾公园）

6.3.157 怀氏虎鸫
Zoothera aurea (Holandre, 1825)

（1）物种描述

识别特征　全长约28 cm。周身布满金褐色和黑色的鳞状斑纹，外侧尾羽黑色但末端白色。飞行时可见翼下的黑、白横带。虹膜褐色；嘴深褐色，下嘴基部较浅；脚带粉色。

生境与习性　通常栖居茂密森林，尤以溪谷、河流两岸和地势低洼的密林中较常见。地栖性，常见单个或成对活动，多在林下灌丛中或地上觅食。性胆怯，见人即飞。主要以昆虫等动物为食，亦兼食植物果实、种子等。

分布　广布于欧洲及印度至中国、菲律宾、苏门答腊、爪哇、巴厘岛及龙目岛等东南亚地区。

濒危和保护等级　国家"三有"保护动物。

（2）深圳种群

种群状况　过境鸟，罕见。

分布格局　深圳全境。

受胁因素　未发现明确的致胁因素。

地方保护建议　无。

a-c. 怀氏虎鸫（拍摄于内伶仃岛）

6.3.158 橙头地鸫
Geokichla citrina (Latham, 1790)

（1）物种描述

识别特征 全长约22 cm。雄鸟头、颈背、胸及上腹橘黄色，脸颊具两道褐色纵纹（有的亚种无）；背部及尾蓝灰色，翼角具白色横纹（有的亚种无）；下腹及尾下覆羽白色。雌鸟似雄鸟，但颜色较暗淡。虹膜棕褐色；嘴灰黑色；脚橘黄至黄褐色。

生境与习性 常栖息于低山丘陵和山脚地带的山地森林中。常单独或成对活动。地栖性，性羞怯，常躲藏在林下茂密的灌丛中。杂食性，食物以昆虫为主。多在地面活动觅食，有时也在树上吃果实。

分布 巴基斯坦至中国南部、大巽他群岛等东南亚地区。

濒危和保护等级 国家"三有"保护动物。

（2）深圳种群

种群状况 过境鸟，罕见。

分布格局 华侨城湿地、内伶仃岛、排牙山、七娘山、中心公园和中山公园。

受胁因素 未发现明确的致胁因素。

地方保护建议 无。

橙头地鸫（拍摄于香港）

6.3.159 乌鸫
Turdus mandarinus Bonaparte, 1850

（1）物种描述

识别特征　全长26-28 cm。雄鸟全黑色，嘴及眼圈橘黄色。雌鸟通体黑褐色，颏、喉及上胸具褐色纵纹。虹膜黑褐色；雄鸟嘴黄色，雌鸟近黑色；脚褐色。

生境与习性　常单独或成对活动，有时亦集成小群。多在地上觅食。平时多栖于乔木上，繁殖期间常隐匿于高大乔木顶部枝叶丛中，不停地鸣叫。通常营巢于乔木主干分枝处或棕榈树叶柄间，雏鸟晚成性，雌雄共同育雏。以昆虫及其幼虫为食。

分布　华中、华东。

濒危和保护等级　国家"三有"保护动物。

（2）深圳种群

种群状况　较常见，种群有扩张趋势。

分布格局　见于城市公园绿地、近居民区的风水林、开阔地、湿地公园等区域。

受胁因素　未发现明确的致胁因素。

地方保护建议　建议作为环境指示物种，实施科学监测。

a. 乌鸫幼鸟（拍摄于华侨城湿地）
b. 乌鸫（拍摄于深圳湾公园）

6.3.160 灰背鸫
Turdus hortulorum Sclater, 1863

（1）物种描述

识别特征　全长约22 cm。雌雄的两胁及翼下覆羽均为橙色。雄鸟上体全灰，喉灰或偏白，胸灰色，腹中心及尾下覆羽白。雌鸟上体褐色较重，颏喉偏白，胸皮黄色具黑色点斑。虹膜黑褐色；嘴黄色；脚肉色至粉褐色。

生境与习性　常栖息于低山丘陵的茂密森林中，以次生阔叶林最常见。常单独或成对活动，迁徙季节多集几只到十几只的小群。地栖性，常在林下地面跳跃行走觅食。杂食性，主要在地面啄食果实和昆虫、蚯蚓等。

分布　繁殖于西伯利亚东部及中国东北。越冬至中国南方。

濒危和保护等级　国家"三有"保护动物。

（2）深圳种群

种群状况　冬候鸟，秋冬至春季较常见。

分布格局　深圳全境。

受胁因素　未发现明确的致胁因素。

地方保护建议　无。

灰背鸫雄鸟（拍摄于笔架山公园）

6.3.161 白腹鸫
Turdus pallidus Gmelin, 1789

（1）物种描述

识别特征　全长约24 cm。雄鸟头及喉灰褐色，上体至尾上覆羽深橄榄褐色，胸和两胁染浅棕色，下腹至尾下覆羽白色。雌鸟头褐色，喉偏白而略具细纹。飞行时可见外侧尾羽的宽阔白色末端。虹膜褐色；上嘴灰黑色，下嘴黄色；脚浅褐。

生境与习性　主要栖息于中低山的针阔混交林和针叶林中，常于河谷与溪流两岸的树林间活动。迁徙时出没于林缘、耕地和道旁丛林等开阔处。多在林下层和地面活动觅食。主要以昆虫及其幼虫为食，同时也吃植物果实和种子。

分布　繁殖于东北亚。冬季南迁至中国华南和东南亚。

濒危和保护等级　国家"三有"保护动物。

（2）深圳种群

种群状况　冬候鸟或过境鸟，不常见。

分布格局　记录于大南山、深圳湾公园、梅林山公园、笔架山公园、洪湖公园、松子坑水库等地；红外相机在排牙山、七娘山和内伶仃岛拍摄到在林下地面活动觅食。

受胁因素　未发现明确的致胁因素。

地方保护建议　无。

白腹鸫（拍摄于笔架山公园）

6.3.162 蓝喉歌鸲
Luscinia svecica (Linnaeus, 1758)

（1）物种描述

识别特征　全长约14 cm。头部、上体主要为灰褐色；眉纹近白色；尾羽黑褐色，基部栗红色。繁殖期雄鸟颏部、喉部至前胸蓝色，中央有栗红色或白色斑块；蓝色区域下缘镶有黑色横纹，其后为栗红色，栗红色区域与黑色横纹间被一近白横纹分隔；下体余部近白色，两胁灰褐色。雄鸟冬羽颏及喉部蓝色较淡；雌鸟酷似雄鸟，但颏部、喉部为棕白色，缺少蓝色和栗红色。嘴黑色；脚肉褐色。

生境与习性　栖息于近水灌丛或芦苇丛。性情隐怯，常在地面跳动，不时地扭动尾羽或将尾羽展开。喜欢潜匿于芦苇或矮灌丛下。平时鸣叫为单音，较洪亮；繁殖期发出嘹亮的优美歌声，也能仿效昆虫鸣声。主要以昆虫、蠕虫等为食，也吃植物种子等。

分布　古北界、美国阿拉斯加。冬季南迁至印度、中国及东南亚。

濒危和保护等级　国家"三有"保护动物。

（2）深圳种群

种群状况　过境鸟，罕见。

分布格局　深圳湾红树林湿地、梧桐山。

受胁因素　未发现明确的致胁因素。

地方保护建议　无。

a. 蓝喉歌鸲在深圳的记录位点

b、c. 蓝喉歌鸲（拍摄于梧桐山）

6.3.163 红尾歌鸲

Larvivora sibilans Swinhoe, 1863

（1）物种描述

识别特征　全长约13 cm。上体橄榄褐，眼先上方和眼圈浅色，尾及尾上覆羽红棕色。下体灰褐色，喉侧及胸部具白色鳞形纹。虹膜褐色；嘴黑色；脚粉褐色。

生境与习性　主要栖息于山地针叶林、针阔混交林和阔叶林中。多单独或成对在植被下层活动。性活跃，善藏匿。站姿略直，在地上走动时，常边走边将尾上举。

分布　繁殖于东北亚。冬季至印度、中国南部及东南亚。

濒危和保护等级　国家"三有"保护动物。

（2）深圳种群

种群状况　过境鸟，较隐蔽，罕见。

分布格局　深圳全境。

受胁因素　未发现明确的致胁因素。

地方保护建议　无。

红尾歌鸲（拍摄于梧桐山）

6.3.164 北红尾鸲
Phoenicurus auroreus (Pallas, 1776)

（1）物种描述

识别特征　全长约15 cm。雄鸟头顶和枕冠银灰色，脸颊、喉、上背、两翼黑褐色，初级飞羽具白色大斑，后背及腰和下体橙黄色，中央尾羽黑色，两侧尾羽栗红色。雌鸟上体灰棕色，翼灰黑，白斑较小；下体浅棕色，尾下覆羽沾橙黄。

生境与习性　繁殖于森林及林缘地，冬季见于多种开阔林地、灌丛、荒草地等，以及各种类型的城市公园。

分布　繁殖于东北亚。冬季至印度、中国南部及东南亚。

濒危和保护等级　国家"三有"保护动物。

（2）深圳种群

种群状况　过境鸟和冬候鸟，数量较多，甚常见。

分布格局　深圳全境适宜生境。

受胁因素　未发现明确的致胁因素。

地方保护建议　无。

a. 北红尾鸲雄鸟（拍摄于大鹏半岛鹿角溪）
b. 北红尾鸲雌鸟（拍摄于梧桐山）

6.3.165 灰背燕尾
Enicurus schistaceus (Hodgson, 1836)

（1）物种描述

识别特征 全长约23 cm。头顶及背灰色，前额具宽阔白带延至眼后，下颊、颏、喉黑色，两翼黑色具白色翼斑，胸腹至尾下覆羽及腰白色，长而分叉的黑色尾羽具白色末端。幼鸟头顶及背青石深褐色，胸部具鳞状斑纹。虹膜黑色；嘴黑色；脚粉红。

生境与习性 主要栖息于中低山的森林和林缘疏林地带的山涧溪流与河谷沿岸，冬季也见于山脚、平原的河流溪谷。常单独或成对活动，喜停息在水边乱石或激流中露出水面的石头上，上下摆动尾巴，遇惊则紧贴水面沿溪飞行并发出尖哨声。主要以水生昆虫、蚂蚁、毛虫、螺类等为食。夜晚在溪流附近树上休息。通常营巢于河岸岩石缝隙，雌雄轮流孵卵，雏鸟晚成性。主要以昆虫为食。

分布 尼泊尔、印度、缅甸、泰国、老挝、越南和马来半岛。长江以南沿海和西南等地。

濒危和保护等级 国家"三有"保护动物。

（2）深圳种群

种群状况 留鸟，不常见。

分布格局 沿海山脉和七娘山。

受胁因素 山溪被开发利用，栖地消减和退化，人类活动干扰。

地方保护建议 建议作为环境指示物种，实施科学监测。

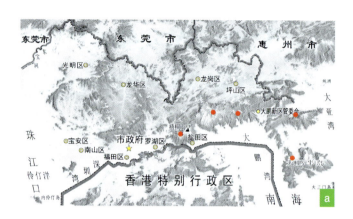

a. 灰背燕尾在深圳的记录位点
b. 灰背燕尾（拍摄于七娘山）

6.3.166 东亚石䳭

Saxicola stejnegeri (Parrot, 1908)

（1）物种描述

识别特征 全长约14 cm。繁殖期雄鸟脸及喉黑色，头顶及背黑色而具棕色羽缘，颈侧具白色斑，翼黑色具白色翼斑和浅色羽缘，腰白，胸及两胁棕色，尾羽黑色。非繁殖羽黑色部分略带褐色。雌鸟头褐色，眉纹浅色，上体有棕色纵纹，下体微带褐色。飞行时翼上白斑显著。虹膜黑褐色；嘴黑色；脚近黑。

生境与习性 栖息于低山、丘陵、原野及湖岸间，喜农田、花园及次生灌丛等开阔生境。单个或成对活动。常站立于突出的低树枝以跃下地面捕食猎物。站立时不断急扭或舒展尾羽。主要以昆虫及其幼虫为食，兼食蚯蚓、蜘蛛、少量的杂草种子等。

分布 繁殖于古北界、日本、中国喜马拉雅及东南亚的北部。冬季至非洲、中国南方、印度及东南亚。

濒危和保护等级 国家"三有"保护动物。

（2）深圳种群

种群状况 过境鸟和冬候鸟，数量较多，甚常见。

分布格局 深圳全境适宜生境。

受胁因素 未发现明确的致胁因素。

地方保护建议 无。

东亚石䳭雄鸟（拍摄于中心公园）

6.3.167 灰林䳭
Saxicola ferreus Gray and Gray, 1847

（1）物种描述

识别特征　全长约15 cm。雄鸟醒目的黑色脸罩，与白色眉纹及白色的颏、喉形成对比；上背青灰色具黑色纵纹，翼黑色具白色翼斑；下体近白，具灰色胸带；尾黑色，外侧尾羽羽缘灰色。雌鸟上体棕褐色，具白色或皮黄色眉纹，脸罩、两翼和尾棕色较深，腰栗红色，胸及下腹皮黄色。亚成鸟似雌鸟，但下体褐色具鳞状斑纹。虹膜深褐；嘴灰黑色；脚深灰色。

生境与习性　主要栖于林缘疏林、开阔灌丛、草坡、沟谷及农田等地，有时也进到阔叶林、针叶林林缘和林间空地。多单个或成对活动，有时也结3-5只的小群。常停息在灌木或小树顶枝上、电线或居民点附近的篱笆上，长时间鸣叫且摆动尾。在地面或于飞行中捕捉昆虫及其幼虫，也食少量野果和草籽。多营巢于草丛中或灌丛中，也在岸边或山坡岩石洞穴、矮土壁上筑巢。

分布　中国喜马拉雅和中国南方及中南半岛北部。冬季迁至亚热带低地。

濒危和保护等级　国家"三有"保护动物。

（2）深圳种群

种群状况　过境鸟和冬候鸟，数量较少，不常见。

分布格局　深圳全境适宜生境。

受胁因素　未发现明确的致胁因素。

地方保护建议　无。

灰林䳭雄鸟（拍摄于大鹏半岛）

6.3.168 紫啸鸫
Myophonus caeruleus (Scopoli, 1786)

（1）物种描述

识别特征 全长28-35 cm。雌雄羽色相似。通体蓝紫色而具金属光泽，头、颈、上背和胸具浅色闪光点斑。虹膜红褐色；嘴黄色或黑色；脚黑色。

生境与习性 栖息于山地森林溪流沿岸或灌丛。多营巢于溪边岩壁突出的岩石或岩缝间，也在洞穴中营巢。雏鸟晚成性，双亲共同抚育。主要以昆虫和昆虫幼虫为食。在我国长江以南地区为留鸟，长江以北地区为夏候鸟。

分布 中亚、阿富汗、巴基斯坦、印度北部、缅甸及泰国等中南半岛地区、马来西亚和印度尼西亚。华北、华东、华中、华南和西南。

濒危和保护等级 国家"三有"保护动物。

（2）深圳种群

种群状况 较常见留鸟。

分布格局 见于深圳全境有林地的山区和丘陵地带，包括罗田山、凤凰山、羊台山、大南山、小南山、内伶仃岛、清林径、塘朗山-梅林山、梧桐山、马峦山、田头山、排牙山和七娘山。

受胁因素 山溪被开发利用，栖地消减和退化，人类活动干扰。

地方保护建议 建议作为环境指示物种，实施科学监测。

a. 紫啸鸫（拍摄于银湖）
b. 紫啸鸫（拍摄于大鹏半岛打马坜水库）

6.3.169 褐胸鹟
Muscicapa muttui (Layard, 1854)

（1）物种描述

识别特征　全长约14 cm。头及上体浅褐色，具白色眼先及眼圈，深色的髭纹将白色的颊纹与白色颏及喉隔开，翼羽羽缘红棕色，腰和尾褐色较浓。下体污白色，胸带及两胁茶褐色。虹膜深褐；上嘴色深，下嘴黄色且尖端色深；脚肉黄色。

生境与习性　见于中低海拔的阔叶林、竹林和次生林，多单独或成对活动，性安静而隐蔽。常在树下部茂密的低枝上，长时间不动，有昆虫飞过时，飞到空中捕食然后又飞回原处。

分布　繁殖于印度东北部、中国西南、西部和南部、北部湾西部。越冬至印度西南部、斯里兰卡。在缅甸北部及东部，泰国西北部也有记录。

濒危和保护等级　国家"三有"保护动物。

（2）深圳种群

种群状况　过境鸟，罕见。

分布格局　梧桐山风景名胜区是深圳目前已知的唯一分布点。

受胁因素　未发现明确的致胁因素。

地方保护建议　无。

a. 褐胸鹟在深圳的记录位点
b. 褐胸鹟（拍摄于梧桐山）

6.3.170 乌鹟

Muscicapa sibirica Gmelin, 1789

（1）物种描述

　　识别特征　全长约13 cm。头及上体深灰色，具白色眼圈和淡色眼先，喉白，上胸及胸侧的乌灰色延至腹侧，下腹和尾下覆羽白色。翼上具不明显皮黄色斑纹，翼长至尾的2/3。虹膜深褐；嘴黑色；脚黑色。

　　生境与习性　栖息于山区针阔混交林、针叶林及亚高山矮曲林等生境。迁徙季和冬季亦见于山脚和平原地带的落叶和常绿阔叶林、次生林和林缘疏林灌丛。除繁殖期成对外，其他季节多单独活动。觅食于植被中上层。常立于突出的树枝上，冲出捕捉过往昆虫。

　　分布　繁殖于东北亚及中国喜马拉雅。冬季迁徙至中国南方、巴拉望岛、大巽他群岛等东南亚地区。

　　濒危和保护等级　国家"三有"保护动物。

（2）深圳种群

　　种群状况　过境鸟，罕见。

　　分布格局　田头山自然保护区、内伶仃岛和华侨城湿地。

　　受胁因素　未发现明确的致胁因素。

　　地方保护建议　无。

a. 乌鹟在深圳的记录位点

b、c. 乌鹟（拍摄于田头山自然保护区）

6.3.171 黄眉姬鹟
Ficedula narcissina (Temminck, 1836)

（1）物种描述

识别特征 全长约13 cm。雄鸟上体及尾黑色，具显著的黄色眉纹，腰黄，翼具白色块斑，颏、喉橙红色，胸、上腹鲜黄色，下腹及尾下覆羽白色。雌鸟上体灰橄榄色，腰橄榄绿色，尾红褐色，两翅橄榄褐色且羽缘较浅，下体污白色，胸具不明显褐色纵纹。虹膜黑色；嘴黑色；脚铅蓝至深褐色。

生境与习性 见于各种有林生境。常单独或成对活动，从树的顶层捕食昆虫，有时也到林下灌丛中活动和觅食。

分布 繁殖于东北亚。冬季迁至泰国南部、马来半岛、菲律宾及加里曼丹。

濒危和保护等级 国家"三有"保护动物。

（2）深圳种群

种群状况 过境鸟，罕见。

分布格局 梧桐山风景名胜区、坝光、华侨城湿地、南山中山公园和内伶仃岛。

受胁因素 未发现明确的致胁因素。

地方保护建议 无。

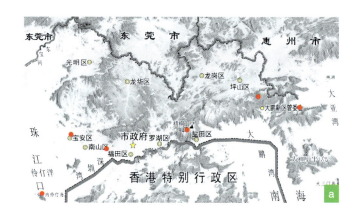

a. 黄眉姬鹟在深圳的记录位点
b. 黄眉姬鹟雄鸟（拍摄于梧桐山）
c. 黄眉姬鹟雌鸟（拍摄于内伶仃岛）

6.3.172 鸲姬鹟
Ficedula mugimaki (Temminck, 1836)

（1）物种描述
识别特征　全长约13 cm。雄鸟上体及尾灰黑色，眼后上方有粗白色眉纹；翼上具明显的白斑，外侧尾羽基部白色；喉、胸及腹侧橘黄；腹中心及尾下覆羽白色。未成年雄鸟上体灰褐色，翼带较不明显。雌鸟上体褐色，具两道翼斑，下体似雄鸟但色淡，尾无白色。虹膜黑色；嘴暗角质色；脚深褐。

生境与习性　主要栖息于中低山和平原湿润森林中，非繁殖期也见于林缘疏林、次生林、果园、山脚平原地带的小树丛和灌丛中。常单独或成对在潮湿和林下溪流较多的森林树冠层枝叶间活动。

分布　繁殖于亚洲北部。冬季南迁至菲律宾、苏拉威西岛及大巽他群岛等东南亚地区。

濒危和保护等级　国家"三有"保护动物。

（2）深圳种群
种群状况　过境鸟，罕见。

分布格局　深圳多地可见，华侨城湿地较常见。

受胁因素　未发现明确的致胁因素。

地方保护建议　无。

鸲姬鹟雄鸟（拍摄于华侨城湿地）

6.3.173 红喉姬鹟
Ficedula albicilla (Pallas, 1811)

（1）物种描述

识别特征 全长约13 cm。繁殖期雄鸟胸红色。雌鸟及非繁殖期雄鸟暗灰褐，喉近白色，眼圈镶狭窄白色。尾及尾上覆羽黑色，尾羽基部外侧有明显白色斑块。虹膜深褐；嘴黑色；脚黑色。

生境与习性 栖于林缘及河流两岸的小树上，常展开尾，显露出尾基部的白色斑块。

分布 繁殖于古北界。冬季迁徙至中国南方、菲律宾及加里曼丹等东南亚地区。

濒危和保护等级 国家"三有"保护动物。

地方保护建议 无。

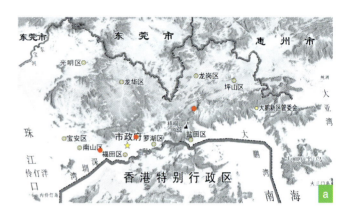

（2）深圳种群

种群状况 过境鸟，罕见。

分布格局 园山风景区、笔架山公园和华侨城湿地。

受胁因素 未发现明确的致胁因素。

a. 红喉姬鹟在深圳的记录位点
b. 红喉姬鹟（拍摄于华侨城湿地）

6.3.174 白腹蓝鹟
Cyanoptila cyanomelana (Temminck, 1829)

（1）物种描述

识别特征　全长约17 cm。雄鸟脸、喉及上胸近黑，上体至尾青蓝色，下胸、腹及尾下覆羽白色，与深色的胸截然分开。外侧尾羽基部白色。亚种*cumatilis*青绿色、深绿蓝色取代胸部黑色。雌鸟上体灰褐，两翼及尾褐色且肩部沾灰蓝色，喉中心及腹部白。虹膜褐色；嘴及脚黑色。

生境与习性　主要栖息于林缘、较陡的溪流沿岸、附近有陡岩或坡坎的森林地区。单独或成对活动，多在林冠层取食。以昆虫及其幼虫为主要食物。

分布　繁殖于东北亚。冬季南迁至中国南方、马来半岛及大巽他群岛等东南亚地区。

濒危和保护等级　国家"三有"保护动物。

（2）深圳种群

种群状况　过境鸟，罕见。

分布格局　田头山自然保护区、梧桐山、深圳湾公园、华侨城湿地、大南山和内伶仃岛。

受胁因素　未发现明确的致胁因素。

地方保护建议　无。

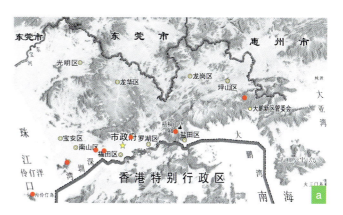

a

b

a. 白腹蓝鹟在深圳的记录位点
b. 白腹蓝鹟雄鸟（拍摄于华侨城湿地）

6.3.175 海南蓝仙鹟
Cyornis hainanus (Ogilvie-Grant, 1900)

（1）物种描述

识别特征　全长约15 cm。雄鸟上体至尾深蓝色，脸、颏近黑色，额及肩部色较鲜亮，喉、胸部深蓝色，下体至尾下覆羽白色。亚成体雄鸟的喉近白。雌鸟上体褐色，腰、尾及次级飞羽沾棕色，眼先及眼圈皮黄，胸部橘褐色渐变至腹部及尾下的灰白色。虹膜黑褐色；嘴黑色；脚肉褐色。

生境与习性　主要栖息于低山常绿阔叶林、次生林和林缘灌丛。常单独或成对活动。主要以昆虫为食。

分布　东南亚。中国南方，海南。

濒危和保护等级　国家"三有"保护动物。

（2）深圳种群

种群状况　过境鸟，罕见。

分布格局　田头山自然保护区、梧桐山、华侨城湿地、内伶仃岛。

受胁因素　未发现明确的致胁因素。

地方保护建议　无。

a. 海南蓝仙鹟在深圳的记录位点
b. 海南蓝仙鹟雄鸟（拍摄于梧桐山）
c. 海南蓝仙鹟雌鸟（拍摄于内伶仃岛）

6.3.176 橙腹叶鹎
Chloropsis hardwickii Jardine and Selby, 1830

（1）物种描述

识别特征 全长18-20 cm，是一种色彩鲜艳的叶鹎。雄鸟上体绿色，额和头顶两侧呈橘黄色，小覆羽亮蓝色，其他覆羽和外侧飞羽为紫黑色；喉部两侧具有宽阔的蓝色髭纹；喉部和上胸部为黑色，腹部为橘黄色，两胁淡绿色，两翼及尾均为蓝色。雌鸟上体整体为绿色，具蓝色髭纹，两翅外侧和外侧尾羽为蓝色，腹部中央和尾下覆羽为橙黄色。

生境与习性 栖息于热带和亚热带阔叶林、沟谷林、针阔混交林和次生林。杂食性，以动物食物为主，取食植物的果实、种子及花蜜。常成对活动，有时集群或单独活动。栖息于森林各层。

分布 主要分布于喜马拉雅、东南亚及中国南方。该种是叶鹎科在中国分布最广泛且最常见的一种，主要分布于中国南方丘陵、山区的森林里。

濒危和保护等级 国家"三有"保护动物。

（2）深圳种群

种群状况 留鸟，偶见，种群量较小。

分布格局 分布较为狭窄，目前仅发现于梧桐山、园山风景区、大鹏半岛和羊台山森林公园。

受胁因素 种群量较少的原因可能与深圳植被组成有关，作为其食源的昆虫和植物较少。

地方保护建议 在深圳进行林相改造时，适量增加能为其直接或间接提供食物的植物。

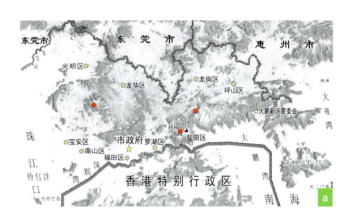

a. 橙腹叶鹎在深圳的记录位点
b. 橙腹叶鹎雄鸟（拍摄于梧桐山）

6.3.177 红胸啄花鸟
Dicaeum ignipectus (Blyth, 1843)

（1）物种描述

识别特征　体型纤小，雌雄全长约8 cm。雄鸟上体蓝色而具有绿色辉光，下体棕黄色；胸部具有一块朱红色块斑，腹部为一条狭窄的黑色纵纹。雌鸟上体呈橄榄绿色，下体棕黄色。

生境与习性　觅食于树冠层桑寄生和槲寄生植物丛中，是这些寄生植物的重要传粉者；有时也在园林绿地的开花植物的林冠觅食。活泼迅速，常成对或成群活动，有时也会和其他鸟类（如绣眼鸟）混群。发出典型的啄花鸟单音节叫声，有时发出一系列细碎连续的叫声。

分布　中国喜马拉雅和南方、苏门答腊等东南亚地区。在中国主要分布于华中、华南及西藏东南部至云南及台湾地区。

濒危和保护等级　国家"三有"保护动物。

（2）深圳种群

种群状况　留鸟，较常见。

分布格局　园山风景区、凤凰山森林公园等低山丘陵和近山的城市园林绿地，但在福田红树林湿地公园和华侨城湿地尚无分布记录。

受胁因素　城市园林绿化树种选择可能不利于寄生植物的存活，直接影响其食物的供给。

地方保护建议　注意园林树木配置，尽量多配置乡土植物。建议将该鸟列为长期监测物种，以指导城市园林绿化和低山丘陵植被的林相改造。

a.红胸啄花鸟雄鸟（拍摄于排牙山）
b.红胸啄花鸟雌鸟（拍摄于三洲田森林公园）

6.3.178 朱背啄花鸟
Dicaeum cruentatum (Linnaeus, 1758)

（1）物种描述

识别特征 体型纤小，雌雄全长约9 cm。雄鸟头顶、背部和腰部为朱红色，两翼、头侧及尾部均为黑色，胁部为灰色，腹部为白色。雌鸟上体橄榄绿色，腰部及尾上覆羽为朱红色，翅下腹羽为白色，尾部黑色。

生境与习性 敏捷活跃，喜次生植被，如园林绿地和林缘树木。单个或成对活动，常可见于寄生植物上觅食，有传播花粉的功能。

分布 印度至苏门答腊及加里曼丹等东南亚地区。西藏东南部、云南南部、广东、广西、福建及海南的低海拔热带森林，为不常见留鸟。

濒危和保护等级 国家"三有"保护动物。

（2）深圳种群

种群状况 留鸟，不常见，较红胸啄花鸟少。

分布格局 较常见于低山丘陵，偶见于靠近山麓的城市公园。

受胁因素 城市园林绿化树种选择可能不利于寄生植物的存活，直接影响其食物的供给。

地方保护建议 注意园林树木配置，尽量多配置乡土植物。建议列为长期监测物种，以指导城市园林绿化和低山丘陵植被的林相改造。

朱背啄花鸟雄鸟（拍摄于仙湖植物园）

6.3.179 叉尾太阳鸟
Aethopyga christinae Swinhoe, 1869

（1）物种描述

识别特征　雄鸟全长约10 cm，雌鸟全长约9 cm。雄鸟头部至肩部为绿色，有金属光泽，背部为暗橄榄绿色，脸黑而具闪辉绿色的髭纹，喉部、胸部为赭红色或褐红色；腰部为鲜黄色，尾上覆羽及中央尾羽闪辉金属绿色，中央两尾羽尖细延长，呈小叉状；外侧尾羽黑色而端白，腹部为污白色。雌鸟较小，上体橄榄绿色，下体浅绿黄，尾羽不延长。

生境与习性　对环境的适应性强，见于各种有花的生境，如城市公园、绿化带、郊野公园、乡村林缘地、山地森林等。主要以花蜜为食，也食浆果、花瓣及昆虫等。一般单独或成对活动。鸣声婉转动听，经常发出悦耳而具有金属铿锵之音。

分布　越南北部。华东南部、华南及西南。

濒危和保护等级　国家"三有"保护动物。

（2）深圳种群

种群状况　留鸟，较常见。

分布格局　较常见于低山丘陵和近山的城市园林绿地，福田红树林湿地公园和华侨城湿地较少见。

受胁因素　城市园林绿化大量使用外来植物，直接影响其食物的供给。

地方保护建议　注意园林树木配置，尽量多配置乡土显花蜜源植物。建议列为长期监测物种，以指导城市园林绿化和低山丘陵植被的林相改造。

a. 叉尾太阳鸟雌鸟（拍摄于三洲田森林公园）
b. 叉尾太阳鸟雄鸟（拍摄于梅林山公园）

6.3.180 斑文鸟
Lonchura punctulata (Linnaeus, 1758)

（1）物种描述

识别特征　体型略小，全长约10 cm。上体褐色，喉红褐色；下体白，胸及两胁具深褐色鳞状斑。亚成鸟下体浓皮黄色而无鳞状斑。虹膜红褐；嘴蓝灰；脚灰黑。亚成鸟的嘴、脚均淡黄。

生境与习性　多成群栖息于灌丛、竹丛、稻田及草丛间，也见与白腰文鸟、树麻雀等混群。有时数百只聚集在一棵树上，受惊时若有一两只飞起，全群随即振翅飞离，并发出呼呼的响声。以吃谷物为主，兼吃少量其他植物种子，较少吃昆虫。常营巢于靠近主干的密集枝杈处。

分布　印度、中国南方、菲律宾、巽他群岛及苏拉威西岛等东南亚地区。引种至澳大利亚及其他地区。

濒危和保护等级　国家"三有"保护动物。

（2）深圳种群

种群状况　常见留鸟。

分布格局　深圳全境。

受胁因素　尚未发现明确的致胁因素。

地方保护建议　无。

斑文鸟（拍摄于中心公园）

6.3.181 白腰文鸟
Lonchura striata (Linnaeus, 1766)

（1）物种描述

识别特征 体型略小，全长约11 cm。头及上体深褐色，眼周较黑，背上有纤细的白色纵纹，腰白色；尖形的尾黑色；下体污白，喉、胸及臀栗褐并具皮黄色鳞状斑。亚成鸟色较淡，腰皮黄色。虹膜红褐色；上嘴黑色，下嘴蓝灰色；脚深灰色。

生境与习性 栖息于中低山丘陵和山脚平原地带，尤以溪流、苇塘、农田和村落附近较常见。性好集群，除繁殖期成对外，余时常成几只到数百只的大群，也与斑文鸟混群。多站在树枝上鸣叫，飞行呈波浪状。性不畏人。以植物性食物为主，也吃少量昆虫等动物性食物。常营巢于溪沟边或庭园内的竹丛、灌丛或树木上，靠近主干的枝叶浓密处。

分布 印度、中国南方、苏门答腊等东南亚地区。

濒危和保护等级 国家"三有"保护动物。

（2）深圳种群

种群状况 常见留鸟。

分布格局 深圳全境。

受胁因素 尚未发现明确的致胁因素。

地方保护建议 无。

白腰文鸟（拍摄于洪湖公园）

6.3.182 麻雀
Passer montanus (Linnaeus, 1758)

（1）物种描述

识别特征　全长约14 cm。成鸟顶冠至枕部暗栗色（不如山麻雀鲜艳），白色的颊部与白色的颈圈相接，颊上具明显黑斑；上体褐色具深色纵纹，下体皮黄色，颏喉中央具黑斑。亚成鸟似成鸟但色较黯淡，嘴基黄色，颊部和喉部黑斑不明显。虹膜深褐色；嘴黑色，冬季下嘴基黄色；脚粉褐色。

生境与习性　近人栖居，喜城镇和乡村生境，活动于有稀疏树木的地区、村庄及农田。常在建筑物上的孔洞中筑巢，能很好地适应城市化的改变。性活泼而胆大，频繁的在地上奔跑觅食，并发出叽叽喳喳的叫声，显得较为嘈杂。非繁殖季节集大群活动。每年可繁殖2-3次。

分布　欧洲，中东，中亚，东亚，中国喜马拉雅及东南亚。常见于中国各地，对环境的适应性极强，在青藏高原可见于海拔4500 m的村落周边。

濒危和保护等级　国家"三有"保护动物。

（2）深圳种群

种群状况　常见留鸟。

分布格局　深圳全境，伴人生活在城市和村庄附近尤为常见。

受胁因素　对环境的适应性强，喜欢较为破碎化的城市和村落周边的生境，但现代城市建筑由于缺乏孔洞，繁殖受到一定影响。

地方保护建议　建议作为环境指示物种，列为重点监测对象，实施科学监测。

麻雀（拍摄于深圳湾生态公园）

6.3.183 白鹡鸰

Motacilla alba Linnaeus, 1758

（1）物种描述

识别特征　有多个亚种，不同亚种羽色不一，全长约20 cm，但均无全黑色的耳羽，多数繁殖期成体具黑色喉部，所有非繁殖成体喉部白色。深圳分布有2个亚种。

白鹡鸰指名亚种 *Motacilla alba leucopsis*　雌雄均无过眼纹。雄鸟头顶中部至腰黑色，前额、脸及颏部白色，黑色胸斑不与黑色颈背相连，下体白色。雌鸟上体较灰，黑色胸斑较小。第一年冬羽前额至腰灰色或石板色，深色胸斑新月形。虹膜黑色；嘴及脚黑色。

白鹡鸰灰背眼纹亚种 *Motacilla alba ocularis*　有黑色过眼黑纹，雌雄背均为灰色，其他特征与指名亚种基本相同。

生境与习性　出现在河岸、农田至海岸的各种生境。多单独或3-5只结群活动，在地面或水边奔驰觅食，尾上下摆动不已，有时在空中捕食昆虫。飞行呈波浪式。受惊扰时飞行骤降并发出尖锐示警叫声。几乎纯食昆虫。筑巢在洞穴、石缝、河边土穴及灌丛中，有时筑巢在居民点屋顶、墙洞等处。

分布　指名亚种分布于中国、朝鲜半岛、日本本州、琉球群岛、印度等南亚地区和大洋洲，在长江以南地区为留鸟。灰背眼纹亚种分布于俄罗斯西伯利亚和远东地区、美国阿拉斯加西部；越冬在中国秦皇岛，华东沿海至珠江口地区。

濒危和保护等级　国家"三有"保护动物。

（2）深圳种群

种群状况　指名亚种为留鸟，甚常见；灰背眼纹亚种为冬候鸟，罕见。

分布格局　指名亚种见于深圳全境水域附近和平坦开阔地，灰背眼纹亚种仅记录于福田红树林自然保护区。

受胁因素　城市化进程导致栖地减少。

地方保护建议　无。

a. 白鹡鸰指名亚种（拍摄于深圳湾公园）
b. 白鹡鸰灰背眼纹亚种（拍摄于笔架山公园）

6.3.184 黄鹡鸰

Motacilla tschutschensis Gmelin, 1789

（1）物种描述

识别特征　全长约18 cm。羽色多变，有多个亚种，最近的分子系统学研究认为至少有5个亚种是有效的，亚种间羽色差异较大，但均具有下列特征：繁殖期成鸟均有橄榄绿色的上体，双翼黑褐色具两道白色或黄白色翼斑，尾黑褐色具白色外侧尾羽；非繁殖期成鸟相似，均有偏褐色的上体，胁部白色至浅黄色，部分具浅黄色的臀部及尾下覆羽。深圳分布有2个亚种。

黄鹡鸰东北亚种 *Motacilla tschutschensis macronyx* 又称蓝头黄鹡鸰。雌性无眉纹，耳羽暗灰，额灰褐，上体较绿。繁殖于北方，迁徙见于华北、华中、华南、西南。越冬于在缅甸、马来西亚和苏门答腊，有部分种群在福建、广东、广西和海南越冬。

黄鹡鸰堪察加亚种 *Motacilla tschutschensis simillima* Hartert，1905　两性相似，眉纹白色而宽，上体灰色，下体白色。繁殖于西伯利亚北部、萨哈林岛（库页岛）、千岛群岛、朝鲜、日本及我国东北和华北等地。越冬见于我国东南。

黄鹡鸰台湾亚种 *Motacilla tschutschensis taivana*（Swinhoe，1863）　又称黄眉黄鹡鸰，头顶和背橄榄绿色，眉纹鲜黄色或黄白色。国内见于东北、华北、西北，冬季见于福建、台湾和海南。

生境与习性　栖息于草场、稻田、原野及沼泽边缘。单独、成对或3-5只小群活动，迁徙时可见大群。

分布　广泛繁殖于古北界及美国阿拉斯加，除中国西藏和华中、朝鲜半岛及日本。于中国华南、中南半岛、苏门答腊、加里曼丹、爪哇、印度半岛、非洲、大洋洲等地越冬。

濒危和保护等级　国家"三有"保护动物。

（2）深圳种群

种群状况　均不常见，多单只出现，数量较小。

分布格局　记录于福田红树林保护区和华侨城湿地。

受胁因素　城市化进程导致栖地减少。

地方保护建议　无。

a. 黄鹡鸰东北亚种（拍摄于华侨城湿地）
b. 黄鹡鸰台湾亚种（拍摄于华侨城湿地）
c. 黄鹡鸰台湾亚种（拍摄于香港）

6.3.185 山鹡鸰
Dendronanthus indicus (Gmelin, 1789)

（1）物种描述

识别特征 全长约17 cm。上体橄榄褐色，具醒目的白色眉纹；翼黑色具两条黄白色翼斑；尾羽褐色，外侧尾羽白色；下体偏白，具两条黑色胸带，下方的胸带有时不完整。亚成鸟更偏褐色，胸带更不完整。虹膜深褐色；上嘴灰色，下嘴肉红色；脚偏粉色。

生境与习性 常栖息于林间空地、林缘、果园及村落附近。单独或成对在地面行走，或在较粗的树枝上驰走，尾不断左右摆动。飞行呈波浪式曲线，一高一低，常伴随着鸣叫。被驱赶时迅速落到地面或树上，较好地隐蔽在落叶层里。主要以昆虫为食，也食小的蜗牛、蛞蝓等。常在葡萄架或大树的水平枝上筑巢。

分布 繁殖在亚洲东部。冬季南移至印度、中国东南、菲律宾及大马来诸岛等东南亚地区。

濒危和保护等级 国家"三有"保护动物。

（2）深圳种群

种群状况 罕见，可能是过境鸟。

分布格局 内伶仃岛、福田红树林自然保护区。
受胁因素 数据缺乏，未能评估。
地方保护建议 无。

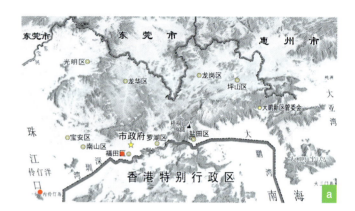

a. 山鹡鸰在深圳的记录位点
b. 山鹡鸰（拍摄于河南）

6.3.186 黑尾蜡嘴雀

Eophona migratoria Hartert, 1903

（1）物种描述

识别特征 全长约17 cm。雄鸟通体灰色，具黑色头罩，两翼黑色，飞羽及初级覆羽羽端白色，臀黄褐，尾下覆羽白色。雌鸟褐色较重，无黑色头罩。飞行时，可见浅色腰、白色细小翼斑和白色翼后缘。虹膜浅红褐色；嘴深黄而端黑；脚粉褐。

生境与习性 栖息于平原的村庄附近、行道树上、公园和苗圃的高树上，也见于丘陵和山区的阔叶林、灌木丛。除繁殖期成对生活外，一般结成小群活动。性活泼，常在树枝上跳跃，并反复从一树转移到另一树上。飞行迅速，微呈波形，群飞时呼呼作响。食物以植物类为主，兼食昆虫。

分布 西伯利亚东部、朝鲜半岛、日本南部及中国东部。越冬至中国南方。

濒危和保护等级 国家"三有"保护动物。

（2）深圳种群

种群状况 较为常见的冬候鸟，并有少量的繁殖个体。

分布格局 深圳全境，包括山区林地、城市公园、行道树带、村庄附近的树林等。

受胁因素 城市园林绿化大量使用外来植物，直接影响其食物的供给。

地方保护建议 注意园林树木配置，尽量多配置乡土果源植物。建议列为长期监测物种，以指导城市园林绿化和低山丘陵植被的林相改造。

黑尾蜡嘴雀（拍摄于深圳湾公园）

6.3.187 黄胸鹀
Emberiza aureola Pallas, 1773

（1）物种描述

识别特征 全长约15 cm。繁殖期雄鸟顶冠及颈背栗色，脸及喉黑，栗色胸带将黄色的领环与黄色的胸腹部间隔开，翼具较大的白色斑块及狭窄的白色翼斑。非繁殖期雄鸟色彩暗淡，灰褐色的耳羽镶黑边，颏及喉黄色，无栗色胸带。雌鸟及亚成鸟上体浅褐色，眉纹浅皮黄色，上背具显著纵纹，下体浅黄。虹膜深褐；上嘴灰色至黑褐，下嘴粉褐；脚淡褐。

生境与习性 栖息于低山丘陵和开阔平原地带的灌丛、草甸、草地和林缘地带，尤喜溪流、湖泊和沼泽附近的灌丛、草地，也见于田间地头。非繁殖期成群活动。白天在地上、草茎或灌木枝上活动和觅食，晚上栖于草丛中。繁殖期主要以动物性食物为主，非繁殖期则主要以植物性食物为主。

分布 繁殖于西伯利亚至中国东北。越冬至中国南方及东南亚。过去常见但现已罕见。繁殖于中国新疆北部阿尔泰山和东北，迁徙纵贯中国，冬候鸟记录于台湾及海南。

濒危和保护等级 国家"三有"保护动物，IUCN红色名录极危（CR）等级物种，中国物种红色名录濒危（EN）等级物种。

（2）深圳种群

种群状况 深圳市罕见的过境鸟或冬候鸟。

分布格局 大鹏半岛、福田红树林自然保护区。

受胁因素 本种在深圳主要是过境鸟，记录数据较少，未能评估受胁情况。

地方保护建议 无。

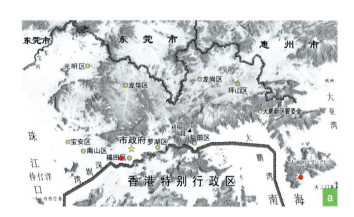

a.黄胸鹀在深圳的记录位点

b.黄胸鹀（拍摄于香港）

6.3.188 灰头鹀

Emberiza spodocephala Pallas, 1776

（1）物种描述

识别特征　全长约14 cm。指名亚种繁殖期雄鸟头、颈背及喉灰色，眼先及颏黑；上体余部栗色而具显著黑色纵纹，具两道白色翼斑，外侧尾羽具白色边缘；下体浅黄或近白。雌鸟及冬季雄鸟头橄榄色，具浅黄色眉纹、下颊纹和喉部，耳羽深色，上背和胸、胁多具纵纹。各亚种羽色变化较多。虹膜深栗褐；上嘴近黑并具浅色边缘，下嘴偏粉色且嘴端深色；脚粉褐。

生境与习性　栖息于山区河谷溪流两岸、平原沼泽地的疏林和灌丛中，也见于山边杂林、草甸灌丛、山间耕地，以及公园、苗圃和果园中。非繁殖期常成小群活动。不断弹尾以显露外侧尾羽的白色羽缘。繁殖期主要以昆虫及其幼虫等动物性食物为主，非繁殖期主要以草籽、谷粒等为食。

分布　繁殖于西伯利亚、日本、中国东北及中西部。越冬至中国南方。

濒危和保护等级　国家"三有"保护动物。

（2）深圳种群

种群状况　较常见过境鸟或冬候鸟。

分布格局　深圳全境，但数量不大。

受胁因素　未能评估受胁情况。

地方保护建议　无。

灰头鹀（拍摄于马峦山郊野公园）

第**7**章
——
深圳市哺乳类
多样性研究

摘 要

2014年4月至2015年10月对深圳市不同区域的兽类进行实地调查，共发现8目17科50种（含3个外来种），其中翼手目4科24种，占深圳市哺乳动物总物种数的48.0%；啮齿目3科13种，占比26.0%；食肉目4科5种，占比10.0%；鼩形目1科3种，占比6.0%；灵长目2科2种，占比4.0%；其余3目各1种，占比均为2.0%。同时发现1种广东省兽类新记录，8种深圳市兽类新记录。

兽类（即哺乳动物）属于动物界中进化最为成功的一大类群，在自然生态系统中占据着重要的位置，在维护生态平衡和保护生物多样性方面具有重要作用。《世界哺乳动物物种》（第三版）认为截至2003年底世界哺乳动物达1229属5416种之多（Wilson and Reeder，2005）；其中中国哺乳动物种类由不同学者分别统计为556种（Smith和解焱，2009）、645种（潘清华等，2007）和673种（蒋志刚等，2015）。

深圳市是我国南方城市化发展较为典型和快速的地区。据文献报道汇总，深圳市哺乳动物种类为50种（王勇军等，1999b；刘名中等，2002；常弘和庄平弟，2003b；赖燕玲等，2005；吴苑玲等，2005；王芳等，2009；胡平等，2011；庄馨等，2013；李峰等，2014）。观澜森林公园兽类30种，其中食虫目4种、翼手目9种、啮齿目9种、兔形目1种、食肉目5种、偶蹄目2种（胡平等，2011）；三洲田森林公园兽类25种，其中食虫目1种、翼手目3种、鳞甲目1种、食肉目7种、偶蹄目2种、兔形目1种、啮齿目10种（王芳等，2009）；梧桐山国家森林公园兽类24种，其中翼手目10种、啮齿目7种、食虫目2种、食肉目2种、灵长目1种、鳞甲目1种、偶蹄目1种（李峰等，2014）；马峦山郊野公园兽类22种（赖燕玲等，2005）；内伶仃岛兽类19种，其中食虫目2种、翼手目4种、灵长目1种、鳞甲目1种、食肉目4种、啮齿目7种（王勇军等，1999b）；大鹏半岛国家地质公园兽类16种（庄馨等，2013）；笔架山公园兽类13种，其中食虫目2种、翼手目1种、鳞甲目1种、食肉目3种、啮齿目6种（吴苑玲等，2005）；围岭公园兽类10种，其中食虫目1种、翼手目1种、食肉目1种、啮齿目7种（常弘和庄平弟，2003b）。从前人文献资料看，大部分报道均为对单一森林公园、保护区、地质公园的资源调查，尚无针对整个深圳市系统全面的调查报道。

为全面了解深圳市兽类资源现状，本研究于2014年4月至2015年10月对深圳市的兽类物种多样性进行了多次本底调查，并基于调查结果对深圳地区兽类的物种多样性与区系特征进行分析。

7.1 材料与方法

2014年4月至2015年10月，对深圳市的哺乳动物资源进行了5次野外调查，每次持续10天以上。按照景观生态以及生境情况，将深圳市大致划分为以下11个调查区域：①七娘山及东西涌等；②排牙山；③田头山、马峦山、三洲田；④梧桐山（含深圳水库）；⑤中部山体：银湖山、梅林山、塘朗山、樟坑径等山体；⑥西部丘陵-水库区：羊台山、铁岗-石岩水库、凤凰山森林公园；⑦观澜丘陵（含观澜森林公园）、光明丘陵（含光明森林公园）、五指耙森林公园（含五指耙水库）、罗田山、海上田园；⑧大小南山；⑨松子坑水库、清林径水库；⑩内伶仃岛；⑪海岛及滨海湿地：深圳湾（含福田红树林区、侨城湿地和沙河西海滨）。

针对不同的兽类类群，采取不同的调查方法（Tobin et al., 1994; Kunz and Parsons, 2009; O'Connell et al., 2011）。主要分为3个类群：①翼手目；②啮齿目；③其他大中型兽类。翼手目主要采取栖息地和网捕调查，啮齿目和食虫目主要采取铗夜法调查，而其他大中型兽类则主要采取样线法和红外相机调查。对捕捉到的兽类进行鉴定，并记录物种、体重、性别、年龄、繁殖状态、时间、经纬度和海拔等相关信息；对于难以现场鉴定的物种进行特征拍照，并带回实验室作进一步鉴定。

7.1.1 翼手目

野外调查时间为：2014年4月10日-24日、8月4日-14日、12月9日-18日、2015年5月17日-28日及2015年10月22日-31日。针对蝙蝠的活动特点和行为习性，主要采用日栖息地调查、夜栖息地调查和网捕法调查。蝙蝠日间聚集于日栖息地休息，如自然溶洞、穿山水利洞、下水道等，进入洞内进行调查、采集；对于树栖蝙蝠（如犬蝠、扁颅蝠），则有针对性地对相应的植物进行调查。夜晚蝙蝠捕食间期有可能将废弃的楼房等作为夜栖息地，并在此休息或处理食物，于晚上对此类栖息地进行调查、采集。傍晚开始在蝙蝠潜在的捕食区或飞行路线上布网采集，于23:00左右收网，将采集到的蝙蝠分装于布袋子内。

7.1.2 啮齿目和食虫目

野外调查时间与翼手目一致。以铗夜法为主，红外相机监测法为辅进行调查。根据啮齿目和食虫目动物的生活习性、当地地形、植被类型等，选择一定的路线，调查不同生境与栖息地啮齿目的种类及数量，每条样线调查一个晚上。每天于17:00-18:00放置鼠夹，共安放4样线，每条样线放20个鼠夹，鼠夹间隔5 m。以带壳花生为诱饵；次日07:00-08:00收鼠夹。

7.1.3 其他兽类

野外调查时间除了以上翼手目与啮齿目和食虫目的时间之外，还在分散时间进行多次单独调查。通过样线法与样点法对生态控制线内各处进行生境评价与初步物种调查，样线位于林地内并在有条件时沿水流上溯，样线长度乘以视距左右各5 m所得面积保证超过调查地面积的1%。野外调查中同时开展访问调查，通过询问当地村民以及水库或公园的相关人员，对照动物图鉴向他们核实曾经见过的动物种类和数量，并对获得的访问信息加以科学的分析。但本文仅对我们获得了标本或拍摄到照片的物种进行分析。

锁定重点区域并在其水源处安装红外触发相机，放置点远离游客通道至少50 m。相机放置：梅林水库野猪出没处2台；七娘山低海拔水流处（20-100 m）6台，中海拔水流处（400-500 m）6台；羊台山山腰及山顶13台，山脚高峰水库7台；排牙山及附近各水库23台；内伶仃岛11台。红外相机放置后1-2个月更换一次电池和内存卡，并在电脑上浏览内存卡保存的照片，鉴定拍摄到的动物。

7.2 哺乳类物种组成

本次对深圳野外调查共发现哺乳动物50种，隶属于8目17科。其中，翼手目4科24种，占深圳市哺乳动物总物种数的48.0%；啮齿目3科13种，占比26.0%；食肉目4科5种，占比10.0%；鼩形目1科3种，占比6.0%；灵长目2科2种，占比4.0%；劳亚食虫目、鳞甲目和偶蹄目，各1种，分别占比2.0%。采集到标本的物种共有35种，大部分为啮齿目和翼手

目物种，其余15种均为红外相机或数码相机记录。调查到的深圳兽类在各目、科情况如下。

（1）小型兽类　共4目9科41种。

啮齿目3科13种。其中，松鼠科2种，鼠科10种，豪猪科1种。

鼩形目1科3种。鼩鼱科的臭鼩Suncus murinus、灰麝鼩Crocidura attenuata、喜马拉雅水鼩Chimarrogale himalayica。

翼手目4科24种。其中，狐蝠科2种，菊头蝠科4种，蹄蝠科3种，蝙蝠科15种。

猬形目1科1种。猬科的普通刺猬Erinaceus europaeus。

（2）大中型兽类　共4目8科9种。

灵长目2科2种。猴科1种，猕猴Macaca mulatta；懒猴科1种，蜂猴Nycticebus bengalensis。

鳞甲目1科1种。鲮鲤科1种，中华穿山甲Manis pentadactyla。

食肉目4科5种。鼬科2种，黄腹鼬Mustela kathiah和鼬獾Melogale moschata；灵猫科1种，果子狸Paguma larvata；獴科1种，红颊獴Herpestes javanicus；猫科1种，豹猫Prionailurus bengalensis。

偶蹄目1科1种。猪科1种，野猪Sus scrofa。

这50种兽类中，栖息生活类型以岩洞栖息型和地面生活型为主，分别占16种（占深圳兽类总物种数的32.0%）和14种（占比28.0%），其次为树栖型（8种，16.0%）、建筑物栖息型（7种，14.0%）和半树栖型6种，12.0%），而半地下生活型的物种相对较少（3种，6.0%）。

根据中国动物地理的划分，深圳市地处东洋界中印亚界华南区闽广沿海亚区，为南亚热带气候（张荣祖，2011）。本次调查到的哺乳动物（不包括1个未定种和3个外来种）以东洋型为主（31种，占67.4%），其次为南中国型（6种，13.0%）、古北型（5种，10.9%）、地中海型（3种，6.5%）、季风型（2种，4.3%）。

7.2.1 物种濒危状况及广东省和深圳市新记录

本次在深圳市调查到的50种兽类中，IUCN红色名录极危（CR）等级1种（中华穿山甲），近危级（NT）等级1种（亚洲长翼蝠）；《濒危野生动植物种国际贸易公约》（CITES）附录I物种1种（中华穿山甲），附录II物种2种（猕猴、豹猫），国家I级重点保护野生动物1种（蜂猴），附录III物种3种（红颊獴、黄腹鼬和果子狸）；国家II级重点保护野生动物2种（猕猴、中华穿山甲）；此外，有11种列入《国家保护的有益的有重要经济、科学研究价值的陆生野生动物名录》（"三有"保护动物名录），如倭花鼠、赤腹松鼠等（表7.1）。

表7.1　深圳市哺乳类动物名录及濒危现状

物种名	生活类型	分布型	采集地点	证据类型	濒危状况
本土物种					
一、灵长目PRIMATES					
（一）猴科Cercopithecidae					
1. 猕猴Macaca mulatta (Zimmermann, 1780)	d	W	④⑤⑥⑩	△	LC, II, CITES II

续表

物种名	生活类型	分布型	采集地点	证据类型	濒危状况
二、啮齿目RODENTIA					
（二）松鼠科Sciuridae					
2. 倭花鼠*Tamiops maritimus* (Bonhote, 1900)	c	W	④⑤	△	LC, 3
3. 赤腹松鼠*Callosciurus erythraeus* (Pallas, 1779)*	c	W	③④⑤	△	LC, 3
（三）豪猪科Hystricidae					
4. 豪猪*Hystrix hodgsoni* (Gray, 1847)	a	W	①②③	△	LC, 3
（四）鼠科Muridae					
5. 黑缘齿鼠*Rattus andamanensis* (Blyth, 1860)**	b	W	①②③④⑤⑥⑦⑧⑨⑩	▲	LC
6. 黄毛鼠*Rattus losea* (Swinhoe, 1871)	b	O	⑨⑩	▲	LC
7. 褐家鼠*Rattus norvegicus* (Berkenhout, 1769)	b	U	④⑤⑥⑦⑧⑪	▲	LC
8. 黄胸鼠*Rattus tanezumi* Temminck, 1844	b	W	④⑤⑥⑦⑨⑩	▲	LC
9. 未定种家鼠*Rattus* sp.	b		②	▲	
10. 北社鼠*Niviventer confucianus* (Milne-Edwards, 1871)	b	W	①③④⑤⑥⑧⑨	▲	LC, 3
11. 针毛鼠*Niviventer fulvescens* (Gray, 1847)	b	W	①②③④⑤⑥⑦⑨	▲	LC
12. 白腹巨鼠*Leopoldamys edwardsi* (Thomas, 1882)	b	W	⑤⑥	△	LC
13. 卡氏小鼠*Mus caroli* Bonhote, 1902	b	W	⑨	▲	LC
三、鼩形目SORICOMORPHA					
（五）鼩鼱科Soricidae					
14. 臭鼩*Suncus murinus* (Linnaeus, 1766)	b	W	⑤⑥⑧⑨⑩⑪	▲	LC
15. 灰麝鼩*Crocidura attenuata* Milne-Edwards, 1872	b	S	①⑤⑥⑨	▲	LC
16. 喜马拉雅水鼩*Chimarrogale himalayica* (Gray, 1842)	b	W	⑨	▲	LC
四、翼手目CHIROPTERA					
（六）狐蝠科Pteropodidae					
17. 犬蝠*Cynopterus sphinx* (Vahl, 1797)	c	W	③④⑤⑧⑩	▲	LC
18. 棕果蝠*Rousettus leschenaultii* (Desmarest, 1820)	e	W	⑩	△	LC
（七）菊头蝠科Rhinolopidae					
19. 大菊头蝠*Rhinolophus luctus* Temminck, 1835	e	W	④	▲	LC
20. 中菊头蝠*Rhinolophus affinis* Horsfield, 1823	e	W	①②④⑤	▲	LC
21. 菲菊头蝠*Rhinolophus pusillus* Temminck, 1834	e	S	①④⑥⑧⑩	▲	LC
22. 中华菊头蝠*Rhinolophus sinicus* Adersen, 1905	e	W	①③④⑥⑦	▲	LC
（八）蹄蝠科Hipposideridae					
23. 大蹄蝠*Hipposideros armiger* (Hodgson, 1835)	e	W	①②③④⑤⑥⑧⑨⑩	▲	LC
24. 中蹄蝠*Hipposideros larvatus* (Horsfield, 1823)	e	W	④	▲	LC
25. 果树蹄蝠*Hipposideros pomona* Andersen, 1918	e	W	①⑧⑩⑪	▲	LC
（九）蝙蝠科Vespertilionidae					
26. 中华鼠耳蝠*Myotis chinensis* (Tomes, 1857)	e	W	④	▲	LC
27. 郝氏鼠耳蝠*Myotis horsfieldii* (Temminck, 1840)*	e	W	①②⑤	▲	LC
28. 中华水鼠耳蝠*Myotis laniger* (Peters, 1871)*	e	S	①②④⑤⑥⑨	▲	LC
29. 喜山鼠耳蝠*Myotis muricola* (Gray, 1846)	e	U	④	▲	LC
30. 灰伏翼*Hypsugo pulveratus* (Peters, 1870)	f	W	④⑥⑨	▲	LC
31. 东亚伏翼*Pipistrellus abramus* (Temminck, 1840)	f	E	①②③④⑤⑦⑧⑨⑩⑪	▲	LC
32. 普通伏翼*Pipistrellus pipistrellus* (Schreber, 1774)*	f	E	①③④⑤	▲	LC
33. 侏伏翼*Pipistrellus tenuis* (Temminck, 1840)*	f	S	③⑤⑥⑨	▲	LC
34. 南蝠*Ia io* Tomas, 1902*	e	S	⑥	▲	LC
35. 扁颅蝠*Tylonycteris pachypus* (Temminck, 1840)	c	W	①②③⑤⑦⑩	▲	LC
36. 小黄蝠*Scotophilus kuhlii* Leach, 1821	c, f	W	⑤⑥⑦	▲	LC
37. 大黄蝠*Scotophilus heathi* (Horsfield, 1831)	c, f	W	④⑤	▲	LC
38. 中华山蝠*Nyctalus plancyi* Gerbe, 1880*	c, e, f	W	⑦	▲	LC
49. 亚洲长翼蝠*Miniopterus fuliginosus* (Hodgson, 1835)	e	O	①	▲	NT
40. 南长翼蝠*Miniopterus pusillus* Dobson, 1876*	e	O	①	▲	LC

物种名	生活类型	分布型	采集地点	证据类型	濒危状况
五、鳞甲目PHOLIDOTA					
（十）鲮鲤科Manidae					
41. 中华穿山甲*Manis pentadactyla* Linnaeus, 1758	a	W	⑩	△	CR, II, CITES I
六、食肉目CARNTVORA					
（十一）鼬科Mustelidae					
42. 黄腹鼬*Mustela kathiah* Hodgson, 1835	d	S	①	△	LC, 3, CITES III
43. 鼬獾*Melogale moschata* (Gray, 1831)	d	U	①②③④⑥	△	LC, 3
（十二）灵猫科Viverridae					
44. 果子狸*Paguma larvata* (Hamilton-Smith, 1827)	d	W	①②③④⑥	△	LC, 3, CITES III
（十三）獴科Herpestidae					
45. 红颊獴*Herpestes javanicus* (Geoffroy Saint-Hilaire, 1818)	d	W	①②④⑪	△	LC, 3, CITES III
（十四）猫科Felidae					
46. 豹猫*Prionailurus bengalensis* (Kerr, 1792)	d	W	①②④⑤⑥⑩⑪	△	LC, 3, CITES II
七、偶蹄目ARTIODACTYLA					
（十五）猪科Suidae					
47. 野猪*Sus scrofa* Linnaeus, 1758	b	U	①②③⑤⑥⑦⑨	△	LC, 3
外来物种					
一、灵长目PRIMATES					
（一）懒猴科Lorisidae					
1. 蜂猴*Nycticebus bengalensis* (Lacépède, 1800)	c		④⑩	△	VU, I
二、啮齿目RODENTIA					
（二）鼠科Muridae					
2. 马来家鼠*Rattus tiomanicus* (Miller, 1900)	b		②⑥	▲	LC
三、劳亚食虫目LIPOTYPHLA					
（三）猬科Erinaceidae					
3. 普通刺猬*Erinaceus europaeus* Linnaeus, 1758	a		②	△	LC, 3

注：*为深圳市新记录，**为广东省新记录；

　　生活类型：a半地下生活，b地面生活，c树栖型，d半树栖型，e岩洞栖息型，f建筑物栖型；

　　分布型：U古北型，E季风型，S南中国型，W东洋型，O地中海型；

　　采集地点：见7.1研究方法，共分为11个调查区域；

　　证据类型：▲ 标本，△ 照片；

　　濒危等级：CR极危，EN濒危，VU易危，NT近危，LC无危（IUCN红色名录）；I为国家I级重点保护野生动物；II为国家II级重点保护野生动物；3为国家"三有"保护动物；CITES II和CITES III分别为《濒危野生动植物种国际贸易公约》附录II和附录III物种

图7.1　被路杀的普通刺猬（拍摄于排牙山）

在本次兽类调查中，共发现1种广东省兽类新记录，即黑缘齿鼠（张礼标等，2017）；8种深圳市兽类新记录物种，除了赤腹松鼠之外，其余7种均为翼手目蝙蝠类群，分别是郝氏鼠耳蝠、中华水鼠耳蝠、普通伏翼、侏伏翼、南蝠、中华山蝠和南长翼蝠。此外，普通刺猬是2014年5月25日在排牙山盐灶村附近公路的路杀个体，估计是人为外来的（图7.1）；本次调查还于梧桐山和内伶仃岛发现了灵长目懒猴科蜂猴，但该物种为放生种。

7.2.2 不同区域兽类分布情况

11个调查区域中，梧桐山（含深圳水库）调查到的兽类最多，为27种，占深圳市兽类总物种数（含外来种）的54%；其次为中部山体（24种，占48%），七娘山及东西涌（23种，占46%）和西部丘陵-水库区（22种，占44%）。此外，蝙蝠、啮齿类和大中型兽类在不同区域的分布存在明显不同（表7.2）。大中型兽类种类在大鹏半岛地区最多，其他区域（如梅林山、羊台山、内伶岛、福田红树林区）亦有零星分布，而其他较为接近市区、人类活动较频繁的区域则几乎没有分布。蝙蝠也较为集中分布于梧桐山（含深圳水库）、大鹏半岛、西部丘陵-水库区和内伶仃岛，在其他区域也均有一定数量的分布。但是，啮齿类则主要分布于中部山体、松子坑水库-清林径水库和西部丘陵-水库区，其他区域也同样有一定数量的分布。

7.2.3 讨论

本章为2014年4月至2015年10月野外调查的结果，翼手目、啮齿目和鼩形目的物种基本都有标本，其他大中型兽类也均有照片凭证，共记录到兽类47种，其中翼手目种类最多，共24种。调查发现了1种广东省兽类新记录（黑缘齿鼠；张礼标等，2017），8种深圳市兽类新记录种（除赤腹松鼠外，其余7种均为翼手目种类）。与文献对比发现，深圳市曾有记录的11种兽类在本次未调查到，如小灵猫、水獭、赤麂、黄鼬和银星竹鼠等（王勇军等，1999b；刘名中等，2002；常弘和庄平弟，2003b；赖燕玲等，2005；吴苑玲等，2005；王芳等，2009；胡平等，2011；庄馨等，2013；李峰等，2014）。

从栖息地类型看，深圳市兽类对岩洞（16种）、树木（包括树栖和半树栖，13种）的依赖性较高。本次调查发现的9种新记录（赤腹松鼠、黑缘齿鼠、郝氏鼠耳蝠、中华水鼠耳蝠、普通伏翼、侏伏翼、南长翼蝠、中华山蝠和南蝠），即有5种栖息于岩洞，2种栖息于建筑物内，1种为树栖。因此，加强对区域内岩洞和森林的保护至关重要。此外，建筑物作为某些兽类（如蝙蝠）的栖息地，在生物多样性保护中也占据着重要的位置。在城市发展的过程中，对古建筑物的破坏甚至拆迁，是蝙蝠栖息地丧失的主要原因之一（Zhang et al., 2009）。

深圳与香港毗邻，面积将近为香港的2倍。据统计，香港调查到的陆生兽类57种（Ades, 1999；Shek, 2004；Shek and Chan, 2006；石仲堂，2006）；文献中记载，深圳市兽类为50种（王勇军等，1999b；刘名中等，2002；常弘和庄平弟，2003b；赖燕玲等，2005；吴苑玲等，2005；王芳等，2009；胡平等，2011；庄馨等，2013；李峰等，2014）。结合本次调查新记录9种，深圳市目前共记录到兽类59种，略高于香港。虽然两地兽类物种数相近，但是非共有物种所占比例并不小，如香港调查记录到的蝙蝠为26种，深圳为24种，但是香港有而深圳没有的蝙蝠达8种（含1种未鉴定的伏翼类），深圳有而香港没有的为5种。调查强度、调查方法（如用竖琴网调查蝙蝠），以及各自生境上的区别可能是造成物种组成差异的原因，因此，进一步调查仍可能有新记录。

表7.2　深圳市兽类在不同调查区域的分布情况

地点编号	啮齿目和鼩形目	翼手目	其他兽类	合计（占深圳市兽类总物种数）
①	5	12	6	23（46%）
②	4	6	7	17（34%）
③	5	7	4	16（32%）
④	7	14	6	27（54%）
⑤	10	11	3	24（48%）
⑥	8	8	6	22（44%）
⑦	4	5	2	11（22%）
⑧	4	5	1	10（20%）
⑨	9	5	2	16（32%）
⑩	4	7	4	15（30%）
⑪	2	2	2	6（12%）

注：表中地点编号见7.1材料与方法

7.3 部分物种简述

7.3.1 猕猴
Macaca mulatta (Zimmermann, 1780)

（1）物种描述

识别特征 猴科中体形较瘦小的种类。头部棕黄，体毛大部分为棕黄色、橄榄黄或棕灰色，前背较灰，腰背至尾部棕红色或锈红色。颈部胸部及前肢内侧淡灰色，腹部及后肢内侧淡黄色，雄性毛色较雌性及幼崽的深。颜面随年龄和性别不同而异，幼年时白色，成年后红色，雌性更红。手足扁平，指甲黑褐色。

生境与习性 半树栖。杂食性。

分布 阿富汗、巴基斯坦、印度北部。中国南部。

种群状况 较常见。

濒危和保护等级 国家II级重点保护野生动物，CITES附录II物种。

（2）深圳种群

种群状况 较多。有研究认为内伶仃岛环境最大容纳量为1000-1400只。根据3次集中调查，现种群规模为22个繁殖群，有800-1200只。深圳大陆散居雄性个体为惠州东莞等地猴群迁出的游离雄性，并不形成种群。

分布格局 主要分布于内伶仃岛，亦于深圳塘朗山郊野公园、梧桐山风景名胜区等地有少量游离雄性个体。

环境特点 森林。

受胁因素 内伶仃岛为广东内伶仃福田国家级自然保护区的重要组成部分，人为扰动较少。岛上部分单位因公务需要饲养有烈性犬只，放养状态下有袭击猕猴的记录，需要限制犬只自由活动范围。

地方保护建议 建议列为深圳市重点保护野生物种。

a. 猕猴在深圳的记录位点
b. 游离的雄性猕猴（拍摄于塘朗山）
c. 猕猴的理毛行为（拍摄于内伶仃岛）

7.3.2 中华穿山甲
Manis pentadactyla Linnaeus, 1758

（1）物种描述

识别特征 头圆锥状，吻部裸露，肉色。舌长可达20 cm，能自由伸出口外舔食蚂蚁。外耳壳显著，瓣状。上体有覆瓦状角质鳞甲，甲片间有硬毛。背甲菱形，远端钝圆，甲片宽大于长。背中部环鳞较少，仅15-18片。体下侧带脊棱的甲片有3-4行。尾侧缘三角形甲片仅16-19片。鳞甲灰褐色或黄色，下体无鳞。四肢甲片较小，前肢甲片自远端向近端覆盖排列，后肢则自近端向远端覆盖排列。雄性阴茎后位，无阴囊，肛门下后方有一凹陷（后肛门囊）。掌部裸露无掌垫。爪强壮，长而弯曲。后爪短于前爪长度的1/2。尾下末端多为软膜质疣粒。

生境与习性 丘陵、山麓、平原的树林潮湿地带。

分布 尼泊尔，中南半岛。中国南部。

种群状况 罕见。

濒危和保护等级 国家II级重点保护野生动物，IUCN极危（CR）等级物种，CITES附录I物种。

（2）深圳种群

种群状况 根据洞穴判断内伶仃岛种群数量不超过20只。

分布格局 尽管此前有多个地点的分布报道，但内伶仃岛是唯一被证实的种群。

环境特点 山腰林下。

受胁因素 薇甘菊入侵内伶仃岛，对岛上植被带来极大威胁，间接影响到中华穿山甲种群的发展。

地方保护建议 严格控制岛内薇甘菊等外来入侵植物，并将家牛、狗等迁移出内伶仃岛。

a. 中华穿山甲在深圳的记录位点

b. 中华穿山甲（拍摄于内伶仃岛）

7.3.3 果子狸
Paguma larvata (Hamilton-Smith, 1827)

（1）物种描述

识别特征 又名花面狸。四肢较粗短，爪略具伸缩性。体背和四肢大部分灰棕色或棕黄色。面部中央自吻鼻至枕后有一较宽的白色棉纹，面侧尚有白斑。通体无斑纹和斑点。腹部灰黄或苍白。尾基部棕黑，尾端黑色。四足黑褐色，足垫呈颗粒状或鳞片状。

生境与习性 夜行性。杂食性。

分布 中南半岛，印度尼西亚、印度、不丹和尼泊尔。中国。

种群状况 常见种。

濒危和保护等级 国家"三有"保护动物，CITES附录III物种。

（2）深圳种群

种群状况 有一定种群量数量。红外相机在多个位点数次记录到果子狸。从拍摄时间看，在深圳夏季果子狸的活动时间从17:00一直到次日凌晨，活动高峰期在20:00-23:00。

分布格局 羊台山森林公园、梧桐山、三洲田水库、田头山及大鹏半岛。

环境特点 远离人类影响的树林。

受胁因素 人为猎杀。

地方保护建议 执行国家"三有"动物保护等级标准，建议列为深圳市重点保护野生动物。

a. 果子狸在深圳的记录位点
b. 果子狸（拍摄于排牙山）
c. 果子狸（拍摄于七娘山）

7.3.4 黄腹鼬
Mustela kathiah Hodgson, 1835

（1）物种描述

识别特征 体略大于香鼬，尾细长，尾毛不蓬松，跖行性，跖垫发达，爪短细，灰褐色。上体均棕褐色，下体金黄色或沙黄色，体下侧背腹色分界明显。上唇和下颌骨稍浅。

生境与习性 穴居性，白天很少活动。

分布 不丹、印度、老挝、缅甸、尼泊尔、泰国、越南。中国。

种群状况 常见种。

濒危和保护等级 国家"三有"保护动物，CITES附录III物种。

（2）深圳种群

种群状况 仅有2个红外相机拍摄记录，均是白天活动时拍摄，其中七娘山的个体拍摄时间是10:40，正在猎食翠青蛇。

分布格局 七娘山、排牙山。

环境特点 山区丛林。

受胁因素 人为猎杀，栖息地丧失。

地方保护建议 执行国家"三有"动物保护等级标准，建议列为深圳市重点保护野生动物。

a. 黄腹鼬在深圳的记录位点
b. 黄腹鼬（拍摄于排牙山）
c. 黄腹鼬（拍摄于七娘山）

7.3.5 鼬獾

Melogale moschata (Gray, 1831)

（1）物种描述

识别特征　体短小肥胖。吻鼻尖长，爪侧扁而弯曲，前爪大而强健，适于挖掘。两眼间具方形白斑，眼至耳下有一白纹，上唇及鼻两侧白色，耳内、耳侧白色，耳背与体背同色。体背棕灰色、暗紫色或棕褐色，后头至肩有一白色脊纹；腹毛苍白色或黄白色；尾部针毛毛尖灰白色或乳黄色。阴茎骨末端成三列。

生境与习性　夜行性。穴居，行动较迟钝。杂食性。

分布　印度、老挝、缅甸、越南。中国。

种群状况　常见种。

濒危和保护等级　国家"三有"保护动物。

（2）深圳种群

种群状况　种群量较大。

分布格局　羊台山森林公园、梅林山和东部沿海山脉等。

环境特点　山区丛林。

受胁因素　人为猎杀，栖息地丧失。

地方保护建议　执行国家"三有"动物保护等级标准，建议列为深圳市重点保护野生动物。

a. 鼬獾在深圳的记录位点
b. 鼬獾（拍摄于排牙山）
c. 鼬獾（拍摄于梧桐山）

7.3.6 豹猫
Prionailurus bengalensis (Kerr, 1792)

（1）物种描述

　　识别特征　通体浅棕或淡黄色。自头顶至肩部有4条棕黑色纵纹，中间2条断续延至尾基。颊部具2条白色窄纹，眼上方有白斑。体背遍布大小不等的棕黑色、棕红色或褐色斑点，尾具棕黑和灰白相间的斑点和半环。

　　生境与习性　多为夜间活动，偶尔也在白天活动觅食。

　　分布　阿富汗、孟加拉国、不丹、文莱、柬埔寨、印度、印度尼西亚、日本、朝鲜、韩国、老挝、马来西亚、缅甸、尼泊尔、巴基斯坦、菲律宾、俄罗斯、新加坡、泰国、越南。中国。

　　种群状况　常见种。

　　濒危和保护等级　国家"三有"保护动物，CITES附录II物种。

（2）深圳种群

　　种群状况　种群量较大。

　　分布格局　七娘山、排牙山、内伶仃岛、塘朗山郊野公园、羊台山森林公园、福田红树林均有拍摄记录。

　　环境特点　低山丘陵林地、市区公园、红树林河口湿地。

　　受胁因素　栖息地逐渐减少、破碎化甚至丧失，食物资源减少。

　　地方保护建议　执行国家"三有"动物保护等级标准，建议列为深圳市重点保护野生动物。

a. 豹猫在深圳的记录位点
b. 豹猫（拍摄于内伶仃岛）
c、d. 豹猫（拍摄于七娘山）

7.3.7 红颊獴
Herpestes javanicus (Geoffroy Saint-Hilaire, 1818)

（1）物种描述

识别特征 体形瘦小而细长，体长为28-36 cm，尾长度大约是体长的80%以上。耳朵低而宽圆，好像贴在头部，耳孔能关闭，可防止游泳时进水。四肢短小而粗壮，爪弯曲而有力，不能收缩，适于挖掘洞穴。尾基粗，尾尖细，尾毛蓬松。体披着褐色的皮毛，鼻吻至眼下和额部的被毛为棕黑色，眼周和颊部的毛都是棕红色，颌部、喉部、前胸、四肢内侧及腹部均呈棕红色，尾基部腹面亦棕红色。

生境与习性 栖息于亚热带、热带低山丘陵林地、灌丛、农田和水溪边。常见于林缘区域，密林中较少见，栖所一般近水源。居于岩洞、土洞中，其洞穴以自己挖掘的土穴为主，有时也占据鼠类等的洞穴。昼行性，多单独活动，善游泳，能攀援上树。地面觅食，以鼠、蛇、鱼、蟹、虾、蛙、小鸟、鸟卵、昆虫等为食，偶尔也吃一些植物性的食物。性机警灵活，可捕食毒蛇。

分布 越南、泰国、柬埔寨、印度、尼泊尔、非洲和欧洲、美洲的部分地区。中国南方热带和亚热带地区。

种群状况 不甚常见。

濒危和保护等级 国家"三有"保护动物，CITES附录III物种。

（2）深圳种群

种群状况 种群较小。有2个红外相机白天的拍摄记录。

分布格局 福田红树林保护区、梧桐山、七娘山和排牙山等地。

环境特点 近水环境。

受胁因素 栖息地丧失。

地方保护建议 执行国家"三有"动物保护等级标准，建议列为深圳市重点保护野生动物。

a. 红颊獴在深圳的记录位点
b. 红颊獴（拍摄于排牙山）

7.3.8 野猪
Sus scrofa Linnaeus, 1758

（1）物种描述

识别特征 吻鼻部尖长而前突，颜面部斜直。雄猪具长而外翘的犬牙。耳小而直立，尾短小，肩高大于臀高。全身被硬针毛，背部鬃毛显著，针毛和鬃毛毛尖均分叉。针毛基部黑褐色，毛尖棕黄色或灰白色。额部棕黄色。眼周及耳背黑褐色。吻部黑褐色，吻中央有一白色横纹，并向两颊延伸形成白色颊纹。体背黑褐或赭黄色，腹部黄白色，四肢上部棕黄色，杂有少量黄白色毛，下部至蹄黑色，尾棕黄色，雌猪色稍浅。幼猪体背数条黄白色纵行条纹。

生境与习性 杂食性。夜行性，白天也会外出活动。

分布 东亚、东南亚、中亚、南亚、中东、非洲北部及地中海沿岸、欧洲斯堪的纳维亚南部、中东欧、西欧、伊比利亚和不列颠群岛。

种群状况 常见种。

濒危和保护等级 国家"三有"保护动物。

（2）深圳种群

种群状况 种群量大。

分布格局 梧桐山风景名胜区、三洲田森林公园、马峦山郊野公园、田头山自然保护区、大鹏半岛自然保护区（包括排牙山和七娘山部分）、七娘山地质公园等整个东部沿海山脉，羊台山森林公园、塘朗山郊野公园、梅林郊野公园等。

环境特点 地山丘陵、山脚林缘等多种生境。

受胁因素 栖息地破碎化、减少。人为干扰也会对其种群造成负面影响。在大鹏半岛，红外相机曾经拍摄到带领6只小崽的雌性，说明该地种群的繁育状态良好。

地方保护建议 梅林水库林区野猪密度较大，时常与上山游人遭遇，建议安放提示板、栅栏等，以防止人员受伤。

a. 野猪在深圳的记录位点
b. 野猪（拍摄于排牙山）
c. 野猪（拍摄于七娘山）

7.3.9 犬蝠
Cynopterus sphinx (Vahl, 1797)

（1）物种描述

识别特征　头体长80-90 mm；尾长7-12 mm；后足16-19 mm；耳长18-21 mm；前臂长66-83 mm；颅全长30-35 mm。体型中等；翼展平均380 mm；背毛橄榄棕色；体侧浅红棕色；腹面锈黄色到浅绿棕色；雌体毛被明显更淡；耳缘苍白色。吻长（从眼眶前缘到鼻孔）大约等于或长于颅全长的1/4；齿槽向后伸，几乎在脑颅下；下颌第四前臼齿和第一臼齿齿冠没有显著的齿尖。

生境与习性　主要栖息于低地森林地区、农业区、城市公园等，为树栖蝙蝠，利用树叶或果簇筑巢。以果实、花、叶为食，甚至啃食甘蔗，是多种植物的重要授粉者和种子传播者；通常将果实叼离母树至其他临时进食地食用。通常雄性筑巢，吸引雌性，组成一雄多雌群；也有独居雄性或多个单身雄性成群栖息。每年有2个产仔高峰，在华南地区为3月和10月，每胎1仔，妊娠期115-125天。新生幼崽体重约11 g，生长很快，1个多月后断奶时体重约25 g，大约2月龄即达成年体型大小。

分布　从印度次大陆延伸横跨东南亚。从西藏到福建的中南部：西藏（墨脱），福建（福清、厦门），海南（儋州、文昌、海口），广西（玉林、桂平、南宁），云南、广东、香港、澳门等。

濒危和保护等级　中国物种红色名录：近危（NT）等级，物种几近符合易危（VU）等级。

（2）深圳种群

种群状况　深圳种群约200只。主要分布于梧桐山、大小梅沙、大小南山、内伶仃岛等公园或山林的蒲葵树上。其中，梧桐山约50只，大小梅沙约80只，大小南山月30只，内伶仃岛约40只。白天主要栖息在蒲葵树的树叶下，相对隐蔽，从地面看不易发现，通常每巢犬蝠个体数量1-10只，大的栖息群也可达20只以上。不同区域的犬蝠可以进行交流，但是频繁的修剪蒲葵树可能对其栖息地存在一定程度的干扰。

雌雄比例　雌雄区分可以从生殖器看出，雄性具较明显的阴茎，雌性（特别是哺乳过的个体）一对乳头明显。种群的雌雄整体比例约为1.3∶1，雌性个体比雄性个体多。

年龄结构　犬蝠出生后次年性成熟，可通过前臂骨、掌骨的关节部位查看性成熟情况，如果骨化未完全则是亚成体。一般情况下，蝙蝠仅能区分成体与亚成体，难于鉴定具体年龄。

分布格局　梧桐山、大小梅沙、大小南山、内伶仃岛。

环境特点　公园、校园、山林等蒲葵树上，白天栖息于此，晚上外出觅食，多在果园、山林等区域取食果实、花蜜、树叶等。

受胁因素　蒲葵树砍伐和频繁修剪，可造成其栖息地的干扰或丧失。植被破坏可造成其食物缺乏。

地方保护建议　虽然在华南地区为常见种，但是在深圳种群数量不多，由于其对植被恢复具有重要作用，可列为深圳市定期监测的物种。

a. 犬蝠在深圳的记录位点
b. 犬蝠（标本采集于深圳小梅沙）

7.3.10 中菊头蝠
Rhinolophus affinis Horsfield, 1823

（1）物种描述

识别特征　头体长58-63 mm；尾长20-35 mm；后足长11-13 mm；耳长15-21 mm；前臂长46-56 mm；颅全长22-24 mm。体型比马铁菊头蝠小；胫长20-25 mm；尾长约为胫长的1.5倍；翼膜长；第四与第五掌骨约等长，均略长于第三掌骨；鼻叶之马蹄叶大，附小叶十分退化；鞍状叶略呈提琴形，其两侧略凹；连接叶低圆；顶叶楔形；毛色棕色或灰褐，腹面稍淡；头骨腭桥很短，约为上齿列（C-M3）长之1/4；上颌前臼齿（P2）小，位于齿列内；犬齿和大的前臼齿（P4）几乎相接；下颌前臼齿（P3）也微小，位于齿列外侧，故犬齿和大的前臼齿（P4）有时相接。

生境与习性　常见于热带、亚热带海拔较低的地区，生活在洞中，常与其他菊头蝠或蹄蝠混居，一个栖息地内种群通常不大，一只到几十只。喜植被较好的山林，于地面不高处觅食，以蛾类、甲虫等为主要食物。超声波主频70-88.5 kHz，不同地理种群超声波主频变化较大。

分布　广布于印马界。海南、湖南、山西、湖北、贵州、四川、重庆、云南、浙江、福建、江西、广东、香港、广西、江苏、安徽等。

濒危和保护等级　无危。

（2）深圳种群

种群状况　深圳种群约150只。主要分布于梧桐山、排牙山、七娘山等地的洞穴内。其中，梧桐山约60只，排牙山约30只，七娘山约60只。白天主要栖息在山洞内，每个洞内的种群数量从几只到几十只不等。夜晚有时栖息在废弃的房屋内，如七娘山公路边废弃的房内，于21:00后去查看常能见到

几只与其他蝙蝠共同栖息。

雌雄比例　雌雄区分同样可以从生殖器或雌性的第二性器官（乳头）看出。种群雌雄整体比例约为1∶1，采集到的雌雄个体数量相当。

年龄结构　中菊头蝠也是出生后次年性成熟，仅能区分成体与亚成体，难于鉴定具体年龄。

分布格局　梧桐山、排牙山、七娘山。

环境特点　栖息于山洞或下水道内，通常周边植被相对较好。

受胁因素　游人等对洞穴有一定的干扰。

地方保护建议　种群数量不大，建议列为深圳需要关注的物种。

a. 中菊头蝠在深圳的记录位点

b. 中菊头蝠（标本采集于七娘山）

7.3.11 菲菊头蝠

Rhinolophus pusillus Temminck, 1834

（1）物种描述

识别特征 又名小菊头蝠。头体长38-42 mm；尾长13-26 mm；后足长6-8 mm；耳长13-20 mm；前臂长33-40 mm；颅全长14.8-16.8 mm。非常类似角菊头蝠，但体型更小；颈短，长13.5-15 mm；翼膜不很长；第三指的第二指节短于第一指的1.5倍；马蹄叶基部中间缺刻有2个小乳突；鞍状叶狭窄，基部明显宽于顶端；连接叶三角形或角状；顶叶戟形，变化从等边拉长；毛棕色，毛基灰白色；上颌小的前臼齿（P2）位于齿列中，明显有小尖齿；下颌大多数前臼齿也位于齿列中。

生境与习性 亚热带到热带，海拔相对较低，多栖息于洞内，可集较大的群，也可以在房屋中集小群。喜植被好的区域，以小型昆虫为食。超声波主频为100-110 kHz，声音特征具地理差异。

分布 亚洲南部。福建、广西、广东、贵州、云南、海南、四川、贵州、湖北、重庆等。

濒危和保护等级 无危。

（2）深圳种群

种群状况 深圳种群约500只。主要分布于梧桐山、羊台山、大南山、内伶仃岛等洞穴内。其中，梧桐山约120只，羊台山约50只，大南山约80只，内伶仃岛约250只。

雌雄比例 雌雄区分同样可以从生殖器或雌性的第二性器官（乳头）看出。种群雌雄整体比例约为1：1.5，采集到的雄性个体比雌性个体多。

年龄结构 菲菊头蝠也是出生后次年性成熟，仅能区分成体与亚成体，难于鉴定具体年龄。

分布格局 梧桐山、羊台山、大南山、内伶仃岛、七娘山、石岩水库、大铲岛。

环境特点 栖息于山洞、防空洞或下水道内，通常周边植被相对较好。

受胁因素 游人等对洞穴有一定的干扰。

地方保护建议 无。

a. 菲菊头蝠在深圳的记录位点
b. 菲菊头蝠（标本采集于大南山）

7.3.12 中华菊头蝠
Rhinolophus sinicus Andersen, 1905

（1）物种描述

识别特征　头体长43-53 mm；尾长21-30 mm；后足长7-10 mm；耳长15-20 mm；前臂长43-56 mm；颅全长18-23 mm。体型中等；类似鲁氏菊头蝠*R. rouxii*和托氏菊头蝠*R. thomasi*，但比鲁氏菊头蝠有相对长的翼；身体比托氏菊头蝠稍大；第三指和第二指节小于或接近于第一指节的1.5倍；翼膜附着在踵部；掌骨长，第三掌骨33-38 mm；马蹄叶两侧有附着的附叶；马蹄叶宽8-9.2 mm；鞍状叶两侧缘几乎平行，其顶端宽圆；连接叶低圆；顶叶上部细长；背毛基2/3为淡棕白色，毛尖浅红棕色；腹面浅棕白色；头骨的腭桥长大约是上齿列的1/3；上颌齿的前臼齿（P2）位于齿列外侧；下颌前臼齿（P2）和后臼齿（P4）的齿带通常彼此相接或稍分离。

生境与习性　常见种，中国南部相当普遍。可分布于较高海拔（在印度可居于2800 m）。大部分栖息于山洞内，也可栖息于大石头底下的空隙，集群大小可达几百只，也可小群几只栖息。超声波主频为79-88 kHz，体型中小型，飞行灵活，常在林中觅食。为SARS病毒最大潜在源头。

分布　广布于印马界。云南、安徽、浙江、江苏、湖北、广东、贵州、西藏、福建、四川、重庆、广西、海南、香港、澳门等。

濒危和保护等级　无危。

（2）深圳种群

种群状况　深圳种群约290只。分布于梧桐山、三洲田-马峦山、七娘山、石岩水库、罗田山的洞穴内。其中，梧桐山约60只，栖息于山洞内；三洲田-马峦山约40只；七娘山约100只，栖息于下水道或废弃房屋内；石岩水库约80只，栖息于山洞内；罗田山约10只，栖息于废弃窑洞内。

雌雄比例　从采集到的个体来看，雌雄比例接近1：1，二者数量相当。

年龄结构　新出生个体成年后，较难鉴定具体年龄，因此，无法判定年龄结构。

分布格局　梧桐山风景名胜区、三洲田-马峦山、七娘山、石岩水库、罗田山森林公园。

环境特点　栖息于山洞、下水道、废弃房屋内，在植被较好的林中觅食。

受胁因素　不详。

地方保护建议　无。

a. 中华菊头蝠在深圳的记录位点
b. 中华菊头蝠（标本采集于石岩水库）

7.3.13 大蹄蝠
Hipposideros armiger (Hodgson, 1835)

（1）物种描述

识别特征　头体长80-110 mm；尾长48-70 mm；后足长13-17 mm；耳长26-35 mm；前臂长82-99 mm；颅全长31-33 mm。体型特别大；第三和第四掌骨约等长，第五掌骨稍短；距长为胫长之半；耳大而尖，其后缘内凹；鼻叶的大马蹄形前叶中间无缺刻，但基部两侧各有4片小叶，其后为一横向中叶，具一突起的纵脊；中叶后面是顶叶，上具3条纵脊；成体顶叶后具2片加厚的皮叶，中间有一额腺；翼膜起自胫部最前端。头骨吻突自前至后明显升高，与眶间区的发达的矢状脊相接；颧弓后部垂直扩展，但其高度不及第三上臼齿至颌关节窝的距离。

生境与习性　分布相对较广，温带到热带，海拔相对较低的地区均有分布。通常集群，可达上千只，但是也可以小群，栖息地多样化，包括山洞、大石头底下形成的空间、废弃房屋、水利洞、隧道等，夜间栖息地也常见于废弃房屋。可与其他多种蝙蝠共同栖息。主要觅食大型昆虫如蛾类、甲虫等。5-6月产仔。超声波主频为65-73 kHz。

分布　广布于印马界。江西、浙江、广东、香港、澳门、广西、海南、湖南、江苏、安徽、云南、四川、重庆、陕西、贵州、福建、台湾。

濒危和保护等级　无危。

（2）深圳种群

种群状况　深圳种群约1300只。11个调查区域中，除铁岗-石岩水库未发现，其他均有发现。其中，羊台山的一山洞内发现一大种群，估计有400只左右，内伶仃岛约300只，七娘山约150只，其他大部分区域为夜晚网捕到。

雌雄比例　从采集到的个体来看，雌雄比例接近为1∶1，雌雄数量相当。

年龄结构　新出生个体成年后，较难鉴定具体年龄，因此，无法判定年龄结构。

分布格局　除铁岗-石岩水库之外的区域。

环境特点　栖息于山洞、下水道、废弃房屋内，在植被较好的林中觅食。

受胁因素　不详。

地方保护建议　无。

a. 大蹄蝠在深圳的记录位点
b. 大蹄蝠（标本采集于羊台山森林公园）

7.3.14 果树蹄蝠
Hipposideros pomona Andersen, 1918

（1）物种描述

识别特征　又名小蹄蝠。头体长36-62 mm；尾长28-35 mm；后足长6-9 mm；耳长18-25 mm；前臂长38-43 mm；颅全长17-18 mm。体型小；耳很大和钝，前缘突出，后缘凹入，有一对小而低的对耳屏；鼻叶结构简单，无侧小叶；马蹄形前叶狭窄，中间无缺刻；背毛浅红棕色；腹面浅白棕色。头骨小，狭长；吻突稍延展；眶间区狭窄；颧弓凸出，低而小；P2很小，位于上齿类外侧。

生境与习性　该种资料少，因而分类混乱，在很多情况下难以将已发表的资料归入适当的物种中去。通常栖息于洞穴内，包括山洞、水利洞、防空洞等，也发现于废弃房屋等建筑物中。喜植被好的区域，以相对较小的昆虫为食。超声波主频超过120 kHz，通常为120.8-129 kHz。

分布　从中国延伸到印度，也见于马来西亚、菲律宾、苏门答腊岛、爪哇岛及邻近岛屿。云南、广西、广东、福建、四川、湖南和海南。

濒危和保护等级　无危。

（2）深圳种群

种群状况　果树蹄蝠深圳种群约300只。主要分布于七娘山、小南山、内伶仃岛等洞穴内。其中，七娘山约30只、小南山约70只、内伶仃岛约200只。

雌雄比例　雌雄区分同样可以从生殖器或雌性的第二性器官（乳头）看出。整体种群雌雄比例约为1∶1，采集到的雌雄个体数量相当。

年龄结构　菲菊头蝠也是出生后首次年性成熟，仅能区分成体与亚成体，难于鉴定具体年龄。

分布格局　七娘山、梧桐山风景名胜区、大南山公园、小南山、荔枝公园、内伶仃岛。

环境特点　栖息于山洞、防空洞或下水道内，通常周边植被相对较好。

受胁因素　游人等对洞穴有一定的干扰。

地方保护建议　无。

a.果树蹄蝠在深圳的记录位点
b.果树蹄蝠（标本采集于小南山）

7.3.15 中华鼠耳蝠
Myotis chinensis (Tomes, 1857)

（1）物种描述

识别特征　头体长91-97 mm；尾长53-58 mm；后足长16-18 mm；耳长20-23 mm；前臂长64-69 mm；颅全长约23 mm。体型大；背毛深橄榄棕色，由侧面的灰褐色或浅黑棕色细纹过渡到深灰色的腹毛，有稍淡的毛尖；距长而微弱，无距缘膜；头骨细长但健壮；上颌P3稍从齿列插入。

生境与习性　华北到华南均有分布，从低地到丘陵山村。主要栖息在山洞，常与其他鼠耳蝠（如大足鼠耳蝠）混在一起栖息，且喜扎堆。以大中型昆虫为食。

分布　中国延伸到泰国、缅甸、越南。华中，西南和东南：江苏、江西、广东、香港、广西、福建、海南、湖南、浙江、四川、贵州、云南、陕西、内蒙古、重庆、山西、陕西和内蒙古的点可能属于另外一个物种。

濒危和保护等级　中国物种红色名录为近危（NT）等级物种。

（2）深圳种群

种群状况　深圳种群不详。分布于梧桐山风景名胜区，为晚上在林子内网捕到，仅捕获1只。

分布格局　梧桐山。

环境特点　栖息于山洞或下水道内，常在水域附近觅食。

受胁因素　游人等对洞穴有一定的干扰。

地方保护建议　中国物种红色名录易危（VU）物种，且深圳种群数量少，洞穴旅游、探险等对该种干扰大，应列为深圳市重点保护野生动物。

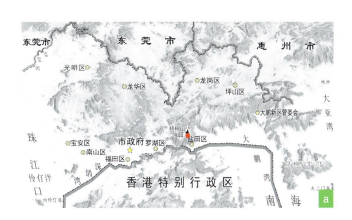

a.中华鼠耳蝠在深圳的记录位点
b.中华鼠耳蝠（标本采集于梧桐山）

7.3.16 郝氏鼠耳蝠
Myotis horsfieldii (Temminck, 1840)

（1）物种描述

识别特征 头体长49-59 mm；尾长34-42 mm；后足长7-11 mm；耳长13-15 mm；前臂长36-42 mm。体型中等；背部毛色深棕色到黑色；腹面毛色深棕色，近尾部有浅灰色毛尖；翼膜附着于外距部；耳圆而裸露；耳屏短而较宽；后足长超过胫长之半。头骨细弱，在背面轮廓浅的倾斜度；吻突粗壮，中间有浅凹；上颌P3位于齿列中或只是少插入。

生境与习性 生活于低纬度低海拔区域，栖息生境多样化，包括山洞、废弃隧道、下水道、建筑物内、桥下等，偶然也可见于树叶中。在水域附近、林内觅食，超声波为调频。常结小群，最大也不过百只左右。

分布 东南亚。广东、海南、香港。

濒危和保护等级 无危。

（2）深圳种群

种群状况 分布于排牙山，为晚上在林子内网捕到，捕获个体14只。

雌雄比例 从采集到的14只个体来看，雌雄比例为1：0.56，雌性比雄性多。

年龄结构 所采集到的个体全为成年，但是具体年龄不详。

分布格局 分布于排牙山、坝光村、杨梅坑和塘朗山郊野公园。

环境特点 栖息于山洞或下水道内，常在水域附近觅食。

受胁因素 游人等对洞穴有一定的干扰。

地方保护建议 中国物种红色名录为易危（VU）等级，且深圳种群数量不大，洞穴旅游、探险等对该种干扰大，应当列为深圳市重点保护野生动物。

a

b

a. 郝氏鼠耳蝠在深圳的记录位点
b. 郝氏鼠耳蝠（标本采集于排牙山）

7.3.17 扁颅蝠
Tylonycteris pachypus (Temminck, 1840)

（1）物种描述

识别特征　头体长34-46 mm；尾长26-33 mm；后足长5-7 mm；耳长9-10 mm；前臂长25-29 mm；颅全长约11 mm。体型很小；毛基浅黄棕色；毛尖深棕色；腹面浅棕黄色；翼膜附着于趾基；耳宽圆形；耳屏短、宽。头骨显著扁平；头骨的眶上突不发达；人字脊发达，下门齿三尖形。

生境与习性　中国体型最小蝙蝠之一。主要生活于亚热带、热带的低海拔地区，白天栖息于竹筒内，头颅扁平，前臂和后足肉质垫具吸附能力，适合在竹筒内爬行。通常一雄多雌栖息在竹筒内，也有独居雄性或者多个单身雄性聚群栖息。以小型昆虫如膜翅目、双翅目和鞘翅目为主要食物，每晚的黄昏和凌晨各有一个觅食高峰期，觅食时间短（通常20分钟）。每年的5月底至6月初产仔，为双胞胎。妊娠期3个月，小崽出生后3周可飞行。

分布　东南亚。云南、贵州、广东、广西、香港、澳门。

濒危和保护等级　无危。

（2）深圳种群

种群状况　深圳种群约350只。分布于三洲田-马峦山、排牙山-田头山、罗田山、内伶仃岛等的竹林内。其中，三洲田-马峦山约50只，排牙山-田头山约100只，罗田山约80只，内伶仃岛约120只。

雌雄比例　从采集到的个体来看，雌雄比例为1∶0.8，雌性比雄性多。但是从出生幼子来看，反而是雄性比雌性多，可能是由于在成长过程中，雄性死亡率更高，导致成年个体中雌性比雄性多。

年龄结构　6-7月采集的个体中，亚成体与成体比例为1∶0.9，即亚成体比成体略多一些，这是双胞胎的贡献。新出生个体成年后，较难鉴定具体年龄，因此，年龄结构未知。

分布格局　内伶仃岛、南山公园、羊台山森林公园、罗田山、塘朗山郊野公园、银湖山郊野公园、梧桐山、松子坑水库、三洲田及大鹏半岛。

环境特点　栖息于竹林内，常在竹林周边觅食，且其栖息地通常与人为邻。

受胁因素　竹子砍伐为主要威胁。

地方保护建议　中国物种红色名录为近危（NT）等级几近符合易危（VU）等级，但是种群数量尚可，建议列为深圳市定期监测物种。

a. 扁颅蝠在深圳的记录位点

b. 扁颅蝠（标本采集于罗田山森林公园）

7.3.18 豪猪
Hystrix hodgsoni (Gray, 1847)

（1）物种描述

识别特征　体型粗壮；体长50-75 cm，尾长8-11 cm，体重10-18 kg。尾短，短于11 cm；体侧和胸部有扁平的棘刺。身体后1/4和尾上的刺史圆棘刺。鼻骨宽长，长于颅全长的30％。鼻骨后部比前颌骨后缘长15 cm；眶前窝和颞窝几乎大小相等，臼齿部分由齿根。上臼齿构造与帚尾豪猪明显不同。体粗大，是一种大型啮齿动物。全身棕褐色，被长硬的空心棘刺。耳裸出，具少量白色短毛，额部到颈部中央有一条白色纵纹。

生境与习性　栖息于森林和开阔田野，在堤岸和岩石下挖大的洞穴。家族性群居，夜间沿固定线路集体觅食。食物包括根、块茎、树皮、草本植物和落下的果实。虽然不会"射掷"棘刺，但遇到危险时，能后退，再有力地扑向敌人将棘刺插入其身体。报警时摇动尾棘作响、喷鼻息和跺脚。妊娠期约110天，每年繁殖2胎，每胎一般2仔。

分布　华中、华南。

濒危和保护等级　国家"三有"保护动物。

（2）深圳种群

种群状况　大鹏半岛种群量最大，根据红外相机的拍摄记录和活动痕迹，估计种群量可达100只以上。红外相机拍摄到幼崽，说明种群状态良好。

分布格局　七娘山、排牙山、铁扇关门水库、三洲田水库、罗屋田水库。打马坜水库、南澳半天云等。

环境特点　远离人类影响的树林、灌木丛、靠近溪流的山谷地区。

受胁因素　环境污染，栖地破碎、质量下降。

地方保护建议　执行国家"三有"动物保护标准，建议列为深圳市重点保护动物。

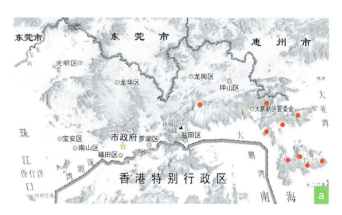

a. 豪猪在深圳的记录位点
b. 豪猪（拍摄于排牙山）

7.3.19 倭花鼠
Tamiops maritimus (Bonhote, 1900)

（1）物种描述

识别特征 体型小；头体长105-134 cm，尾长80-115 cm，体重70-100 g。尾长几近头体长，尾毛略蓬松，尾尖毛松散。背毛短，橄榄灰色，腹毛淡黄色。背部侧面的亮条纹短而窄，呈暗褐白色，中间的两条亮条纹相对模糊，侧面一对则相对清楚一些。眼下灰白色条纹不与背上其他亮条纹相连。早前被归入隐纹松鼠*T. swinhoei* (Milne-Edwards，1874)中，后学者认为它是独立种，本文根据最新的分类观点将其独立为种。倭花鼠背面侧面一对亮条纹不如隐纹松鼠明显。

生境与习性 栖息于中低海拔地区，常绿阔叶林和针叶混交林，通常栖息于树洞内。喜单独活动，早晚觅食活动频繁。食物包括嫩枝叶、水果、昆虫及花蜜。几乎大部分时间在树上，偶可见下地。可在树间长距离跳跃。发独特叫声如 "cluck" 或短促叫声 "chirrup"。每胎4-6仔，每年繁殖2次。

分布 华南。越南，老挝。

濒危和保护等级 国家 "三有" 保护动物。

（2）深圳种群

种群状况 仅在梧桐山发现倭花鼠踪迹，种群数量难以估计。

分布格局 梧桐山和莲花山公园。

环境特点 山林植被较好的地区。

受胁因素 环境污染，栖地破碎、质量下降。

地方保护建议 执行国家 "三有" 动物保护标准。

a. 倭花鼠在深圳的记录位点

b. 倭花鼠（拍摄于梧桐山）

7.3.20 赤腹松鼠
Callosciurus erythraeus (Pallas, 1779)

（1）物种描述

　　识别特征　体型相对较大；头体长175-240 cm，尾长146-267 cm，体重280-420 g。尾几与头体长相等或略超过，呈扩散带状蓬松明显，有黑色和棕黄色斑点，有时毛尖黑色。背毛橄榄色，腹毛鲜红色、棕色等多变，耳颜色与背部相同。吻相对较短。阴茎骨长，颅骨宽，眶间最窄处比颅全长的1/3稍长。

　　生境与习性　栖息于中低海拔，热带和亚热带森林或针阔混交林，在高树上用树叶筑巢，偶见地下筑巢（主要在冬季）。常见单独活动，主要在黎明及随后、黄昏前活动，善爬树，可灵敏地在林间跳跃，偶下地。食物包括坚果、浆果、昆虫等，有时也吃鸟蛋或幼雏。嗓音较高，可发出反捕声，雄性还发交配叫声（交配前发求偶声，交配后也发叫声）。繁殖率低，每胎1-2仔。

　　分布　印度，缅甸，泰国，马来半岛，中南半岛。华南。

　　濒危和保护等级　国家"三有"保护动物。

（2）深圳种群

　　种群状况　主要发现于梧桐山，红外相机和直接观察均有发现，但种群数量难以估计。

　　分布格局　梧桐山。

　　环境特点　山林植被相对较好的区域。

　　受胁因素　环境污染，栖地破碎、质量下降。

　　地方保护建议　执行国家"三有"动物保护标准。

a. 赤腹松鼠在深圳的记录位点
b. 赤腹松鼠（拍摄于笔架山公园）

7.3.21 灰麝鼩
Crocidura attenuata Milne-Edwards, 1872

（1）物种描述

识别特征 体型相对小；头体长60-89 mm，尾长41-60 mm，体重6-12 g。尾比头体长短（通常60%-70%），尾色与体色相近。背毛烟棕色到浅灰黑色，逐渐到腹面呈深灰色，不同季节毛色有差异，夏季毛被较深。尾上方深棕色，下方较淡，但是反差不大。后足通常短于16 mm。相对容易被采集到。

生境与习性 栖息于中低海拔，多种栖息地可见，如低地雨林、竹林、草本植被、灌丛、山地森林、岩石、溪流边、耕地旁、荒草中等，夏季常在田坎穴局，秋冬季则常见于草垛下。夜间觅食。食物包括蚯蚓、蠕虫、其他昆虫等，也吃农作物种子，如麦、稻谷。繁殖期为3-10月，每年繁殖1-2次，每胎2-8仔。

分布 印度，尼泊尔，不丹，缅甸，泰国，越南和马来半岛。中国南部。

濒危和保护等级 无危。

（2）深圳种群

种群状况 发现于大鹏半岛、羊台山、石岩水库、松子坑水库和清林径水库等地，种群数量相对较多。

分布格局 大鹏半岛、羊台山、石岩水库、塘朗山郊野公园、梅林山、松子坑水库和清林径水库。

环境特点 生境多样，山林、溪流边、岩石、荒草等。

受胁因素 环境污染，栖地破碎、质量下降。

地方保护建议 无。

a. 灰麝鼩在深圳的记录位点
b. 灰麝鼩（拍摄于大鹏半岛）

第三部分

生态专题研究

第8章

深圳市外来脊椎动物现状及其潜在生态风险评估

8.1 深圳市外来脊椎动物概述

8.1.1 外来种与外来入侵物种的定义

外来种与原产地的乡土种相对，一般是指从原产地因偶然传入或有意引入到新地区并形成有效种群的生物种。

外来入侵物种是指由于人类活动有意或无意的行为而发生迁移，并在自然或半自然生态系统或生境中建立了种群，成为改变和威胁本地生物多样性的外来物种（李振宇和解焱，2002）。

我国是全球遭受外来入侵物种危害最严重的国家之一，随着经济的快速发展和全国、全球物流业的发展，外来物种入侵我国的速度加快，新的外来入侵物种不断被发现。《生物多样性公约》明确要求，防止引进、控制或消除那些威胁到生态系统、生境或物种的外来物种。

国家对外来入侵物种防控制定了相关的法律法规依据，具体的种类确定现阶段以环保部门发布的4个通知和公告为准。

（1）《关于发布中国第一批外来入侵物种名单的通知》（国家环境保护总局文件，环发〔2003〕11号）（以下简称"第一批"）

（2）《关于发布中国第二批外来入侵物种名单的通知》（环境保护部文件，环发〔2010〕4号）（以下简称"第二批"）

（3）《关于发布中国外来入侵物种名单（第三批）的公告》（环境保护部、中国科学院公告，公告2014年 第57号）（以下简称"第三批"）

（4）《关于发布《中国自然生态系统外来入侵物种名单（第四批）》的公告》（环境保护部、中国科学院公告，公告2016年 第78号）（以下简称"第四批"）

国内外科研界对外来入侵种的相关论述较多，依据不同的界定标准创建了多个数据库。其中影响较大的科学数据库包括：ISSG（Invasive Species Specialist Group）公布的The Global Invasive Species Database、USDA（United States Department of Agriculture）公布的National Invasive Species Information Center数据库、GBIF（Global Biodiversity Information Facility）数据库、农业农村部建设的中国外来入侵物种数据库、欧洲外来入侵物种数据库DAISI等。

综合各方对外来种和外来入侵物种的定义及上述数据库信息，按照以下原则和方法，本研究对深圳市外来种和外来入侵种进行梳理和界定。

（1）外来种　该种的历史和当前的分布区远离深圳，至少在100 km以上；在深圳自然环境中记录的物种，包括已在深圳形成可持续繁衍的种群，或者已占有一定的分布面积，但尚未确认其生态危害；未被列入任何外来入侵物种数据库。

（2）外来入侵物种　被列入任何一个外来入侵物种数据库的物种；已在深圳形成可持续繁衍的种群，已占有一定的分布面积，有明显生态危害，或者具有可预判的潜在生态影响的物种。

8.1.2 深圳市外来脊椎动物研究历史

深圳市2015年之前开展的脊椎动物调查研究中，已记录到部分外来种及外来入侵种。唐跃琳等（2015a，2015b）、陶青等（2015）报道了红耳龟 *Trachemys scripta elegans*、拟鳄龟 *Chelydra serpentina*、矛纹草鹛 *Pterorhinus lanceolatus*、蓝翅希鹛 *Actinodura cyanouroptera* 等物种在梧桐山国家级风景名胜区的分布。林石狮等（2013a）通过对深圳地区的线状廊道调查，报道了三种类型的绿道周边区域均有放生的红耳龟。

8.1.3 深圳市外来脊椎动物的生态风险评价

根据外来入侵物种对深圳自然生态系统造成的实际影响程度、潜在危害力等进行生态风险评价，其标准和程序如下。

（1）采取专家打分法和简便的分层指标评价体系，使用较少的指标层次和赋分进行评价（表8.1，表8.2）。

（2）首先在评价过程中，根据Williamson and Griffiths（1996）假设的入侵模型和相关论著，入侵种一般需要经历：传入—定殖—潜伏—扩散—暴发5个阶段。现阶段的大量案例表明，当新入侵种在某地区形成种群，并造成明显生态影响的情况下，要想完全消灭已建立种群的入侵种几乎是不可能的（Mack et al., 2000），因此，加强入侵前的预防比入侵后的控制会更有效，代价更小（Marmorino et al., 1999）。另外，入侵模型中的"十数定律"不完全适用于外来入侵动物，一般认为入侵动物拥有与外来植物不同的入侵生态学特征，一旦传入到一个地区，其定殖扩散的可能性远远大于10%（Jeschke and Strayer, 2005）。据此，在进行某入侵种危害性评定时，虽然部分物种尚未进入暴发阶段，也未造成明显的

表8.1 深圳市外来动物的生态风险评价指标体系与赋分表

一级指标	二级指标	赋分标准	赋分
A 潜在影响（权重60%）		A$_1$ 世界公认的具有强入侵性和危害性	100
		A$_2$ 公认具有较强入侵性和危害性	80
		A$_3$ 在部分区域具有较强入侵性和危害性	50
		A$_4$ 在部分区域具有入侵性和危害性	30
		A$_5$ 潜在影响尚未有认识	10
B 深圳现状（权重40%）	B1 负面影响（权重20%）	B1$_1$ 对深圳市经济或生态环境造成明显损失与严重影响	100
		B1$_2$ 对深圳市经济和生态环境造成较大损失或明显影响	80
		B1$_3$ 对深圳市经济和生态环境造成一定损失或影响	50
		B1$_4$ 对深圳市经济和生态环境造成少量损失或影响	30
		B1$_5$ 在深圳区域尚未明确其影响	10
	B2分布（权重20%）	B2$_1$ 分布广泛，区域优势	100
		B2$_2$ 常见	80
		B2$_3$ 区域常见	50
		B2$_4$ 少见	30
		B2$_5$ 稀少	5

注：计算公式为 赋值=A×60%+B1×20%+B2×20%

表8.2 深圳市外来脊椎动物生态风险评级标准

分级	赋值区间	风险等级
I级	85-100分	极高生态风险
II级	60-84分	高生态风险
III级	40-59分	中等生态风险
IV级	10-39分	低生态风险
V级	0-9分	暂无风险，需长期观察

生态影响，但其危害潜力不容忽视。因此，在指标体系中，结合深圳的实际气候条件，参考外来动物在其他入侵区域的危害评价是重要评价因素，其潜在影响的权重、赋值应适当提高。

8.1.4 深圳市外来脊椎动物统计

在本次调查中，对深圳市的外来种和外来入侵种进行统计，初步统计共28种外来动物。包括鱼纲8种，两栖纲5种，爬行纲4种，鸟纲8种和哺乳纲3种。

有16种是全球公认的入侵物种，分别是鱼类的食蚊鱼 *Gambusia affinis*、尼罗罗非鱼、豹纹脂身鲇 *Pterygoplichthys pardalis*、红腹锯鲑脂鲤 *Pygocentrus nattereri*、剑尾鱼 *Xiphophorus hellerii*、月光鱼 *Xiphophorus maculatus* 和孔雀鱼 *Poecilia reticulata*；两栖类的牛蛙 *Rana catesbeiana* 和温室蟾 *Eleutherodactylus planirostris*；爬行类的红耳龟 *Trachemys scripta elegans* 和拟鳄龟 *Chelydra serpentina*；鸟类的亚历山大鹦鹉、红领绿鹦鹉、家八哥 *Acridotheres tristis* 和鹩哥；哺乳类的普通刺猬 *Erinaceus europaeus* 也被公认是入侵物种，该种在深圳地区是否形成有效种群尚需进一步调查。此外，罗非鱼类除尼罗罗非鱼 *Oreochromis niloticus* 外，可能还有莫桑比克罗非鱼 *Oreochromis mossambicus* 等，以及一些杂

交种；除眼斑雀鳝 *Lepisosteus oculatus* 外，可能还有鳄雀鳝 *Atractosteus spatula* 等。

由于放生、饲养逃逸、贸易带入等原因，共有12个外来物种（尚未被列为入侵物种）进入深圳自然环境，它们是鱼类的眼斑雀鳝 *Lepisosteus oculatus*；两栖类的肥螈 *Pachytriton* sp.、非洲爪蟾 *Xenopus laevis* 和黑斑侧褶蛙 *Pelophylax nigromaculatus*；爬行类的赤链蛇 *Lycodon rufozonatum* 和王锦蛇 *Elaphe carinata*；鸟类的雉鸡 *Phasianus colchicus*、灰喜鹊 *Cyanopica cyanus*、矛纹草鹛 *Pterorhinus lanceolatus* 和蓝翅希鹛 *Actinodura cyanouroptera*；哺乳类的蜂猴和马来家鼠 *Rattus tiomanicus*。雉鸡的历史分布区包含深圳地区，目前只有零星个体记录，未见有效种群，当属被再次引入的个别案例。

根据前述的深圳市外来动物的生态风险评价指标体系，通过专家对每个物种进行评价、打分，取平均数后确定风险等级（表8.3）。列入I级（极高生态风险）的物种有4种，分别为食蚊鱼、尼罗罗非鱼、豹纹脂身鲇和红耳龟，符合深圳市现状；列入II级（高生态风险）的物种有4种，分别为眼斑雀鳝、牛蛙、温室蟾和马来家鼠；列入III级的物种有2种，分别为红腹锯鲑脂鲤和拟鳄龟；列入IV级的物种有7种，分别为剑尾鱼、月光鱼、孔雀鱼、非洲爪蟾、黑斑侧褶蛙、赤链蛇和王锦蛇；列入V级（暂无风险，需长期观察）的物种有10种，分别为肥螈、红领绿鹦鹉、亚历山大鹦鹉、灰喜鹊、家八哥、鹩哥、矛纹草鹛、蓝翅希鹛、蜂猴和普通刺猬。

8.1.5 深圳市面临外来物种入侵的巨大压力

（1）从入侵物种的整体分布上看，深圳市自然、半自然和城市生态系统均不同程度受到了外来物种的入侵压力，对深圳市整体的生态安全构成较大威胁。

在深圳自然和半自然生态系统中，入侵严重的植物包括

表8.3　深圳市外来脊椎动物物种名录

物种名	深圳丰富度	法定入侵种依据	ISSG数据库
一、两栖纲Amphibia			
1. 肥螈*Pachytriton* sp.	少见		
2. 牛蛙*Rana catesbeiana* Shaw, 1802	区域常见	第一批	√
3. 温室蟾*Eleutherodactylus planirostris* (Cope, 1862)	少见		√
4. 非洲爪蟾*Xenopus laevis* (Daudin, 1802)	少见		
5. 黑斑侧褶蛙*Pelophylax nigromaculatus* (Hallowell, 1861)	区域较常见		
二、爬行纲Reptilia			
6. 红耳龟*Trachemys scripta elegans* (Wied-Neuwied, 1839)	分布广泛	第三批	√
7. 拟鳄龟*Chelydra serpentina* (Linnaeus, 1758)	少见		
8. 赤链蛇*Lycodon rufozonatum* (Cantor, 1842)	区域常见		
9. 王锦蛇*Elaphe carinata* (Günther, 1864)	少见		
三、鸟纲Aves			
10. 雉鸡*Phasianus colchicus* Linnaeus, 1758	少见		
11. 红领绿鹦鹉*Psittacula krameri* (Scopoli, 1769)	少见		√
12. 亚历山大鹦鹉*Psittacula eupatria* (Linnaeus, 1766)	少见		
13. 灰喜鹊*Cyanopica cyanus* (Pallas, 1776)	少见		
14. 家八哥*Acridotheres tristis* (Linnaeus, 1766)	少见		√
15. 鹩哥*Gracula religiosa* Linnaeus, 1758	少见		
16. 矛纹草鹛*Pterorhinus lanceolatus* (Verreaux, 1870)	少见		
17. 蓝翅希鹛*Actinodura cyanouroptera* (Hodgson, 1837)	区域常见		
四、哺乳纲Mammalia			
18. 蜂猴*Nycticebus bengalensis* (Lacépède, 1800)	少见		
19. 马来家鼠*Rattus tiomanicus* (Miller, 1900)	少见		
20. 普通刺猬*Erinaceus europaeus* Linnaeus, 1758	少见		√
五、鱼纲Pisces			
21. 食蚊鱼*Gambusia affinis* (Baird and Girard, 1853)	分布广泛，区域优势	第四批	√
22. 尼罗罗非鱼*Oreochromis niloticus* (Linnaeus, 1758)	分布广泛，区域优势	第三批	√
23. 豹纹脂身鲶*Pterygoplichthys pardalis* (Castelnau, 1855)	分布广泛，区域优势	第三批	√
24. 红腹锯鲑脂鲤*Pygocentrus nattereri* Kner, 1858	少见	第三批	
25. 剑尾鱼*Xiphophorus hellerii* Heckel, 1848	区域常见		√
26. 月光鱼*Xiphophorus maculatus* (Günther, 1866)	少见		
27. 孔雀鱼*Poecilia reticulata* Peters, 1859	区域常见		√
28. 眼斑雀鳝*Lepisosteus oculatus* Winchell, 1864	少见		

USDA数据库	GBIF数据库	农业农村部数据库	DAISI数据库	是否形成可繁衍种群	风险等级
				否	V
				未确认	II
				是	II
				否	IV
				未确认	IV
	√			未确认	I
			√	未确认	III
				未确认	IV
				未确认	IV
		√（1900年入侵）	√	未确认	V
			√	未确认	V
				未确认	V
			√	未确认	V
			√	未确认	V
				未确认	V
				未确认	V
				否	V
				未确认	II
√			√	否	V
√	√	√（1911年入侵）	√	是	I
√		√（1994年入侵）	√	是	I
	√			是	I
	√			未确认	III
	√		√	是	IV
	√		√	未确认	IV
	√		√	是	IV
				未确认	II

薇甘菊（第一批）、假臭草，（第三批）、五爪金龙（第四批）、三叶鬼针草（第三批）等；无脊椎动物入侵比较严重的有小管福寿螺（第一批）、褐云玛瑙螺（第一批）、红火蚁（第二批）等；脊椎动物有食蚊鱼（第四批）、尼罗罗非鱼（第三批）、红耳龟、拟鳄龟和牛蛙（第一批）等。

在市区绿地区域中，植物有空心莲子草（第一批）、薇甘菊、马缨丹（第二批）、大藻（第二批）、三叶鬼针草、苏门白酒草（第三批）、假臭草、五爪金龙等入侵物种；无脊椎动物有小管福寿螺、褐云玛瑙螺。脊椎动物有食蚊鱼、尼罗罗非鱼、豹纹脂身鲇（第三批）、红耳龟等，以及牛蛙（第一批）等。

（2）外来物种类型多样，脊椎动物涵盖了鱼类、两栖类、爬行类、鸟类和兽类五大类群。部分作为宠物的昆虫、节肢动物类动物也有放生记录，部分放生网站记录了在东部山体区域放生蜈蚣等动物的人为活动。

8.1.6 深圳市外来入侵物种较多的主要因素

深圳市现有较多的外来种，同时面临着巨大的外来入侵物种压力，主要原因有如下三点。

1. 自然地理条件优越

统计数据显示，大部分的外来种、入侵种的原产地在热带或亚热带地区。深圳属南亚热带季风气候，气候湿热，日照充足，雨量充沛，同时拥有类型多样的生境和丰富的湿地资源，适宜大量热带、亚热带动物的栖息繁殖。深圳高速的城市化进程，不断改变着栖息地性质，生态系统处于失衡的动态变化之中，为外来物种提供了侵入的可能和生态空间。另外，城市、郊野、山地、丘陵、内陆湿地和海洋湿地等多种生境交错，产生显著的边缘效应，也为外来物种提供了更为广阔的生态位和生存空间。例如，牛蛙广泛见于城市公园的水塘，温室蟾见于城市新建公园生境，矛纹草鹛、蓝翅希鹛等鸟类多见于梧桐山等山地生境。

2. 经济贸易发展迅速

深圳是华南区重要的海运、陆运和空运中心。发达物流业是外来物种进入深圳的主要途径之一。盐田港、蛇口港、妈湾港等均为世界级大型港口，宝安区靠近虎门港。大量进出口货物可能带来多种外来物种，尤其是货船的来往对啮齿类的传播起到巨大作用，调查发现的马来家鼠极有可能是由货船带入，温室蟾可能是通过苗木贸易进入深圳。

深圳宠物贸易发达。大量动物类宠物，特别是来自国外的物种，包括两爬类、哺乳类、鸟类、鱼类、软体动物类、节肢动物类等主要是通过香港繁荣的国际宠物市场购入。这些大量进入市民家中的宠物，部分逃逸或被饲养者放生至自然生境，都可能成为新的入侵物种。

3. 科学素养缺失导致大量不规范放生行为

深圳市有大量放生活动。根据近年对几个深圳放生论坛的统计，深圳每年大约有2300场规模不等的放生活动。由于缺乏生态学和保护生物学知识，很多放生活动极其不规范，放生的随域性很大。放生物种中有大量国外物种和国内非本地理区域的物种；放生的环境选择主要以放生组织者或个人的主观评判而几乎不考虑动物的基本生态需求，因而将淡水物种放生至海水、静水物种放生至流水生境的情况时有发生，不仅造成大量放生动物的死亡，也直接危害乡土物种的生存。大量的放生行为使特定小区域的生物多样性和生物量在短时间内骤然增加，破坏了区内的生态平衡，对生态系统造成负面影响，大量的外来物种通过食物、空间等资源竞争，或通过直接捕食本土物种而严重威胁本地生物种群的健康有序发展。

从放生的类群看，深圳放生动物主要是鱼类、两栖类（主要为蛙类）、爬行类（主要为龟类和蛇类）和鸟类。其中，放生数量最大、次数最多的是入侵种红耳龟和牛蛙，这两种入侵种通常被放生至公园水塘、水库、山体等自然生境中，成为对深圳生态环境和生物多样性影响最严重的入侵动物。在调查中还发现部分人购买外来宠物类，如陆龟类、观赏鱼类甚至昆虫类、节肢动物类等放生。

8.2 深圳市外来两栖类的地理分布格局及其生态影响

8.2.1 深圳市外来两栖类

目前，记录的深圳市外来两栖动物共有4种，分别为牛蛙、温室蟾、非洲爪蟾和黑斑侧褶蛙，其中牛蛙已成为区域常见种，温室蟾已经成为香蜜湖公园的优势种（表8.4）。

8.2.2 牛蛙
Rana catesbeiana Shaw, 1802

中文别称 美国牛蛙
分类地位 无尾目Anura 蛙科Ranidae
原产地 北美洲落基山脉以东区域。
形态特征 体大而粗壮，成年头体长最大可达20 cm，是世界蛙类中较大的一种。头宽大于头长，吻端钝圆，鼓膜甚大，与眼径等大或略大；犁骨齿分左右2团，呈"\/"字形排列。背部皮肤略显粗糙，有极细的肤棱或疣粒，无背侧褶，颞褶显著。前肢短，指端钝圆，关节下瘤显著，无掌突；后肢较长，趾关节下瘤显著，有内蹠突，无外蹠突，趾间全蹼。第IV趾较长，蹼未达趾端。背面绿色或绿棕色，带有暗棕色斑纹，头部及口缘鲜绿色，四肢具横纹或点状斑；腹面白色，有暗灰色细纹。
生态习性 广布多种水域中，在夏威夷甚至发现其栖息于咸水池中。自然条件下牛蛙以小鱼、甲壳类、昆虫类等为食。
生态危害 牛蛙繁殖能力和生长能力强，食性广，天敌较少，寿命长，整体适应性强，具有明显的竞争优势；陈素芝等（1993）记录广东省养殖场中，雌蛙一次产卵量约10,000粒。该种现全球性分布，北美绝大部分区域、南美洲、欧洲、亚洲均有野外种群，且整体种群呈现快速增

表8.4　深圳市外来两栖类

序号	中文名	主要分布区	整体种群状况	可能入侵途径
1	牛蛙	东湖公园、洪湖公园等	洪湖公园种群与常见乡土蛙类处于同一数量级，仅少于黑眶蟾蜍，未发现幼体	可能为食用蛙类逃逸、放生
2	温室蟾	香蜜公园（中国大陆首次记录）	种群于2017年第一次发现，包括大量幼体	可能为苗木、泥土运输带入
3	非洲爪蟾	荔枝公园、洪湖公园	均只有少量成体，未见幼体	可能为宠物放生
4	黑斑侧褶蛙	梅林水库、中心公园	梅林水库种群已成常见种，中心公园有少量成体，均未见幼体	可能为食用蛙类逃逸、放生

长趋势。牛蛙被列为全球100种最危险入侵种，对入侵区域的生物多样性、生态安全等造成极大负面影响。Zug 等（2001）报道其导致美国乡土蛙类红腿蛙*Rana aurora*灭绝；在日本Marunouchi 等（2003）记录其捕食红腹蝾螈*Cynops pyrrhogaster*和日本林蛙*Rana japonica*。同时牛蛙可能携带O_1群稻叶型霍乱弧菌*Vibrio cholerae*的非流行性株，该菌为人畜共患的致病菌，是我国严令禁止入境的传染源。李凤莲等（2007）评价其在云南的入侵危害性为"高度危险"。

国内入侵情况　一般认为该种是1959年作为食用蛙类被引入国内，后在我国被大范围推广养殖，在养殖过程中，可能因逃逸、养殖场废弃等原因在野外扩散。在调查广东宠物两栖类贸易时，也发现该种在全省大部分地区均有规模不等

a. 牛蛙在深圳的记录位点

b. 牛蛙（拍摄于洪湖公园）

的养殖场，主要利用现有联通河道、溪流的水池进行饲养，水池周边布围网。据部分养殖场主反映，有牛蛙外逃现象，特别是雨季时如发生"漫塘"，会有大量个体逃跑进入自然环境中。

目前，国内绝大部分省份的自然栖息地均发现了该种的入侵种群。武正军等（2004）、成新跃和徐汝梅（2007）提及该种在北京以南的地区广泛分布（除西藏、海南、香港和澳门之外），而李成和谢锋（2004）确认云南和新疆等地有人工饲养的种群，西藏（米玛旺堆等，2014）、海南（李闯等，2013）也已有野外记录。李成和谢锋（2004），认为牛蛙重点危害地区为中低海拔、温度较高的地区，且发现其能在云南高黎贡山温泉区域生存。广东省内的惠东古田省级自然保护区（翁锦泗等，2013）和汕头南澳岛（标本保存于中山大学生物博物馆）也发现该种。部分研究证实牛蛙在我国某些自然栖息地已经建立了有效种群，可以形成持续的扩散性入侵，如在浙江（武正军等，2004；朱曦等，2009）、四川和云南（李成和谢锋，2004；王春萍等，2016）均已记录建立自然种群。

牛蛙对乡土两栖类种群具有明显威胁，无尾目是牛蛙的主要食物之一（王彦平等，2006；Wu et al.，2005）。何晓瑞（1998）认为牛蛙是导致云南的滇螈 *Cynops wolterstorffi* 于1980年初期绝灭的主要原因之一，李成和谢锋（2004）推测其与四川泸沽湖地区无声囊棘蛙 *Paa liui* 种群减少相关。武正军等（2004）解剖发现其捕食本地黑斑侧褶蛙。

入侵途径   在多个农贸批发市场有售卖，如龙岗区布吉农批市场、福田区下梅林农产品批发市场等，在市区多个中小型零售市场亦有售卖。其入侵途径主要是放生和逃逸。调查深圳相关放生新闻、放生召集网站等记录，该种时常被作为放生种投放到多种水体，包括仙湖植物园、深圳部分小水库等。

深圳分布情况   在东湖公园（深圳水库段）、洪湖公园观察到有成体。在罗湖区的洪湖公园进行了3次样线调查（表8.5），发现该区域有牛蛙成体存活，但暂未见幼体和蝌蚪，其数量与绝大部分乡土种相近，是否已形成种群尚待进一步确认。该区域内的乡土两栖类均为深圳公园的常见种类，包括黑眶蟾蜍、斑腿泛树蛙、泽陆蛙等。同其他乡土种相比，牛蛙长期栖息在水体中、滩涂及荷叶上，较少上岸；在公园北面湖边的莲花花盆种植区，有1次标本采集记录，趴伏于花盆水体中。

对深圳的危害   由于未见蝌蚪，未能判断其是否已经在深圳形成有效种群。由于其水中生活，食物以水里动物为主、深圳地区水生蛙类较少，因此，其生态危害尚无法评估。

8.2.3 温室蟾
Eleutherodactylus planirostris (Cope, 1862)

分类地位   无尾目Anura 卵齿蟾科 Eleutherodactylidae
原产地   加勒比海地区部分岛屿（Heinicke et al.，2011）。

温室蟾原产加勒比海地区部分岛屿（Heinicke et al.，2011），现已入侵至美国东南部、部分太平洋岛屿（Olson et al.，2012，2015）以及中国香港（Lee et al.，2016）。该种扩散能力强，主要传播途径很可能为苗木运输（Christy et al.，2007；Kraus et al.，1999），被认为是最成功的两栖类入侵种之一（Bomford et al，2009），在多区域造成直接或间接的负面影响（Kraus，2009；Olson et al.，2015）。温室蟾入侵夏威夷后，快速扩张，目前其分布密度可高达12,500 只/hm²，每夜消耗无脊椎动物129,000 只/hm²（Olson et al.，2015），对生态系统的影响研究正深入开展（Olson et al.，2015；Lee et al.，2016）。2017年7月，周行等人首次在深圳福田区香蜜公园发现该种，是该种侵入中国大陆地区的第一笔记录。珠三角园林园艺产业发达，是中国大陆地区苗木的重要栽培区和转运区，对该种的扩散可能有较高的助推作用。因此，亟待对温室蟾的分布现状、种群动态、扩散机制、繁殖行为、生态特点及对侵入地的生态系统影响开展深入研究。

1. 发现地基本概况

香蜜公园位于深圳市福田区中心区，2003年获批建设，至2017年7月开园；发现温室蟾时尚在施工。该园总占地约424,000 m²，主要植被包括龙眼 *Dimocarpus longan*、荔枝 *Litchi chinensis*、洋蒲桃 *Syzygium samarangense*、小叶榕 *Ficus microcarpa*、大王椰子 *Roystonea regia* 等，以及园林绿化种，如落羽杉 *Taxodium distichum*、羊蹄甲 *Bauhinia purpurea*、小叶榄仁 *Terminalia mantaly*、非洲桃花心木 *Khaya senegalensis*、凤凰木 *Delonix regia* 等，搭配大量的草花，如月季 *Rosa chinensis*、非洲菊 *Gerbera jamesonii*、三色堇 *Viola tricolor* 等形成花境，草地为台湾草 *Zoysia tenuifolia* 和大叶油草 *Axonopus compressus*。

2. 调查方法

1）密度及栖息地调查

2017年7月10日-16日19:30-24:00，于香蜜公园发现有温室蟾的区域布置4个样线，并根据微栖息地的不同，设4个对照样线；另在3个公园分别布置4条、4条、7条40-180 m不等的样线。因温室蟾个体小，采取两人并行，按宽2 m样带慢行，仔细翻查落叶、石土块等，记录种类、数量，密度=两栖

表8.5   洪湖公园调查记录

序号	调查时间	天气	物种记录	路线
1	2016年3月27日 18:30-24:00	晴朗	牛蛙4只（趴伏在近岸滩涂）	环绕北面湖体一圈
2	2017年6月20日 19:40-22:00	阵雨，短时暴雨	牛蛙3只，虎纹蛙2只，黑眶蟾蜍12只，斑腿泛树蛙1只，沼水蛙1只，花狭口蛙1只	北面湖体及正门区域湖体
3	2017年9月16日 20:30-24:00	晴朗	虎纹蛙1只，斑腿泛树蛙2只，沼水蛙1只，泽陆蛙1只，黑眶蟾蜍22只，花狭口蛙2只	环绕公园一圈

a. 有黄色背侧条纹型的温室蟾（拍摄于香蜜公园）

b. 无黄色背侧条纹型的温室蟾（拍摄于香蜜公园）

类总个体数/（样线长度×宽度）；同时对相应的微栖息生境进行植被、环境组成的调查。为查清传入途径，询问施工单位苗木和泥土来源。

2）两栖爬行类多样性调查

在2015-2016年的深圳市野生动物调查基础上，选择最靠近香蜜公园，位于西面的深圳国际园林花卉博览园、位于东面的中心公园、荔枝公园和中心公园的花卉经营场所周边进行样线法调查，同时对香蜜公园周边的市政绿地进行详细调查。

3）采集标本、测量及胃检

采集标本，并测量其头体长等数据；随机选取成年标本10个解剖，检查性别、胃内容物等。

3. 结果与分析

1）温室蟾深圳种群现状

共发现4个温室蟾分布地块，均靠近香蜜公园内人工水体。周边市政绿地、道路绿地均未见该种（表8.6）。以是否有两条黄色背侧条纹为标准，温室蟾区分为两种色型（Lynn et al.，1940；Olson et al.，2015），在香蜜公园均有发现，且二者比例接近。温室蟾多栖息在乔木林下落叶层，需翻查落叶寻找；对光和人类动作敏感，受惊扰时迅速跳离或钻入石缝中。在新栽植物种植土球处有少量裸土，尚未铺草，观察有少量温室蟾躲藏土壤缝隙中。

2017年7月10日的快速调查在香蜜公园共发现3个分布点，共计发现20只，幼体/成体比例为3∶1。7月15日晚的样线调查共计发现温室蟾51只，幼体/成体比例为2∶49。

香蜜公园内的温室蟾同域分布物种包括饰纹姬蛙 *Microhyla fissipes*、黑眶蟾蜍 *Duttaphrynus melanostictus*、沼水蛙 *Hylarana guentheri*、斑腿泛树蛙 *Polypedates megacephalus*、泽陆蛙 *Fejervarya multistriata*，上述物种均为深圳城市公园常见种（表8.6）。统计4个出现温室蟾的样地，样线内温室蟾（51）明显比饰纹姬蛙（34）、黑眶蟾蜍（9）、泽陆蛙（7）、斑腿泛树蛙（5）、沼水蛙（1）数量多。小区域内集中出现大量的温室蟾，可能同该区域的卵大量孵化并集中出现有关；也可能是因为该区域栽培的部分新进苗木携带幼体、成体进入，从而形成小区域密集现象。

共采集温室蟾标本21号（编号SYS a006036-6056，表8.7），测量得头体长12.63-25.03 mm，平均16.70 mm，同夏威夷等地类似（Olson et al.，2012）。随机解剖其中10个成体，发现均为雌性，结合前文的成体/幼体比例，整体表现该种群幼体快速生长状态，且雌性为主，初步判断种群处于强扩张状态。

温室蟾主要取食无脊椎动物，如蚂蚁、甲虫、蜘蛛、桡足类和蚯蚓等（Global Invasive Species Database，2018），香港种群的食性未知（Lee et al.，2016）。检查深圳温室蟾种群的胃内容物发现，即时制作为标本的个体内，尚有小型昆虫残体，隔日制作的标本其内无发现，显示其消化能力较强。昆虫残体经中山大学生物博物馆昆虫组贾凤龙老师等鉴定为猛蚁 *Cryptopone* sp. 和双纹小蠊 *Blattella bisignata*。

2）各个公园对比

在前期的动物普查工作中未见温室蟾，深圳市的两栖类外来种仅见牛蛙、非洲爪蟾和黑斑侧褶蛙3种，牛蛙和非洲爪

蟾为国外传入；牛蛙在洪湖公园已成为常见种，黑斑侧褶蛙在梅林水库常见，两者均形成区域性优势。而温室蟾同样可形成区域优势种，尤其是在落叶层厚，昆虫数量多的林下区域，相比本土种类明显占优势。整体而言，深圳市内绝大部分市政公园的本土蛙类种类、数量均较少（另文发表），且受到严重的人为干扰。

本次调查在4个公园的23个样地中共记录本土种类6种：黑眶蟾蜍、饰纹姬蛙、沼水蛙、泽陆蛙、斑腿泛树蛙、花狭口蛙，外来种2种：温室蟾、黑斑侧褶蛙。在香蜜湖公园的7个样地中，有温室蟾的样地其整体密度比其他3个公园为高；同时1号样地中高达0.22只/m²的密度，未发现温室蟾，这也初步显示在市民尚未入园时，整体两栖类密度较高。深圳市政公园的微栖息地均较为类似，可简单分为乔灌木+硬化地面，乔灌木+草坪，以及密集乔灌木区域，再细分是否靠近水体。在实际调查中，远离水体的绿地两栖种类、数量明显下降；而草坪的存在，明显利于饰纹姬蛙、泽陆蛙、沼水蛙等的活动。温室蟾不但可在该类草坪生境活动，也同黑眶蟾蜍类似，可在硬化地面较多、植被覆盖较少的区域活动，显示其较强的适应能力。

4. 讨论

1）温室蟾的扩散

该种繁殖形式独特，于土壤（Olson et al.，2015）或湿叶子上（Lee et al.，2016）产卵，蝌蚪在卵胶膜中直接发育成幼蛙（Lynn et al.，1940；李成和江建平，2016）；同时个体小，活动能力强，整体扩散能力强（Lynn et al.，1940；Olson et al.，2015）。夏威夷1994年首次发现后（Kraus et al.，1999），很快扩散至周边多个岛屿；中国香港2000年首次发现后也很快扩散（Lee et al.，2016）。本次发现的种群主要为雌性，幼体成长速度快，成体消化能力强，已显示出强种群扩张能力。

香港已发现的栖息地类型包括了次生林、灌木林、农用地、鱼塘周边、城市公园、农村等多种生境（Lee et al.，2016）。珠三角整体气候适合其生存繁衍，生境类型同香港多有相似，且园林、园艺产业发达，苗圃密布，苗木贸易发达；结合其主要传播途径推测极可能为苗木运输（Kraus et al.，1999；Christy et al.，2007），也可预测该种的扩散速度将极快。因香港该种已较为常见，课题组自2015年即开始关注并于深圳市寻找该种，对中心公园花卉世界、部分大型苗圃等园林园艺集散地重点调查，但一直未见。此次在尚在施工的香蜜湖公园内发现该种，而在周边市政绿地、公园未见该种。同时，发现的3个区域在物理距离上并不连贯，尤其是石壁瀑布的石洞区远离其他发现点，仅限于石洞中，周边绿地未见，这种格局应该不是自然扩散所致，推测也是新苗木的运输带入。

咨询项目经理，知公园内的苗木来源复杂，包括中山、佛山、东莞、深圳本地苗圃等，未来将进行追溯源头的工作，尤其着重靠近香港的本地苗圃。

2）温室蟾的生态影响

温室蟾同属的 *Eleutherodactylus coqui* 是著名的入侵种，被列入"100种最危险入侵种"（Global Invasive Species Database，2018）。针对温室蟾在多个非原产地快速扩散现

象，有部分文献认为其具有"潜在危险"（Christy et al., 2007; Bomford et al., 2009; Lee et al., 2016），但大部分文献明确将其定位为"入侵种"（Bomford et al., 2009; Heinicke et al., 2011; Olson et al., 2015; Global Invasive Species Database, 2017）。

深圳作为一个进出口交易量极大的城市，现已存在多种外来物种（林石狮等，2013a；唐跃琳等，2015a），部分外来动物更在特定区域内形成优势种，但其对当地的生态影响尚缺乏研究。温室蟾活动能力强，有很大可能入侵较高

海拔林地（Kraus et al., 1999; Beard and Pitt, 2005）；另外，温室蟾繁殖能力强，受水环境影响相对较小，容易形成高密度种群，从而消耗大量无脊椎动物，通过食物竞争等方式，可能对本土同域分布的两栖类造成负面影响。在夏威夷，温室蟾甚至可能对食虫的濒危鸟类造成负面影响（Olson et al., 2015）。建议相关部门在香蜜湖公园和周边绿地设立长期监测样地，并树立生态宣传牌，利用温室蟾入侵的事例加强对市民的环保科普教育。

表8.6　深圳市4个公园蛙类样线调查统计

样线编号	样线长度（m）	种类与数量	蛙类密度（只/m²）	微栖息地情况
香蜜公园				
1	82	饰纹姬蛙28，泽陆蛙7，黑眶蟾蜍1	0.22	近湖，台湾草坪+零散灌木
2	84	温室蟾7，饰纹姬蛙17，黑眶蟾蜍2，沼水蛙1	0.16	近人造河流，林缘，有较多落叶
3	164	温室蟾37，斑腿泛树蛙2，泽陆蛙1，饰纹姬蛙15，黑眶蟾蜍4	0.18	近人造河流，乔木灌木林中，林下分布大量海芋Alocasia macrorrhiza，落叶层厚
4	78	温室蟾1，泽陆蛙5，黑眶蟾蜍1，饰纹姬蛙1	0.05	近小水体，台湾草坪+零散灌木
5	41	温室蟾6，泽陆蛙1，饰纹姬蛙1，斑腿泛树蛙3，黑眶蟾蜍2	0.16	石壁瀑布的石洞中，丛植少量海芋、菖蒲Acorus calamus
6	134	饰纹姬蛙1，泽陆蛙1，黑眶蟾蜍2	0.01	台湾草坪+少量乔木
7	70	斑腿泛树蛙1，泽陆蛙2，黑眶蟾蜍1	0.03	近湖，台湾草坪+草花花境，少落叶
荔枝公园				
1	112	沼水蛙1	0.00	近湖，乔木密林，无灌木和草坪，少落叶
2	82	沼水蛙3，黑眶蟾蜍6	0.05	近湖，少量乔木+台湾草坪，少落叶
3	77	黑眶蟾蜍15	0.10	近湖，少量乔木和灌木+硬化地面，无落叶
深圳国际园林花卉博览园				
1	123	斑腿泛树蛙2，沼水蛙2，饰纹姬蛙10，黑眶蟾蜍2	0.07	近小水体，密集乔灌木，少落叶
2	87	花狭口蛙1，黑眶蟾蜍2，斑腿泛树蛙1	0.02	台湾草坪+大叶油草的草坪，边缘混沿街草，少落叶
3	63	饰纹姬蛙10，沼水蛙2，斑腿泛树蛙2	0.11	近小水体，大叶油草草坪，较多落叶
4	177	黑眶蟾蜍8	0.02	台湾草坪+密集乔灌木
中心公园（花卉世界）				
1	80	泽陆蛙5，黑眶蟾蜍2	0.04	野草丛
2	120	黑眶蟾蜍2	0.01	福田河边，台湾草坪+少量乔木，少落叶
3	112	黑眶蟾蜍2，黑斑侧褶蛙1	0.01	福田河边，密集湿地植物+台湾草坪+少量乔木
4	100	沼水蛙1	0.01	福田河边，密集湿地植物+台湾草坪+少量乔木
5	124	黑眶蟾蜍2	0.01	福田河边，台湾草坪+少量乔木
6	130	黑眶蟾蜍8，沼水蛙8	0.06	台湾草坪+少量乔木
7	80	黑眶蟾蜍3，泽陆蛙1	0.03	台湾草坪+少量乔木

注：香蜜公园的8号样线生境为龙眼+大叶油草，未发现两栖爬行动物，表中未列出；
荔枝公园的4号样线生境为睡莲池旁的红千层+台湾草坪，未发现两栖爬行动物，表中未列出；
黑斑侧褶蛙为深圳市外来物种

表8.7 采集的温室蟾标本数据

标本编号	头体长（mm）	有无背侧条纹	标本制作时间	是否解剖	性别	胃内容物情况
SYS a006036	15.00					
SYS a006037	21.74		捕抓后次日制作	√	♀	无发现，食物应已消化
SYS a006038	13.89	√				
SYS a006039	15.26					
SYS a006040	12.94	√				
SYS a006041	25.03	√	捕抓后次日制作	√	♀	无发现，食物应已消化
SYS a006042	20.87		捕抓当晚制作标本	√	♀	猛蚁残体
SYS a006043	16.92					
SYS a006044	20.29		捕抓当晚制作标本	√	♀	猛蚁5只，双纹小蠊2只（1只较为完好，1只仅剩翅膀）
SYS a006045	13.69	√	捕抓后次日制作	√	♀	无发现，食物应已消化
SYS a006046	14.65					
SYS a006047	12.91	√				
SYS a006048	12.63					
SYS a006049	13.81					
SYS a006050	15.85		捕抓当晚制作标本	√	♀	猛蚁残体
SYS a006051	17.28		捕抓后次日制作	√	♀	无发现，食物应已消化
SYS a006052	16.38					
SYS a006053	21.00		捕抓后次日制作	√	♀	无发现，食物应已消化
SYS a006054	14.93	√				
SYS a006055	16.73		捕抓后次日制作	√	♀	无发现，食物应已消化
SYS a006056	18.89		捕抓后次日制作	√	♀	无发现，食物应已消化

8.2.4 非洲爪蟾
Xenopus laevis (Daudin, 1802)

中文别称 光滑爪蟾、非洲爪蛙

分类地位 无尾目 Anura 负子蟾科 Pipidae

原产地 非洲东南部，由南非的热带草原起，北至肯尼亚，乌干达西至喀麦隆。

形态特征 成体体长6-13 cm，雌性较雄性略大。身体扁平，呈流线型，眼睛小而朝上，虹膜红色，无舌，鼓膜不明显，前腿较小，有细且很长的指，后腿粗而强壮，内侧3个趾的前端有黑色的角质爪。

生态习性 完全水栖，尤其喜好静止水环境。白天多潜藏于水底深处，夜晚则会爬至浅滩。初春至晚夏间为繁殖期。自然条件下非洲爪蟾以小鱼、甲壳类、昆虫类等为食。分布海拔达3000 m。该种是国际贸易量极大的宠物蛙，同时也是两栖类模式生物。

生态危害 非洲爪蟾繁殖潜力大，食性广，入侵能力强。美国亚利桑那州、加利福尼亚州、肯塔基州等11个州规定拥有、运输或出售非洲爪蟾是非法的。有部分学者认为该

非洲爪蟾在深圳的记录位点

黑斑侧褶蛙在深圳的记录位点

种是壶菌病在世界范围内传播者（Weldon et al., 2004）。

国内分布情况 广州白云山有分布记录（葛研等，2012）。

深圳贸易现状和入侵途径 非洲爪蟾的白化品系因成体呈黄色，被称为"金蛙"。该种可全水栖，因此主要出售的为观赏鱼店。据调查，原福田区花卉世界、福田区下梅林农批市场、南山区荷兰花卉小镇、罗湖区洪湖水族街等深圳观赏鱼贸易集散地均有该种出售。同时有多家小型观赏鱼店有售卖。大量饲养和贩卖，增加了通过逃逸、遗弃和放生等方式进入深圳自然环境的几率。

深圳分布情况 在荔枝公园、洪湖公园各观察到一只成体，但未见幼体，可能为放生个体。

8.2.5 黑斑侧褶蛙
Pelophylax nigromaculatus (Hallowell, 1861)

中文别称 黑斑蛙、青蛙
分类地位 无尾目 Anura 蛙科 Ranidae
原产地 国外分布于俄罗斯、日本、朝鲜半岛。国内除台湾、海南外，全国广布。从现有文献和课题组对省内两栖类的调查结果看，该种在广东省的分布南界应在南岭、韶关一带，再向南无原生种群。

形态特征 成体雄蛙头体长62 mm，雌蛙头体长74 mm左右。鼓膜大而明显，近圆形；背侧褶明显，褶间有多行长短不一的纵肤棱；后背、肛周及股后下方有圆疣和痣粒；背面皮肤较粗糙。生活时体背面颜色多样，有淡绿色、黄绿色、深绿色、灰褐色等颜色，杂有许多大小不一的黑斑纹，如果体色较深，黑斑不明显，多数个体自吻端至肛前缘有淡黄色或淡绿色的脊线纹；背侧褶金黄色、浅棕色或黄绿色；有些个体沿背侧褶下方有黑纹，或断续成斑纹；自吻端沿吻棱至颞褶处有一条黑纹；四肢背面浅棕色，前臂常有棕黑横纹2-3条，股、胫部各有3-4条。后肢贴体前伸时胫跗关节达鼓膜和眼之间。

生态习性 广泛生活于平原或丘陵的水田、池塘、湖沼区及海拔2200 m以下的山地。产卵于稻田、池塘浅水处，卵群团状。

深圳贸易现状和入侵途径 该种是常见食用蛙类，在多个贸易市场可见，也是经常用来放生的物种。

深圳分布情况 在深圳中心公园及大鹏半岛的盐灶水库各观察到一只成体，梅林水库有较大种群。

对深圳的危害 未知。

8.3 深圳市外来爬行类的地理分布格局及其生态影响

8.3.1 深圳市外来爬行类

据本次调查统计，深圳市外来爬行动物共有4种，分别为红耳龟、拟鳄龟、赤链蛇和王锦蛇，其中红耳龟在某些生境已经成为优势种（表8.8）。

表8.8 深圳市外来爬行类

序号	中文名	主要分布区	整体种群状况	入侵途径
1	红耳龟	公园、河流、水库、放生池等	优势种	放生
2	拟鳄龟	梧桐山、市区公园	少见	放生
3	赤链蛇	梧桐山	偶尔观察到大量个体出现，疑为放生	放生
4	王锦蛇	马峦山-三洲田	三洲田有路杀个体	放生

8.3.2 红耳龟

Trachemys scripta elegans (Wied-Neuwied, 1839)

中文别称　巴西龟、红耳彩龟、红耳泥龟

分类地位　龟鳖目 Testudines 池龟科 Emydidae

原产地　美国中南部密西西比河沿岸。

形态特征　头部宽大，吻钝，头颈处具有黄绿相间的纵条纹，眼后有一对醒目红色条形斑块。背甲扁平，为翠绿色或黑绿色，背部中央有条显著的脊棱。盾片上具有黄、绿、黑相间的环状条纹。腹板淡黄色，具有左右对称的不规则黑色圆形、椭圆形和棒形色斑。四肢淡绿色，有灰褐色纵条纹，指、趾间具蹼。

生态习性　水栖性，可生活在深水域，亦可在半咸水中生活。有群居习性。喜阳光，与其他龟类相比，晒背习性较强。性情活泼。对水声、振动反应灵敏。

生态危害　该种易饲养，繁殖力强，已经被引种至世界各地，可能是世界上饲养最广的一种爬行动物，现成为著名的外来入侵物种，被世界自然保护联盟（IUCN）列为世界最危险的100个入侵物种之一。中国许多宠物市场上都能见到巴西龟在出售，并被大量放生，成为我国最主要的外来入侵物种。

国内入侵状况　红耳龟贸易遍及全国。因被大量放生，导致其在全国野外合适生境普遍存在（刘丹等，2011）。龚世平等（2011）发现该种在珠江流域广泛分布并出现在多个保护区内，在广东古田省级自然保护区形成繁殖种群（周鹏，2013），在海南也已形成可繁衍种群，并同本地龟类形成竞争关系（李闯，2013；马凯等，2013）。

深圳贸易现状和入侵途径　在深圳多个农贸批发市场均有售卖，如龙岗区布吉农批市场、福田区下梅林农批市场等。在市区多个超市、中小型市场、水族店和公园门口摊贩处也有售卖。其入侵的主要途径是饲养逃逸和放生。

深圳分布情况　在深圳绝大部分水生生境均有入侵种群，包括水库、河流、公园水体、鱼塘甚至广东内伶仃福田

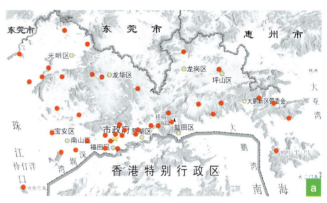

a. 红耳龟在深圳的记录位点

b. 红耳龟的晒背习性（拍摄于荔枝公园）

c.红耳龟已占领深圳最高地（拍摄于大梧桐山顶的天池）

国家级自然保护区红树林湿地、凤塘河河口、大沙河河口、深圳河河口等咸淡水环境。在部分水生环境中是明显的优势种，在市区公园内常见大量红耳龟趴于水体周边岸线、石块、喷泉管上晒背。

对深圳的危害　由于大量放生，造成种群数量急剧增大，对深圳淡水生态系统和部分红树林湿地生态系统造成巨大生态威胁。建议列为深圳重点防控外来入侵物种，特别严控放生行为，并努力将其从自然生态系统中清除。

8.3.3 拟鳄龟
Chelydra serpentina (Linnaeus, 1758)

原产地　北美洲

形态特征　头部大，腹甲较背甲小，尾短，且背面有明显的锯齿状突起。同其他鳄龟类相比，其背甲棕黄色或黑褐色，甲峰不明显，近乎平背；有3条纵行棱脊，肋盾略隆起，随着时间推移棱脊逐渐磨耗，使其背甲看起来较圆。

生态习性　水栖性。肉食性，取食无脊椎动物、鱼类、两栖类、爬行类（包括蛇、小型龟类）、鸟类及小型哺乳动物等。

价值　主要用于宠物、食用和实验教学。

生态危害　由于易饲养，繁殖力强，作为宠物被引种至世界各地。

拟鳄龟在深圳的记录位点

国内分布 广东有养殖场，同时因大量的放生行为，导致其在多个省份的野外及放生池有记录（陈松田等，2017）。

深圳贸易现状 深圳市有鳄龟养殖场，该种在深圳主要作为宠物龟类，并有少量个体作为食用龟类出现在农贸市场中。

深圳分布情况 ①记录于梧桐山区域、洪湖公园两地。②部分本地放生网站有记录，放生于水库、东部山脉等处。③整体种群小，未确认是否有可繁衍种群建立。

8.3.4 赤链蛇 *Lycodon rufozonatum* (Cantor, 1842) 和王锦蛇 *Elaphe carinata* (Günther, 1864)

国内分布情况 赤链蛇、王锦蛇在国内分布较为广泛，在广东省内的分布南界为粤北区域，在珠三角的历史记录（广州）疑为放生种；课题组在该区域其他保护区、森林公园的调查中也未见，因此界定在深圳市的个体为外来种。

深圳分布情况 ①赤链蛇记录于梧桐山区域，在2014年6月的调查中，于梧桐山北面二线关区域发现大量个体，疑为放生。②多次观察到其捕食黑眶蟾蜍。根据养殖观察，赤链蛇食量大，对本地生态系统具有负面影响。③王锦蛇记录于马峦山-三洲田区域，仅见1个体，疑为放生。

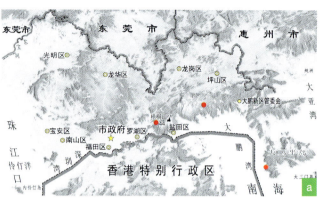

a. 两侧为赤链蛇在深圳的记录位点，中间为王锦蛇在深圳的记录位点

b. 赤链蛇捕食黑眶蟾蜍

8.4 深圳市外来鸟类的地理分布格局及其生态影响

8.4.1 深圳市外来鸟类

据本次调查统计，深圳市外来鸟类共有7种。

8.4.2 深圳市外来鸟类与香港外来鸟类的比较

根据中国香港观鸟会记录委员会于2017年9月5日公布的鸟类名录香港有高达113种鸟类属于逃逸、放生的种类。现对与深圳市有关的几个类群进行讨论。

（1）矛纹草鹛和蓝翅希鹛　均发现于梧桐山。矛纹草鹛发现于的大梧桐山顶，为7-8只小群。在香港，认为该鸟在香港曾有原生种群分布，灭绝后再引入并在香港形成新的

种群。蓝翅希鹛在梧桐山区域已较为常见，该种被认为已在香港建立种群，深圳梧桐山的种群有较大可能是从香港扩散而来。

（2）鹦鹉类　香港记录了3种外来种鹦鹉，包括亚历山大鹦鹉、红领绿鹦鹉、小葵花鹦鹉 Cacatua sulphurea，均已形成稳定的种群。深圳市记录的2种野生鹦鹉的来源除了逃逸、放生外，也不排除是从香港自然扩散而来。从长期发展趋势上看，深圳境内的食源较为丰富，有较大可能形成可繁衍种群。

（3）灰喜鹊　该种目前在香港已建立可繁衍种群，且分布区主要在米埔湿地。在深圳湾记录到少量个体，可能是由米埔湿地扩散而来。

（4）家八哥　该种在香港已建立可繁衍种群，深圳种群有可能由香港扩散而来。

（5）鹩哥　该种并未有香港记录，深圳仅记录于内伶仃岛，推测可能是放生个体。

a. 矛纹草鹛和蓝翅希鹛在深圳的记录位点（标识为矛纹草鹛的大梧桐山顶发现点，蓝翅希鹛在梧桐山区域已较为常见）

b. 灰喜鹊在深圳的记录位点

8.5 深圳市外来哺乳类的地理分布格局及其生态影响

8.5.1 深圳市外来哺乳类

本次调查共记录深圳市外来哺乳类3种（表8.9）。其中，蜂猴明确是保护机构的放生物种，普通刺猬仅因路杀被捡获1个个体，应为宠物放生个体。

8.5.2 马来家鼠
Rattus tiomanicus (Miller, 1900)

马来家鼠原产东南亚，现在我国尚无正式分布记录（郑剑宁等，2008；郑剑宁和裘桐良，2008），仅有部分口岸检验检疫部门（张家港、镇江）的截获记录（乔学权和杨朝春，2016；杨志俊和罗亚洲，2015）。本次记录是该种在国内的首次正式分布记录。

从原产地描述看，该种的典型生境是原始森林和次生森林，包括沿海的森林，同时在种植园、灌木丛地区、草地和花园也有发现，但很少进入建筑物。本次在深圳市发现的2个个体采集于森林区域，符合其原产地生境，但是否已建立可繁衍种群及其侵入渠道尚待进一步研究。

表8.9　深圳市外来哺乳类

序号	中文名	主要分布区	整体种群状况	可能入侵途径
1	马来家鼠	排牙山区域	少见	贸易带入
2	蜂猴	梧桐山、内伶仃岛	少见	放生
3	普通刺猬	排牙山区域	个体	逃逸、放生

8.6 深圳市外来鱼类的地理分布格局及其生态影响

8.6.1 深圳市外来鱼类

据本次调查统计，深圳市外来鱼类共有8种，分别为食蚊鱼、尼罗罗非鱼、豹纹脂身鲶、红腹锯鲑脂鲤、眼斑雀鳝、剑尾鱼、月光鱼和孔雀鱼（表8.10）。其中，食蚊鱼、尼罗罗非鱼、豹纹脂身鲶已成为优势种，剑尾鱼、月光鱼和孔雀鱼已成为区域常见种，红腹锯鲑脂鲤、眼斑雀鳝需要进一步调查，以判断其是否真正进入"定殖"阶段。

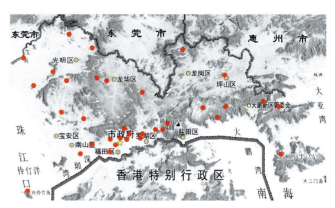

食蚊鱼在深圳的记录位点

8.6.2 食蚊鱼
Gambusia affinis (Baird and Girard, 1853)

分类地位　鳉形目 Cyprinodontiformes 胎鳉科 Poeciliidae
原产地　中美洲、北美洲。

形态特征　体长形，略侧扁，长15.5-37.5 mm。体型小。头及体背缘较平直，眼较大，上侧位，口中等大，下颌微突出。背鳍中侧位，起点在臀鳍基部后上方；雄鱼的臀鳍第III-V鳍条特化为交接器；腹鳍小；尾鳍圆。体背橄榄色，腹部银白色。奇鳍上有细小的黑点。

习性　常见于植物生长的池塘与湖泊，溪流的滞水区与静止的水潭或半咸水水域。杂食性，以浮游动物、小的昆虫与植物碎屑为食，因对消灭疟蚊和其他蚊子的幼虫有一定作用，耐污染，适应力强，繁殖能力高，而被引进到世界各地作灭蚊用途。

生态危害　该种已成为全球性分布（除南极洲外）的外来入侵种，并被纳入IUCN确定的全球100种最具威胁的外来入侵种名单。该种的大量繁殖直接导致大量浮游动物的减少，并会直接捕食部分本土虾类（Leyse et al.，2004）和部分濒危鳉科鱼类（Rogowski and Stockwell，2006），攻击本土鱼类（Barrier and Hicks，1994；Mills et al.，2004），同时部分本土两栖类也会受到威胁（Pyke and White，1996）。陈国柱和林小涛（2012）探讨该种入侵是云南中华青鳉 *Oryzias sinensis* 濒危的一个主要原因，中华青鳉幼体面临着被食蚊鱼捕食的巨大压力。姚达章等（2011）观察到其捕食

罗非鱼类幼体。

国内入侵情况　该种一般认为是1911年和1927年被先后引入台湾和大陆，后各地引入作为灭蚊鱼类（潘炯华和张剑英，1981；李振宇和解炎，2002）。该种在建立种群后大面积自然扩散，野生种群现在长江以南广泛分布，其中云南的高原湖泊因引入外地养殖鱼类，也被"搭车"大规模侵入。卢哲等（2013）调查发现广州地区6区19个人工湖均有分布。华南地区调查发现，几乎所有水库、淡水湿地、溪流水潭均分布有食蚊鱼。

入侵途径　该种在各地被引入作为灭蚊鱼类投放至水环境中，后通过鱼苗夹带或自然打散而浸入各种水环境中。

深圳分布情况　① 在各区的城市公园水体中，如荔枝公园、笔架山公园、莲花山公园、洪湖公园、人民公园、园博园、宝安公园等均有入侵种群，已成为优势种。② 各区的水库，包括低海拔平地水库和山体水库，如铁岗水库、石岩水库、五指耙水库、梅林水库、红花岭水库、深圳水库等均有入侵种群。③ 重要保护地的淡水水体中，如内伶仃福田国家级自然保护区、梧桐山风景名胜区、侨城湿地国家级城市湿地公园、大鹏市级自然保护区、各郊野公园、森林公园的池塘等均有入侵种群。④ 作为重要生态廊道的淡水河道及感潮河段，如深圳河、大沙河、凤塘河、新洲河、福田河等均有种群。总之，该种在深圳市绝大部分静水、缓水水体均有入侵种群，成为深圳市最成功的外来入侵物种之一。但在流速较快的山体溪流和保持较好的原生水生生态系统，如马料河、泰山涧及其他大小不等的山体溪流中未见该种的分布。

表8.10　深圳市外来鱼类

序号	中文名	主要分布区	整体种群状况	可能入侵途径
1	食蚊鱼	几乎所有公园水体、水库、淡水河流、淡水坑塘均可见	优势种	灭蚊投放、自然扩散
2	尼罗罗非鱼	几乎所有公园水体、河口咸淡水环境和水库均可见	优势种	食用鱼投放、逃逸、自然扩散
3	豹纹脂身鲶	在市区公园的水体均可见，洪湖公园的已形成优势种群	区域优势种	宠物放生、自然扩散
4	红腹锯鲑脂鲤	查询网站发现有放生记录，但具体位置未知	极少	放生
5	眼斑雀鳝	蛇口港、布吉河、西坑水库、石岩水库周边水体	少见	
6	剑尾鱼	梧桐山、马峦山部分溪流	区域常见	宠物放生、自然扩散
7	月光鱼	梧桐山部分溪流	少见	宠物放生、自然扩散
8	孔雀鱼	市区公园部分水体、梧桐山、马峦山、大鹏半岛部分溪流	区域优势	放生、自然扩散

对深圳的危害 该种已成为静水、缓水水体的优势种，对乡土鱼类产生明显生态挤压效应。对生态位非常相近的中华青鳉、唐鱼等造成的负面效应可能更大：这2种鱼与食蚊鱼的个体大小相近、食性相近、栖息水体类型一致，但呈点状分布，除了环境污染、人为破坏等原因外，食蚊鱼的因素也不可忽视。

8.6.3 尼罗罗非鱼
Oreochromis niloticus (Linnaeus, 1758)

中文别称 尼罗口孵非鲫、非洲鲫、福寿鱼
分类地位 鲈形目 Perciformes 丽鱼科 Cichlidae
原产地 非洲尼罗河流域。
形态特征 罗非鱼为慈鲷科罗非鱼属数种鱼类的共同俗称，一般体长卵圆形，侧扁，尾柄较短。口端位。上下颌几乎等长。前鳃盖骨边缘无锯齿，鳃盖骨无棘。鳃耙细小。体侧有 9-10 条黑色的横带，成鱼较不明显。背鳍鳍条部有若干条由大斑块组成的斜向带纹，鳍棘部的鳍膜上有与鳍棘平行的灰黑色斑条，长短不一；臀鳍鳍条部上半部色泽灰暗，较下部为甚。

在深圳最常见的入侵种为尼罗罗非鱼，该种的尾鳍有6-8 条近于垂直的黑色条纹，尾鳍末端不达臀鳍的起点。

生态习性 广盐性鱼类，耐低氧，环境适应力强。杂食性，以浮游生物、丝藻及腐叶为食，繁殖力强，产卵时会掘地筑巢，亲鱼会守护卵孵化，幼鱼遇到危险时，亲鱼会将幼鱼含在口中保护它们。在长江以南河流自然条件下，尼罗罗非鱼等在当年可达性成熟并繁殖。

生态危害 尼罗罗非鱼被列入欧洲外来入侵物种数据库DAISI。该鱼对本地鱼类有明显的竞争优势，部分定量研究显示其对本地物种鲫鱼造成明显的负面影响（袁俊等，2015）。云南省评价该类群（该文中罗非鱼的拉丁名写为*Mossabia tilapia*，应为误定）为"中度危险"（李凤莲等，2007）。

国内入侵情况 罗非鱼类群目前在广东、广西、云南和福建等地自然水域均有较大种群存在（何美峰等，2011；徐海根和强胜，2011；顾党恩等，2012），已成为福建第二

大河流九龙江华安段的主要类群（方民杰，2015）；广东几乎所有主要水系均有其种群，在部分河段已成优势种，可占渔获物的60%（顾党恩等，2012），是广东漠阳江的优势种（吕华当，2013）。

入侵途径 罗非鱼类是世界水产业重要淡水养殖鱼类之一，并在大量第三世界国家推广养殖。我国的养殖技术已非常成熟，产量和贸易量均十分庞大。该种的入侵主要是通过养殖逃逸等途径，罗非鱼类在长江以南水域迅速扩散，已成为野外常见种。

深圳分布情况 ①该种的分布同食蚊鱼有较大重合，在绝大部分的公园水体、河流、水库等广泛分布，在部分感潮河段也可生存，如深圳河、大沙河、凤塘河等。已成功在深圳实现了入侵。②但其同食蚊鱼的分布有所区别，因个体大小的差异等，食蚊鱼可以在浅水水体建立良好种群，而尼罗罗非鱼则在较深的水体活动。③尼罗罗非鱼的抗逆性极强，在部分黑臭水体中亦可维持种群，因此在部分污染严重的河流段、水体中仍可见该种。

对深圳的危害 该类群具有巨大经济价值，又具有明显入侵性。因此，即使尼罗罗非鱼被列入"第三批"外来入侵种名单，但仍然在各地广泛养殖，不可避免会有逃逸现象。另外，其在大部分水体中具有显著的数量优势，很难通过捕捞来控制其种群规模，因此，针对该种的入侵监管已成为难题。

在深圳亦发现少量的莫桑比克罗非鱼、奥利亚罗非鱼（*O. aureus*）以及诸多杂交种。

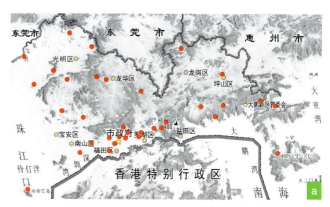

a. 罗非鱼类在深圳的记录位点

b. 普通鸬鹚捕食罗非鱼类（拍摄于深圳湾）

8.6.4 豹纹脂身鲶

Pterygoplichthys pardalis (Castelnau, 1855)

a. 豹纹脂身鲶在深圳的记录位点

中文别称 豹纹翼甲鲶、琵琶鼠、清道夫、垃圾鱼

分类地位 鲶形目 Siluriformes 甲鲶科 Loricariidae

原产地 原产南美洲，广泛分布于亚马孙河流域。

形态特征 体长 25-40 cm，呈半圆筒形、侧宽。背鳍宽大；尾鳍呈浅叉形，腹部扁平。全身灰黑色，带有黑白相间的花纹，布满黑色斑点；表面粗糙，鳞片盾状，头部和腹部扁平，左右两边腹鳍相连形成圆扇形吸盘，须 1 对，胸腹棘刺能在陆地上支撑身体和爬行。

生态习性 属热带杂食性底栖鱼类，习惯广弱酸性水，耐低氧能力强；有吸盘，常吸附于池壁四周，舔食残渣剩饵。广州流溪河调查显示其平均产卵量为2524.49粒，且繁殖时间相对原产地延长（刘飞等，2017）。

生态危害 该种已在北美洲、东南亚、南非等地区造成入侵。主要是直接与本地鱼类竞争食物和生境，同时该种产卵时会挖掘洞穴，造成河堤的水土流失；其大量存在也会改变河流的养分循环。

国内入侵情况 该种1980年引入我国作为观赏鱼。现广布长江以南水域，在广东已成为主要水系常见渔获鱼类（顾党恩等，2012），在东江干流（刘毅，2011）、东莞段（杨志普和卢琦琦，2016）及东莞内陆（张邦杰等，2013）、东江惠州段（刘毅等，2011；张豫等，2014）、韩江潮州段

（林小植等，2016）均是优势种群。在甘肃（康鹏天等，2012）、云南抚仙湖（熊飞等，2008）也造成入侵。

入侵途径 作为观赏鱼引入。

深圳分布情况 在水库、公园水体、河流中均有分布。在洪湖公园，确认已建立有效种群，捕捞到成体、亚成体和幼体。

对深圳的危害 已成为多种水体的常见种，已建立可繁衍的本地种群，对乡土鱼类会产生明显的生态挤压效应。几无天敌，极可能成为深圳水体的优势种，且难以进行管理控制。

b. 豹纹脂身鲶（拍摄于洪湖公园）

8.6.5 红腹锯鲑脂鲤
Pygocentrus nattereri Kner, 1858

中文别称　纳氏臀点脂鲤、红肚食人鱼、红腹水虎鱼、食人鱼

分类地位　脂鲤目 Characiformes 锯脂鲤科 Serrasalmidae

原产地　广泛分布于南美洲大陆中部的热带淡水河流，即亚马孙河流域。

形态特征　体长20-30 cm。鱼体呈卵圆形，体型宽大侧扁。体侧扁而高；腹部具锯齿状缘；头大，吻端钝；腭强健，下颚发达，有锐利的牙齿，牙三角形而尖锐，呈锯齿状排列，作剪刀状咬合。尾鳍呈叉形；腹部有锯齿状边缘，背部具脂鳍；背鳍16-18；臀鳍28-32；尾鳍顶端微凹。体色多样。全身体色主基调为灰绿色，背部墨绿色，腹部大片鲜红色。

生态危害　该种为小型凶猛肉食性鱼类，性情凶暴。主要以小鱼、虾、蟹和昆虫为食，具有一定的攻击性，有潜在威胁，对血腥味较为敏感。成群猎食。该种的适应范围广，繁殖力强，数量大（赵亚辉等，2003a，2003b）。广西柳州有该种的野外攻击记录，但尚未确定是否形成种群。

国内贸易现状和分布情况　该种是国际养殖观赏鱼类，20世纪80年代引入我国，现在全国均有饲养。

深圳贸易和分布　深圳2002年后组织过多次市场清理、销毁活动。目前，少量观赏鱼店仍有售卖。

8.6.6 眼斑雀鳝
Lepisosteus oculatus Winchell, 1864

分类地位　雀鳝目 Lepisosteiformes 雀鳝科 Lepisosteidae

原产地　广泛分布于北美洲、中美洲和加勒比海岛屿

形态特征　体长80-150 cm。体延长，上下颌亦长。口裂深，具锐齿。体被菱形硬鳞。背鳍、臀鳍相对并位于体后部；无脂鳍；腹鳍腹位；各鳍无硬刺。侧线完全。具后凹椎体及近歪形尾。鳔有鳔管与食道背部相连，鳔多分室，形如肺，鳔壁密布微血管，有内鼻孔，可在空气中完成气体交换。

生态习性　大型的肉食性凶猛鱼类，生长速度快，能耐低氧水体。孑遗种，在原产地可作为食用鱼，但卵有毒。

生态危害　生长速度快，抗逆性强，且性格凶猛，近几年在广东多个城市水系中有捕获记录。对该种的危害性无

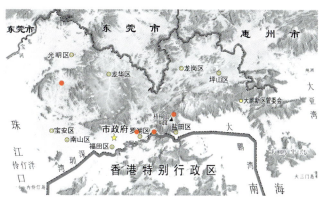

眼斑雀鳝在深圳的记录位点

系统研究，一般仅通过其习性推测其对本地鱼类会有捕食行为，造成一定的生态威胁。

国内入侵情况　主要作为大型观赏鱼类进行贸易。部分被遗弃至自然水体中，如水库、河流等。早在2000年鉴定广州番禺野外生境捕获的雀鳝，此后，不断有该种野外发现的报道。据统计，近几年在长江中下游区域，重庆、广西、广东、江西、湖南等城市水系中有捕获记录，而且各地的捕获记录不止1次，部分个体长近2 m。确认其为眼斑雀鳝，福建东北部的入海河流桐山溪也确认发现眼斑雀鳝（袁乐洋等，2012）。但该种在国内的自然生境中是否已形成种群尚待研究。

入侵途径　作为观赏鱼进行贸易，逃逸或遗弃。

深圳分布情况　该种在深圳的捕获记录详见表8.11，由时间序列可见该种进入自然水体的时间较早。

对深圳的危害　该种是典型的肉食性、具有攻击力的鱼类，可能会大量捕食本地鱼类。但能否在深圳的自然生境建立有效种群尚待研究。

8.6.7 剑尾鱼*Xiphophorus hellerii* Heckel, 1848、月光鱼*Xiphophorus maculatus* (Günther, 1866) 和孔雀鱼*Poecilia reticulata* Peters, 1859

分类地位　3种均隶属于鳉形目 Cyprinodontiformes 胎鳉科 Poeciliidae。因长期商业养殖和人工培育而出现大量品种，其中剑尾鱼和月光鱼之间有杂交现象。

原产地　广泛分布于北美洲南部、中美洲、南美洲北部

表8.11　深圳市雀鳝类捕获记录

序号	捕获年份	捕获地类型	捕获地点	捕获方式	个体数据
1	2005	水库型	龙岗区西坑水库	岸边捡拾	长约0.3 m
2	2006	水库型	宝安区石岩水库周边水体	钓获	长1.3 m
3	2009	近海	盐田区蛇口港集装箱码头	捕获	长约1 m
4	2017	河流型	罗湖区布吉河人民桥段	钓获	长约1 m

和加勒比海岛屿。

形态特征　3种均为常见小型观赏鱼类，剑尾鱼以雄鱼尾鳍下叶有一呈长剑状的延伸突而得名，月光鱼较剑尾鱼的胸腹部较圆、胖，孔雀鱼体型较剑尾鱼小。

生态习性　主要以浮游动物、小昆虫和碎屑为食。生长、繁殖速度快，但不耐低温，研究显示孔雀鱼存活温度为14-36℃，月光鱼为12-34℃（杨淞等，2009），剑尾鱼为12-34℃（李长有，2001）。

生态危害　该3种的生态危害尚无研究报告。

国内入侵情况　有大量的放生记录和爱好者的遗弃记录。但该种不耐寒，实验显示其最低存活温度在12℃左右，因此在国内自然生境中形成可繁衍种群有一定难度。

深圳贸易现状　作为观赏鱼进行贸易，大部分水族店和公园门口小摊贩均有售卖。

深圳分布情况　①孔雀鱼在市区多个公园有记录，包括荔枝公园、洪湖公园、笔架山公园、莲花山公园、园博园等，并在梧桐山大望村周边溪流有捕获，均为成体。②月光鱼采集于梧桐山大望村周边溪流，成体。③剑尾鱼采集于梧

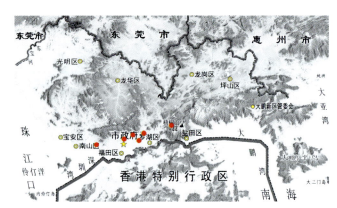

孔雀鱼、月光鱼、剑尾鱼在深圳的记录位点

桐山大望村周边溪流，其中最大种群为最原始的绿色"苹果剑"（green swordtail）品种，已连续多年观察到并捕获，有幼体；该小种群在2008年寒潮后仍然存活，基本确定已建立可繁衍种群。

第 *9* 章

深圳湾环境变化对区内红树林和鸟类的影响

深圳湾（香港称后海湾）是位于香港新界元朗平原以西、广东深圳蛇口以东的一个半封闭海湾。深圳湾包含被列入"国际重要湿地名录（拉姆萨尔湿地）"的米埔-后海湾湿地、福田红树林自然保护区两个核心保育区，二者相互依存、相互补充、相互影响、相互制约，共同组成了一个完整的生态单元。深圳湾是粤港澳大湾区的生物多样性热点区域，也是粤港澳大湾区生态建设中最重要的核心区域；从深化深港一体化、加强港澳与内地融合，共同打造国际一流湾区和世界级城市群的意义上看，深圳湾都具有突出重要的生态、区位和战略价值。

9.1 深圳湾海岸的演变

深圳湾是一个半封闭型浅水海湾，海岸线变化将直接影响纳潮量和水动力，改变滩涂淤积速度，进而影响海岸红树林的发育。从1980年深圳经济特区成立，深圳湾开始填海造陆工程，主要发生在3个时间段（图9.1）。

1979年至1994年：1979年以前，深圳湾口（蛇口）至新洲河河口基本是自然岸线，由基围、滩涂和潟湖组成。1979年深圳湾湾口最窄处宽度为6.1 km；1979年至1986年，深圳湾（后海湾）湾口深圳一侧开始了围海造地，至1994年湾口最窄处宽度降为4.3 km。1991年开始，深圳河的北侧即现保税区地块和新洲河区域也开始大规模的填海造地和地形改造工程，新洲河河道由弯变直，原河道成为沙嘴水道，新旧河道间形成一个新地块，即目前的福田红树林生态公园地块。

1994年至2004年：1994年起，深圳对深圳湾开始大规模填海造地工程，自然岸线逐渐被人工堤岸取代。1994年深圳湾北岸开始填海建设滨海大道，至2000年滨海大道填海工程基本完成；同时深圳湾西侧海岸线开始向湾内大幅度推进，至2004年大规模的围海造地基本结束。与1979年相比，北岸的海岸线向湾内推进最多处达1.35 km，形成了目前的华侨城湿地和欢乐海岸地块；西侧海岸向湾内推进最多处达2.1 km。与此同时，湾口处深圳和香港均有小规模填海，至2002年湾口最窄处降为4.15 km。在深圳河口处，1997年开始，新旧新洲河河道间地块进一步向外扩张，前沿直抵深圳河道，并于2004年在该地块建成了新洲河码头，呈盲道形式存在。至此，整个深圳湾（后海湾）的海岸线格局已基本形成。

2004年至今，深圳开始对2004年形成的海岸线进行大规模的升级改造，尤其是沙河西路和滨海大道外侧深圳湾公园的兴建，导致局部海岸线进一步向深圳湾延展，西侧沙河西段，向深圳湾再次延伸超过200 m，至此，与1979年相比，深圳湾西部岸线向湾内总共推进了2.3 km。深圳湾湾口处进一步变窄，最窄处已不足4.0 km。

1979年至今的近40年时间里，香港一侧的海岸线仅在湾口处有小规模的填海工程，整体上基本保持稳定，但红树林滩涂有较大自然增长。

9.2 深圳湾红树林的演变

海岸线的剧烈变化导致深圳湾面积大幅减少，湾口收窄，深圳湾的纳潮量显著降低，水动力减弱，淤积加速，对深圳湾湿地生态系统产生了深刻影响。最显著的影响体现在红树林面积的消长，以及由此而产生的一系列连锁反应。深圳湾红树林面积的变化主要发生在以下几个时间段（图9.2）。

1979年至1986年，深圳湾沿岸红树林基本处于原生状态，没有显著变化。

1986年至2000年，为建设滨海大道，深圳湾北侧开始大规模围海造地，导致深圳滨海红树林面积由1986年的1.01 km^2，锐减到2000年的0.67 km^2，存留的红树林仅分布在现红树林公园至深圳河口一带。同期香港米埔的红树林则由1987年的1.9 km^{2}增加到2000年的3.94 km^2；其中，1984年至1994年期间米埔红树林面积基本稳定，1994年起，随着深圳湾北岸（现滨海大道）大规模的填海造地，米埔红树林开始扩张。至2000年，其前端距离新洲河尚有300多米。

2000年至2008年，深圳在红树林保护区范围内开始大规模种植红树植物，至2008年，红树林面积增至1.25 km^2；2000年沙嘴水道与新洲河之间的地块已经形成，现无瓣海桑地块开始种植无瓣海桑。在此期间，米埔红树林也迎来了一个显著的增长期，至2004年，米埔红树林沿深圳河展布，前沿已越过新洲河河口，与沙嘴水道齐平，并有零星小群出现在漕叉处。随着新洲河码头的兴建，无瓣海桑地块陆地化加剧，米埔红树林面积在此后短短4年间出现历史上最大规模的增长，至2008年，整体已抵达漕叉处。

2008年至今，深圳一侧的红树林处于自然演替阶段，整体面积增长趋势减缓，但在深圳河漕叉处北侧、沙嘴水道西侧的海桑和无瓣海桑仍呈较高的扩张态势，无瓣海桑地块已

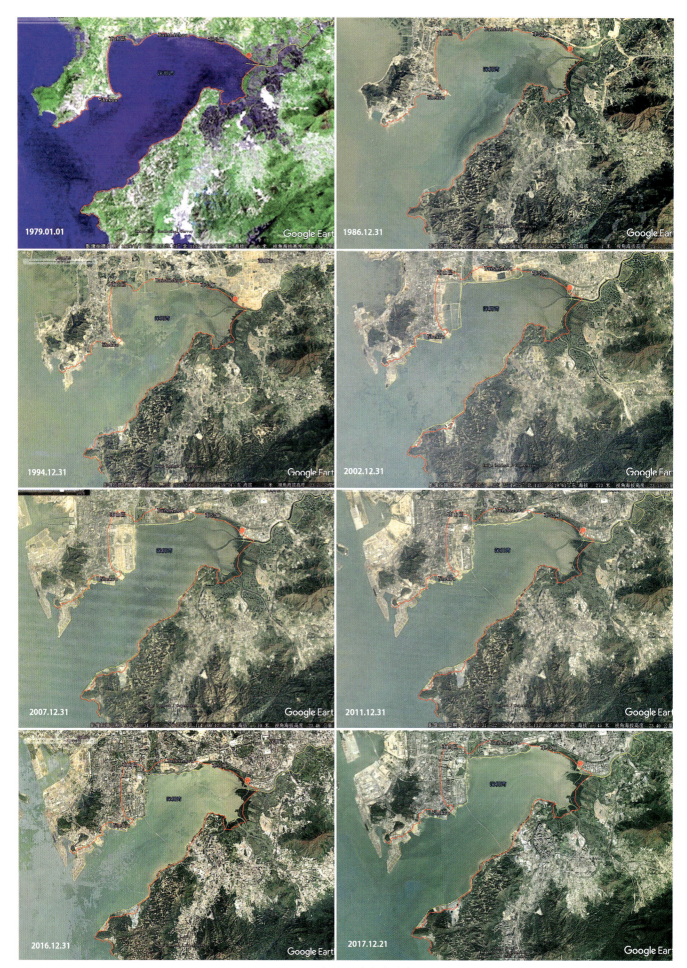

图9.1　深圳湾30余年来演变

红线为1979年海岸线，黄色为2002年海岸线，红色圆点为新洲河河口区域

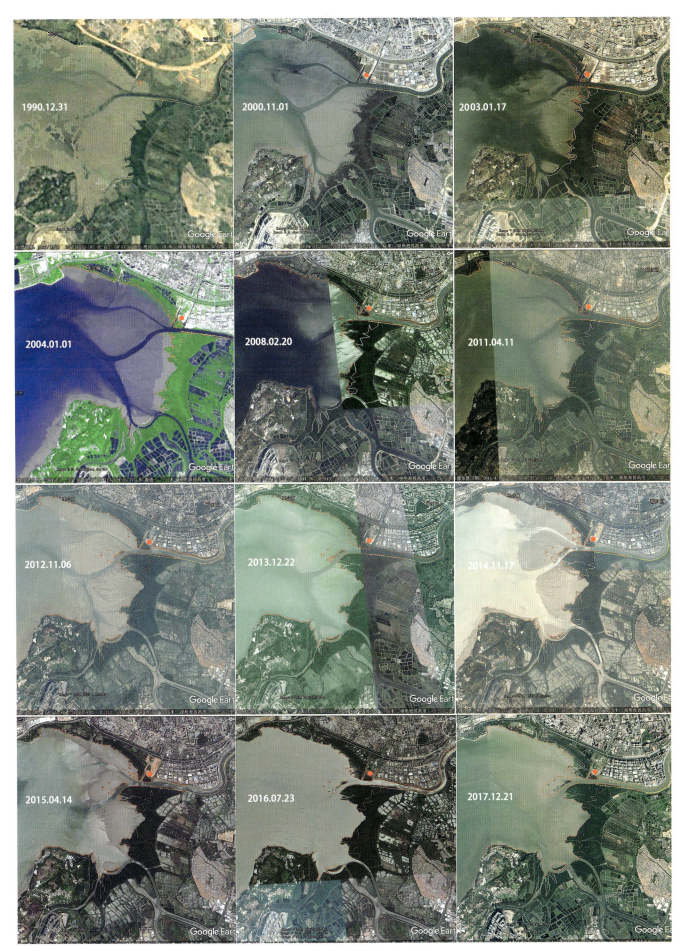

图9.2 深圳湾红树林近30年变化
白线为1990年红树林外缘边界线，红线为红树林逐年外延边缘线，显示红树林的变化；红色圈圈为新洲河河口区域

呈现明显的陆地化。同期的香港米埔红树林继续高速扩张，且有加速之势，前沿已经越过漕叉处，在深圳河南北漕间形成新的红树林群落，至2017年底，其前锋已经超过新洲河河口多达1.8 km，深圳河河口大幅外移，新洲河渐成内陆河流，沙嘴水道则成为一个连通深圳河的长条形小湖泊。

9.3 深圳河河口红树林的演变

2000年开始，深圳湾深圳一侧通过人工栽种红树植物方式使得红树林面积获得一定的增长，其增长与深圳湾的面积增减并无明显的相关性。而在香港一侧，其红树林属于自然增长，与深圳湾面积的缩减有显著的相关性。2000年以来，伴随着深圳湾大规模的填海工程和人工红树的种植，深圳河河口区域的红树林呈现快速增长态势，其关键时间节点在2000年、2004年和2008年（图9.3）。

由于红树林的增长滞后于深圳湾海岸线的改造工程，尽管大规模填海工程至2004年已经基本结束，但在2000年以前，米埔红树林的增长较为缓慢。从2000年开始，填海的影响开始显现，整个深圳湾红树林出现显著增长，米埔红树

林沿深圳河向湾内扩张，至2004年，其前沿已越过新洲河河口，与沙嘴水道齐平，并有零星的红树林出现在漕叉处。

2004年至2008年是深圳河河口区域红树林增长最快的时期，香港米埔红树林前沿已经抵近南北漕的分叉点，并在漕叉间出现了红树林群落（图9.4-图9.7）。造成深圳河河口红树林加速增长的原因有二：①尽管深圳湾为期10年的大规模填海工程已于2004年完成，但工程对深圳湾的影响开始逐渐显现并有逐渐增强的态势；②2004年，在新旧新洲河道间出现无瓣海桑地块，并建造了新洲河码头，沙嘴水道两侧无瓣海桑前沿已经抵达深圳河，现无瓣海桑地块开始陆地化，深圳河逐渐内陆化，对河口区域水动力贡献越来越小，这些因素都会使深圳河河口区域的水动力进一步减弱，淤积加速。上述影响的叠加促使了河口区域红树林的快速发展。

2008年至今，尽管此期间深圳湾海岸并无大规模填海工程，但米埔红树林仍然呈现出快速扩张态势。在深圳河河口区域，原来零散的红树林群落已经连接成片，并有进一步陆地化趋势，深圳河南北漕叉内的淤积作用进一步增强，2008年开始出现零星红树林，至2017年该处的红树林迅速扩大，并连接成片，并在周围出现新的零星红树小群；另外，山贝河-锦田河口处红树林也呈现出明显的扩张态势。与此形成鲜

图9.3 深圳河河口区域红树林的演变
红色圆圈为福田红树林生态公园地块

明对照的是，同期的深圳福田红树林自然保护区的红树林略有扩张。从整个深圳湾来看，红树林的扩张导致深圳湾面积进一步缩小，纳潮量和水动力进一步缩减，淤积加速，上述因素又会促进红树林进一步发育，且这种影响是全局性的。然而，自2004年以来，深圳河河口区域的红树林是深圳湾扩张速度最快、面积增加最多的区域，这与该区域的环境变化有直接关系。在此期间，无瓣海桑地块的陆地化、新洲河内陆化、沙嘴水道湖泊化以及新洲河码头盲道的建设和新洲河

水流量的人为控制等因素，改变了该区域的水流形态和潮波运动形态，进而导致新洲河和深圳河两河口区水动力严重不足，加剧了该区及整个深圳湾淤积速度，致使米埔红树林从2008年起显著扩大外延，改变了两河口区和深圳湾滩涂发育速度，并改变了底栖、浮游生物的群落结构和分布，进而影响到深圳的核心生物类群——鸟类的多样性水平，以及红树林湿地生态系统的稳定性和健康程度。

图9.4　深圳河河口区域红树林景观（2006年）

透过米埔红树林，可以见到沙嘴河道的无瓣海桑

图9.5　深圳河河口红树林先锋群落景观（2008年）

图9.6 湖泊化的沙嘴水道北段
已接近淡水池塘，湖中有不少外来入侵动物——红耳龟

图9.7 深圳湾福田红树林自然保护区全景
红树林仍然呈较强的向湾内扩张态势

9.4　深圳湾鸟类10年动态

根据香港观鸟会余日东先生提供的全球水鸟同步调查汇总的深圳湾水鸟数据，整个深圳湾水鸟数量自2008年以来呈明显下降态势（图9.8）。2008年是深圳湾（后海湾）鸟类最多的一年，可能与北方雪灾，大量冬候鸟被迫南迁至深圳越冬有关。2009—2011年鸟类的数量又趋于正常，6万-7万只/年。2011—2012年是一个重要节点，由2011年的近7万只骤降至2012年的近5万只，此后虽有小幅波动，但总体呈下降趋势。

9.5　主要结论

9.5.1　深圳湾填海工程与红树林演变的关系

深圳湾红树林的演变发展与该区域的填海工程。1979—1991年，深圳湾填海工程主要发生在深圳一侧。1991年保税区地块、新洲河区域开始大规模的填海造地和地形改造，新洲河河道去弯取直。1994年深圳市启动滨海大道填海工程，现如今的华侨城湿地公园和欢乐海岸均为该时期填海工程的产物。至2000年，滨海大道填海工程基本结束，后期仅进行过局部的升级改造。中国香港的米埔红树林在1986—1994年，基本保持稳定，但从1994年滨海大道填海工程启动后，米埔红树林开始快速扩张。至2000年，米埔红树林的面积便已增长1倍。此后，米埔红树林的扩张呈显著加快态势，其中又以深圳河河口处扩张尤为突出。至2004年，米埔红树林沿深圳河展布，前沿已越过新洲河河口，同时与沙嘴水道齐平，并零星出现在漕叉处。整个深圳湾的海岸线格局于2004年基本形成后，深圳红树林的增长趋势渐缓，但米埔红树林

仍处于快速增长期，并于2008年整体抵达漕叉处。2008年以后，深圳一侧的红树林处于自然演替阶段，整体面积增长趋势减缓，仅在深圳河漕叉处北侧、沙嘴水道西侧的无瓣海桑仍处呈较高的扩张态势，无瓣海桑地块已明显陆地化。同时期的米埔红树林在深圳河河口处和山贝河河口区域继续高速扩张，其余区域扩张并不明显。至2017年底，深圳河河口大幅外移，新洲河渐成内陆河流，沙嘴水道则成为一个连通深圳河的长条形小湖泊（图9.9）。

9.5.2　香港米埔红树林快速扩张原因剖析

（1）在1994年至2004年对深圳湾大规模填海造地导致了米埔红树林快速扩张。

尽管深圳湾大规模的填海造地开始于1994年，结束于2004年，但填海导致深圳湾面积大幅减小，纳潮量和水动力也随之大幅缩减，受潮流方向影响，在米埔一侧淤积加速，导致红树林快速增长。由于红树林增长对填海的响应有滞后性，米埔红树林在2000年开始显著增长，此后有加速态势。

（2）2004年以来导致米埔红树林沿深圳河河口区域进一步快速扩张的主要原因是新洲河河口无瓣海桑地块陆地化、新洲河和沙嘴水道内陆化。

尤其是2008年以来，在没有填海工程的情况下，该区域可见的唯一变量是无瓣海桑地块陆地化、新洲河和沙嘴水道内陆化，深圳河河口不断向深圳湾延伸，这些因素共同作用的结果，是该区域水动力进一步减小，淤积加速。

（3）红树林的快速扩张，受红树林造陆作用影响，导致该区域进一步淤积，形成非良性的循环。

以上几种循环态势如果不得到遏制，假以时日，深圳湾将有消失的危险。

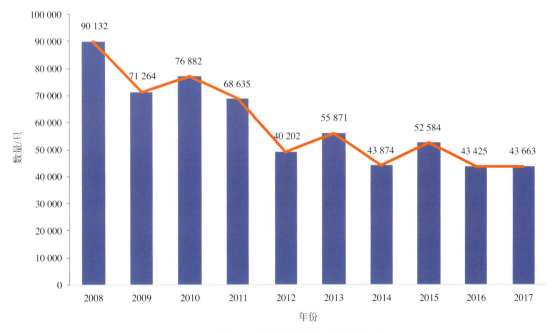

图9.8　深圳湾鸟类数量10年动态
数据来源：香港观鸟会，余日东提供

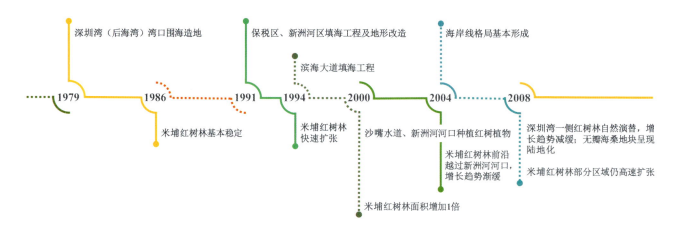

图9.9 深圳湾填海工程与红树林演变的关键时间节点

9.5.3 米埔红树林面积的不断扩张严重影响深圳湾水鸟多样性水平

近十年来，深圳湾鸟类的数量整体呈显著下降趋势，2017年记录的鸟类总量仅为2008年的48.4%，下降幅度超过了50%。其中2009年和2012年是关键时间节点。2009年，尽管深圳河河口区域的红树林先端已经抵达深圳河南北漕叉处，并有部分群簇出现在南北漕叉间，但其远端的红树林并未连接成片，大多呈零散小群簇形式存在，仍然适合水鸟栖息觅食；至2012年，这些零散的红树林小群连接成片，导致水鸟栖息地和觅食地大幅减少，鸟类数量随之减少。

除此之外，导致深圳湾鸟类大幅减少的原因可能还有其他因素，如全球性水鸟数量减少，深圳湾水动力变弱导致水生生物多样性和丰富度降低，深圳湾大量超高层建筑挤压了水鸟的活动空间等。但所有这些因素都是次要因素，导致2008年以来深圳湾鸟类数量大幅减少的根本原因还是湾内红树林面积的增加，而导致红树林快速扩张的最重要因素就是深圳河河口的环境变化。

第 10 章

珠江三角洲地区机撞鸟类的 DNA 条形码鉴定研究

摘 要

动物的栖息地环境变化后，部分鸟类仍然会继续繁衍、迁徙于该区域，可从机场建设后的鸟类多样性组成来反映栖息地环境改变对鸟类的影响。DNA条形码技术（DNA barcoding）是一种利用基因组中一段保守的、容易扩增且相对较短的DNA片段来进行物种鉴定的分子生物学技术。由于简便、快捷，该技术已被广泛应用于生物多样性鉴别和一些需要物种鉴定的领域，如机场鸟撞、捕猎鸟类鉴定量刑等。我们在2014-2016对深圳宝安机场和广州白云机场的鸟类样品进行了DNA条形码鉴定，通过分析鸟类的多样性组成和出现规律，为常规的鸟类多样性调查提供补充资料。我们成功鉴定了240份样品，共有100种鸟类，分属13目33科，其中雀形目鸟类45种，占总种数的45%。居留类型中，以旅鸟为主34%，留鸟次之为28%，冬候鸟和夏候鸟各占19%；常年可见的本地留鸟仅为28%，但是迁徙候鸟为72%，表明珠三角地区是候鸟迁徙路线上的重要地区。在机场开阔生境撞机频数最高的鸟类包括燕科（13%）、鹭科（11%）、鹟科（9%）和鸫科（6%）等。我们记录到斑胁田鸡*Porzana paykullii*和库页岛柳莺*Phylloscopus borealoides*等本地区内十分罕见的候鸟。综上，DNA条形码技术作为野外鸟类调查的补充技术，对于机场鸟类撞击残留物的鉴定是十分有效的。考虑到机场地理位置的特殊性和DNA条形码技术的成熟性和准确性，应继续使用该技术进行鸟类鉴定及多样性调查。

10.1 研究背景

分类学的基本研究方法是以形态学特征，特别是可识别的分类学特征来区分物种。然而这种研究方法可能存在一些问题，如形态学可能出现趋同演化；另外形态学特征分析存在一定的主观性。长期以来，分类学家也在寻找快速、高效、准确的方法，来区分和鉴定物种，特别是对于形态近似物种的鉴定，要避免主观性错误（Tautz et al.，2002，2003）。于是，通过对不同物种所携带的特定DNA片段进行测序，从而通过DNA的高变序列区分物种变得越来越普遍，在这种背景下DNA 条形码技术应运而生（肖金

花等，2004）。

DNA条形码技术是一种利用基因组中一段保守的、相对较短的DNA片段来进行物种鉴定的分子生物学技术。由于不同物种的DNA序列是由腺嘌呤（A）、鸟嘌呤（G）、胞嘧啶（C）、胸腺嘧啶（T）4种碱基以不同顺序排列组成，因此对某一特定DNA片段序列进行分析即能够区分不同物种。这种方法是对传统形态鉴别方法的有效补充，具有快捷、高效和可重复特性（肖金花等，2004）。

2003年，加拿大进化生物学家Hebert首次提出使用一个基因序列简便地鉴别不同的物种，并且使用了线粒体基因组中的COI序列进行鸟类物种的barcoding鉴定（Hebert et al.，2003，2004）。COI为线粒体基因组的蛋白质编码基因，全称为细胞色素C氧化酶亚基I，由于该基因进化速率较快，常

用于分析亲缘关系密切的种、亚种及地理种群之间的系统关系，并已经应用到很多地区鸟类鉴别、生物多样性评估和一些需要物种鉴定的领域（如机场鸟撞、捕猎鸟类鉴定量刑等）（Dove et al.，2008；Eaton et al.，2010）。

自2014年开始，中山大学鸟类生态与进化研究组（以下简称中大实验室）承接了中国民航机场鸟击残留物的鉴定工作，帮助各个机场确定造成撞机事件中的物种组成，以便开展有效的鸟击防范和管理工作。机场由于特殊的开阔生境经常吸引一些在本地不常见的物种，如夜行性的秧鸡、猫头鹰，还有夜晚迁徙的雀形目鸟类。广州白云机场和深圳宝安机场均是大型民用机场，位于珠江三角洲的北端和东南端，每年迁徙季节和越冬季节皆有很多迁徙鸟类经过珠三角地区。为此，我们选用了2014-2016年这两个机场的鸟类机撞事件数据，分析了珠三角地区鸟类的多样性组成和出现规律，为常规的鸟类多样性调查提供补充资料。

10.2　研究方法

中大实验室从民航下属机场获得鸟类撞击残留物，完成中国民航下属各机场的撞击事件残留物的鉴定，协助民航及时了解撞击情况并作出相应的预防和防治措施。

中大实验室主要是以分子鉴定手段为主，并辅以形态鉴定，对民航下属各机场寄送的撞击残留物（包括肌肉、皮肤、羽毛、血迹等样品）进行DNA提取，随后对常用的DNA条形码基因进行PCR（Polymerase Chain Reaction）扩增和测序，将获得的序列与GenBank中的数据进行比对和分析，从而得出可靠的鉴定结果，总结物种的多样性和分布，详细实验流程如下。

1. 基因组DNA的提取

中大实验室对鸟击残留物的基因组DNA提取所用试剂盒为中国天根（TIANGEN）公司生产的TIANamp Genomic DNA Kit。提取过程参考使用说明并加以改进。主要步骤如下。天根生化科技（北京）有限公司（TIANGEN Biotech (Beijing) Co., LTD.）

（1）在干净的实验台上，用灭菌后的镊子夹取鸟击残留物（包括肌肉、皮肤、羽毛、血迹等样品）放入1.5 ml 的离心管中，每取样完毕一个样品，用酒精棉将镊子与剪刀反复擦拭干净，防止互相污染。

（2）将样品研磨成粉末状或剪碎，向离心管中加入200 µl的GA溶液，振荡至彻底悬浮，再加入20 µl的蛋白酶K，混合均匀后56℃水浴1-3 h 直到肌肉或血液等组织完全消化（羽毛样品需要过夜消化）。

（3）加入200 µl的GB缓冲液，颠倒混匀后，70℃水浴放置10 min，取出后短暂离心去除管壁内水珠。

（4）加入200 µl的无水乙醇，充分震荡15 s，短暂离心。

（5）将上一步所得溶液和絮状沉淀加入一个吸附柱CB3中（吸附柱置于收集管中），12 000 r/min离心30 s，倒掉废液，吸附柱放回收集管中。

（6）向吸附柱CB3中加入500µl的缓冲液GD，12 000 r/min离心30 s，倒掉废液，将吸附柱放回收集管中。

（7）向吸附柱CB3中加入600µl的缓冲液PW，12 000 r/min离心30 s，倒掉废液，将吸附柱放回收集管中。

（8）重复步骤7）。

（9）吸附柱放回收集管中，12 000 r/min离心2 min，倒掉废液，将吸附柱放置在室温下5分钟，以彻底晾干离心柱内残留漂洗液。

（10）将吸附柱放入一个新的1.5 ml 离心管中，往吸附柱中央悬空滴加100 µl灭菌超纯水，室温放置5 min，12 000 r/min离心2 min，将溶液收集到离心管中，即为基因组DNA溶液。

取1 µl DNA 溶液用Nanodrop 2000 超微量分光光度计进行DNA的纯度和浓度检测，剩余DNA溶液保存于−40℃冰箱内备用。

2. PCR扩增与测序

DNA提取及检测后用于PCR反应。常用PCR引物主要是线粒体COI基因、Cyt b基因、ND2基因，以及脊椎动物通用Cyt b基因和12S核糖体RNA基因（本鉴定使用的引物名称与序列见表10.1）。PCR扩增试剂为日本Toyobo公司的KOD FX试剂，反应体系为20 µl：2 × PCR Buffer 10 µl；dNTP（2.5µmol/L）4µl；Taq DNA 聚合酶（2U/µl）0.4 µl；正向引物0.6µl；反向引物0.6µl；模板DNA 1.4-3.0µl，最后加灭菌超纯水至20µl。

PCR扩增条件如下：95℃预变性4 min；94℃变性30 s，52℃退火30 s，72℃延伸60 s，35个循环扩增；72℃补充延伸8 min。对于扩增结果较差的样品，退火温度降低2℃进行重新扩增。

PCR扩增结束后，利用1% 琼脂糖凝胶电泳检测PCR产物，电泳缓冲液为1×TAE，对于成功扩增的样品，送至上海美吉生物医药科技有限公司进行测序。

3. 序列处理与比对

将带有峰图的.ab1 格式的文件利用软件Bioedit 7.1进行人工检查，去掉前后测序质量不佳的序列，并将序列5′端和3′ 端质量不好的碱基切除，最后只采用质量良好的序列，放到GenBank数据库中进行BLAST（basic local alignment search tool）比对，查看并选取比对匹配率为99%或以上的结果。如匹配率为99%以上则说明二者为同一个物种，则可成功鉴定为该物种，若单个基因的鉴定结果出现分歧，则增加另一个基因进行辅助鉴定。

4. 鉴定结果的复核

样品成功鉴定后根据样品DNA质量状况、鉴定结果的可信度分析和物种的生态习性，确认鉴定结果的准确性与科学性。并根据相关的文献（郑光美，2011；Lewthwaite和邹发生，2015），确定记录鸟种的居留类型、记录分布的地区等信息。

表10.1　鸟类物种鉴定常用引物对

目的基因	产物长度（bp）	引物对名称及序列
COI	700	BirdF1: 5′-TTCTCCAACCACAAAGACATTGGCAC-3′
		BirdR1: 5′-ACGTGGGAGATAATTCCAAATCCTG-3′
	1300	L6615: 5′-CCTCTATAAAAAGGTCTACAGCC-3′
		H7956: 5′-GGGTAGTCCGAGTATCGTCG-3′
Cyt b	1000	L14995: 5′-CTCCCAGCCCCATCCAACATCTCAGCATGATGAAACTTCG-3′
		H16065: 5′-CTAAGAAGGGTGGAGTCTTCAGTTTTTGGTTTACAAGAC-3′
	900	L15152: 5′-GTCCAATTCGGCTGACTAATTCGCAACCTACACGCAAACGG-3′
		H16065: 5′-CTAAGAAGGGTGGAGTCTTCAGTTTTTGGTTTACAAGAC-3′
ND2	1000	L5219: 5′-CCCATACCCCGAAAATGATG-3′
		H6313: 5′-ACTCTTRTTTAAGGCTTTGAAGGC-3′
脊椎动物通用Cyt b	300	L14841: 5′-AAAAAGCTTCCATCCAACATCTCAGCATGATGAAA-3′
		H15149: 5′-AAACTGCAGCCCCTCAGAATGATATTTGTCCTCA-3′
脊椎动物通用12S rRNA	300	L1091: 5′-AAAAAGCTTCAAACTGGGATTAGATACCCCACTAT-3′
		H1478: 5′-TGACTGCAGAGGGTGACGGGCGGTGTGT-3′

10.3 研究结果

对深圳宝安机场和广州白云机场的鸟击残留物的鉴定结果显示，在成功鉴定的240份样品中，共有100种鸟类导致了鸟击事件，分属13目33科，其中雀形目鸟类45种，占鸟击总物种数的45%。其中，以鹭科、秧鸡科和鹟科鸟类较多，分别有12种（12%）、8种（8%）和8种（8%）（图10.1）。

在机场开阔生境中撞机频数较高的鸟类包括燕科（13%）、鹭科（11%）、鹟科（9%）、鸫科（6%）鸟类

（图10.2）。

从居留类型来看，以旅鸟（34%）和留鸟为主（28%），其次为冬候鸟（19%）和夏候鸟（19%）。也就是说，在这鸟类里，常年可见的本地留鸟仅为28%，但是迁徙候鸟为72%，这体现出珠三角地区是候鸟迁徙路线上的重要区域表（表10.2）。

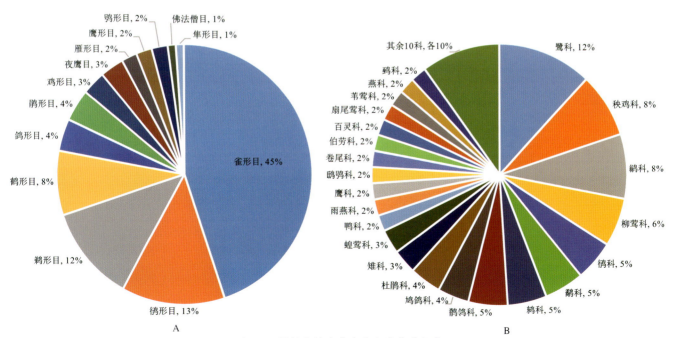

图10.1　机场鸟撞事件中的鸟类物种组成
A.按目统计；B.按科统计

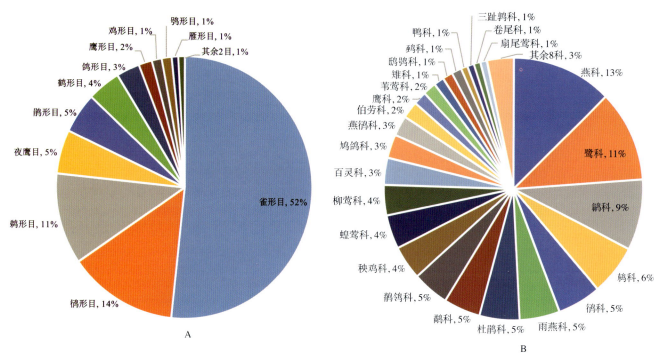

图10.2 机场鸟撞事件中的频数统计

A. 按目统计；B. 按科统计

表10.2 珠三角民航鸟击残留物鉴定结果统计

物种名	鉴定个体数	深圳宝安国际机场	广州白云国际机场
一、鸡形目GALLIFORMES			
（一）雉科Phasianidae			
1. 中华鹧鸪*Francolinus pintadeanus* (Scopoli, 1786)	1	0	1
2. 鹌鹑*Coturnix japonica* Temminck and Schlegel, 1849	1	0	1
3. 雉鸡*Phasianus colchicus* Linnaeus, 1758	1	0	1
二、雁形目ANSERIFORMES			
（二）鸭科Anatidae			
4. 针尾鸭*Anas acuta* Linnaeus, 1758	1	0	1
5. 白秋沙鸭*Mergellus albellus* (Linnaeus, 1758)	1	1	0
三、鸽形目COLUMBIFORMES			
（三）鸠鸽科Columbidae			
6. 家鸽*Columba livia* Gmelin, 1789	1	1	0
7. 山斑鸠*Streptopelia orientalis* (Latham, 1790)	3	3	0
8. 火斑鸠*Streptopelia tranquebarica* (Hermann, 1804)	2	1	1
9. 珠颈斑鸠*Spilopelia chinensis* (Scopoli, 1786)	1	1	0
四、夜鹰目CAPRIMULGIFORMES			
（四）夜鹰科Caprimulgidae			
10. 普通夜鹰*Caprimulgus jotaka* Temminck and Schlegel, 1845	1	1	0
（五）雨燕科Apodidae			
11. 白腰雨燕*Apus pacificus* (Latham, 1801)	2	2	0
12. 小白腰雨燕*Apus nipalensis* (Hodgson, 1837)	10	6	4

续表

物种名	鉴定个体数	深圳宝安国际机场	广州白云国际机场
五、鹃形目CUCULIFORMES			
（六）杜鹃科Cuculidae			
13. 大杜鹃*Cuculus canorus* Linnaeus, 1758	4	4	0
14. 北方中杜鹃*Cuculus optatus* Gould, 1845	2	1	1
15. 乌鹃*Surniculus lugubris* (Horsfield, 1821)	5	5	0
16. 小鸦鹃*Centropus bengalensis* (Gmelin, 1788)	1	0	1
六、鹤形目GRUIFORMES			
（七）秧鸡科Rallidae			
17. 白胸苦恶鸟*Amaurornis phoenicurus* (Pennant, 1769)	1	1	0
18. 普通秧鸡*Rallus indicus* Blyth, 1849	1	1	0
19. 白喉斑秧鸡*Rallina eurizonoides* (Lafresnaye, 1845)	2	1	1
20. 小田鸡*Porzana pusilla* (Pallas, 1776)	1	1	0
21. 斑胁田鸡*Porzana paykullii* (Ljungh, 1813)	1	1	0
22. 红胸田鸡*Porzana fusca* (Linnaeus, 1766)	2	2	0
23. 董鸡*Gallicrex cinerea* (Gmelin, 1789)	1	1	0
24. 黑水鸡*Gallinula chloropus* (Linnaeus, 1758)	1	1	0
七、鸻形目CHARADRIIFORMES			
（八）鸻科Charadriidae			
25. 灰头麦鸡*Vanellus cinereus* (Blyth, 1842)	1	0	1
26. 金斑鸻*Pluvialis fulva* (Gmelin, 1789)	1	1	0
27. 环颈鸻*Charadrius alexandrinus* Linnaeus, 1758	2	2	0
28. 金眶鸻*Charadrius dubius* Scopoli, 1786	7	2	5
29. 铁嘴沙鸻*Charadrius leschenaultii* Lesson, 1826	2	2	0
（九）鹬科Scolopacidae			
30. 丘鹬*Scolopax rusticola* Linnaeus, 1758	2	2	0
31. 针尾沙锥*Gallinago stenura* (Bonaparte, 1831)	4	4	0
32. 大沙锥*Gallinago megala* Swinhoe, 1861	1	1	0
33. 矶鹬*Actitis hypoleucos* (Linnaeus, 1758)	3	3	0
34. 红颈滨鹬*Calidris ruficollis* (Pallas, 1776)	1	1	0
（十）三趾鹑科Turnicidae			
35. 黄脚三趾鹑*Turnix tanki* Blyth, 1843	2	2	0
（十一）燕鸻科Glareolidae			
36. 普通燕鸻*Glareola maldivarum* Forster, 1795	6	2	4
（十二）鸥科Laridae			
37. 红嘴鸥*Chroicocephalus ridibundus* (Linnaeus, 1766)	1	1	0
八、鹈形目PELECANIFORMES			
（十三）鹭科Ardeidae			
38. 苍鹭*Ardea cinerea* Linnaeus, 1758	2	1	1

续表

物种名	鉴定个体数	深圳宝安国际机场	广州白云国际机场
39. 大白鹭*Ardea alba* Linnaeus, 1758	1	1	0
40. 中白鹭*Ardea intermedia* (Wagler, 1827)	2	2	0
41. 白鹭*Egretta garzetta* (Linnaeus, 1766)	3	2	1
42. 池鹭*Ardeola bacchus* (Bonaparte, 1855)	8	5	3
43. 夜鹭*Nycticorax nycticorax* (Linnaeus, 1758)	3	2	1
44. 牛背鹭*Bubulcus coromandus* (Boddaert, 1783)	1	0	1
45. 绿鹭*Butorides striata* (Linnaeus, 1758)	1	0	1
46. 黄苇鳽*Ixobrychus sinensis* (Gmelin, 1789)	2	2	0
47. 栗苇鳽*Ixobrychus cinnamomeus* (Gmelin, 1789)	2	2	0
48. 紫背苇鳽*Ixobrychus eurhythmus* (Swinhoe, 1873)	1	1	0
49. 黑鳽*Dupetor flavicollis* (Latham, 1790)	1	0	1

九、鹰形目ACCIPITRIFORMES

（十四）鹰科Accipitridae

50. 黑鸢*Milvus migrans* (Boddaert, 1783)	2	2	0
51. 普通鵟*Buteo japonicus* Temminck and Schlegel, 1844	2	1	1

十、鸮形目STRIGIFORMES

（十五）鸱鸮科Strigidae

52. 红角鸮*Otus sunia* (Hodgson, 1836)	1	0	1
53. 短耳鸮*Asio flammeus* (Pontoppidan, 1763)	2	1	1

十一、佛法僧目CORACIIFORMES

（十六）翠鸟科Alcedinidae

54. 普通翠鸟*Alcedo atthis* (Linnaeus, 1758)	1	1	0

十二、隼形目FALCONIFORMES

（十七）隼科Falconidae

55. 红隼*Falco tinnunculus* Linnaeus, 1758	1	1	0

十三、雀形目PASSERIFORMES

（十八）卷尾科Dicruridae

56. 黑卷尾*Dicrurus macrocercus* Vieillot, 1817	1	0	1
57. 发冠卷尾*Dicrurus hottentottus* (Linnaeus, 1766)	1	1	0

（十九）伯劳科Laniidae

58. 棕背伯劳*Lanius schach* Linnaeus, 1758	2	1	1
59. 红尾伯劳*Lanius cristatus* Linnaeus, 1758	3	2	1

（二十）鸦科Corvidae

60. 喜鹊*Pica serica* Gould, 1845	1	1	0

（二十一）百灵科Alaudidae

61. 云雀*Alauda arvensis* Linnaeus, 1758	7	5	2
62. 小云雀*Alauda gulgula* Franklin, 1831	1	0	1

（二十二）扇尾莺科Cisticolidae

63. 纯色山鹪莺*Prinia inornata* Sykes, 1832	1	0	1

续表

物种名	鉴定个体数	深圳宝安国际机场	广州白云国际机场
64. 棕扇尾莺 *Cisticola juncidis* (Rafinesque, 1810)	1	1	0
（二十三）苇莺科 Acrocephalidae			
65. 黑眉苇莺 *Acrocephalus bistrigiceps* Swinhoe, 1860	3	3	0
66. 东方大苇莺 *Acrocephalus orientalis* (Temminck and Schlegel, 1847)	1	1	0
（二十四）蝗莺科 Locustellidae			
67. 小蝗莺 *Helopsaltes certhiola* (Pallas, 1811)	2	1	1
68. 厚嘴苇莺 *Arundinax aedon* (Pallas, 1776)	1	1	
69. 矛斑蝗莺 *Locustella lanceolata* (Temminck, 1840)	7	7	0
（二十五）燕科 Hirundinidae			
70. 家燕 *Hirundo rustica* Linnaeus, 1758	23	18	5
71. 金腰燕 *Cecropis daurica* (Laxmann, 1769)	7	6	1
（二十六）鹎科 Pycnonotidae			
72. 白头鹎 *Pycnonotus sinensis* (Gmelin, 1789)	1	1	0
（二十七）柳莺科 Phylloscopidae			
73. 褐柳莺 *Phylloscopus fuscatus* (Blyth, 1842)	1	1	0
74. 黄腰柳莺 *Phylloscopus proregulus* (Pallas, 1811)	1	0	1
75. 黄眉柳莺 *Phylloscopus inornatus* (Blyth, 1842)	3	2	1
76. 双斑绿柳莺 *Phylloscopus plumbeitarsus* Swinhoe, 1861	1	0	1
77. 极北柳莺 *Phylloscopus borealis* (Blasius, 1858)	2	1	1
78. 库页岛柳莺 *Phylloscopus borealoides* Portenko, 1950	1	1	0
（二十八）鸫科 Turdidae			
79. 怀氏虎鸫 *Zoothera aurea* (Holandre, 1825)	1	0	1
80. 橙头地鸫 *Geokichla citrina* (Latham, 1790)	2	1	1
81. 白眉地鸫 *Geokichla sibirica* (Pallas, 1776)	2	2	0
82. 灰背鸫 *Turdus hortulorum* Sclater, 1863	8	4	4
83. 白眉鸫 *Turdus obscurus* Gmelin, 1789	2	1	1
（二十九）鹟科 Muscicapidae			
84. 红尾歌鸲 *Larvivora sibilans* Swinhoe, 1863	2	1	1
85. 红喉歌鸲 *Calliope calliope* (Pallas, 1776)	5	4	1
86. 蓝矶鸫 *Monticola solitarius* (Linnaeus, 1758)	2	0	2
87. 北灰鹟 *Muscicapa dauurica* Pallas, 1811	5	5	0
88. 黄眉姬鹟 *Ficedula narcissina* (Temminck, 1836)	1	1	0
89. 鸲姬鹟 *Ficedula mugimaki* (Temminck, 1836)	2	0	2
90. 白腹蓝鹟 *Cyanoptila cyanomelana* (Temminck, 1829)	2	2	0
91. 海南蓝仙鹟 *Cyornis hainanus* (Ogilvie-Grant, 1900)	2	2	0
（三十）梅花雀科 Estrildidae			
92. 斑文鸟 *Lonchura punctulata* (Linnaeus, 1758)	1	1	0
（三十一）雀科 Passeridae			
93. 麻雀 *Passer montanus* (Linnaeus, 1758)	1	0	1

物种名	鉴定个体数	深圳宝安国际机场	广州白云国际机场
（三十二）鹡鸰科Motacillidae			
94. 白鹡鸰*Motacilla alba* Linnaeus, 1758	1	0	1
95. 灰鹡鸰*Motacilla cinerea* Tunstall, 1771	1	0	1
96. 田鹨*Anthus rufulus* Vieillot, 1818	3	3	0
97. 理氏鹨*Anthus richardi* Vieillot, 1818	5	4	1
98. 红喉鹨*Anthus cervinus* (Pallas, 1811)	1	1	0
（三十三）鹀科Emberizidae			
99. 栗耳鹀*Emberiza fucata* Pallas, 1776	1	1	0
100. 小鹀*Emberiza pusilla* Pallas, 1776	2	2	0

10.4 结论及建议

狭义的鸟类DNA条形码技术是使用一个基因序列——线粒体基因组中的COI序列进行物种鉴定，即使用PCR扩增技术进行扩增，继而通过测序和序列比对，以简便快速地鉴别不同的物种。但在实际操作中，有时因为DNA模板质量差、COI序列多态性低及数据库中的可参照序列少等原因，使用单一COI序列无法准确有效地进行物种鉴定。为此，常采用其他线粒体DNA中的基因序列进行辅助鉴定，以获得更准确的结果。在本研究中，我们结合线粒体DNA中的COI、*Cyt* b、ND2和12S rRNA等多基因对所采集的鸟类样品（血迹、肌肉和羽毛）进行鉴定。对于羽毛样品，由于DNA含量相对较少，提取和扩增的难度比较大。因此，我们使用多基因的鉴定体系，确保了至少有2对以上的基因能有效地扩增和测序。当两个基因获得了一致性的结果后，方确定为最终的鉴定结果，以确保实验结果准确可靠。

从本次条形码技术的鉴定结果来看，主要以夏候鸟、冬候鸟和旅鸟组成的候鸟为主，反映了华南地区鸟类迁徙的组成特点。两个机场内的环境比较单一，但由于机场位于河口或毗邻湿地，水鸟的种类较多，共36种，例如鹭科（12种）、秧鸡科（9种）、鸻形目鸟类（包括鸻科、鹬科、三趾鹑科、燕鸻科和鸥科，共13种），而鸭科可能因为趋避机场的干扰，仅有2种。此外，雀形目鸟类多为适应小型灌丛的种类（共27种），分别为伯劳科（2科）、百灵科（2种）、扇尾莺科（2种）、苇莺科（2种）、蝗莺科（3种）、燕科（2种）、鹛科（5种）、梅花雀科（1种）、雀科（1种）、鹡鸰科（5种）和鹀科（2种）；而适应成片树林等树栖息的种类较少（共15种），分别为卷尾科（2种）、鸦科（1种）、鹟科（8种）、柳莺科（6种）和鹎科（1种）。

广州白云机场位珠江三角洲的北端，机场周边有较多的鱼塘等水域，在鉴定的结果中有约50%水鸟或者近水域生境里活动的鸟类。深圳宝安机场地处珠江三角洲的东南端，毗邻珠江口，向西与新垦湿地对望，东部为铁岗水库，除了飞行区植被较少之外，有草坪、灌丛、小型临时性湿地等环境，有较多的灌丛中的鸟类（约57%），相反水鸟较少，可能是由于深圳湾的水鸟主要集中于深圳福田红树林自然保护区的范围内。

通过使用DNA条形码技术对机场鸟撞残留物进行了分析，我们发现了一些在平时调查中难以遇到的种类。这些种类有些是在夜间活动，如猫头鹰、秧鸡，有些是在夜晚迁徙，如鹡鸰科、鹨科、莺科等。其中，斑胁田鸡为该区域内十分罕见的旅鸟（郑光美，2011）。英国鸟类学家Swinhoe曾在1870年的著作中描述过有记录（Swinhoe，1870），但其后对广州及其他地点的调查中并未有过记录；另外，库页岛柳莺是近年来由于分类变化由淡脚柳莺分出来的鸟种（张正旺等，2004）本区附近的香港亦有少量的过境记录（Carey，2001），当属本地的稀有过境鸟。本次还记录到短耳鸮、白眉地鸫、白腹蓝鹟等鸟类，都是平常调查中不易直接观察记录到的迁徙鸟类。

综上，我们使用DNA条形码技术对广州白云机场和深圳宝安机场鸟类进行了鉴定和统计分析，共记录100种鸟类，其中有一些是在常规鸟类调查中不易观察到的稀有鸟类。本项技术作为野外调查鸟类有的补充技术，对于机场鸟类撞击残留物的鉴定是十分有效的。当然，我们不排除有些鉴定的鸟类是在飞机起飞的时候碰撞上去的，因此部分鸟类的来源目前还无法确认。考虑到机场地理位置的特殊性和鸟类DNA条形码技术的成熟性和准确性，应继续使用该项技术进行鸟类鉴定和多样性调查，通过长期连续的数据，可以反映出相对准确的地区规律。

第11章

深圳市内伶仃岛猕猴冬季食性分析与植物群落的生态改造建议

| 摘 要 |

   猕猴（*Macaca mulatta*）是国家II级重点保护野生动物。2014年1月19日至2014年2月14日，通过野外观察方法对深圳内伶仃岛猕猴冬季食性进行了记录和分析，确认内伶仃岛猕猴冬季共取食14科23种植物，其中小叶榕*Ficus microcarpa*、布渣叶*Microcos paniculata*及血桐*Macaranga tanarius*等10种植物占总取食记录的90%。树叶是内伶仃岛猕猴冬季最主要的食物，占总取食记录的52.54%；其次是果实与种子，占总取食记录的26.69%；动物性食物也是猕猴食物组成的重要部分，其中昆虫占总取食记录的10.59%。通过与其他热带和亚热带猕猴食物组成的差异显著性分析，可知当生境中植物果实产量较高时，猕猴的主要食物来源是果实；在冬季果实缺乏时，猕猴的主要食物来源是树叶，这是对生境中植物季节变化的适应策略。

11.1 研究背景

   食物是动物的物质和能量来源，是保障生命生存的基本条件。在生物界中，种内关系和种间关系都和食物有着密切的联系，非人灵长类动物在社会结构、生理解剖结构、进化发展等方面与人类的关系特殊，是科学研究中极其重要的动物类群，使其成为动物学、生态学研究的热点。

   觅食和繁殖是动物生活史中最重要的两种活动行为，而觅食行为是最基本的行为（孙儒泳，2001）。动物通过觅食行为来获取能量，以维持自身的生存、个体的生长及种族的延续。研究表明，动物并不会对生存环境中所有的食物都进行取食，而是对某一种或者几种食物表现出明显的选择偏好性（Remis，2006）。而且，在不同时期，食物中营养物质含量也不尽相同，研究动物的觅食行为，可以了解何种因素影响动物的取食，分析动物的食物选择策略。所以研究非人灵长类动物的食性可以为非人灵长类动物群体的有效保护、栖息地评价、能量代谢及种间关系等提供有价值的基础资料，也可以为濒危动物的异地保护、圈养繁殖和资源管理提供理论依据（王贵林和尹华宝，2008）。

   灵长类的食物包括植物性食物和动物性食物。动物性食物能够为灵长类提供足够的蛋白质、脂肪及流质等，非人灵长类的动物性食物主要来源是昆虫。很多灵长类，如大猩猩*Gorilla gorilla*、川金丝猴*Rhinopithecus roxllanae*、金熊猴*Arctocebus calabarensis*、倭丝猴*Galagoides demidovii*、科氏倭狐猴*Microcebus coqueres*都取食较多的昆虫。植物性食物为灵长类提供生存所需的七大成分，包括蛋白质、脂肪、碳水化合物、维生素、水、矿物质和微量元素。在植物的果实中含有更多糖，但蛋白质和纤维素含量比植物茎和叶中少嫩叶含有较多的蛋白质和水，是植物组成部分中维生素和矿质元素含量最高的部分。叶柄被认为是成熟叶的一部分，不仅更容易消化，营养也比叶片更丰富。植物茎所含的糖类和酚类都较少，但纤维素较多。茎中的汁液含较多水分及少量矿质元素和光合作用产生的淀粉。花蜜含有不到果实中一半的单糖，含有的蛋白质也不易消化，但花含较多水分。植物的地下部分（包括根、块茎、根茎、球茎等）含水、碳水化合物及蛋白质。但大多数灵长类不会取食植物的地下部分。所有灵长类对食物均有高度选择性，常一致地选择某种类的特殊部位。由于植物叶的获取较为方便，因此多数灵长类更偏食嫩叶。Chivers 和 Hladik（1980）将灵长类食性归结为三大类，即食虫型Faunivores、食果型Frugivores和食叶型Folivores，其中食虫型主要从昆虫中获取所需的蛋白质，而食叶型所需的蛋白质则主要来自树叶（Chives and Hladik，1980）。

1. 猕猴形态特征

猕猴是中国常见的一种猴类，四肢均具五指（趾），有扁平的指甲。其身上大部分毛色为灰黄色至灰褐色，腰部以下为橙黄色，有光泽，胸腹部及腿部的灰色较浓。不同地区的个体间体色往往有差异。面部、两耳多为肉色，臀胝发达，多为红色或肉红色，雌猴色更红，眉骨高，眼窝深，有两颊囊。雄猴身长55-62 cm，尾长22-24 cm，体重8-12 kg；雌猴身长40-47 cm，尾长8-22 cm，体重4-7 kg。

2. 中国猕猴食性研究现状

关于灵长类的食性调查和研究较多，1987年Oates在"灵长类社会"（*Primate Societies*）中对灵长类的取食生态做了一个概述，并关注了食物资源的时空分布对灵长类取食模式的影响。二十多年来，关于野生灵长类的食性和取食生态研究取得了显著进展。美国全国科学动物营养研究委员会于1972年第一次提出关于灵长类营养需求的报告，并在1978年对该报告进行了补充，2003年进行了第二次修正。

到目前为止，许多学者对猕猴的食性进行了研究，并且还有许多学者正在研究，从北到南，猕猴生境的海拔逐渐降低，降雨量及植物多样性缓慢增加。由于不同海拔植被的不同，导致食物结构调整的可能性大增。

广西东北部桂林市的七星公园主要是裸露型岩熔地貌，山峰相对高度250-300 m。植被主要类型以常绿落叶阔叶混交林为主，当地的猕猴主要以纤维质丰富的食物为食，树叶占食物组成的41%，果实仅占12.6%。采食最多的10种植物是阴香、龙须藤、桂花、柚子、菜豆树、翅荚香槐、樟树、老虎刺、柑橘和构树，它们占食物总量的69.4%（周岐海等，2009）。

太行山南部的河南与山西两省交界地区所分布的猕猴称为太行山猕猴，河南太行山猕猴国家级自然保护区内属大陆性季风气候，猕猴分布区的森林植被以天然次生林为主，群落建群种为栓皮栎，随海拔升高出现鹅耳枥、槲栎、漆树、华北五角枫、白皮松、南蛇藤等种类；在林缘地带，有由胡枝子、连翘、蒙古绣线菊、酸枣、黄刺玫等形成的灌丛群落；在林下及灌丛下常有一些草本层，如羊胡草、早熟禾和唐松草等。其中栓皮栎、青冈、早熟禾、大叶桦、小叶桦、千金榆、鹅耳枥、枳椇、构树、博落回10种为主要采食植物，共占所采食植物总量的70.8%；太行山猕猴在冬季主要以植物的芽、种子、树皮和草根为食，分别占总取食量的33.9%、29.2%、11% 和7.3%；而在春季则以叶、花、芽和果

实为主，分别占总取食量的36.2%、19.8% 、17.2% 和13.1%（郭相保等，2011）。

广西弄岗国家级自然保护区的森林覆盖率达96%，地貌主要是裸露型岩熔地貌，植被类型为石灰山地季节性雨林。主要分布着热带性较强的种类，且多为高大乔木，藤本植物丰富。在谷底平地或洼地及其边缘，日照短，太阳辐射弱，地下水丰富，湿度条件较好。保护区地处北回归线以南，属热带季风气候。在当地猕猴的食物组成中，树叶占食物总量的 50.20%（嫩叶占43.91%，成熟叶占6.29%）；花占 0.73%；果实占44.31%（成熟果占39.36%，未成熟果占3.24%，未确定的占1.71%）；种子占1.26%；其他占3.49%（包括叶柄、树皮、茎和未知部位）。在旱季和雨季，采食频率前10 种的植物除了相同的 5 种，即鱼尾葵（果实）、野葛（叶）、假刺藤（旱季采食叶，雨季采食嫩叶）、石山蓬叶竹（嫩叶）、榕树（旱季采食嫩叶，雨季采食嫩叶和果实）外，旱季主要采食的还有另外 5 种，即人面子（果实）、围涎树（嫩叶）、弄岗通城虎（嫩叶和皮）、菟丝子（嫩茎）和火炭母（果实），而在雨季中没有或极少被猕猴采食；同样，雨季还主要采食的另外 5 种，即小果微花藤（果实）、黄皮（果实）、歪叶榕（果实）、岭南酸枣（果实）和鸡皮果（果实），在旱季中没有被猕猴采食（唐华兴，2008）。

3. 非人灵长类食性的研究方法

研究非人灵长类的食性是为了调查野生灵长类动物取食哪些食物，取食不同食物的时间地点及不同的取食方式，并以此来了解灵长类动物的基本生存需求。对灵长类动物的食性研究的常见方法主要包括以下几种。

1）实地观察法

实地观察法是指在观察条件较好的情况下，通过大量细致的观察得出结论。其可信度是较高的。国际上常用的实地观察法主要包括7种，分别是随机取样法（ad libitum sampling）、社会关系对称性取样法（sociometric matrix completion sampling）、焦点动物取样法（focal animals sampling）、全事件取样法（all occurrences of some behavior sampling）、序列取样法（sequence sampling）、1-0取样法（one-zero sampling）和扫描取样法（scan sampling）（吴宝琦和和顺进，1989）。

实地观察法理论上虽然能更加清晰地确定观察对象的觅食行为，看似比其他方法更具真实性。然而对于林栖胆怯类灵长类，由于其生存环境的特殊关系，观察的能见度较低，且它们又善闪避，难接近，很难获取正确的行为信息。因此，在野外对野生灵长类动物进行焦点观察时应尽量注意群内个体识别，不能发生混淆；研究对象在做焦点取样调查时要保证被观察到足够多次；观察者必须保证在进行抽样的时候不会改变被观察者的自然行为。若不注意保证上述3个要点，可能将会导致数据的偏离（李学友等，2007）。

2）粪便分析法

粪便在食性研究中可作为重要的信息源，粪便分析法是灵长类食性研究中常用的方法。其基本原理是根据粪便中未被消化的植物碎片细胞印迹结构来确定动物取食植物的种类和数量。常采用显微组织学的技术来分析草食动物

粪便中残存的植物细胞，植物的科、属甚至种的表皮细胞结构各具特点，植物角质层碎片通过动物消化道后除大小变化外，仍保存原表皮细胞的模式结构。因此根据粪便中未被消化的角质碎片的细胞结构，可鉴定动物取食的植物种类。

粪便分析法是目前国内外学者应用最多的一种方法，利用该方法可以较为准确地区分出动物所摄入的主要植物种类。但如果单凭此法，只能大概地推测其所食植物种类及其数量。因为动物对不同植物或同一植物的不同部位，不同生长阶段的消化率存在差异，有的植物或者部位比较容易消化，如被子植物的花等。因此仅用粪便分析法很难评估被子植物的花等对于滇金丝猴食性的相对重要性。由于对各种植物消化的差异性，动物对某一食物的喜食性与粪便当中该物质的残留量不成正比，必须进行修正。例如，实地观察到恒猴采食某种食物频率的高低，与粪便分析中该食物的残留量并不呈严格的线性关系（Su and Lee，2001）。

3）笼养饲喂法

笼养饲喂法是指从灵长类的野外生境内选取其可能吃的新鲜食物，混合分批放入食盒，对笼养的动物进行饲喂。记录1天之内其所摄入的植物种属和数量，再把这天内所排出的粪便做镜检分析，测量并记录每种所食植物的粪便残留量（吴宝琦和和顺进，1989）。

在可能性食物准备较充分的情况下，该方法对于得出一些正确有用的数据是很有帮助的。但该方法毕竟是在人工条件下进行，脱离了野外多样性的环境，某些食物可能会被遗漏，笼养动物在人为条件下进行正常饮食也是较难进行的，很多情况下，加入了许多人为食物，这对于得出正确的观察资料是有一定影响的（张峻等，2005）。而且，笼养状态下与野外生存的动物对同样食物的消化速度可能存在偏差，使得笼养饲喂法得出结果与野外数据存在一定偏差。

4）胃内容物分析法

采集动物胃瘤若干，在每个胃瘤中采集少量胃内容物样本，通过测量胃容物来估计该动物所利用的不同食物的组成及比例。其操作原理和步骤与粪便分析法较为相似，但是胃内容物分析法必须以处死动物为代价，对于濒危动物不可取用。

与粪便显微分析法相比较，胃内容物分析法也存在辨认的问题，而且这个问题更为严重。消化虽然对粪样的影响要比胃样材料更为严重，但消化并不会破坏植物表皮角质碎片的结构，对碎片影响较小，而胃中的大部分容物由于消化的作用，很难用肉眼辨认。但其原理与粪样分析法基本相同，即通过胃内容物中可辨认部分，来确定动物的食物组成。其缺点是无法把动物在自由生活的条件下所取食的植物种类全部鉴定，操作复杂，辨认率不高，难度较大。在灵长类的食性研究中应用较少（李学友等，2007）。

11.2 材料与方法

11.2.1 研究地点和目标猴群

内伶仃岛位于珠江口东侧的伶仃洋上，地理位置为N

22°24′-22°26′，E 113°47′-113°49′。内伶仃岛属南亚热带季风气候，其气候虽与临近的珠海、深圳相类似，但由于它地处出海口，四面环水，受地形及下垫面的影响，微气候又有独特之处。热量丰富，雨量充沛。常风较大，盛行偏南风和东北风，冬夏风向季节性变化明显，年均风速3 m/s以上。7-10月多台风，空气湿度较大，累年各月相对湿度均在70%以上，全年基本无霜（王勇军等，1999c）。春季暖空气逐渐加强，出现阴雨；夏季盛行东南或偏南风，常有台风袭击，狂风伴随暴雨；秋季雨量明显减少，秋高气爽；冬季偶有寒潮，冷空气自珠江河口通道侵入，出现低温。

岛上共有维管植物132科393属601种，其中野生维管植物127科367属551种，栽培植物22科31属50种。野生维管植物中，蕨类植物20科25属38种，裸子植物4科4属5种，被子植物103科338属508种（昝启杰等，2001）。目前主要植被类型有：南亚热带常绿阔叶林，南亚热带针阔叶混交林，南亚热带红树林，人工林与园地，灌木林及灌丛等（蓝崇钰等，2002）。根据《广东内伶仃岛自然资源与生态研究》所述，在这些群落中占主要的是南亚热带常绿阔叶林；乔木层优势树种为樟科的短序润楠、潺槁，梧桐科的假萍婆，桑科的白桂木和棕榈科的软叶刺葵；灌木层无明显的优势种，主要有九节、栀子、广东大沙叶、豹皮樟和牛耳枫等；草本层以华山姜、建兰和凤尾蕨属为主；层间藤本植物较多，如紫玉盘、山椒子、飞龙掌血、龙须藤、刺果藤、藤黄檀等（蓝崇钰等，2001）。

区系分析表明，内伶仃岛种子植物区系以泛热带科（42科，占39.2%）及热带-亚热带科（32科，占29.9%）为主，其次是亚热带-温带科（11科，占10.3%）；属的地理成分方面，以泛热带分布属（125属，占39.2%）及热带-亚热带分布属（158属，46.2%）为主，也有相当丰富的亚热带-温带属（46属，占14.4%），说明内伶仃岛的植物区系与广东大陆的区系地理成分相似，以热带-亚热带成分为主（蓝崇钰等，2002）。

内伶仃岛保护区在1984年建立时对岛上的猕猴进行了调查，其数量约为200只，1998年再次调查已增加到约600只，种群增长模型公式（王勇军等，1999a）：

$$Nt = 200e^{0.069t}$$

式中，Nt为t时间的种群数量；t为持续增长时间。

在2014年初，内伶仃岛总共有猕猴1390只左右。

猕猴活动区域与植被、植物群落类型有相关性，但因全岛植物群落趋于复杂化及猴群的移动性，全岛三大植被类型对猴群的分布并无明显的影响。岛上猕猴主要集中于三个区域，即岛的东部、北部、南部，而西部则较少。岛上猴群主要分布在尖峰山两侧或四周，即东部常绿阔叶林区（猴场、东角咀、东角湾、捕狗仔等地），南部人工台湾相思和松林区（黑沙湾、水湾至尖峰山之间、至南湾北侧山地），北部（尖峰山北至东湾咀、东湾之间）为宜林地、果林、蕉林区；另在西北部的东背坳、西部的碑亭也有猴群分布。此外是一些散群猴（王勇军等，1999c）。

本次研究主要是在保护站附近，保护站附近有两个猴群，为便于区分将其命名为大群和小群，大群投食驯化时间较长，经常在投食点附近出现，较利于观察（图11.1）。

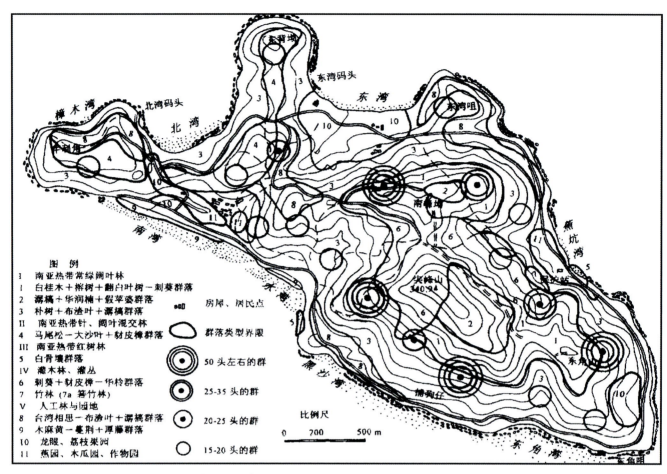

图11.1 内伶仃岛植被类型与猕猴群数量的相关性（王勇军等，1999c）

小群的投食驯化时间少于大群，偶尔也会在投食点附近出现，但出现次数较少，而且会对大群进行规避，所以比较不利于观察。故本次研究主要的观察对象是投食点附近的大群。

观察统计大群猕猴和小群猕猴可得各群的年龄性别构成（表11.1）。

11.2.2 研究方法

1. 数据收集

2014年1月19日至2014年2月14日，对深圳内伶仃岛上的野生猕猴进行了行为学观察和粪便收集。在将近一个月的观察时间中采用了扫描取样法、焦点跟踪法及全事件取样法三种方法来进行数据的收集。每天猴群在视野中出现时开始统计，当猴群在山林中移动而无法继续跟踪观察时结束观察统计。天气晴朗时，猕猴群一般于9:30左右时出现，于15:30左右时回到山上无法继续观察。故每天有效观察时间约5h。

使用扫描取样法时，通过依次观察每一个被取样的个体从而获得群内许多成员的行为数据。如果能在非常短的时间内记录视线内所有个体的行为，记录则可近似地看作是同时对所有个体的取样。所以在进行扫描取样时要尽量在短时间内完成，在扫描时依次记录所见个体的年龄性别组，以及取食与否，同时记录正在进食或正在寻找某种食物（如翻开

表11.1 大群猕猴和小群猕猴年龄性别组个体数及比例

种群类别	个体数及比例*			
	成年雄性	成年雌性	亚成体	新生儿
大群猕猴	7 (20.6%)	10 (29.4%)	14 (41.2%)	3 (8.8%)
小群猕猴	3 (15.0%)	9 (45.0%)	6 (30.0%)	2 (10.0%)

*指种群中各年龄期个体数在该种群中所占的比例

石块、剥开枯树皮等），以及取食食物的种类和部位（包括叶、果实、种子、花、树皮、茎、其他等）等与个体取食行为相关的信息。对于在收集数据时无法辨认的植物，则拍照并采集标本带回请植物学专家进行鉴定。

焦点动物取样法是指记录所选择的个体（即目标动物）在事先确定的时间和时长（如20min）内所发生的所有行为。它不仅可以记录事件性和状态性行为，而且可详细记录不同行为发生的顺序和目标个体与其他个体交往的先后次序，分析行为之间的连锁或因果关系。在使用焦点法收集数据时，记录焦点个体在焦点时间内一切的取食行为，包括取食发生的时间、食物的种类和部位等信息。

全事件取样法是指在某些情况下，在某一个观察期间内记录研究群全体成员发生的所有被明确定义的行为。在使用全事件法收集数据时，观察整个猕猴群，记录所有发生的取食行为，包括取食个体的年龄性别组、取食时间、取食食物的种类和部位等。因为猕猴在每次取食时实物量难以估计，所以无法利用猕猴食用量来分析猕猴食性，故本研究利用猴群对不同食物取食频次的不同来分析猕猴食性。

在收集数据过程中根据猕猴的外生殖器、个体大小、性成熟情况，以及个体在种群繁殖和种群结构中的地位和作用，我们将种群个体划分为以下5个组别：成年雄性组（估计年龄6岁以上雄性个体，性成熟，参与种群繁殖）、成年雌性组（估计年龄5岁以上雌性个体，参与种群繁殖）、亚成年组（性成熟个体，但尚未参与种群繁殖）、青少年组（1-3岁个体，尚未性成熟个体，不参与种群繁殖）、幼年组（出生未满一年的个体）。定义取食行为是猕猴正在采摘或将食物放进嘴中，看见至少连续出现3次；或在游走过程中向周边张望搜寻，或翻开石块、剥开枯树皮等，最终获取某种食物且至少连续出现3次。

除了收集猕猴取食行为数据，还和植物学专家合作进行了猕猴生境植物的样方调查，以结合收集到的猕猴取食行为数据加以分析。

2. 数据处理

利用统计软件SPSS18.0对得到的数据进行分析。将利用全事件取样法得到的数据进行汇总，以取食某种食物的频次与取样中所观察到的总频次的比值来表示该食物在这一取样样本中所占的比例。利用同样的对比方法，可以得到植物不同部分被猕猴取食的频次差别。之后主要采用卡方检验来比较两种取样方法算得的取食偏好结果是否存在显著差异。卡方检验是用途非常广的一种假设检验方法，它在分类资料统计推断中的应用，包括：两个比率或两个构成比比较的卡方检验；多个比率或多个构成比比较的卡方检验及分类资料的相关分析等。以上所有的差异性显著水平设定为$\alpha < 0.05$，差异性极显著水平设定为$\alpha < 0.01$。

在本研究中，将取食频度大于10%的植物定义为主要采食植物，取食频度5%-10%的植物定义为常采食植物，取食频度1%-5%的植物定义为普通采食植物，将取食频率小于1%的植物定义为偶见采食植物。

11.3 研究结果

11.3.1 内伶仃岛猕猴冬季食谱

1. 取食偏好

在内伶仃岛调查期间，总共观察到内伶仃岛猕猴取食14科的23种植物（不包括无法辨别的植物根茎和树皮）及昆虫等动物。包括昆虫在内的10个种类占据了全部食物总量的80%。其中，昆虫约占10%，因此昆虫是动物食性灵长类的主要食物类型。因为这种动物性的食物可以为灵长类提供丰富的蛋白质、脂肪和维生素等物质，虽然昆虫在冬天比较稀少，但由于其能量高，猕猴仍会花费较多的精力去找寻昆虫，如内伶仃岛的猕猴会花费较多时间去找寻躲藏在血桐枯叶内的昆虫。

内伶仃岛上种群总鲜重占据优势的前13种植物中，有5种是猕猴冬季主要食用的（表11.2），说明猕猴对于食物存在较明显的偏好性，并不会依据生境中植物的多少而进行取食，而是挑选某些特定的植物进行取食。在野外观察中也能发现猕猴拥有较高的植物辨认能力，可以轻松选择出特定的植物进行食用。

从得到的猕猴食谱中，共统计到14科23种植物和1种动物（表11.3），其中桑科小叶榕占16.17%，大戟科血桐占12.77%，包括血桐种子11.49%和血桐嫩叶1.28%，椴树科破布叶占10.64%，这三种植物所占比例都大于10%，是内伶仃岛猕猴冬季主要采食植物。禾本科水蔗草占8.51%，萝藦科匙羹藤占7.66%，这两种植物是内伶仃岛猕猴冬季常采食植物。昆虫和3种主要采食植物及2种常采食植物占据猕猴冬季食谱的约65%，10种普通采食植物占据约30%，其余8种偶见采食植物约占猕猴冬季食谱的5%。从结果可以看出，猕猴会大量取食特定的几种植物，10种主要取食种类约占据全部食物的90%，剩下的10余种只占据不到10%。

从表11.3中可以看出，乔木植物约占全部食物的51%，主要包括破布叶、小叶榕、血桐等8种植物；藤本植物约占全部食物的20%，主要包括匙羹藤、薇甘菊、飞龙掌血等7种植物；以水蔗草为主的3种草本植物约占全部食物的12.49%；以芝麻为主的4种灌木植物约占全部食物的6%。可以看出猕猴更倾向于取食乔木和藤本植物，而较少取食灌木和草本植物，因为较高的乔木可以形成较好的保护，而灌木因为离地面较近，取食时存在较大风险，所以取食比例较低。而且不同生活型的植物数目与其所占的取食比例并不是显著地正相关关系，可知猕猴在取食过程中存在选择偏好。

除了对不同生活型植物的选择，猕猴对不同科的植物取食比例也有不同（表11.4）。内伶仃岛猕猴冬季食谱中，包括榕树、波罗蜜等在内的桑科植物占猕猴食谱的21%，是猕猴取食最多的科别，其次是包括血桐、土蜜树等在内的大戟科植物，占总食谱的15.75%；椴树科破布叶占食谱的10.64%，以水蔗草为主的禾本科植物占猕猴冬季食谱的9.51%。以上4科的植物约占内伶仃岛猕猴冬季取食总量的57%，是猕猴在冬季的主要食物，剩下包括豆科、旋花科、

表11.2 内伶仃岛植物种群总鲜重前13种植物

序号	种类	株数	种群总鲜重（g）	冬季主要食物
1	朴树Celtis sinensis	81	490 002.726	✕
2	布渣叶Microcos paniculata	672	305 940.575	✓
3	黄牛木Cratoxylum cochinchinense	240	265 258.785	✕
4	五爪金龙Ipomoea cairica	223	134 065.802	✓
5	蔓生莠竹Microstegium fasciculatum	3324	108 406.629	✕
6	龙眼Dimocarpus longan	136	76 778.780	✓
7	白桂木Artocarpus hypargyreus	8	75 205.806	✕
8	酸藤子Embelia laeta	33	71 946.533	✕
9	水翁蒲桃Syzygium nervosum	4	70 817.616	✕
10	荔枝Litchi chinensis	20	67 423.145	✓
11	白花酸藤果Embelia ribes	30	57 718.206	✕
12	对叶榕Ficus hispida	62	52 717.355	✓
13	重阳木Bischofia polycarpa	2	52 000.812	✕

表11.3 内伶仃岛猕猴种群冬季食谱

序号	种类	科别	生活型	取食比例（%）
1	榕树Ficus microcarpa	桑科Moraceae	T	16.17
2	血桐 Macaranga tanarius	大戟科Euphorbiaceae	T	12.77
3	破布叶Microcos paniculata	椴树科Tiliaceae	T	10.64
4	昆虫	—	—	10.59
5	水蔗草Apluda mutica	禾本科Gramineae	H	8.51
6	匙羹藤Gymnema sylvestre	萝藦科Asclepiadaceae	V	7.66
7	薇甘菊Mikania micrantha	菊科Asteraceae	V	4.68
8	波罗蜜Artocarpus heterophyllus	桑科Moraceae	T	4.26
9	土蜜树Bridelia tomentosa	大戟科Euphorbiaceae	T	2.98
10	飞龙掌血Toddalia asiatica	芸香科Rutaceae	V	3.40
11	五爪金龙Ipomoea cairica	旋花科Convolvulaceae	H	2.98
12	台湾相思Acacia confusa	豆科Leguminosae	T	2.55
13	苎麻Boehmeria nivea	荨麻科Urticaceae	S	2.55
14	九里香Murraya exotica	芸香科Rutaceae	S	1.70
15	盒子草Actinostemma tenerum	葫芦科Cucurbitaceae	V	1.28
16	紫玉盘Uvaria macrophylla	番荔枝科Annonaceae	V	1.28
17	鲫鱼胆Maesa perlarius	紫金牛科Myrsinaceae	S	<1
18	首冠藤Bauhinia corymbosa	豆科Leguminosae	V	<1
19	竹子Bambuseae sp.	禾本科Gramineae	H	<1

续表

序号	种类	科别	生活型	取食比例（%）
20	白楸 *Mallotus paniculatus*	大戟科Euphorbiaceae	T	<1
21	花椒簕 *Zanthoxylum scandens*	芸香科Rutaceae	V	<1
22	对叶榕 *Ficus hispida*	桑科Moraceae	T	<1
23	九节 *Psychotria asiatica*	茜草科Rubiaceae	S	<1
24	树皮	—	—	<1
25	根茎	—	—	<1

注：生活型包括 T乔木，S灌木，V藤本植物，H草本植物；取食比例是指某个种类占全部取食种类的百分比

表11.4　内伶仃岛猕猴取食植物科别组成

序号	科别	取食物种数	取食比例（%）
1	桑科Moraceae	3	21.00
2	大戟科Euphorbiaceae	3	15.75
3	椴树科Tiliaceae	1	10.64
4	禾本科Gramineae	2	9.51
5	萝藦科Asclepiadaceae	1	7.66
6	芸香科Rutaceae	3	6.10
7	菊科Asteraceae	1	4.68
8	豆科Leguminosae	2	3.55
9	旋花科Convolvulaceae	1	2.98
10	荨麻科Urticaceae	1	2.55
11	葫芦科Cucurbitaceae	1	1.28
12	番荔枝科Annonaceae	1	1.28
13	紫金牛科Myrsinaceae	1	<1.00
14	茜草科Rubiaceae	1	<1.00

荨麻科等在内的10科植物占总食谱的约30%，说明这10科植物是属于猕猴较少采食的植物。

2. 内伶仃岛猕猴食物组成

在记录到的猕猴食物组成中，植物不同部位被取食的频率也存在显著差异（图11.2），树叶占总取食记录的36.86%（此处叶指成熟的叶片，不包括将脱落的枯叶以及新长出的嫩叶），果实占15.25%（果实特指仍连接在植物体上或刚刚脱落不久的部分），种子占11.44%（种子指已经脱离植物体掉落在地上很久的部分），昆虫占10.59%，嫩叶占8.90%，叶柄占5.93%，花占5.51%，以上7个部分约占总取食记录的94.5%，其中叶是内伶仃岛猕猴冬季取食的最主要部分，枯叶、嫩叶、成熟叶片共约占总取食记录的50%，说明在食物

缺乏的冬季，猕猴最主要的食物来源是植物叶片。其次是尚未脱落的果实（主要以椴树科破布叶果实为主）及已经脱落一段时间的植物种子（主要以血桐种子为主）约占26.7%。包括枯叶、根茎、树皮等其他食物只占较少比例，是较少取食的食物。在取食过程中猕猴会不断翻开血桐的枯叶，包括挂在树上和掉落地上的枯叶，经过详细观察发现是在寻找血桐枯叶中存在的昆虫，因为冬季昆虫等动物性食物较少，所以猕猴会花费较多时间翻开血桐枯叶以取食其中可能存在的昆虫。猕猴在取食萝藦科匙羹藤时，通常只取食匙羹藤叶片的叶柄部分而把叶片其余部分丢弃。

3. 年间对比

2013年1月11至24日于内伶仃岛上调查的食性结果为，

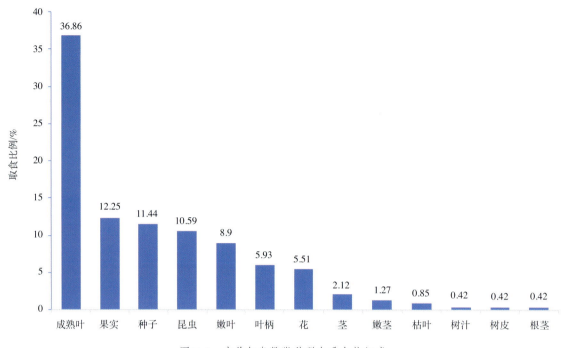

图11.2 内伶仃岛猕猴种群冬季食物组成

树叶占总取食记录的55.96%；其次是果实和种子，共占35.43%；枝茎占2.56%；花占2.33%；其他主要指除前述部位外和植物相关的其他物质（如树胶），以及幼猴接受母亲的哺乳的乳汁，占1.86%；剩余食物类型（包括动物和未知类型）也仅占1.86%。与2014年调查结果对比如图11.3。在2013年的结果中同样也是树叶占总取食记录的大部分，为最主要食物来源；2013年总取食记录中取食种子所占比例较高而取食昆虫所占比例较低，2014年猕猴总取食记录中昆虫所占比例明显高于2013年。

将2013年与2014年内伶仃岛猕猴冬季取食植物部位统计结果进行卡方检验，并比较两年间内伶仃岛猕猴食物组成差异（表11.5）。

从表11.5中可以看出，2013与2014两年的总取食记录中，在树叶、茎、果实及其他4个类别中没有显著性差异。从表11.6中可以看出，这4个类别在两年的总取食记录中所占比例相差较小，并未达到统计学的显著性差异水平。在猕猴取食植物花这个类别中，两年的总取食记录的存在显著性差异，可能是因为2014年进行观察记录的时间略早于2013年，残存的植物花朵多于2013年，所以猕猴取食比例略高于2013年。在猕猴取食种子和昆虫两个类别中，两年的总取食记录间存在极显著性差异，2013年猕猴取食种子的比例高于2014

年约10%，而2013年猕猴取食昆虫的比例则低于2014年约10%，可能是因为在2013年进行野外观察时将猕猴翻取地面血桐树叶的行为归类为取食血桐种子，而在2014年野外观察时将翻取血桐树叶的行为归类为取食昆虫的原因，也可能是因为2013年观察时采用的是焦点动物法，每当猕猴将食物放入嘴中视为一次记录，而2014年观察时采用的是全事件法，两种方法的不同在于猕猴取食地面种子时花费时间较少而速度较快，会使焦点动物法数据量有所增加，而在取食血桐枯叶里的昆虫时花费时间较多而取食效率较低，会使全事件法数据量有所增加，所以使种子和昆虫两个取食类别在两年的总取食记录间存在极显著性差异。

但总的来说，两年间猕猴总取食记录差异不大，可以说明内伶仃岛猕猴种群冬季食性较为稳定。在果实缺乏的冬季，内伶仃岛猕猴种群最主要食物来源是树叶，约占总取食记录的50%，其次是果实和种子，也是内伶仃岛猕猴种群冬季的主要食物来源，而动物性食物也是灵长类食物中非常重要的一部分，所以在冬季也占总取食记录的10%左右。内伶仃岛猕猴种群较为稳定的冬季食性可能是长期适应内伶仃岛冬季环境的结果，已经形成较为稳定的取食习惯，所以使两年总取食记录之间不存在较大差异。

表11.5 两年间内伶仃岛猕猴食物组成差异性分析

	树叶	茎	花	果实	种子	昆虫	其他	未知
差异显著性比较	$P=0.399$	$P=0.541$	$P=0.032$	$P=0.254$	$P<0.01$	$P<0.01$	$P=0.566$	—

注：$P<0.05$视为有显著差异，$P<0.01$视为有极显著性差异，$P>0.05$视为没有显著性差异

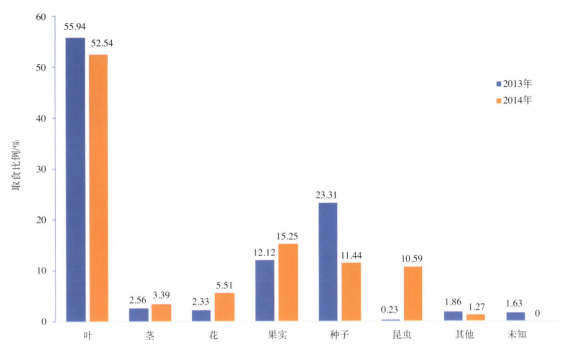

图11.3　2013年与2014年猕猴食物组成比较

11.3.2 热带-亚热带猕猴食性差异性比较与分析

灵长类食物组成受到多种因素影响，猕猴在不同气候下会有不同的食物组成（表11.6），如栖息在台湾北部低海拔亚热带森林中的台湾猕猴，取食果实的比例较高，占总记录的53.8%，树叶只占14.9%（Su and Lee，2001）。而生活在台湾中部的阔叶针叶混交林中的台湾猕猴取食记录中树叶是主要部分，占46.7%，果实只占20%，其他占33.3%（Lin et al.，1988）。由此可知，不同气候条件下的猕猴有完全不同的食物组成结构，猕猴的食物组成与气候条件和栖息地植物的可利用性有着密切的关系。

因为深圳内伶仃岛属于亚热带季风性气候，所以为了与本研究结果作对比，下面将选取几个同处于亚热带季风气候条件下的猕猴物种的食物组成与内伶仃岛猕猴种群食物组成作比较。

熊猴*Macaca assamensis*：广西弄岗国家级自然保护区位于（106°42′28″-107°4′54″E，22°13′56″-22°33′9″N），分东（陇山）、中（弄岗）、西（陇呼）3片，总面积约为100 km²，地处北回归线以南，属亚热带季风气候。熊猴的食物组成共有38科77种植物，包括乔木35种、灌木9种、藤本植物27种、草本植物4种及附生植物2种，分别占总取食记录的45.45%、11.69%、35.06%、5.19%、2.60%。在熊猴食物组成中，嫩叶占43.91%，成熟叶占6.29%，所以树叶总共占50.20%，是最主要食物来源，花占0.73%，果实占44.31%，是第二大食物来源，种子占1.26%，其他占3.49%（唐华兴，2008）。

表11.6　热带-亚热带几种猕猴属物种的食物组成比较（%）

物种名	树叶	花	果实	种子	昆虫	其他	数据来源
猕猴*Macaca mulatta*（内伶仃岛种群）	52.54	5.51	15.25	11.44	10.59	4.67	本研究
猕猴*Macaca mulatta*（七星公园种群）	68.30	1.40	6.30	2.20	—	21.80	周岐海等，2009
台湾猕猴*Macaca cyclopis*（台北种群）	14.92	7.32	53.80	—	9.76	14.20	Su and Lee，2001
台湾猕猴*Macaca cyclopis*（台中种群）	46.70	—	20.00	—	—	33.30	Lin et al.，1988
熊猴*Macaca assamensis*	50.20	0.73	44.31	1.26	—	3.50	唐华兴，2008
长尾猕猴*Macaca fascicularis*	17.20	8.90	66.70	—	4.10	3.10	Yeager，1996
日本猕猴*Macaca fuscata*	27.10	4.30	23.30	10.20	7.90	27.20	Hill，1997
黑冠猕猴*Macaca nigra*	2.50	—	66.00	—	31.50	—	O'Brien and Kinnaird，1997
冠毛猕猴*Macaca radiata*	25.60	8.70	41.00	5.10	14.50	5.10	Krishnamani，1994
黑叶猴*Trachypithecus francoisi*	84.40	0.66	9.11	—	—	5.83	蔡湘文，2004

狝猴（七星公园种群）：七星公园位于广西桂林市（110°18′01″-110°19′06″E，25°16′47″-25°16′10″N），公园总面积为134.7 km²。属于亚热带湿润季风性气候，植被主要以常绿落叶阔叶混交林为主。七星公园狝猴种群的食物组成中共有34科的60种植物。按植物类型划分，乔木有40种，占总取食记录的89.49%；灌木有12种，占7.29%；藤本植物有4种，占0.83%；草本植物有4种，占2.39%。按取食部位划分，嫩叶占总取食记录的16.7%，成熟叶占24.3%，叶柄占27.3%，树叶总共占总取食记录的68.3.0%；树皮也是七星公园狝猴主要的食物来源，占21.8%；果实占6.3%，其中成熟果实占5.0%，未成熟果实占1.3%；种子占总取食记录的2.2%；花占总取食记录的1.4%（周岐海等，2009）。

台湾狝猴 *Macaca cyclopis*：台湾宜兰县附近的仁泽山（21°30′E，24°33′N）海拔500-900 m 生活的狝猴。仁泽山气候温暖湿润，属于南亚热带湿润气候，主要植被是次生阔叶常绿林、草地及人工种植的松柏。在台湾狝猴的食物组成中，果实是最主要组成部分，占总取食记录的53.8%，花占总取食记录的7.32%，树叶和茎分别占总取食记录的14.92%和11.76%，植物的嫩枝占总取食记录的2.44%，而昆虫占总取食记录的9.76%（Su and Lee，2001）。

长尾狝猴 *Macaca fascicularis*：在印尼国家公园里生活的狝猴分布在泡桐树河延伸两公里的范围内，生境包括淡水泥炭沼泽等，平均树高10-15 m，雨季降水丰富，月平均降水量239.9 mm，气候类型主要属于热带季风气候。印尼狝猴食物组成共有15科33种植物，其中果实占总取食记录的66.7%，是印尼狝猴最主要的食物来源，树叶占狝猴总取食记录的17.2%，也是印尼狝猴的主要食物来源，花占总取食记录的8.9%，昆虫占总取食记录的4.1%，其他未知食物占3.2%（Yeager，1996）。

1. 热带-亚热带狝猴食物组成比较

对于同处于亚热带的狝猴，食物组成也不相同（图11.4），在七星公园狝猴取食记录中，乔木约占90%，是最主要组成部分，远高于内伶仃岛种群和弄岗熊猴取食记录中乔木所占部分。在3个狝猴种群的取食记录中灌木都只占较少部分，约占10%，弄岗熊猴取食灌木稍多于其余两处。在取食藤本植物的比例中，弄岗熊猴取食藤本植物约35%，高于内伶仃岛狝猴种群的20%和七星公园狝猴种群的不到1%。取食草本植物比例最高的是内伶仃岛种群，约占总取食记录的10%，略高于弄岗熊猴和七星公园狝猴种群取食草本植物的比例。

因为弄岗熊猴总取食记录频数没有在文献中提供，所以无法进行卡方检验和显著性差异比较。在对内伶仃岛狝猴种群和七星公园狝猴种群取食植物生活型差异进行卡方检验后得出，内伶仃岛狝猴种群和桂林七星公园狝猴种群在乔木植物、藤本植物和草本植物三种植物的取食结果存在明显不同且达到统计学显著性水平（$P < 0.001$），而对灌木植物的取食结果虽然也存在不同，但没有达到统计学显著性水平（$P = 0.527$）（图11.4）。

亚热带狝猴种群食物组成也存在较大差别（表11.6），在内伶仃岛狝猴种群和弄岗熊猴的食物组成中，树叶是最主要的部分，分别占总取食记录的50%左右。而果实是台湾狝猴和长尾狝猴的最主要食物来源，分别占总取食记录的50%和60%以上，不过在台湾狝猴和长尾狝猴的取食记录中没有出现种子，可能是在记录时将种子归为果实的原因。七星公园狝猴种群的食物组成中也是树叶占主要部分（包括嫩叶、成熟叶及叶柄）。在七星公园狝猴种群食物组成中，树皮也是主要部分，根据原文推测，可能是狝猴为了取食藏身在树皮内的昆虫，但在本研究中将其归为其他选项，在弄岗熊猴

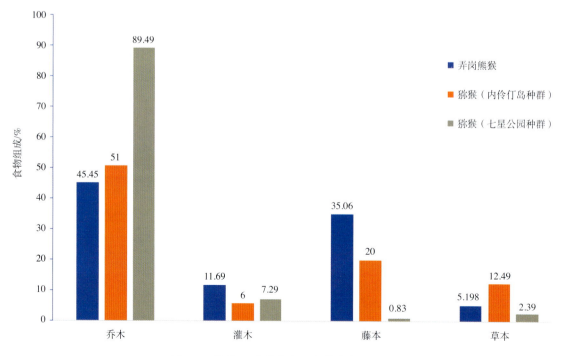

图11.4 热带-亚热带狝猴取食植物生活型比较

表11.7　内伶仃岛猕猴种群与其他亚热带猕猴属物种的食物组成差异显著性分析

猕猴（内伶仃岛种群）	猕猴（七星公园种群）	台湾猕猴	长尾猕猴
树叶	$P = 0.001$	$P < 0.001$	$P < 0.001$
花	$P < 0.001$	$P = 0.286$	$P = 0.073$
果实	$P < 0.001$	$P < 0.001$	$P < 0.001$
种子	$P < 0.001$	—	—
昆虫	—	$P = 0.652$	$P < 0.001$
其他（包括植物茎、叶柄、树皮等）	$P < 0.001$	$P = 0.001$	—

注：$P < 0.01$ 差异极显著，$P < 0.05$ 差异显著，$P > 0.05$ 差异不显著

取食记录中也没有出现昆虫。台湾猕猴取食记录中茎占约10%，略高于其他几种亚热带猕猴。

因为弄岗熊猴总取食记录频次没有在文献中给出，所以无法进行差异性分析。将七星公园猕猴种群、台湾猕猴及长尾猕猴食物组成与内伶仃岛猕猴种群食物组成通过卡方检验来比较，结果见表11.7。

2. 热带-亚热带猕猴食物组成差异显著性分析

从表11.7可以看出，内伶仃岛猕猴种群的食物组成与七星公园猕猴种群的食物组成均存在极显著性差异，包括树叶、花及果实等在内的每个分类中均存在显著性差异（$P < 0.01$），可能是因为七星公园猕猴种群的属食物组成中树皮和叶柄占较高比例，在其余几种猕猴属物种的食物组成未出现树皮占主要成分的情况。灵长类动物中大量取食树皮的种类较少，大多主要分布在温带或者高海拔地区，且主要作为冬季食物缺乏时的反馈食物而出现。在内伶仃岛猕猴种群的食物组成中叶柄约占5%左右，远不及七星公园猕猴（20%），可能是由于七星公园冬季无地表径流，生境中自由水较为缺乏，所以七星公园猕猴会大量取食含水量较高的叶柄来获取所需的水分。

内伶仃岛猕猴种群的食物组成和台湾猕猴食物组成在树叶、果实及其他这3个类别中存在显著性差异（$P < 0.01$），而在花（$P = 0.286$）和昆虫（$P = 0.652$）两个类别中不存在显著性差异。而取食果实的比例存在显著性差异可能是因为在台湾猕猴总取食记录中没有区分果实和种子，使果实占总取食记录比例提高，而且在台湾猕猴的取食记录中，果实成熟的季节占据较多的观察时间。所以在台湾猕猴总取食记录中果实占最主要的部分，树叶占较少的比例，与内伶仃岛猕猴食物组成存在显著性差异。

内伶仃岛猕猴种群的食物组成和印尼猕猴食物组成也存在较多显著性差异。树叶、果实和昆虫3种食物类别均存在显著性差异（$P < 0.01$），而在花这个取食类别上不存在显著性差异（$P = 0.073$）。可能是因为印尼国家公园主要是热带气候，果实比较丰富，所以长尾猕猴可以以植物果实为主要食物来源。在果实缺乏的时候猕猴会取食树叶等，但果实缺乏的时间较短，所以长尾猕猴取食树叶的比例较低，果实取食

比例较高，因而与内伶仃岛猕猴种群的食物组成存在显著性差异。

综合比较几种亚热带猕猴物种及种群的食物组成可以发现，不同地区的猕猴食物组成与当地植被组成及其生长周期有关，也与猕猴生活环境纬度有关。纬度越低，距离赤道越近，日照的差异也就越明显，日照时间的长短会影响植物光合作用、生长和繁殖，而且不同纬度之间的温度和降雨量也存在差异，这些差异也会影响到植物的生长，使生境发生变化。研究表明，植物果实的产量会随着纬度的增加而降低（Herrera，1985）。所以热带的植物果实产量是高于亚热带和温带的，因此，生活于热带地区的猕猴食物组成中果实的比例应该高于生活于亚热带地区的猕猴及生活于温带地区的猕猴。生活于温带地区的猕猴食性多为杂食性或主要为叶食性，所以在长尾猕猴和台湾猕猴的食物组成中果实是最主要的部分，而在七星公园猕猴种群以及弄岗熊猴的食物组成中树叶是最主要部分。在本研究中，因为观察时间处于冬季，果实较为缺乏，所以观察到内伶仃岛猕猴种群最主要取食部位也是树叶，但猜想在果实丰富的季节，内伶仃岛猕猴种群的最主要食物来源应该是果实。

11.4　结论及建议

深圳内伶仃岛属于南亚热带季风性气候，冬季猕猴食物来源较少。在研究中共记录到猕猴取食14科23种植物，其中乔木植物8种，占总取食记录的51%，藤本植物7种，占总取食记录的20%，灌木植物4种以及草本植物3种，分别占总取食记录的6%和12.49%。内伶仃岛猕猴冬季主要食物来源是树叶，约占总取食记录的50%，其次是果实与种子，占约总取食记录的30%。其中包括小叶榕、血桐及破布叶在内的10种主要取食种类约占据总取食记录的90%。在内伶仃岛生境中，种群总鲜重占据优势的13种植物中只有5种是猕猴会食用的，说明猕猴在取食植物时不是简单地根据生境中植物丰富度来取食，而是依据特定的偏好进行选择性进食。

在将内伶仃岛猕猴种群的食物组成与其他几种热带或亚热带猕猴种群的食物组成进行对比后，可以发现因纬度的

不同及具体生境的不同，猕猴的食物组成之间大多还是存在显著性差异，主要影响猕猴食物组成的因素是当地植物果实产量，果实充足时猕猴主要食物来源是果实，在果实缺乏的冬季，猕猴主要食物来源是树叶。动物性食物也是猕猴食物组成中较为重要的部分，猕猴会通过翻找枯叶，啃咬树皮等方式来取食昆虫，内伶仃岛猕猴种群的食物组成中昆虫约占10%，与台湾猕猴食物组成中昆虫所占比例相似。

通过对内伶仃岛猕猴种群冬季食性的研究，了解了内伶仃岛猕猴种群冬季的主要食物来源，及主要取食植物及部位，并通过与其他亚热带猕猴属物种的食性进行对比，了解了内伶仃岛猕猴种群食谱的特点与不同，为更加了解内伶仃岛猕猴种群提供了较为全面的基础资料，也为内伶仃岛植被的保护及猕猴保护提供了依据。

第12章

深圳市陆域脊椎动物的保护和管理

12.1 深圳市陆域脊椎动物面临的主要威胁

当前，深圳市陆生脊椎动物面临的最主要威胁来自于外来生物入侵、自然栖息地破碎化和性质改变，其次，环境污染和全球气候变化也会对陆域脊椎动物造成威胁。

12.1.1 外来入侵物种

深圳是我国遭受外来物种和外来入侵物种影响最严重的地区。在我们调查记录的504种脊椎动物中，多达28种是外来物种（含入侵物种），比例高达5.6%。外来入侵物种对入侵地的生态危害已经得到证实并引起了人们的广泛关注，但那些没有被认定为入侵种的外来物种，也应予以关注，它们通过生态位或食物资源等竞争，或多或少都会影响本土物种的生存，都应予以严加控制。

12.1.2 自然栖息地破碎和性质改变

深圳陆域总面积约1997 km²，其中，974 km²的土地被划入基本生态控制线内。基本生态控制线实施十余年来，从总体上看，基本控制线内自然资源和生态环境均得到较好保护。根据2018年的统计数据，常住居民达到1252.83万人，是1979年人口总数的40倍；人口密度接近6300人/km²，成为我国内地人口密度最高的城市。人口增长通常与对自然资源及其服务功能需求呈正相关关系，同时也会给自然栖息地带来巨大压力。按照城市发展的普遍模式，深圳快速城市化进程和爆炸式人口增长，必然导致大量自然栖息地被侵占和利用，自然资源将因过度利用而严重枯竭。为应对城市高速发展和人口爆炸式增长导致的城市空间呈现外拓式无序扩张和蔓延态势，深圳市于2005年在全国率先划定了基本生态控制线，通过了《深圳市基本生态控制线管理规定》，将全市974 km²的土地划入生态控制线内，并规定除重大道路交通设施、市政公用设施、旅游设施和公园以外，禁止在基本生态控制线范围内进行其他建设。2013年，深圳市出台了《深圳市人民政府关于进一步规范基本生态控制线管理的实施意见》，提出严格管控基本生态控制线内建设活动，强化管制力度，推进管理精细化；大力推动建设用地清退和生态修复，合理疏导合法建筑，积极引导控制线内社区转型发展；规范动态调整机制；建立健全共同管理机制等四项具体要求。同时实施的《深圳市基本生态控制线优化调整方案》，通过"一增一减"，对原有生态控制线进行优化调整。

深圳全市可分3个地貌带，伴有多个断裂带，并受多条河流切割，因此，全境生态环境具有天然的破碎、断裂和孤岛化特点（李粮纲等，2007）。近30年来，城市化进程导致自然环境进一步破碎化，高楼越建越多、越建越高，进一步分割了城市空间，而过度植被改造和过度园林化也会导致栖息地性质改变和破碎化，如大规模种植桉树、台湾相思林等也会对原生植被产生分割作用。尽管深圳规划了基本生态控制线，以期通过基本生态控制线的保护，阻止生态环境破碎化的进一步发展。然而，深圳划定的基本生态控制线存在严重缺陷，主要表现在下列几点。①某些关键区域的基本生态控制线缺乏缓冲保护带和生态屏障。在这些区域，基本生态控制线外的人类活动或建设项目，同样会对基本控制线内的生物多样性产生影响。例如，深圳湾滨海区域日益升高的建筑群，不仅严重影响鸟类的迁徙，而且挤压了深圳湾鸟类的活动空间，也是深圳湾鸟类总体上呈下降趋势的原因之一，一些过去稳定可见的鸟类（如卷羽鹈鹕等），现在已基本绝迹。②沿海山脉带的梧桐山、排牙山、三洲田、马峦山、七娘山等区域，虽然主体都在基本生态控制线内，但由于存在一些历史遗留问题，制约了基本控制线的实施，而且或多或少都存在为了发展而蚕食基本控制线的情况。③深圳市划定的基本控制线时特别强调了在严格管控线内建设活动的同时，应大力推动生态修复。但控制线内的生态恢复工作往往只考虑植物、植被的重建问题，而未考虑动物栖息地问题。一些市政公园的园林工程为了达到某种景观效果，常常重新构建植被，导致生境性质发生改变，加剧了动物群落不稳定性，亦严重影响区内动物的多样性水平。在深圳，很多公园鸟类数量较多，但种类很少；深圳市区八哥、黑领椋鸟等草地型、高大乔木型鸟类较多，鹟科、画眉科等喜阴或灌丛型鸟类较少。在某些市区公园，红耳鹎日益取代白头鹎而成为优势种群。

为解决生态环境破碎化问题，深圳市在划定了基本生态控制线之后，在全市范围内划定了20个关键生态节点，并计划通过生态廊道建设，解决主要生态斑块的联通问题（图12.1）。通过生态廊道解决生态斑块联通问题尽管在国际上得到大多数保护生物学家和生态学家的支持，但也有不少学者对其生态效果和性价比提出了质疑。实际上，通过关键生态节点和生物廊道解决生态斑块间的联通问题是一个跨学科的复杂工程，亦有很大的不确定性，需要动物分类学、动物行为学、动物生态学、植物学、园林和建筑工程等多学

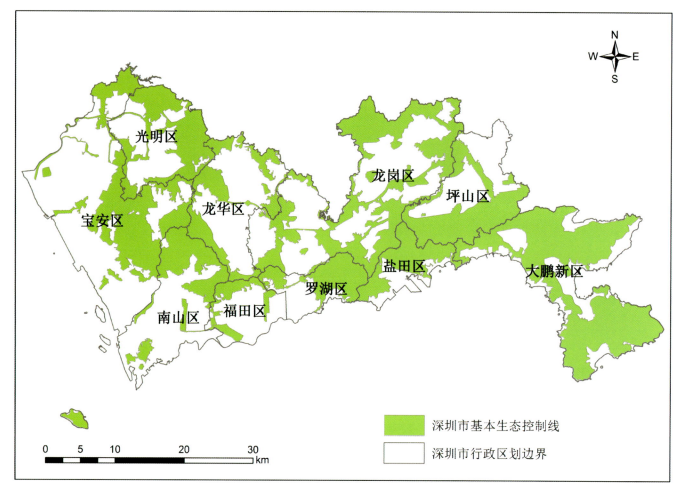

图12.1　深圳市基本生态控制线（2013年）

科专家协作完成。深圳市规划设定的关键生态节点和生态廊道普遍存在简单化问题，并有如下几点不足：①在生物多样性水平较高的沿海山脉带只规划了2个节点廊道，而在多样性较低的城市建成区、中北部平原、丘陵和台地等区域规划了18条节点廊道；②伴随深圳城市扩张，大量引进的速生园林植物出现在城市建成区、中北部平原、丘陵和台地等区域，形成了很多植被等环境特征异质性较高的中小面积生态斑块，并日益孤岛化，在这些具有环境高度异质性的斑块间构建生态廊道，其联通作用有限，甚至完全没有作用；③深圳全境规划的20条生态廊道普遍存在科学论证不足的问题，主要表现在缺乏隔离要素分析和联通生态斑块的生物多样性基础数据，无明确的廊道服务目标，廊道的生态构建未考虑服务目标生态需求和隔离斑块生态环境特点。

综上所述，栖息地破碎和性质改变问题仍然是深圳生物多样性保护所面临的主要问题。基本生态控制线的划定在一定程度上解决了城市发展与生态保护的矛盾，但在具体实施上，仍然存在诸多问题。

12.1.3 环境污染

根据深圳市人居环境委员会发布的2013年至2016年度深

圳市环境状况公报，全市环境质量总体保持良好水平。环境空气中二氧化硫、二氧化氮和可吸入颗粒物（PM10）年平均浓度均符合国家二级标准，2013年细颗粒物（PM2.5）年平均浓度超过国家二级标准，2014年至2016年均符合国家二级标准；主要饮用水源水质良好，符合饮用水源水质要求；主要河流中下游氨氮、总磷等指标超标，其他指标达到国家地表水 V 类标准；东部近岸海域海水水质2013年和2014年达到国家海水水质第二类标准，2015年和2016年达到国家第一类标准，西部近岸海域海水水质劣于第四类标准；城市区域环境噪声处于一般水平（三级）；辐射环境处于安全状态（深圳人居环境委员会，2014，2015，2016，2017）。

总体上看，深圳市空气质量有持续向好趋势，东部近岸海域和水质有向好趋势，主要饮用水源未受到污染，全市环境总体较好。污染主要发生在主要河流中下游和西部近岸海域，对区内水生生态系统有深刻影响，但由于未有相关的研究数据，其影响到底如何仍属未知。

深圳是一个淡水资源比较匮乏的城市，因此政府一直非常重视主要饮用水源地的管理，很多水库都实行封闭管理，但仍不时有水库及其流域受到污染。深圳市的主要河流污染一直比较严重，山区溪流遭受污染较小，但偶尔也有溪流毒鱼事件发生。

12.1.4　气候变化

气候变化是指气候在一段时间内（几十年或几百万年）的波动变化。这种波动可以是全球性的，也可能是区域性的。导致气候变化的因素很多，有自然因素，如太阳辐射、地球运行轨道变化、洋流变化、火山爆发等，也有人为因素。人类活动对气候有着直接和不容置疑的影响。当前，全球学界和政府对气候变化讨论最多的是人为因素对气候的影响，尤其是关于全球变暖问题，《联合国气候变化框架公约》（United Nations Framework Convention on Climate Change, 1992）对气候变化给出一个明确人类在全球气候变化责任的定义：在可比时期内观测到的自然气候变化，是由人类活动直接或间接改变了全球大气构成的结果。2007年，联合国环境规划署政府间气候变化专门委员会（Intergovernmental Panel on Climate Change）基于翔实历史数据的研究指出，在最近几十年内，人类的活动致使全球气温迅速上升。人类活动，尤其是人类大量使用化石燃料和制造水泥，排放了大量的CO_2和烟尘；另外，土地用途的改变、臭氧层遭到破坏、畜牧业和农业活动、森林砍伐等，都会对气候产生不同程度的影响，各种因素叠加，导致最近几十年温度显著上升。在较大空间和时间尺度上，预计在21世纪随着一系列气候变化将导致全球海平面加速上升（Warrick et al., 1996）。

海平面上升，将可能导致由盐沼、红树林和潮间带组成的滨海湿地整体遭受重大损失（Hoozemans et al., 1993）。这些滨海湿地具有高生产效率，且有一些重要功能，如防洪、吸收污染物、渔场育苗和自然保护（Warrick et al., 1996）。由于人们没有广泛认识到滨海湿地的这些重要功能，人类直接填海等活动导致湿地面积也在逐渐减少。全球每年大约有1%的沿海湿地资源被流失（Hoozemans et al., 1993），且海平面的上升将进一步加剧湿地资源的流失。哈德利中心根据温室气体环流模式实验推导的结果显示在不考虑其他气候变化因素，从1990年到2080年，温室气体将导致全球海平面上升约38 cm。此时，海平面上升可能会导致世界上22%的沿海湿地消失。如果加上人类直接行动造成的其他损失，到2080年，世界上多达70%的沿海湿地可能会消失（Warrick et al., 1996）。

气候变化对生物多样性的影响是巨大的，除了滨海栖息地丧失外，还将直接影响生物的生长、发育、繁殖、行为习性、栖息地质量、迁徙与分布，以及群落结构和整个生态系统。

就深圳而言，气候变化因素对其生物多样性的影响目前尚不显著，但也必须引起足够重视。如果全球气候变暖趋势不能得到有效遏制，长远来看，海平面的上升将彻底改变深圳滨海湿地生态系统。从近期看，可能逐渐改变山区森林的涵养能力和溪流生态系统，厄尔尼诺现象导致频繁发生的极端天气也可能对滨海湿地生态系统造成多重危害。另外，气候变化也可能改变候鸟的迁徙路线和迁徙规律，导致深圳鸟类区系发生显著变化，多样性水平出现不可逆的下降。

总之，在足够的时间尺度上，气候变化对深圳生物多样性的影响将是巨大的，但这种变化需要长期的科学监测才能做出科学准确的评判。

12.2　深圳市陆域脊椎动物的保护与管理建议

12.2.1　基于多样性本底数据，建立全市陆生脊椎动物保护管理分区和分级管理制度，采取有针对性的保护和管理措施

就某一地区而言，对其物种多样性认识的不足是生物多样性保护与管理所面临的最主要挑战。全面、系统、深入的科学考察，是全面了解该地区生物多样性、进而实施有针对性、富有成效的保护和管理的基础性和前提性工作（Grismer et al., 2013; 王英永等, 2017）。

深圳市陆域环境按地形地貌分成4种类型：①低山山地和高丘陵，包括沿海山脉带和羊台山；②平原和丘陵台地；③深圳湾、西乡红树林和海山田园等滨海湿地；④城市公园绿地。不同环境类型的陆域脊椎动物区系有较大的差异（表12.1）。

1. 低山山地和高丘陵

梧桐山的陆生脊椎动物多样性水平最高（205种），其次是属于半岛性质的七娘山（189种），位于两地之间的排牙山-田头山-马峦山-三洲田略低，羊台山由于是具有孤岛性质的独立山体，海拔较低（最高峰587 m），其多样性水平最低（155种）（表12.1）。

梧桐山是深圳海拔最高的山体，与香港新界山脉相连，有较大纵深，其物种多样性水平最高，有较高特有性和稀有性，新种深圳后棱蛇、白刺湍蛙和刘氏掌突蟾的模式产地都在梧桐山，广东颈槽蛇在梧桐山也有分布记录，一些珍稀濒危物种如香港瘰螈、短肢角蟾、平胸龟和褐渔鸮等均记录于梧桐山；作为与深圳市罗湖区相连的风景名胜区，山溪（马水涧）面临开发利用的压力较大，受人类活动影响比较严重，红耳龟、拟鳄龟、矛纹草鹛、蓝翅希鹛等外来物种和外来入侵物种较多，两栖动物、爬行动物和山溪鱼类受胁程度较高。因此，梧桐山应该列为深圳最高保护级别。

七娘山是深圳面积最大的半岛，其陆生脊椎动物物种多样性水平较高，是深圳地区哺乳动物物种丰富度最高、种群数量最大的区域，豹猫、果子狸、黄腹鼬、鼬獾、野猪等种群均较大，是国家II级重点保护野生动物黑疣大壁虎目前在深圳的唯一分布地。当前，七娘山面临的主要威胁是栖息地破碎及孤岛化。其孤岛化主要表现在两个方面：首先，大鹏新区南澳街道和大鹏街道的建设发展，逐渐将七娘山与排牙山陆地自然生境分割开来，使七娘山渐成生态孤岛；其次，七娘山海滨沿岸的开发建设，改变了沿岸的自然岸线的地形地貌，对岩鹭、黑枕燕鸥等栖息繁殖造成一定影响，某些敏感地段（如鹿角溪）滨海公路建设对某些类群有大规模路杀致死作用，山溪末段的人工化阻断了两侧洄游型鱼类往返山溪和海洋的通路。针对七娘山的资源现状和受胁因素，当前急需七娘山两个保护机构，即大鹏半岛地质公园和大鹏半岛市级自然保护区（局部）协同保护工作，做到无缝对接，同时基于生态优先原则做好开发建设的生态评估，并完善游客管理。对区内由于道路、水库建设等因素造成栖息地破碎及

表12.1 深圳主要生态单元陆生脊椎动物物种组成（2013-2016年调查数据）

主要生态单元	两栖类	爬行类	鸟类	哺乳类	合计
七娘山	17	35	118	19	189
排牙山-田头山	18	23	106[①]	16[①]	163
三洲田-马峦山	15	20	136[②]	7[②]	178
梧桐山	21	41	126	17	205
塘朗山-银湖山-梅林山	8	9	106	12	135
羊台山	10	16	116[③]	13[③]	155
观澜-光明-罗田山	7	9	117	9	142
大、小南山	7	8	45	8	68
内伶仃	10	15	94	11	130
松子坑	7	8	53	10	78
清林径	7	8	14	10	39
深圳湾	6	10	162	4	182
西乡红树林	6	10	15[①]		
铁岗水库-石岩水库-凤凰山-五指耙	11	7			
海上田园			58		

数据来源：① 为排牙山；② 为田头山-马峦山-三洲田；③ 为羊台山-铁岗-石岩水库-凤凰山；④ 为大铲湾-西乡滨海

建设活动对生态影响进行生态评估，分析隔离要素和致胁要素，在生态评价的基础上规划设计生物廊道和特定区块的生态保护屏障。

排牙山、田头山、马峦山和三洲田构成沿海山脉带的中段，是连通七娘山和梧桐山的地理走廊，是深圳森林鸟类多样性水平最高的区域，两栖爬行动物多样性略低于梧桐山，与七娘山的水平相近，也是深圳物种多样性的高丰度区，应加强保护力度。尽管目前仍已有三洲田森林公园、马峦山郊野公园、田头山自然保护区和大鹏半岛自然保护区（局部），但缺乏对区内动物保护的详细规划和针对性保护措施，亦缺乏各机构之间的协同保护制度。

羊台山被丘陵台地所包围，是一个生态孤岛，海拔较低，山溪水网不发达，其陆生脊椎动物物种多样性水平总体偏低。林鸟物种多样性水平较高，但两栖爬行动物和哺乳动物的物种多样性水平较低；各类群均以适应低地林缘、农田和城市园林生活的物种为主，但也有梅氏壁虎、短肢角蟾等中国特有和珍稀濒危的低山物种。羊台山是深圳西北部的海拔最高点，对铁岗水库、石岩水库、塘朗山等地脊椎动物多样性影响较大。此外，羊台山森林公园曾经发生过溪流毒鱼事件。因此，应以提高动物生物多样性水平为目标，制定出详细发展规划和保护措施，加强羊台山的动物保护力度，重点加强山溪水系的保护和管理。

内伶仃岛是海洋型近海岛屿，面积较小，海拔较低，岛上国家级重点保护野生动物和珍稀濒危物种较多，是唯一确定目前仍然有中华穿山甲种群存活的区域，也是大量陆地鸟类迁徙的中转站。内伶仃岛是国家级自然保护区，有完善的管理制度和生态保护措施。但岛屿的生态资源有限，岛上猕猴种群数量庞大，且种群仍处于扩张态势，必须考虑其对岛内其他动物生态空间的挤压问题，尤其是对中华穿山甲、豹猫、蟒蛇以及鸟类等的种群影响。

2. 平原和丘陵台地

该生境类型基本以生态斑块形式呈现，以人工植被为主，生境较为单一，受人类活动影响较大。其中，银湖山-梅林山-塘朗山区块记录鸟类106种，观澜-光明-罗田山区块记录鸟类117种，相对于深圳其他地区，其鸟类物种多样性水平中等偏高，因此，这两个区块应重点考虑提升鸟类多样性的方法和措施。而清林径和松子坑水库，陆生脊椎动物多样性水平很低，在保护好水库水源的前提下，应重点考虑如何提升其生物多样性和生态价值。

3. 深圳湾、西乡红树林和海山田园等滨海湿地

与陆地生态系统相比，深圳滨海湿地生态系统面临的威胁更大。除了东部沿海山脉带的海岸线还有部分为自然岸线外，深圳市填海造地和海岸开发利用导致大部分自然海岸线被人工堤岸所取代，因此，大部分滨海湿地生态系统的生态现状堪忧，必须引起政府的足够重视。深圳湾就是一个典型案例，随着整个深圳湾纳潮量减少、红树林的不断扩张，深圳湾有加速淤积的态势，如不加以控制，在不远的未来，深圳湾或将消失，其作为候鸟重要的越冬地、停歇地和中转站的功能亦将不复存在。

12.2.2 基于多样性本底数据，重新评估已划定的关键生态节点和廊道的生态价值及其合理性

生物廊道，亦称栖息地廊桥或绿色廊道，用于连接被人

类活动或构筑物（如道路、开发或伐木）分隔的野生动物种群栖息地斑块。这个廊道允许种群间的个体交流，它有助于消除发生在孤立种群内的近亲繁殖和遗传多样性减少（通过遗传漂变）的负面影响，也可能促进由于随机事件（如火灾和传染性疾病）导致减小或消亡的种群重建。虽然廊道的实施是以增加生物多样性为假定目标，但至今还没有令人信服的研究来证实通过廊道建设可以实现多样性增加。建设廊道的目的更多是建立在直觉上的，很少是通过实验或科学研究后做出的（Tewksbury et al.，2002）。

首先，廊道建设必须明确目标物种，亦即必须明确建设的廊道是为哪种动物服务的。不同动物的生态需求不同，只有明确目标动物，才能根据该动物的生态需求、生态习性来设计廊道。其次，是廊道的选址问题，廊道选址必须是在两个被隔离斑块中目标动物种群密度较高的区域，否则，目标动物通过廊道的概率很低，甚至没有通过廊道的可能。最后，廊道应该是建立在具有同样生境类型两个隔离斑块之间。

根据上述原则和深圳市野生动物资源本底数据，可以看出在深圳市所规划的关键生态节点和生物廊道中，大多数是不符合上述原则的，主要表现在基础数据缺乏，很多被隔离的斑块生物多样性水平很低，环境高度异质化；由于缺乏基础数据，所规划的廊道服务目标不明确，选址亦欠科学考究。

因此，有必要根据生物廊道建设原则和深圳市野生动物资源本底数据对已经划定的关键生态节点和生物廊道进行评估，予以重新规划。

12.2.3 加强陆生脊椎动物调查和监测工作，构建动物多样性基础数据库和基于web的实时评估和预警系统

陆生脊椎动物具有运动性、隐蔽性、季节性等特点，因此，尽管2013年至2016年完成深圳陆域脊椎动物资源本底调查时间足够长，调查力度足够大，但仍然有很多物种尚未被发现。深圳处于东亚-澳大利亚候鸟迁徙路线上，每年有大量候鸟在深圳越冬、停歇中转；深圳经过高速城市化进程后，可利用的土地资源已近极限，基本生态控制线面临空前压力，自然、半自然和市区环境始终处于动态变化之中。因此，深圳陆域脊椎动物动物区系始终处于动态变化之中，需要持续的调查监测，构建动物多样性基础数据库和基于web的实时评估和预警系统，实时准确掌握种群、群落和生物多样性的动态变化和趋势，为深圳市的基本生态控制线的完善、生物廊道规划建设、自然保护区和森林公园规划建设、重大工程项目的生态评价等提供基础数据和理论依据，提高保护成效，实现科学发展。

12.2.4 加强外来入侵物种监测和评估，建立科学有效的生态防控体系

目前已知的外来入侵动物的入侵和扩散路径主要有放生、国际贸易货物带入、逃逸等。其中，放生是外来入侵动物的主要来源；逃逸是指市民作为宠物饲养的动物，逃逸到

自然环境中，这些动物主要是外来动物，但也有少数物种被确认为外来入侵动物，如红耳龟、雀鳝等。因此，对外来入侵动物的监管首先要从源头入手，通过与庙宇等宗教机构合作，规范放生行为，通过科普教育，逐渐减少放生行为。其次，通过港口、海关等部门严格把控，杜绝外来入侵物种由贸易带入的可能。

对于已经成功入侵到深圳自然环境中的外来入侵动物，如红耳龟、牛蛙、温室蟾等，建立长期监测网络，通过动物多样性基础数据库和基于web的实时评估和预警系统，实施动态监测、评估和预警，及时掌握各个物种的种群动态，有计划、有针对性地实施科学管控。

12.2.5 构建城市公园绿地和自然生态系统生态修复的多要素评价体系

针对目前城市园林建设和自然生态系统实施生态修复往往只考虑植被和景观效果，导致生态系统服务功能低下的事实，建议将生态系统组织结构的完整性作为城市园林和生态修复的规划和建设目标，构建包括动物、微生物、空气、土壤和水环境的多要素城市公园绿地和自然生态系统生态修复评价体系，即城市园林景观构建和生态修复必须充分考虑生态系统组织结构，尤其是食物链的完整性，以提升生态系统的稳定性，抗干扰能力和自我修复能力，避免大量使用杀虫剂而危害环境安全。因此，在城市园林绿地规划和设计时，应该增加生态设计专项；在重要工程或者大型工程（如湿地建设、廊道建设、生境连关键点区域建设等）规划前期，需开展详细本底调查工作，并提供可操作的详细生态评价和规划设计生态指引。

12.2.6 开展更加广泛的自然观和保育理念教育，倡导专业事专业人做工作作风

深圳在环境教育方面有良好群众基础和社会条件。首先，政府和城市管理部门非常重视环境保护工作，有国际化视野和先进理念，投入了大量人力物力，开展了大量的工作；其次，企业和市民参与度高，生态保护的群众基础好。目前，以深圳市观鸟协会、华侨城湿地公园、红树林基金会、潜爱大鹏等为代表的民间和企业保育机构在环境教育、环保行动等方面做了大量工作，取得了可喜的成效。但也存在明显的短板，即科研支撑力量不足。深圳很多生态规划和工程是由非专业机构完成的，最终实施的效果与预期相差甚远，因此，要倡导专业事专业人做的工作作风，政府发挥政策引导优势，让城市职能部门和城市建设相关企业重视生态建设，在生态领域增加投入、重要项目与专业机构合作等方式，发挥生物多样性和生态学人才的专业优势，促进生态理念真正落地，逐步提升城市生态环境质量。政府、各级教育机构和环保团体亦应投入更大力量，更广泛地开展全民的科学自然观和生态保育理念教育，提高全民科学素养，让广大市民积极参与到环境保护行动和环境监督中来，践行生物多样性保护的全民共同责任。

参考文献

References

蔡湘文. 2004. 黑叶猴的觅食生物学和营养分析. 广西师范大学硕士学位论文: 1-52.

蔡波, 王跃招, 陈跃英, 李家堂. 2015. 中国爬行纲动物分类厘定. 生物多样性, 23 (3): 365-382.

常弘, 王勇军, 张国萍, 庄平弟, 袁喜才. 2001a. 广东内伶仃岛夏季鸟类群落生物多样性的研究. 动物学杂志, 36 (4): 33-36.

常弘, 张国萍, 柯亚永, 陈里娥. 2001b. 深圳梧桐山夏季鸟类群落结构及生物量的研究. 中山大学学报 (自然科学版), 40 (1): 89-92.

常弘, 谢佐桂, 庄平弟. 2002. 深圳莲花山的两栖爬行动物资源及其保护. 中山大学学报 (自然科学版), 41 (S2): 59-63.

常弘, 庄平弟. 2002. 广东内伶仃岛猕猴种群年龄结构及发展趋势. 生态学报, 22 (7): 1057-1060.

常弘, 庄平弟. 2003a. 深圳市围岭公园鸟类动物多样性编目. 中山大学学报 (自然科学版), 42 (S2): 78-79.

常弘, 庄平弟. 2003b. 深圳市围岭公园兽类资源及其野生动物保护. 中山大学学报 (自然科学版), 42 (S2): 53-57.

常弘, 庄平弟, 朱世杰. 2003. 深圳市围岭公园两栖爬行动物资源及其保护. 中山大学学报 (自然科学版), 42 (S2): 43-49.

常弘, 庄平弟, 朱世杰, 等. 2007. 马峦山郊野公园陆生脊椎动物物种多样性编目//廖文波, 叶常镜, 王晓明, 等. 深圳马峦山郊野公园生物多样性及其生态可持续发展. 北京: 科学出版社: 266-271.

陈素芝, 傅金钟, 肖茂达. 1993. 我国引进蛙类的初步研究. 动物学杂志, 2: 12-14.

陈桂珠, 王勇军, 黄乔兰. 1995a. 深圳福田红树林鸟类自然保护区陆鸟生物多样性. 生态科学, 2: 105-108.

陈桂珠, 王勇军, 黄乔兰. 1995b. 深圳福田红树林鸟类自然保护区生物多样性及其保护研究. 生物多样性, 5 (2): 104-111.

陈洪勋. 2006. 野生迁徙水禽流感病毒感染的流行病学分析与鸭H5亚型禽流感抗体ELISA监控技术研究. 浙江大学硕士学位论文: 1-106.

陈国柱, 林小涛. 2012. 农田生境入侵捕食者食蚊鱼对青鳉再引入种群的影响 // 中国鱼类学会. 中国鱼类学会中国海洋湖沼学会鱼类学分会、中国动物学会鱼类学分会2012年学术研讨会论文摘要汇编: 2.

成新跃, 徐汝梅. 2007. 中国外来动物入侵概况. 生物学通报, 9: 1-4, 64.

邓巨燮, 关贯勋, 徐利生. 1986. 深圳福田红树林鸟类自然保护区的鸟类及无脊椎动物调查报告. 生态科学, 445-450.

丁晓龙, 潘新园, 袁倩敏, 遇宝成, 胡慧建. 2012. 深圳松子坑森林公园鸟类多样性与群落特征研究. 四川动物, 31 (6): 983-986.

方民杰. 2015. 九龙江华安段罗非鱼类的初步调查. 生物安全学报, 24 (3): 201-207.

费梁, 叶昌媛, 江建平. 2012. 中国两栖动物及其分布彩色图鉴. 成都: 四川科学技术出版社: 1-619.

葛研, 王海京, 潘崇生, 肖绍军, 龚世平. 2012. 广州白云山风景区两栖爬行动物调查. 四川动物, 31 (1): 147-151.

龚世平, 葛研, 胡诗佳, 周鹏, 史海涛. 2011. 外来物种红耳龟在广东珠江流域的分布状况调查 // 中国生态学会动物生态专业委员会, 中国动物学会兽类学分会, 中国野生动物保护协会科技委员会. 第七届全国野生动物生态与资源保护学术研讨会论文摘要集: 2.

顾党恩, 牟希东, 罗渡, 等. 2012. 广东省主要水系外来水生动物初步调查. 生物安全学报, 21 (4): 272-276.

关贯勋, 邓巨燮. 1990. 华南红树林潮间带的鸟类. 中山大学学报 (自然科学版) 论丛, 9 (2): 66-73.

郭相保, 王振龙, 陈菊荣, 田军东, 王白石, 路纪琪. 2011. 河南太行山自然保护区猕猴冬春季食性分析. 生态学杂志, 30 (3): 483-488.

国家林业局. 2000. 国家林业局令第七号——国家保护的有益的或者有重要经济、科学研究价值的陆生野生动物名录. 野生动物, 5: 49-82.

何晓瑞. 1998. 我国特有种滇螈的绝灭及其原因分析. 四川动物, 17 (2): 58-60.

胡平, 庄平弟, 丁晓龙, 王芳. 2011. 深圳市观澜森林公园哺乳动物调查. 中国农学通报, 27 (22): 94-98.

蒋志刚, 马勇, 吴毅, 王应祥, 冯祚建, 周开亚, 刘少英, 罗振华, 李春旺. 2015. 中国哺乳动物多样性. 生物多样性, 23 (3): 351-364.

蒋志刚, 江建平, 王跃招, 张鹗, 张雁云, 李立立, 谢锋, 蔡波, 曹亮, 郑光美, 董路, 张正旺, 丁平, 罗振华, 丁长青, 马志军, 汤宋华, 曹文宣, 李春旺, 胡慧建, 马勇, 吴毅, 王应祥, 周开亚, 刘少英, 陈跃英, 李家堂, 冯祚建, 王燕, 王斌, 李成, 宋雪琳, 蔡蕾, 臧春鑫, 曾岩, 孟智斌, 方红霞, 平晓鸽. 2016. 中国脊椎动物红色名录. 生物多样性, 24 (5): 500-551.

康鹏天, 史兆国, 李勤慎. 2012. 生物入侵对甘肃土著鱼类的危害及管理对策. 科学养鱼, 12: 1-3.

赖燕玲, 王晓明, 廖文波. 2005. 深圳马峦山郊野公园生态环境综合评价. 中国园林, 10: 69-72.

蓝崇钰, 王勇军, 等. 2001. 广东内伶仃岛自然资源与生态研究. 北京: 中国林业出版社: 1-243.

蓝崇钰, 廖文波, 王勇军. 2002. 广东内伶仃岛的生物资源及自然保护规划. 植物资源与环境学报, 11 (1): 47-52.

黎振昌, 肖智, 刘少容. 2011. 广东两栖动物和爬行动物. 广州: 广东科技出版社: 1-265.

李成, 谢锋. 2004. 牛蛙入侵新案例与管理对策分析. 应用与环境生物学报, 1: 95-98.

李成, 江建平. 2016. 无尾两栖类在不同生活史阶段的栖息环境. 四川动物, 6: 950-955.

李闯. 2013. 海南万泉河红耳龟 (*Trachemys scripta elegans*) 野外繁殖研究. 海南师范大学硕士学位论文: 1-47.

李闯, 王力军, 史海涛, 汪继超, 刘丹, 马凯. 2013. 警惕北美牛蛙入侵海南的风险. 动物学杂志, 48 (2): 284-286.

李峰, 陶青, 陈柏承, 徐忠鲜, 于文华, 唐跃琳, 王英永, 李玉春, 张礼标, 吴毅. 2014. 广东深圳梧桐山国家森林公园哺乳动物物种资源调查. 广东农业科学, 3: 140-144.

李凤莲, 赵衡, 周伟, 付蔷. 2007. 云南4种入侵生物风险分析 // 中国农业科学院植物保护研究所国家农业生物安全科学中心等. 生物入侵与生态安全——"第一届全国生物入侵学术研讨会"论文摘要集: 1.

李粮纲, 徐玉胜, 江辉煌, 刘晓鹏. 2007. 深圳地区地质环境特征与地质灾害防治. 安全与环境工程, 14 (4): 28-31.

李学友, 杨士剑, 杨洋. 2007. 灵长类动物食性研究的主要方法及其评价. 林业调查规划, 32 (5): 23-27.

李长有. 2001. 温度对剑尾鱼性逆转的影响. 松辽学刊 (自然科学版), 1: 70-72.

李振宇, 解炎. 2002. 中国外来入侵种. 北京: 林业出版社: 1-211.

林石狮, 叶有华, 孙延军, 李洁, 郭微, 吴国昭, 孙芳芳. 2013a. 深圳市区域绿道两栖爬行动物多样性评估. 林业资源管理, 2: 107-112.

林石狮, 叶有华, 李洁, 吴国昭, 孙芳芳. 2013b. 高度城市化区域中铁岗水库鸟类多样性研究. 四川动物, 2: 297-301.

林石狮, 田穗兴, 王英永, 昝启杰. 2017a. 2007—2011年深圳湾鸟类多样性组成和结构变化. 湿地科学, 15 (2): 163-172.

林石狮, 王健, 吕植桐, 梁佩英, 罗林, 王新, 王英永. 2017b. 外来入侵物种温室蟾的大陆发现及其种群研究. 四川动物, 36 (6): 680-685.

林业部和农业部. 1989. 中华人民共和国林业部和农业部令第一号——国家重点保护野生动物名录.

林小植, 李冬梅, 刘焕章, 林鸿生, 杨少荣, 范汉金, 温茹淑. 2016. 广东韩江潮州江段鱼类多样性及季节变化. 生物多样性, 24 (2): 185-194.

刘丹, 史海涛, 刘宇翔, 汪继超, 龚世平, 王剑, 沈兰. 2011. 红耳龟在我国分布现状的调查. 生物学通报, 46 (6): 18-21.

刘飞, 韦慧, 顾党恩, 牟希东, 罗渡, 徐猛, 胡隐昌. 2017. 流溪河入侵鱼类豹纹脂身鲇繁殖生物学研究. 淡水渔业, 47 (2): 42-48.

刘惠宁. 2000. 香港特别行政区两栖爬行动物多样性分析. 四川动物, 19 (3): 112-115.

刘名中, 陈戊申, 古伟志, 邓佛成. 2002. 深圳市鼠类及其体表昆虫调查. 中国媒介生物学及控制杂志, 13 (1): 13-15.

刘毅. 2011. 东江干流鱼类群落变化特征及生物完整性评价. 暨南大学硕士学位论文: 1-65.

刘毅, 林小涛, 孙军, 张鹏飞, 陈国柱. 2011. 东江下游惠州河段鱼类群落组成变化特征. 动物学杂志, 46 (2): 1-11.

刘忠宝, 黄汉泉, 曾小平, 谢勋荣, 王勇军. 2005. 深圳笔架山公园鸟类资源调查. 中山大学学报 (自然科学版), 44 (S): 53-60.

刘忠宝, 黄汉泉, 曾小平, 谢勋荣, 王勇军. 2006. 深圳市笔架山公园鸟类生态群落的研究. 深圳职业技术学院学报, 1: 37-43.

卢哲, 林小涛, 陈菁晶, 梁彦勤, 陈培波. 2013. 广州地区人工湖食蚊鱼的种群特征. 生态科学, 32 (6): 784-790.

吕华当. 2013. 外来物种入侵——罗非鱼入侵隐忧. 海洋与渔业, 3: 27-29.

马凯, 李闯, 史海涛, 王剑, 刘丹, 汪继超. 2013. 海南万泉河琼海段外来物种红耳龟与本地种中华条颈龟家域的比较研究. 动物学杂志, 48 (3): 331-337.

米玛旺堆, 卓嘎, 单增卓嘎, 白玛, 仁增, 白单, 次仁曲珍. 2014. 拉萨国家级自然保护区拉鲁湿地发现牛蛙. 动物学杂志, 49 (5): 726.

潘炯华, 张剑英. 1981. 大面积放养食蚊鱼灭蚊效果观察报告. 华南师院学报 (自然科学版), 1: 54-61.

潘清华, 王应祥, 岩崑. 2007. 中国哺乳动物彩色图鉴. 北京: 中国林业出版社: 1-420.

乔学权, 杨朝春. 2016. 一起在国际航行船舶中截获鼠类的调查处置报告. 口岸卫生控制, 21 (1): 44-45.

邱春荣, 庄平弟, 常弘. 2007. 深圳羊台山森林公园鸟类资源及区系, 26 (2): 146-150.

深圳市人居环境委员会. 2014. 2013年度深圳市环境状况公报. http://meeb.sz.gov.cn/xxgk/tjsj/ndhjzkgb/content/post_2015607.html[2020-2-25].

深圳市人居环境委员会. 2015. 2014年度深圳市环境状况公报. http://meeb.sz.gov.cn/xxgk/tjsj/ndhjzkgb/content/post_2015599.html[2020-2-27].

深圳市人居环境委员会. 2016. 2015年度深圳市环境状况公报. http://meeb.sz.gov.cn/xxgk/tjsj/ndhjzkgb/content/post_2015589.html[2020-2-28].

深圳市人居环境委员会. 2017. 2016年度深圳市环境状况公报. http://meeb.sz.gov.cn/xxgk/tjsj/ndhjzkgb/content/post_2015582.html[2020-2-28].

石仲堂. 2006. 香港陆上哺乳动物图鉴. 香港：天地图书有限公司：1-408.

孙儒泳. 2001. 动物生态学原理, 第三版. 北京师范大学出版社：249-318.

唐华兴. 2008. 弄岗猕猴 (*Macaca mulatta*) 的觅食生态学. 广西师范大学硕士学位论文：1-60.

唐跃琳, 陶青, 陈永峰, 张雄芳, 崔平越, 王英永, 林石狮. 2015a. 广东梧桐山国家级风景名胜区两栖爬行动物多样性研究. 四川动物, 34 (5)：767-772.

唐跃琳, 陶青, 王英永. 2015b. 深圳梧桐山陆生脊椎动物. 北京：科学出版社：1-196.

陶青, 唐跃琳, 陈永峰, 张雄芳, 崔平越, 王英永, 林石狮. 2015. 广东梧桐山国家级风景名胜区鸟类多样性研究. 林业资源管理, 4：115-123.

王伯荪, 廖宝文, 王勇军, 等. 2002. 深圳湾红树林生态系统及其持续发展. 北京：科学出版社：1-362.

王春萍, 黄娜, 胡莹嘉, 周海涛, 李凯媛, 周伟. 2016. 云南武定和牟定的两栖爬行动物种类研究. 西南林业大学学报, 36 (4)：126-131.

王芳, 王勇军, 叶光明, 徐华林, 庄平弟, 李振荣. 2009. 深圳市三洲田森林公园兽类资源调查及保护. 广东林业科技, 25 (4)：54-58.

王贵林, 尹华宝. 2008. 非人灵长类觅食行为生态学研究进展. 生物学杂志, 25 (5)：10-12.

王彦平, 王一华, 陆萍, 张方, 李义明. 2006. 舟山群岛变态后牛蛙的食性研究. 生物多样性, 5：363-371.

王英永, 陈春泉, 赵健, 吴毅, 吕植桐, 杨剑焕, 余文华, 林剑声, 刘祖尧, 王健, 杜卿, 张忠, 宋玉赞, 汪志如, 何桂强, 等. 2017. 中国井冈山地区陆生脊椎动物彩色图谱. 北京：科学出版社：1-298.

王勇军, 刘治平, 陈相如. 1993. 深圳福田红树林冬季鸟类调查. 生态科学, 2：74-84.

王勇军, 昝启杰. 1998. 深圳湾湿地两栖爬行动物及其保护. 生态科学, 17 (1)：90-94.

王勇军, 林鹏, 宋晓军. 1998. 深圳湾福田红树林湿地水鸟的周年动态. 厦门大学学报 (自然科学版), 37 (1)：122-130.

王勇军, 常弘, 陈万成, 袁喜才, 黄添仁. 1999a. 内伶仃岛猕猴种群动态的研究. 中山大学学报 (自然科学版), 38 (4)：92-96.

王勇军, 常弘, 林术, 毕肖峰, 袁喜才, 庄平弟. 1999b. 广东内伶仃岛兽类资源与保护. 生态科学, 18 (4)：20-24.

王勇军, 廖文波, 常弘. 1999c. 广东内伶仃岛猕猴食性及食源植物分析. 生物多样性, 7 (2)：97-105.

王勇军, 徐华林, 昝启杰. 2004. 深圳福田鱼塘改造区鸟类监测及评价. 23 (2)：147-153.

翁锦泅, 李东洋, 周鹏, 吕文龙. 2013. 广东古田省级自然保护区两栖爬行动物资源调查. 湖北林业科技, 42 (4)：53-57.

吴宝琦, 和顺进. 1989. 滇金丝猴 (*Rhinopithecus bieti*) 雪季粪便中食物类型的定量分析. Zoological Research, 10 (S1)：101-109.

吴苑玲, 黄汉泉, 林海军, 魏志诚, 王勇军. 2005. 深圳笔架山公园兽类资源调查. 中山大学学报 (自然科学版), 44 (S)：61-64.

武正军, 王彦平, 李义明. 2004. 浙江东部牛蛙的自然种群及潜在危害. 生物多样性, 4：441-446.

肖金花, 肖晖, 黄大卫. 2004. 生物分类学的新动向——DNA条形编码. 动物学报, 50 (5)：852-855.

熊飞, 李文朝, 潘继征. 2008. 云南抚仙湖外来鱼类现状及相关问题分析. 江西农业学报, 2：92-94, 96.

徐桂红, 张小英, 徐昇. 2015. 深圳华侨城湿地鸟类多样性调查研究. 湿地科学与管理, 11 (2)：59-61.

徐海根, 强胜. 2011. 中国外来入侵生物. 北京：科学出版社：1-684.

徐华林. 2013. 深圳湾水鸟生物多样性初步研究. 野生动物, 34 (5)：291-295.

徐龙辉, 余斯绵, 刘振河, 等. 1986. 动物资源, 深圳自然资源与经济开发. 广州：广东科技出版社.

杨淞, 韦其锋, 严太明, 曾林, 吴雨函. 2009. 孔雀鱼、月光鱼耐温限度的初步研究. 四川农业大学学报, 27 (1)：106-110.

杨志俊, 罗亚洲. 2015. 国际航行交通工具新种鼠形动物入侵形势与对策. 中华卫生杀虫药械, 21 (2)：215-216.

杨志普, 卢琦琦. 2016. 东江东莞段鱼类外来种潜在危害与应对策略. 绿色科技, 10：149-151.

姚达章, 陈国柱, 赵天, 林小涛. 2011. 食蚊鱼对罗非鱼仔鱼捕食一例. 生态科学, 30 (6)：640-642, 646.

袁俊, 李朝晖, 蔡垚, 任源浩, 许昊, 虞蔚岩. 2015. 外来物种尼罗罗非鱼和本地物种鲫鱼混养的初步研究. 黑龙江畜牧兽医, 4：202-204.

袁乐洋, 周卓诚, 周佳俊, 方一峰, 杨佳. 2012. 福建桐山溪鱼类资源调查初报. 四川动物, 31 (6)：961-964.

昝启杰, 廖文波, 陈继敏, 缪汝槐, 蓝崇钰. 2001. 广东内伶仃岛植物区系的研究. 西北植物学报, 21 (3)：507-519.

张邦杰, 莫介化, 陈浩, 黄林波, 李敏, 张瑞瑜. 2013. 东莞内陆自然水域鱼类资源变动的调查与分析. 广东海洋大学学报, 33 (4)：56-65.

张峻, 杨士剑, 王政昆. 2005. 滇金丝猴及其食性. 云南师范大学学报 (自然科学版), 25 (4)：60-64.

张礼标, 郭强, 刘奇, 刘全生, 胡凯津, 苏欠欠, 陈毅, 彭兴文, 王英永, 吴毅, 张鹏. 2017. 深圳兽类物种资源调查及其影响因素分析. 兽类学报, 2017, 37 (3)：256-265.

张亮, 蒋珂, 胡平, 遇宝成, 彭波涌, 唐小平, 胡慧建. 2011. 广东省蛇类新纪录——福清白环蛇. 动物学杂志, 46 (1)：128-130.

张豫, 陆永球, 郭凤清, 胡顺军, 丛沛桐. 2014. 基于鱼类名录的30年来东江干流 (惠州段) 鱼类多样性变化. 中国环境科学, 34 (5)：1293-1302.

张正旺, 刘阳, 孙迪. 2004. 中国鸟类种数的最新统计. 动物分类学报, 29 (2)：386-388.

赵尔宓, 黄美华, 宗俞, 等. 1998. 中国动物志 爬行纲 第三卷

有鳞目 蛇亚目. 北京：科学出版社：1-522.

赵亚辉, 胡学友, 伍玉明, 张春光. 2003a. 脂鲤目鱼类和"食人鲳". 生物学通报, 7：23-24.

赵亚辉, 胡学友, 伍玉明, 张春光. 2003b. 谈谈"食人鲳"——兼论生物外来种的入侵. 动物学杂志, 1：98-100, 105.

郑光美. 2017. 中国鸟类分类与分布名录. 第三版. 北京：科学出版社：1-492.

郑辑. 1992. 中国后棱蛇属*Opisthotropis*的研究. 武夷科学, 9：369-372.

郑剑宁, 裘炯良. 2008. 东南亚七国常见害鼠种类及其分布概况. 中国国境卫生检疫杂志, 4：265-267.

郑剑宁, 周力沛, 裘炯良, 杨定波. 2008. 亚洲10国鼠科常见鼠种类、分布与鉴定概述. 中国媒介生物学及控制杂志, 3：261-263.

中国两栖类. 2020. "中国两栖类"信息系统, 中国科学院昆明动物研究所. http://www.amphibiachina.org/.

周鹏. 2013. 广东古田外来物种红耳龟的家域及野外繁殖研究. 海南师范大学硕士学位论文：1-56.

周岐海, 唐华兴, 韦春强, 黄乘明. 2009. 桂林七星公园猕猴的食物组成及季节性变化. 兽类学报, 29 (4)：419-426.

朱曦, 王青良, 詹印波, 韩甫, 蒋洪赟, 周雯, 何于波. 2009. 浙江普陀山岛两栖爬行动物区系及分布. 浙江林学院学报, 26 (5)：708-713.

庄平弟, 常弘. 2003. 深圳围岭公园鸟类资源及其保护. 中山大学学报 (自然科学版), 42 (S2)：50-52.

庄馨, 曹世奎, 胡观冠. 2013. 深圳大鹏半岛国家地质公园野生脊椎动物资源调查. 热带地理, 33 (5)：582-587.

Ades GWJ. 1999. The species composition, distribution and population size of Hong Kong bats. Memoirs of Hong Kong Natural History Society, 22：183-209.

Barley AJ, White J, Diesmos AC & Brown RM. 2013. The challenge of species delimitation at the extremes: diversification without morphological change in Philippine sun skinks. Evolution, 67(12): 3556-3572.

Barrier RFG & Hicks BJ. 1994. Behavioral interaction between black mudfish (*Neochanna diversus* Stokell, 1949: Galaxiidae) and mosquitofish (*Gambusia affinis* Baird and Girard, 1984). Ecological of Freshwater Fish, 3(3): 93-99.

Beard KH & Pitt WC. 2005. Potential consequences of the coqui frog invasion in Hawaii. Diversity and Distributions, 11(5): 427-433.

Bomford M, Kraus F, Barry SC & Lawrence E. 2009. Predicting establishment success for alien reptiles and amphibians: a role for climate matching. Biological Invasions, 11(3): 713.

Boulenger GA. 1888. Description of two new snakes from Hongkong, and note on the dentition of *Hydrophis viperina*. Journal of Natural History, 2(7): 43-45.

Burbrink FT, Lawson R & Slowinski JB. 2000. Mitochondrial DNA phylogeography of the polytypic North American rat snake (*Elaphe obsoleta*): a critique of the subspecies concept. Evolution, 54(6): 2107-2118.

Carey G. 2001. The avifauna of Hong Kong. Hong Kong: Hong Kong Bird Watching Society: 563.

Che J, Chen HM, Yang JX, Jin JQ, Jiang K, Yuan ZY, Myrphy RW & Zhang YP. 2012. Universal COI primers for DNA barcoding amphibians. Molecular Ecology Resources, 12(2), 247-258.

Chen JM, Xu K, Poyarkov NA, Wang K, Yuan ZY, Hou M, Suwannapoom C, Wang J & Che J. 2020. How little is known about "the little brown frogs": description of three new species of the genus Leptobrachella (Anura: Megophryidae) from Yunnan Province, China. Zoological Research, 41(3): 292-313.

Chen JM, Zhou WW, Poyarkov JrNA, Stuart BL, Brown RM, Lathrop A, Wang YY, Yuan ZY, Jiang K, Hou M, Chen HM, Suwannapoom C, Nguyen SN, Duong TV, Papenfuss TJ, Murphy RW, Zhang YP & Che J. 2017. A novel multilocus phylogenetic estimation reveals unrecognized diversity in Asian horned toads, genus *Megophrys sensu lato* (Anura: Megophryidae). Molecular Phylogenetics and Evolution, 106: 28-43.

Cherty LM, Case SM & Wilson AC. 1978. Frog perspective on the morphological difference between humans and chimpanzees. Science, 200(4338): 209-211.

Chivers DJ & Hladik CM. 1980. Morphology of the gastrointestinal tract in primates: comparisons with other mammals in relation to diet. Journal of morphology, 166(3): 337-386.

Christy MT, Clark CS, Gee DE, Vice D, Vice DS, Warner MP, Tyrrell CL, Rodda GH & Savidge J. 2007. Recent records of alien anurans on the Pacific Island of Guam. Pacific Science, 61(4): 469-483.

David P, Nguyen TQ & Ziegler T. 2011. A new species of the genus *Opisthotropis* Günther, 1872 (Squamata: Natricidae) from the highlands of Kon Tum Province, Vietnam. Zootaxa, 2758(1): 43-56.

Dove CJ, Rotzel NC, Heacker M & Weigt LA. 2008. Using DNA barcodes to identify bird species involved in birdstrikes. The Journal of Wildlife Management, 72(5): 1231-1236.

Eaton MJ, Meyers GL, Kolokotronis SO, Leslie MS, Martin AP & Amato G. 2010. Barcoding bushmeat: molecular identification of Central African and South American harvested vertebrates. Conservation Genetics, 11(4): 1389-1404.

Fellowes JR, Wong CLC, Lau MWN, Ng SC, Chan BPL & Siu GLP. 2002. Report of a rapid biodiversity assessment at Wutongshan National Forest Park, Shenzhen Special Economic Zone, China, 16 to 17 May, 2001. South China Forest Biodiversity Survey Report Series, 11: 1-20.

Felsenstein J. 2001. Taking variation of evolutionary rates between sites into account in inferring phylogenies. Journal of Molecular Evolution, 53(4-5)：447-455.

Frost DR. 2020. Amphibian species of the world 6.0, an oline reference, http://research.amnh.org/vz/herpetology/amphibia/ [2020-2-24].

Gill FB, Slikas B & Sheldon FH. 2005. Phylogeny of titmice (Paridae)：II. Species relationships based on sequences of the mitochondrial cytochrome-b gene. The Auk, 122(1)：121-143.

Global Invasive Species Database. 2018. *Eleutherodactylus planirostris*, http://issg.org/database/species/ecology. asp?si=606&fr=1&sts=sss&lang=EN [2018-4-22].

Grismer LL, Wood JrPL, Anuar S, Muin MA, Quah ES, McGuire JA, Brown RM, Ngo VT & Pham HT. 2013. Integrative taxonomy uncovers high levels of cryptic species diversity in *Hemiphyllodactylus* Bleeker, 1860 (Squamata：Gekkonidae) and the description of a new species from Peninsular Malaysia. Zoological Journal of the Linnean Society, 169(4)：849-880.

Guo P, Liu Q, Xu Y, Jiang K, Hou M, Ding L, Pyron RA & Burbrink FT. 2012. Out of Asia：natricine snakes support the Cenozoic Beringian dispersal hypothesis. Molecular phylogenetics and evolution, 63(3)：825-833.

Hasegawa M, Kishino H & Yano TA. 1985. Dating of the human-ape splitting by a molecular clock of mitochondrial DNA. Journal of molecular evolution, 22(2)：160-174.

Hebert PD, Ratnasingham S & De Waard JR. 2003. Barcoding animal life：cytochrome c oxidase subunit 1 divergences among closely related species. Proceedings of the Royal Society of London. Series B：Biological Sciences, 270(S1)：96-99.

Hebert PD, Stoeckle MY, Zemlak TS & Francis CM. 2004. Identification of birds through DNA barcodes. PLoS biology, 2(10)：e312.

Heinicke MP, Diaz LM & Hedges SB. 2011. Origin of invasive Florida frogs traced to Cuba. Biology Letters, 7(3)：407-410.

Herrera CM. 1985. Habitat-consumer interactions in frugivorous birds. Habitat selection in birds. Academic Press：341-365.

Hill DA. 1997. Seasonal variation in the feeding behavior and diet of Japanese macaques (*Macaca fuscata yakui*) in lowland forest of Yakushima. American Journal of Primatology, 43(4)：305-320.

Hoozemans FMJ, Marchand M & Pennekamp HA. 1993. A global vulnerability analysis：vulnerability assessment for population, coastal wetlands and rice production on a global scale, 2nd edition. Delft Hydraulics, the Netherlands.

IUCN (International Union for Conservation of Nature). 2020. The IUCN red list of threatened species. International Union for Conservation of Nature and Natural Resources, https:// www.iucnredlist.org [2020-2-20].

Jeschke JM & Strayer DL. 2005. Invasion success of vertebrates in Europe and North America. Proceedings of the National Academy of Sciences, 102(20)：7198-7202.

Kraus F. 2009. Alien reptiles and amphibians：a scientific compendium and analysis. Dordrecht：Springer Science and Business Media BV：487-488.

Kraus F, Campbell EW, Allison A & Pratt T. 1999. *Eleutherodactylus* frog introduction to Hawaii. Herpetological Review, 30(1)：21-25.

Krishnamani R. 1994. Diet composition of the bonnet macaque (*Macaca radiata*) in a tropical dry evergreen forest of southern India. Tropical Biodiversity, 2(2)：285-302.

Kunz TH & Parsons S. 2009. Ecological and behavioral methods for the study of bats. 2nd edition. Baltimore：Johns Hopkins University Press：1-901.

Lee WH, Lau MWN, Lau A, Rao DQ & Sung YH. 2016. Introduction of *Eleutherodactylus planirostris* (Amphibia, Anura, Eleutherodactylidae) to Hong Kong. Acta Herpetologica, 11(1)：85-89.

Lewthwaite WR, 邹发生. 2015. 广东省的鸟类及考察历程. 动物学杂志, 50(4)：499-517.

Leyse KE, Lawler SP & Strange T. 2004. Effects of an alien fish, *Gambusia affinis*, on an endemic California fairy shrimp, *Linderiella occidentalis*：Implication for conservation of diversity in fishless waters. Biological Conservation, 118(1)：57-65.

Li Y, Zhang DD, Lyu ZT, Wang J, Li YL, Liu ZY, Chen HH, Rao DQ, Jin ZF, Zhang CY & Wang YY. 2020. Review of the genus Brachytarsophrys (Anura：Megophryidae), with revalidation of Brachytarsophrys platyparietus and description of a new species from China. Zoological Research, 41(2)：105-122.

Lin YS, Lu JF & Lee LL. 1988. The study on population and habitat of formosan macaques in Nanshi Logging Road in Yushan National Park. Taiwan：Yushan National Park Publ.

Luo T, Xiao N, Gao K & Zhou J. 2020. A new species of Leptobrachella (Anura, Megophryidae) from Guizhou Province, China. ZooKeys, 923：115.

Lynn WG, Grant C & Lewis CB. 1940. The herpetology of Jamaica. Institute of Jamaica, with the assistance of the Department of Science and agriculture, 1：1-12.

Mack RN, Simberloff D, Mark Lonsdale W, Evans H, Clout M & Bazzaz FA. 2000. Biotic invasions：causes, epidemiology, global consequences, and control. Ecological applications, 10(3)：689-710.

Mackinnon J, Phillipps K, 何芬奇. 2000. 中国鸟类野外手册. 长沙：湖南教育出版社：1-571.

Mahony S, Foley NM, Biju SD & Teeling EC. 2017. Evolutionary history of the Asian Horned Frogs (Megophryinae)：integrative approaches to timetree dating in the absence of a fossil record. Molecular biology and evolution, 34(3)：744-771.

Marmorino GO, Lyzenga DR & Kaiser JAC. 1999. Comparison of airborne synthetic aperture radar imagery with in situ surface—slope measurements across Gulf Stream slicks and a convergent front. Journal of Geophysical Research: Oceans, 104(C1): 1405-1422.

Marunouchi J, Tsuruda K & Noguchi T. 2003. *Cynops pyrrhogaster* (Japanese newt): predation by introduced *Rana catesbeiana* (Bullfrog). Herpetological Bulletin, 83: 31-32.

Meyer CP. 2003. Molecular systematics of cowries (Gastropoda: Cypraeidae) and diversification patterns in the tropics. Biological Journal of the Linnean Society, 79(3): 401-459.

Mills MD, Rader RB & Belk MC. 2004. Complex interactions between native and invasive fish: the simultaneous effects of multiple negative interactions. Oecologia, 141(4): 713-721.

O'Connell AF, Nichols JD & Karanth KU. 2011. Camera traps in animal ecology methods and analyses. New York: Springer: 1-271.

Oates J F. 1987. Food distribution and foraging behavior // Smutsm BB, Cheney DL, Seyfarth R, Wrangham RW & Struhsaker. Chicago: Primate Societies, University of Chicago Press: 197-209.

O'Brien TG & Kinnaird MF. 1997. Behavior, diet, and movements of the Sulawesi crested black macaque (*Macaca nigra*). International Journal of Primatology, 18(3): 321-351.

Ohler A, Wollenberg KC, Grosjean S, Hendrix R, Vences M, Ziegler T & Dubois A. 2011. Sorting out Lalos: description of new species and additional taxonomic data on megophryid frogs from northern Indochina (genus *Leptolalax*, Megophryidae, Anura). Zootaxa, 3147(1): 1-83.

Olson CA, Beard KH, Koons DN & Pitt WC. 2012. Detection probability of two introduced frogs in Hawaii: implications for assessing non-native species distributions. Biological Invasions, 14(4): 889-900.

Olson CA, Beard KH & Pitt WC. 2015. Biology and impacts of Pacific island invasive species, 8, *Eleutherodactylus planirostris*, the greenhouse frog (Anura: Eleutherodactylidae). Pacific Science, 66 (2): 200-205.

Posada D & Crandall KA. 2001. Selecting models of nucleotide substitution: an application to human immunodeficiency virus 1 (HIV-1). Molecular biology and evolution, 18(6): 897-906.

Pyke GH & White AW. 1996. Habitat requirements for the green and golden bell frog *Litoria aurea* (Anura: Hylidae). Australian Zoologist, 30(2): 224-232.

Remis MJ. 2006. The role of taste in food selection by African apes: implications for niche separation and overlap in tropical forests. Primates, 47(1): 56-64.

Rogowski DL & Stockwell CA. 2006. Assessment of potential impacts of exotic species on population of a threatened species, White Sands pupfish, *Cyprinodon tularosa*. Biological Invasions, 8: 79-87

Ronquist F & Huelsenbeck JP. 2003. MrBayes 3: Bayesian phylogenetic inference under mixed models. Bioinformatics, 19(12): 1572-1574.

Sambrook J, Fritsch EF & Maniatis T. 1989. Molecular cloning: a laboratory manual. 2nd Edition. Cold spring harbor laboratory press: 1-125.

Savage JM & Heyer WR. 1997. Digital webbing formulae for anurans: a refinement. Herpetological Review, 28(3): 131.

Shek CT. 2004. Bats of Hong Kong: an introduction of Hong Kong bats with an illustrative identification key. Hong Kong Biodiversity, 7: 1-9.

Shek CT & Chan CSM. 2006. Mist net survey of bats with three new bat species records for Hong Kong. Hong Kong Biodiversity, 11: 1-7.

Simon C, Frati F, Beckenbach A, Crespi B, Liu H & Flook P. 1994. Evolution, weighting, and phylogenetic utility of mitochondrial gene sequences and a compilation of conserved polymerase chain reaction primers. Annals of the entomological Society of America, 87(6): 651-701.

Smith AT, 解焱. 2009. 中国兽类野外手册. 长沙: 湖南科学技术出版社: 1-671.

Su HH & Lee LL. 2001. Food habits of Formosan rock macaques (*Macaca cyclopis*) in Jentse, northeastern Taiwan, assessed by fecal analysis and behavioral observation. International Journal of Primatology, 22(3), 359-377.

Sumida M & Ogata M. 1998. Intraspecific differentiation in the Japanese brown frog *Rana japonica* inferred from mitochondrial DNA sequences of the cytochrome b gene. Zoological science, 15(6), 989-1000.

Sung YH, Yang JH & Wang YY. 2014. A new species of *Leptolalax* (Anura: Megophryidae) from Southern China. Asian Herpetological Research, 5(2): 80-90.

Sung YH, Hu P, Wang J, Liu HJ & Wang YY. 2016. A new species of *Amolops* (Anura: Ranidae) from southern China. Zootaxa, 4170(3): 525-538.

Swinhoe R. 1870. Descriptions of three new species of birds from China. Annals and Magazine of Natural History: 173-175.

Tamura K, Stecher G, Peterson D, Filipski A & Kumar S. 2013. MEGA 6: molecular evolutionary genetics analysis version 6.0. Molecular Biology and Evolution, 30(12): 2725-2729.

Tautz D, Arctander P, Minelli A, Thomas RH & Vogler AP. 2002. DNA points the way ahead in taxonomy. Nature, 418(6897): 479.

Tautz D, Arctander P, Minelli A, Thomas RH & Vogler AP. 2003. A plea for DNA taxonomy. Trends in ecology & evolution, 18(2): 70-74.

Tewksbury JJ, Levey DJ, Haddad NM, Sargent S, Orrock JL, Weldon A, Danielson BJ, Brinkerhoff J, Damschen EI & Townsend P. 2002. Corridors affect plants, animals, and their interactions in fragmented landscapes. Proceedings of the National Academy of Sciences, 99(20)：12923-12926.

Teynie A, Lottier A, David P, Nguyen TQ & Vogel G. 2014. A new species of the genus *Opisthotropis* Günther, 1872 from northern Laos (Squamata：Natricidae). Zootaxa, 3774：165-182.

Thompson JD, Gibson TJ, Plewniak F, Jeanmougin F & Higgins DG. 1997. The CLUSTAL_X windows interface：flexible strategies for multiple sequence alignment aided by quality analysis tools. Nucleic acids research, 25(24)：4876-4882.

Tobin ME, Sugihara RT & Engeman RM. 1994. Effects of initial rat captures on subsequent capture success of traps. Proceedings of the Sixteenth Vertebrate Pest Conference. Lincoln：University of Nebraska：101-105.

Uetz P, Freed P & Hošek J. 2019. The reptile database, http://www.reptile-database.org [2020-2-18].

UNEP-WCMC (UNEP World Conservation Monitoring Centre). 2020. Checklist of CITES species：a reference to the appendices to the convention on international trade in endangered species of wild fauna and flora, http://checklist.cites.org/#/en [2020-2-20].

Vogel G, David P, Pauwels OSG, Sumontha M, Norval G, Hendrix R, Vu NT & Ziegler T. 2009. A revision of *Lycodon ruhstrati* (Fischer 1886) auctorum (Squamata Colubridae), with the description of a new species from Thailand and a new subspecies from the Asian mainland. Tropical Zoology, 22(2)：131.

Wang YY, Zhang TD, Zhao J, Sung YH, Yang JH, Pang H & Zhang Z. 2012. Description of a new species of the genus *Xenophrys* Günther, 1864 (Amphibia：Anura：Megophryidae) from Mount Jinggang, China, based on molecular and morphological data. Zootaxa, 3546(1)：53-67.

Wang Y, Zhao J, Yang J, Zhou Z, Chen G & Liu Y. 2014. Morphology, molecular genetics, and bioacoustics support two new sympatric *Xenophrys* toads (Amphibia：Anura：Megophryidae) in Southeast China. PloS One, 9(4), e93075.

Wang J, Lyu ZT, Zeng ZC, Liu ZY & Wang YY. 2017a. Re-description of *Opisthotropis laui* Yang, Sung and Chan (Squamata：Natricidae). Asian Herpetological Research, 8(1)：70-74.

Wang YY, Guo Q, Liu ZY, Lyu ZT, Wang J, Luo L, Sun YJ & Zhang YW. 2017b. Revisions of two poorly known species of *Opisthotropis* Günther, 1872 (Squamata：Colubridae：Natricinae) with description of a new species from China.

Zootaxa, 4247(4)：391-412.

Wang J, Yang JH, Li YL, Lyu ZT, Zeng ZC, Liu ZY, Ye YH & Wang YY. 2018. Morphology and molecular genetics reveal two new *Leptobrachella* species in southern China (Anura, Megophryidae). ZooKeys, 776：105-137.

Warrick RA, Oerlemans J, Woodworth PL, Meier MF & le Provost C. 1996. Changes in sea level // Houghton JT, Meira Filho LG, Gallander BA. Climate change 1995：the science of climate change. Cambridge：Cambridge University Press：359-405.

Weldon C, Du Preez LH, Hyatt AD, Muller R & Speare R. 2004. Origin of the amphibian chytrid fungus. Emerging infectious diseases, 10(12)：2100-2105.

Williamson M & Griffiths B. 1996. Biological invasions. Springer Science & Business Media：1-245.

Wilson DE & Reeder DM. 2005. Mammal species of the world：a taxonomic and geographic reference, 3rd edition. Maryland：Johns Hopkins University Press, Baltimore.

Wu Z, Li Y, Wang Y & Adams MJ. 2005. Diet of introduced Bullfrogs (*Rana catesbeiana*)：predation on and diet overlap with native frogs on Daishan Island, China. Journal of Herpetology, 39(4)：668-675.

Yang JH, Wang YY, Zhang TD, Sun YJ & Lin SS. 2012. Genetic and morphological evidence on the species validity of *Gekko melli* Vogt, 1922 with notes on its diagnosis and range extension (Squamata：Gekkonidae). Zootaxa, 3505(1)：67-74.

Yeager CP. 1996. Feeding ecology of the long-tailed macaque (*Macaca fascicularis*) in Kalimantan Tengah, Indonesia. International Journal of Primatology, 17(1)：51-62.

Yuan ZY, Sun RD, Chen JM, Rowley JJ, Wu ZJ, Hou SB & Che J. 2017. A new species of the genus *Leptolalax* (Anura：Megophryidae) from Guangxi, China. Zootaxa, 4300(4)：551-570.

Zhang LB, Zhu GJ, Jones G & Zhang SY. 2009. Conservation of bats in China：problems and recommendations. Oryx, 43(2)：179-182.

Zhu GX, Wang YY, Takeuchi H & Zhao EM. 2014. A new species of the genus *Rhabdophis* Fitzinger, 1843 (Squamata：Colubridae) from Guangdong Province, southern China. Zootaxa, 3765(5)：469-480.

Zug GR, Vitt LJ & Caldwell JP. 2001. Herpetology, an introductory biology of amphibians and reptiles, 2nd edition. New York：Academic Press.

拉丁名索引

Scientific Names Index

中文名索引

Chinese Common Names Index